JN296588

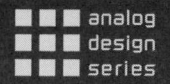

■■■ analog
■■■ design
■■■ series

■アナログ・デザイン・シリーズ

Shunt Regulator

Series Regulator

LDO

Switching Regulator

DC-DC Converter

Power MOSFET

Synchronous Rectifier

Cuk Converter

Zeta Converter

SEPIC

POL

PWM

電源回路設計
成功のかぎ

要求仕様どおりの電源を短時間で設計できる

馬場清太郎 [著]
Seitaro Baba

CQ出版社

はじめに

「電源回路はあらゆる電子機器の心臓部である」とはよく言われる言葉ですが，電子機器で消費されるエネルギーはすべて電源回路が供給しています．電源回路は電子機器内部で，商用交流電源や電池などから入力された電気エネルギーを，電子回路が要求する形態の電気エネルギーに変換して供給しています．電源回路は，電子機器の動作にとって心臓のように必要不可欠な存在です．

電子機器設計においては，電子回路を正常に動作させるために電源回路の知識は必須です．実際の機器設計においては，機能実現のための電子回路の設計を優先し，「心臓部」の設計がないがしろにされることがよくあります．便利なICが数多く出されているため一見簡単そうに見える電源回路は，最後に設計され，空いた場所に実装される場合が多いと思われます．ところが，電源回路はノイズと熱を出すため，肝心な機能がその影響で実現できず，回路設計と配置や放熱設計のやりなおしが必要になることもあります．

真空管時代の電源回路は，一部の精密計測機器を除けば安定化電源を使用せず，商用交流電源にトランスを接続して絶縁，変圧，整流，平滑しただけの安定化されていない直流電源を用いていました．能動素子として真空管に代わってディスクリート半導体が使用されるようになると耐圧に余裕がなくなり，安定化電源を用いることが多くなりました．現在では，ICが使用されて電源回路に対する要求も厳しくなり，安定化電源を使用しない電子機器はほとんどなくなりました．

本書では，最近の安定化電源回路を取り上げます．安定化電源の回路方式を大別すると，出力を連続的に安定化するリニア・レギュレータと，スイッチングを用いて不連続的に安定化するスイッチング・レギュレータがあります．両者を比較すると，リニア・レギュレータは連続的に動作するため損失が大きく大型となるがノイズを出さず，スイッチング・レギュレータは不連続点で大きなノイズを出すが損失が少なく小型になります．最近では省エネ規格適合のために，高効率化の要求は厳しさを増しています．それに合わせて，小型化/低価格化の要求も厳しく，ほとんどの電子機器にスイッチング・レギュレータが採用されるようになりました．

本書は，上述のような状況に向けて「わかる!! 電源回路教室」として，『トラン

ジスタ技術』誌に連載した記事を大幅に加筆して再構成したものです．

　本書では，実際に電源回路を設計/製作して，設計値と実験結果を比較し，設計の妥当性を検証します．そのため，実験しやすい周波数(80kHz)で旧式な電源用ICを用いて実験しています．現在の実用的な電源用ICは，ほとんどが面実装外形となっていて，専用プリント基板を製作しないと実験できません．そのため実験には旧型のICを用いますが，実際の設計に適用できる現在の実用的な電源用ICも紹介します．

　実験回路は，読者が安全に実験できる低圧の非絶縁型レギュレータに限定し，高圧を扱う絶縁型AC-DCコンバータについては紹介するだけで実験はしません．

　電源回路には明示されていないパラメータが多く，動作を真に理解するには，簡単でわかりやすい近似式を立てて設計し，実験して検証することが必要不可欠です．本書では，各種電源回路の動作を近似によって簡単な1次式で表して，設計手法を示します．この1次近似による設計手法を理解すれば，設計手法の不明な特性の良さそうな面白い電源回路を見たときに，自分で設計することができます．設計を実験で検証して経験を積めば，近似式に入れるパラメータの精度も上がり，要求仕様どおりの電源を短時間で設計できるようになります．

　ただし，書籍に載っている式には間違いが間々あります．浅学非才で粗忽な私の性格からして，本書にも少なからぬ間違いがあると思われます．本書中の式や計算例については，必ず検算してから設計に使用するようにしてください．間違いやミスプリントに気づかれた場合は，編集部経由でお知らせくだされば幸いです．

　電源回路は電力を扱うアナログ回路であり，アナログ回路特有の負帰還安定度や雑音の問題に加えて，熱として出てくる損失をいかに少なくするのか，いかに処理するのかという問題があります．どの問題を取り上げても，専門書が何冊も出されている奥の深い問題ばかりです．本書では，基本的な事項の説明だけ行っていますが，巻末に参考文献をあげていますから，原典に当たってより深く理解していただきたいと思います．

2009年4月　馬場 清太郎

目次

第1章 電源回路設計の概要 ——— 021
2種類の電源回路設計法をマスタしよう

- **1-1** 電源回路が正常に動いて初めて機能が実現できる ——— 021
- **1-2** 出力電圧が安定化された電源回路の作りかたを解説する ——— 022
  - 昔の電源回路は安定化されていない回路が多かった 022
  - 今は一定の電圧を出力する安定化電源が一般的 022
  - 安定化電源を使うメリット 023
  - 電源電圧を安定化しないとどうなるか 023
- **1-3** 直流を使う2種類の電源回路を中心に扱う ——— 025
  - 安定化電源と一口にいっても種類は多い 025
  - 出力電圧を安定化する電源を扱う 025
  - リニア・レギュレータと非絶縁型スイッチング・レギュレータを中心に扱う 026
- **1-4** 実用的な電源システムを設計するには ——— 026
  - AC 100V入力の電源回路は購入してくる 026
  - 直流電圧から直流電圧を作る回路だけを設計する 026
- **1-5** 電源回路の設計時には負荷の性質も考える必要がある ——— 027
  - ディジタル回路とアナログ回路は電源回路が供給しなければならない電流の波形が大きく異なる 027
  - 設計時点で十分に考慮する必要がある負荷 028
- **1-6** 直流安定化電源のトレンド ——— 030
  - 低電圧大電流化の流れ 030
  - 中間バス電圧を使いIC直近で必要な電圧を作る 032
  - 携帯機器でもスイッチング方式が増えている 032
  - スイッチング周波数が高くなっている 032
- **1-7** 理想の電源回路とは ——— 032
- **1-8** 電源回路の重要な特性「効率」——— 033

1-9	**直流安定化電源設計の第一歩は方式の選択** ─── 034

スイッチング・レギュレータとリニア・レギュレータの使い分け　034

ノイズの少ないリニア・レギュレータ　035

損失の小さいスイッチング・レギュレータ　037

昇圧が必要ならスイッチング・レギュレータを使う　038

Column　安定化電源に関連した用語　036

第2章　シャント・レギュレータ ─── 039
大切な回路の電圧基準を作る

シャント・レギュレータは最も重要な定電圧源　039

2-1	**制御素子が負荷と並列に入るシャント・レギュレータ** ─── 040

ツェナー・ダイオードの特性　041

シャント・レギュレータICの定番品　041

シャント・レギュレータICの内部回路　043

IC化された基準電圧回路　044

シャント・レギュレータICとツェナー・ダイオードの使い分け　045

2-2	**シャント・レギュレータICの使いかた** ─── 046

これだけは守りたい使用上の注意点　046

応用回路例　046

ピン接続の注意点　048

2-3	**ツェナー・ダイオードとシャント・レギュレータICの特性** ─── 049

出力電圧をそろえた4種類の回路で特性を比較　049

Column　シャント・レギュレータは無負荷時の損失が大きい　052

第3章　3端子レギュレータ ─── 053
3本足の超定番

3-1	**シリーズ・レギュレータとは** ─── 053

3端子レギュレータとは　054

3端子レギュレータには2種類ある　054

3-2	**定番の3端子レギュレータ** ─── 055

正電圧を安定化するμA7800シリーズ　055

負電圧を安定化するμA7900シリーズ　056

基準電圧と増幅器と保護回路がまとめられている　056

3-3	**3端子レギュレータICを使うときの注意点** ──── 057	
	使用条件を決める最大定格　057	
	性能を表現するキーワード　058	
	ICを選ぶときに考えるべきこと　061	
Appendix A	**3端子レギュレータの放熱設計** ──── 062	
	ジャンクション温度と故障率　062	
	レギュレータICの熱モデル　062	
	ヒートシンクの熱抵抗　063	
	実際のヒートシンク　066	
	熱設計の一例　067	

第4章 LDOレギュレータ ──── 069
高効率なリニア・レギュレータ

4-1	**LDOレギュレータは入出力の電圧差が小さくても動く** ──── 069	
	LDOレギュレータの特徴　069	
	LDOレギュレータの動作原理　070	
	LDOレギュレータの仕様例　071	
	LDOレギュレータの選びかた　074	
4-2	**シリーズ・レギュレータICの使用法** ──── 075	
	3端子レギュレータのピン配置の覚えかた　075	
	入出力間の保護ダイオードを忘れずに　076	
	±電源では出力-GND間の保護ダイオードが必要　077	
	保護ダイオードは一般整流用が良い　078	
	立ち上がり途中で大電流が流れるLDO　079	
Appendix B	**出力トランジスタの接地形式** ──── 080	
	接地形式は入力信号と出力信号の共通線で決まる　080	
	各接地形式の特徴　080	
	出力直列トランジスタの接地形式　082	

第5章 リニア・レギュレータを安定に動作させる ──── 085
出力端子に付けるコンデンサが鍵を握る

5-1	**レギュレータが発振するメカニズム** ──── 085	
	位相の回りすぎた信号が入力に戻ることで発振する　085	

位相が180°回っても｜Aβ｜＜1なら発振しない　085
位相余裕とゲイン余裕という発振に対する評価基準　087
発振を起こさせないための手法…位相補償　088
出力コンデンサが発振に対する余裕に影響する　088
負荷の影響もある　089

5-2　レギュレータICの発振原因 ── 090
出力段がエミッタ・フォロワのとき　090
出力段がエミッタ接地のとき　091
セラミック・コンデンサ対応のLDO　091

5-3　レギュレータICを発振させる実験 ── 093
エミッタ・フォロワ出力タイプの汎用品NJM7805　093
エミッタ接地出力タイプの汎用品NJM7905　094
LDOレギュレータNJM2396F05　095
セラミック・コンデンサ対応のLDOレギュレータNJM2885DL1-05　097
安定動作のためには余裕をもった容量が必要　098
Column　ステップ応答と電圧変動への対応　096

Appendix C　ボーデ線図の描きかた ── 099
伝達関数　099
概略ボーデ線図　099
1次進み回路　102
段違い特性　102

第6章　スイッチング・レギュレータの基礎 ── 105
損失がゼロに近付く電源回路

6-1　スイッチング方式の特徴 ── 105
損失が小さい　105
ノイズが大きい　106
部品点数が多く設計に時間がかかる　106

6-2　基本構成と動作 ── 106
基本構成　106
基本動作　107

6-3　損失の原因と対策 ── 109
コンデンサにエネルギーが蓄積されるときに損失が出る　109

	コンデンサへの充電損失をなくすには　109	
	インダクタを使うほうが損失を減らせる　110	
	インダクタとともにコンデンサを使う　111	
	効率は結果論，設計では損失が大切！　112	
6-4	**スイッチング・レギュレータの種類** ──── 112	
	インダクタを使用する回路　112	
	コンデンサを使用する回路　113	
6-5	**簡単なスイッチング・レギュレータを作ってみる** ──── 114	
	インバータIC 1個で作る　114	
	マジック・コンバータ　115	
	ダイオード・ポンプ回路　116	

第7章　降圧型コンバータの基本回路 ──── 119
最も基本的なスイッチング・レギュレータ

7-1	**降圧型コンバータの回路** ──── 119
	降圧型コンバータの基本構成　119
	PWMスイッチ　120
	*LC*フィルタ　123
	定電圧制御部　123
7-2	**降圧型コンバータの設計手順** ──── 124
	降圧型コンバータの概略動作　124
	設計手順　125
	設計仕様を決める　125
	条件を仮定する　126
	基本パラメータを計算する　127
	インダクタ電流を求める　127
	出力コンデンサを求める　127
7-3	**降圧型コンバータを作ってみよう** ──── 128
	仕様　128
	三角波発生回路とPWMコンパレータ　129
	定電圧制御部の設計　129
	回路図　129
7-4	**降圧型コンバータを動かしてみよう** ──── 131

内部動作　131
　　　定格入出力時　131
　　　軽負荷時　132
　　　数値データを見る　132
7-5　**実用的な降圧型コンバータの条件** ── 133

第8章　スイッチング電源の回路形式
電源回路のトポロジー変換　── 135

8-1　**トポロジー変換を行うに当たって** ── 135
　　　インダクタ電流の連続性　135
　　　能動スイッチと受動スイッチ　137
　　　電源回路のトポロジー変換 ── 137
8-2　非絶縁型コンバータのトポロジー　137
　　　非絶縁型から絶縁型へ　138
　　　トランスと2巻き線インダクタの違い　139
　　　絶縁型コンバータのトポロジー　139
　　　そのほかのトポロジー　142
　　　各種回路の電圧変換率 ── 143
8-3　電圧変換率を求める意味　143
　　　仮想直流トランスを使用して電圧変換率を求める　143
　　　絶縁型コンバータの電圧変換率　147
　　　各回路の特徴 ── 148
8-4　電源回路トポロジー一覧表　148
　　　非絶縁型コンバータの選択方法　150
　　　入出力リプル電流　150

第9章　降圧型コンバータの実用回路
専用ICを使った実用回路　── 151

9-1　**実用的な電源回路には何が必要か** ── 151
　　　保護機能と付加機能　151
　　　具体的な保護機能を考えてみる　152
　　　最も重要な保護機能である過電流保護　153
　　　具体的な付加機能を考えてみる　155

9-2 実用的な降圧型コンバータを作ってみる ——— 156
降圧型コンバータの仕様　156
NJM2374AD/NJM2360ADによる降圧型コンバータ　156
差し替えて実験してみる　159

9-3 パワーMOSFETによる実用的な降圧型コンバータ ——— 161
パワーMOSFETとバイポーラ・トランジスタ　161
HA16114Pによる降圧型コンバータ　161
前節と比較できる条件で設計してみる　162
損失の少ない使いやすい電源ができた　163

9-4 最近のスイッチング素子はパワーMOSFET一色 ——— 164
パワーMOSFETはなぜ使われるのか　164
スイッチング周波数を高くすると小型化できる　165
スイッチング周波数を高くしたときの問題点　166

9-5 最近の降圧型コンバータICの例 ——— 167
最近のトレンド　167
パワーMOSFET外付けタイプ　167
パワーMOSFET内蔵タイプ　168
Column　セラミック・コンデンサ使用時は直流バイアス特性を考慮する　170

第10章 昇圧型コンバータの実用設計 ——— 175
入力より高い電圧を出力する

10-1 昇圧型コンバータの設計方法 ——— 175
出力リプル電圧の推定のしかた　175
設計の手順　176
設計仕様を決める　177
設計に必要ないくつかの条件を仮定する　178
基本パラメータを計算する　179
インダクタ電流からインダクタの値を求める　179
出力コンデンサを求める　179
動作させて目標値とのずれを確認する　180

10-2 昇圧型コンバータを作ってみる ——— 180
パワー・トランジスタ内蔵の定番IC　180
MOSFET外付けのIC　183

10-3	**昇圧型コンバータの改良** ———— 184

負荷が短絡したときの過電流を防止する　184

昇圧比を高く取る方法　184

多種類の出力電圧を得る方法も使える　186

第11章　昇降圧型コンバータ ———— 187
電圧を昇圧/降圧するには

11-1	**昇降圧型コンバータの設計** ———— 187

昇降圧型コンバータの基本構成　187

制御方式Ⅰの基本動作　188

制御方式Ⅱの基本動作　189

11-2	**制御方式Ⅰの昇降圧型コンバータ** ———— 191

NJM2374ADによる昇降圧型コンバータ　191

パワー系の設計　191

実験結果　191

11-3	**制御方式Ⅱの昇降圧型コンバータ** ———— 193

HA16121FPによる昇降圧型コンバータ　193

11-4	**最近の昇降圧型コンバータ制御IC**　195

大出力の小型電源を作れるLTC3780　195

外付け部品の少ない小型のTPS63001　197

第12章　反転型コンバータと新型コンバータ ———— 199
電圧を反転/昇降圧する

12-1	**動作原理と特徴** ———— 199

各コンバータの動作原理　199

各コンバータの特徴　200

新型コンバータのメリット　201

12-2	**反転型コンバータの設計と実験** ———— 201

反転型コンバータの用途　201

反転型コンバータの基本動作　202

定番ICによる反転型コンバータ　203

パワー系の設計　204

実験回路　204

	実験結果　205	
12-3	**新型コンバータの設計と実験** ───── 205	
	新型コンバータの基本動作　205	
	パワー系の設計　209	
	パワー MOSFET のドライブ回路　210	
	定番 IC による新型コンバータ　212	
	実験結果　213	
12-4	**反転型 / 昇降圧型 / 新型コンバータの実用回路** ───── 215	
	制御 IC　215	
	昇圧型 IC で作る SEPIC コンバータ　216	
	昇圧型 IC で作る多出力コンバータ　217	
	専用 IC で作る Cuk コンバータと反転型コンバータ　217	
	実用的な昇降圧型コンバータ　218	
	実用的な反転型コンバータ　218	

第13章　DC-DCコンバータと効率 ───── 221
降圧型コンバータの効率を上げる方法

13-1	**効率の計算方法** ───── 221
	効率を向上させるには内部損失を減らすことが重要　221
	内部損失を計算する　222
	スイッチング損失について　222
13-2	**同期整流回路を使用する** ───── 223
	同期整流回路とは　223
	同期整流回路の問題点　224
	軽負荷時の問題点　225
13-3	**同期整流回路の実験** ───── 225
	実験回路　225
	効率を比較する　227
Appendix D	**電源各部の損失の計算方法** ───── 229
	平均値の計算方法　229
	実効値の計算方法　229
	寄生容量の電力損失の計算　231
	電圧源の電力損失の計算　232

ダイオードの等価回路　232

パワーMOSFETの等価回路　233

パワーMOSFETのドライブ損失の計算　234

第14章　高効率DC-DCコンバータ用IC　235
実用的な同期整流回路を実現できる

14-1　最高スイッチング周波数4MHzの同期整流降圧型コンバータLTC3561　235

LTC3561の特徴　235

実験回路　237

特性　237

14-2　0.3Vから動作する同期整流昇圧型コンバータTPS61200　238

TPS61200の特徴　238

実験回路　239

特性　240

14-3　最大効率96%の同期整流昇降圧型コンバータTPS63000　241

TPS63000の特徴　241

実験回路　243

特性　243

14-4　2A連続出力/広入力電圧範囲の同期整流昇降圧型コンバータLTC3533　244

LTC3533の特徴　244

実験回路　245

特性　247

TPS63000とLTC3533　248

第15章　DC-DCコンバータを安定に動作させる　249
負帰還安定度の考察と位相補償の方法

15-1　発振してしまう理由　249

発振の条件…$A\beta=-1$　249

位相とゲインの周波数特性　251

位相余裕とゲイン余裕　251

位相補償とゲイン補償　252

15-2　降圧型コンバータの負帰還安定度　253

降圧型コンバータの制御ブロック図　253

　　　　　各ブロックのゲイン　253
　　　　　位相補償　259
　　　　　現実の素子/回路では　259

15-3　**安定度をシミュレーションで予想** ——— 261
　　　　　設計値をシミュレーションで確認する　261
　　　　　無視していたパラメータを入れる　262
　　　　　実験しやすいように再設計　263

15-4　**ループ・ゲインの測定方法** ——— 263
　　　　　ループ・ゲイン測定の原理　263
　　　　　ループ・ゲインの簡単な測定回路　263
　　　　　スイッチング電源特有の問題点　264
　　　　　簡易ループ・ゲイン測定回路　265
　　　　　ループ・ゲインの実用的な測定器　268

15-5　**負帰還安定度を実験で確認** ——— 269
　　　　　位相余裕の確認　269
　　　　　負帰還安定度の簡易確認法　269

15-6　**安定度を確保するもう一つの方法** ——— 271
　　　　　全体にゲインを低下させるゲイン補償　271
　　　　　ゲイン補償の利点…負荷応答が速くなる　273

15-7　**降圧型コンバータの高周波スイッチング** ——— 273
　　　　　遅れ時間　273
　　　　　平滑コンデンサのESL　273
　　　　　エラー・アンプの周波数特性　274

15-8　**他形式のDC-DCコンバータ** ——— 274
　　　　　DC-DCコンバータの伝達関数　274
　　　　　伝達関数の求めかた　274
　　　　　RHPゼロ　275
　　　　　Column　PWM信号の周波数スペクトル　256

第16章　DC-DCコンバータの高速制御 ——— 277
電流モード制御とON/OFF制御による高速化

16-1　**電流モード制御による高速化** ——— 277
　　　　　クロスオーバー周波数を高く設定できる　277

動作原理　278
　　　実用回路　278
　　　安定動作のためにスロープ補償が必要　279
　　　制御等価回路　279
　　　位相補償は電圧モードと異なる　282
　　　ピーク電流モード以外の電流モード　283

16-2　電流モード制御の実験 ───── 284
　　　実験回路　284
　　　実験結果　286

16-3　実用的な電流モードDC-DCコンバータ ───── 286
　　　従来型電流モード　283
　　　高効率電流モード　287
　　　エミュレーテッド電流モード　291
　　　LM25576…エミュレーテッド電流モード制御IC　291
　　　電流モード制御ICの使いかた　291

16-4　ON/OFF制御による超高速DC-DCコンバータ ───── 293
　　　なぜ高速応答が必要なのか？　294
　　　ヒステリシス制御　296
　　　LM3485…ヒステリシス制御IC　297
　　　LM2695…一定オン時間制御IC　297
　　　Column　電流モードの特徴　283

第17章　インダクタとトランス ───── 301
磁気学の基礎

17-1　電気学と磁気学 ───── 301
　　　電気と磁気の関係　302
　　　磁気用語と電気用語の対応　302
　　　電気と磁気のエネルギーに対する捕らえかたの違い　303
　　　磁気量の単位　305
　　　磁気現象の基本　305

17-2　アンペアの法則とファラデーの法則 ───── 306
　　　アンペアの法則　306
　　　ファラデーの法則　307

17-3　磁性体のふるまい ── 307
透磁率　307
*B-H*カーブ　308
コア材　309

17-4　渦電流による損失 ── 311
渦電流とは　311
表皮効果　312
近接効果　313
エッジワイズ巻き　314
漏れ磁束による渦電流損失　315

17-5　インダクタとトランスのインダクタンスを求める ── 317
磁束と総磁束の算出式　317
巻き線の方法によってトランスのインダクタンスはぜんぜん違う　318
磁気回路を利用して磁路が分岐するインダクタのインダクタンスを求める　319
磁気回路を利用して空隙のあるインダクタのインダクタンスを求める　320

17-6　磁束密度を求める ── 321
磁束密度を計算する理由　321
磁束密度の算出式　321
磁束密度の算出式を使い分ける　322

17-7　保存エネルギーと損失 ── 323
エネルギーは非磁性体に蓄えられる　323
インダクタやトランスに発生する損失　323
インダクタとトランスの最大許容損失は絶縁物の許容温度で決まる　324

17-8　インダクタのあらまし ── 324
正弦波電流に対する応答　324
ステップ応答　324
クオリティ・ファクタ Q　325
インピーダンスの周波数特性　325
実際のインダクタの特性　325

17-9　トランスのあらまし ── 327
等価回路　327
2次側電流が直流のときのトランスの動作　329
半波整流回路のトランスの動作　329

フォワード・コンバータのトランスの動作　330
フライバック・コンバータのトランスの動作　331
シングル出力増幅回路のトランスの動作　331
Column　磁界の単位は「テスラ」？　304

Appendix E **カレント・トランスとは** ——— 332
トランスとカレント・トランスの違い　332
電流測定用CTの製作　333

第18章 抵抗とコンデンサの基礎知識　339
基本部品の選択方法

18-1 **抵抗** ——— 339
抵抗の種類　339
抵抗の定格電圧　340
許容電力損失と発熱　340
耐パルス限界電力　340

18-2 **コンデンサ** ——— 343
コンデンサの種類　344
セラミック・チップ・コンデンサの使い分け　344
電解コンデンサ　345
アルミ電解コンデンサと寿命　346

18-3 **スナバ回路** ——— 347
スナバ回路とは　348
定抵抗回路　348
インダクタの巻き線抵抗を利用した電流検出回路　350

18-4 **ディレーティング** ——— 350
信頼性の考えかた　351
ディレーティングの目安　352
電解コンデンサと電圧ディレーティング　352

第19章 電力用半導体の基礎知識　353
高速ダイオードとパワーMOSFET

19-1 **高速ダイオード** ——— 353
FRDとは　353

SBDとは　355
SBDは逆損失に注意　356
高速ダイオードの順方向特性　357

19-2 バイポーラ・トランジスタ ―― 357
バイポーラ・トランジスタの動作原理　358
スイッチング時のh_{FE}は10程度で考える　360

19-3 パワーMOSFET ―― 360
パワーMOSFETの動作原理　360
パワーMOSFETの基本特性　361
パワーMOSFETの入力容量　364
ゲート・ドライブ回路　365

19-4 ディレーティング ―― 367
ディレーティングの目安　367
電力用半導体の並列/直列接続　367
Column　少数キャリア素子と多数キャリア素子　358
Column　ワイド・バンドギャップ半導体　368

第20章 プリント基板のパターン設計 ―― 369
ノイズを減らすパターン設計と実装方法

20-1 スイッチング電源の出力ノイズ ―― 369
出力ノイズ波形　369
リプル・ノイズの波形と原因　370
オシロスコープのプローブ接続　371
スパイク・ノイズの発生原因　371
ループ・インダクタンスと誘導電圧　371

20-2 プリント基板設計 ―― 372
入力から出力まで一直線に…部品配置とパターン設計　372
制御系の配置とパターン設計　373
ベタ・グラウンドとパターン・カット　374
配線パターンと抵抗，インダクタンス　374

参考・引用文献 ―― 374
索引 ―― 381

第1章

【成功のかぎ1】
電源回路設計の概要
2種類の電源回路設計法をマスタしよう

　電子機器は，電気エネルギーを消費して必要な仕事を行います．電源回路は電子機器内部で，商用交流電源や電池などから入力された電気エネルギーを，電子回路が要求する形態の電気エネルギーに変換して供給しています．電源回路を一言で言えばエネルギー変換回路です．

　直流安定化電源のエネルギー変換には，2種類の回路方式があります．すなわち，余分なエネルギーを熱に変えるリニア・レギュレータと，エネルギーの形態を変えて熱を出さないスイッチング・レギュレータです．リニア・レギュレータはほとんどノイズを出しませんが，スイッチング・レギュレータはスイッチングによるエネルギー変換のときに大きなノイズを出す可能性があります．

　本章では，負荷の特性に応じた電源回路の選びかたや，電源回路のトレンドについて概観します．

1-1　電源回路が正常に動いて初めて機能が実現できる

　電子機器を信号を中心に書いたブロック図は，例えば図1-1(a)のようになります．これを電源を中心に書き直すと図1-1(b)になります．

　電子回路を機能で見るときは電源を無視する場合が多いのですが，この場合でも，電源は正常に動作していることが前提となります．

　トラブル・シューティングのときに，電源は正常に動作していると思いこんでしまったところ，不具合の原因が電源にあったために原因究明に思わぬ時間がかかった，という経験は，誰でももっているのではないでしょうか．

　信号は「神経系統」，電源は「血液循環」ですから，第一に正常な電源供給を実現して，信号の伝達はその後にチェックする習慣を身につけたいものです．

(a) 機能ブロック図

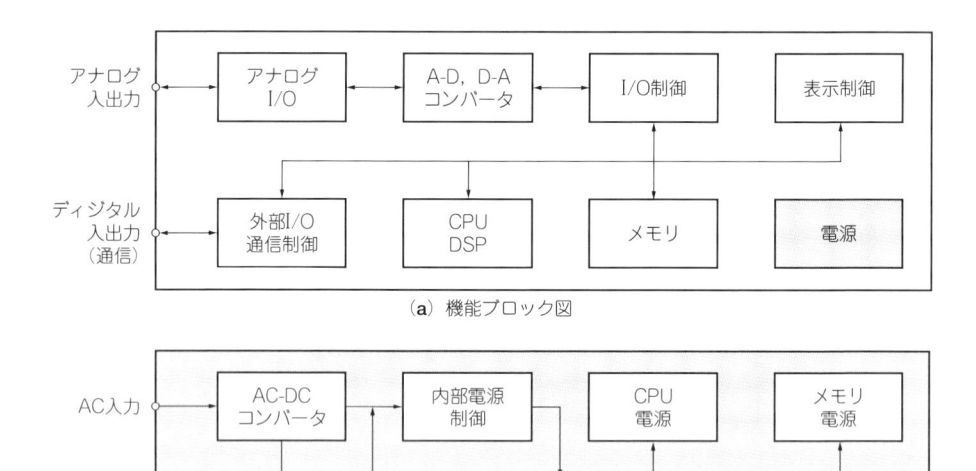

(b) 電源回路のブロック図

[図1-1[20]] 電子機器の構成は機能と電源供給という二つの面から考えることができる
最近の電子機器では機能ブロックごとに必要な電源電圧が異なることが多い．電源の立ち上がり/立ち下がりの仕様が決められている（シーケンスという）ことも増えている

1-2　出力電圧が安定化された電源回路の作りかたを解説する

● 昔の電源回路は安定化されていない回路が多かった

　真空管時代の電源回路は，一部の精密計測機器を除けば，安定化電源を使用していませんでした．

　商用交流電源にトランスを接続して絶縁/変圧し，トランス2次側の交流電圧を整流/平滑しただけの，安定化されていない直流電源が一般的でした．

● 今は一定の電圧を出力する安定化電源が一般的

　能動素子として真空管に代わり半導体が使用されるようになると，真空管ほどには耐圧に余裕がなくなり，安定化電源を用いることが多くなりました．

　直流安定化電源回路は，直流出力電圧を一定の値に制御します．出力電圧の変動要因としては，入力電圧，負荷電流，周囲温度があります．

　これらの変動要因を抑え込んで常に一定の直流出力電圧を得るのが，直流安定化

電源回路です．

● **安定化電源を使うメリット**
　すべての電子回路に安定化電源が必要かといえば，そんなことはありません．
　安定化電源回路そのものも電子回路であり，安定化されていない直流電源で動作し，出力として安定な直流電圧を機能を実現するための回路に供給します．
　それでは，安定化電源を使うメリットは何でしょうか．
▶機能を実現しつつ電源変動に耐えるのは大変
　機能を実現するための回路を変動の大きい非安定化直流電源で動作させようとすると，耐圧と消費電力に余裕のある半導体の使用が必要です．
　そのような半導体は形状が大きく，高価になります．現在，主流になっているCMOS型ICを考えた場合，損失は電源電圧の自乗と動作周波数に比例するため，高速動作もさせにくくなります．
▶電源変動への対応と機能の実現を分離すると楽
　電子機器を安く，小さく作ろうとするなら，機能を実現するための回路に，耐圧に余裕はないけれども安くて小さい半導体を使いたくなります．そのためには，電源の変動ぶんは安定化電源回路に負担させればよいのです．
　こうすれば，ICの電源電圧を下げて，低消費電力で高速に本来の仕事を行わせることもできます．
　要するに，分業化による半導体の利用効率アップを目的にしているわけです．
　これが，安定化電源回路を使う理由です．さらに，安定化電源回路にもできるだけ内部損失の少ない回路を使用すれば，装置全体が安く，小さくできます．

● **電源電圧を安定化しないとどうなるか**
　出力電圧が安定化されていない電源の例として，定格出力DC 15V/350mAの非安定化出力ACアダプタの出力特性を**図1-2**に示します．
　出力電圧は，入力電圧や出力電流の変動で大幅に変化します．公称出力電圧値の15Vは，実測では入力電圧AC 100Vで出力電流DC 300mAのときに得られます．
　図1-2を見て，定格値がDC 15V/350mAであることがわかるのは，専門家だけでしょう．
　これはたまたま手元にあった一例ですが，非安定化出力ACアダプタはこのように出力特性が悪いものが一般的です．

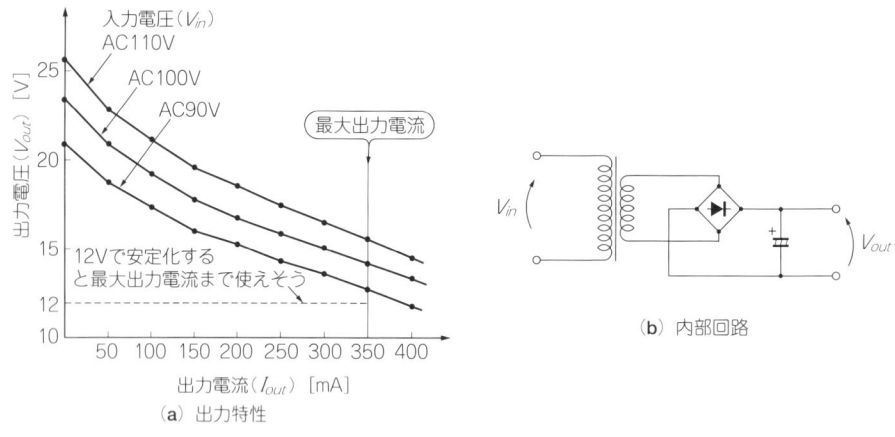

[図1-2] 電圧が安定化されていないACアダプタの例
最近は定電圧出力のACアダプタも多い

▶電源電圧変動が大きいとディジタル回路は設計しにくい

　ディジタルICの代表例として74HCシリーズと呼ばれるICを例にとり，このような非安定化電源で動作させられるかを考えてみましょう．

　74HCシリーズの推奨電源電圧は，2.0〜6.0Vです．定格出力電圧がDC 3.5Vくらいのテレビアダプタを考えると，電源電圧変動範囲は3〜6V程度と予想され，どうにか動くかもしれません．

　しかし，74HCシリーズは電源電圧により動作速度が変わってしまいます．動作速度を問題にするようなきちんとした設計はできません．安定化電源を使用するのが設計の面では効率的です．

▶アナログ回路でも電源電圧変動への対応は難しい

　アナログ回路の場合，単電源のOPアンプ回路であれば，**図1-2**に示した程度の変動を許容できる設計は可能です．しかし，電源変動の影響を受けないように動作させるには，工夫が必要です．

　また，このACアダプタを2個用意して，±電源のOPアンプ回路の電源とすることを考えてみましょう．

　一般的なOPアンプの最大定格は電源電圧±18V程度です．ところが，このACアダプタによる電源を使うと，入力電圧変動も含めた最大電源電圧は±25V以上になります．そのままではOPアンプは使用できず，安定化電源回路が必要です．

　ディスクリート半導体を使用して回路を工夫すれば，安定化電源回路なしで動作

するOPアンプ回路も実現可能です．しかし，開発に時間がかかるだけでなく，コストも上昇します．

やはり，安定化電源＋OPアンプICという構成が，すべての面で最も効率的です．

1-3	直流を使う2種類の電源回路を中心に扱う

● 安定化電源と一口にいっても種類は多い

安定化電源の回路方式を大別すると，出力を連続的に安定化するリニア・レギュレータと，スイッチングを用いて不連続的に安定化するスイッチング・レギュレータがあります．

最近では，小型化/低価格化の要求からほとんどの電子機器にスイッチング・レギュレータが採用されるようになりました．

● 出力電圧を安定化する電源を扱う

直流安定化電源には，出力電圧を安定化する定電圧電源以外にも出力電流を安定化する定電流電源，出力電力を安定化する定電力電源があります(図1-3)．

定電流出力や定電力出力の直流安定化電源回路は，使用頻度が少ないので，本書では触れません．

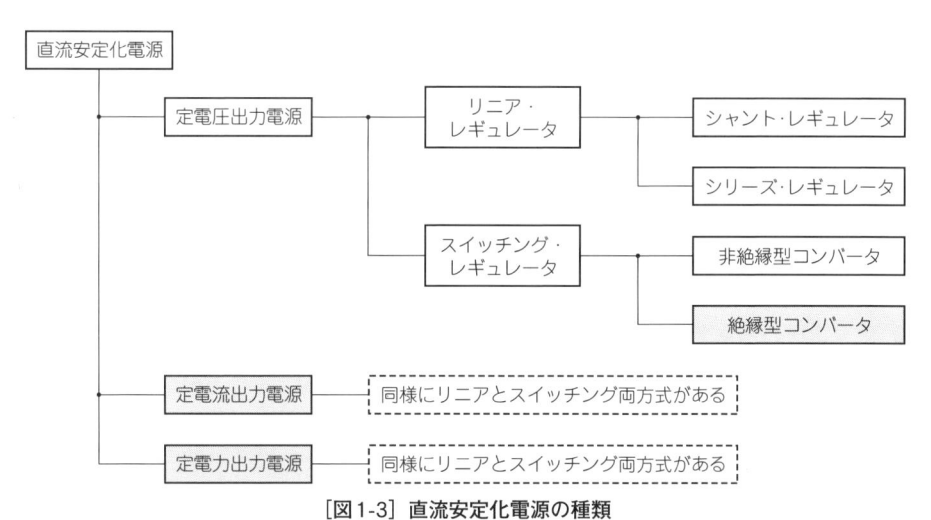

[図1-3] 直流安定化電源の種類
AC 100Vなど商用交流電源でよく使用されるのは，スイッチング・レギュレータとシリーズ・レギュレータ

● リニア・レギュレータと非絶縁型スイッチング・レギュレータを中心に扱う

　図1-3に示すように，スイッチング・レギュレータには，入出力間が絶縁されていない非絶縁型とトランスを用いて絶縁した絶縁型の2種類があります．

　絶縁型スイッチング・レギュレータは，商用交流電源に直結されるものが多くあります．

　その場合，出力は交流電源ラインから絶縁され，安全性が確保されることから，オフライン・コンバータ，あるいは入力整流回路を含めてAC-DCコンバータと呼ばれます．

　そのような絶縁型スイッチング・レギュレータは，高周波絶縁トランスに標準品がなくて入手しにくいこと，安全規格上の配慮が必要で危険を伴うことから，本書では解説にとどめて製作はしません．

　本書では，安全に実験できるリニア・レギュレータと非絶縁型のスイッチング・レギュレータ（DC-DCコンバータ）の2種類を主に取り上げます．

　実験により動作を確認しながら，使用頻度の多いこの2種類の定電圧電源回路を設計／製作／使用するための基本知識の習得を目指します．

1-4　実用的な電源システムを設計するには

● AC 100V入力の電源回路は購入してくる

　エネルギー源である商用交流電源（AC 100Vなど）を入力とするAC-DCコンバータを自分で設計できないと，真に実用的な電源システムは作れないのではないか，と思われるかもしれません．その心配は無用です．

　最近では「中間バス・アーキテクチャ」（IBA：Intermediate Bus Architecture）（図1-4）と呼ばれる電源システムの採用が増えてきました．このシステムでは，AC-DCコンバータを設計する必要がありません．設計や製作が面倒なAC-DCコンバータは，安全規格やノイズ（EMC）規格を取得した製品を外部より購入します．

● 直流電圧から直流電圧を作る回路だけを設計する

　2次側の直流電圧（中間バス電圧と呼ぶ）は，安全で扱いやすい5 〜 12V程度にします．

　ICなどの直近に，中間バス電圧を必要な電圧に変換するPOL（Point Of Load）と呼ぶDC-DCコンバータやリニア・レギュレータを配置します．

　このようにすると，必要な電源がすべて入った高価な多出力電源ユニットを特注

```
┌─────────────┐
│中間バス電圧  │
│5〜12V       │         ┌──────────┐
└──────┬──────┘         │POL       │  負荷
               ┌────────┤コンバータ ├──(IC)
入力電源       │        │(非絶縁型  │  1.8V
/AC100〜       │        │ コンバータ)│
 240V    ┌────┴────┐    └──────────┘
─────○───┤バス・    │    ┌──────────┐
         │コンバータ├────┤POL       │
         │(絶縁型   │    │コンバータ ├── 2.5V
         │ コンバータ)│   │(非絶縁型  │
         └────┬────┘    │ コンバータ)│
              │         └──────────┘ ┌─購入または
┌──────────────┤                      │ 内作
│設計/製作が大変なので電源│             ┌──────────┐
│メーカの製品を購入   │             │POL       │
└──────────────┘             │コンバータ ├── 3.3V
                             │(非絶縁型  │
┌──────────────┐             │ コンバータ)│
│絶縁されているし低い │             └──────────┘
│電圧なので安全    │
└──────────────┘
```

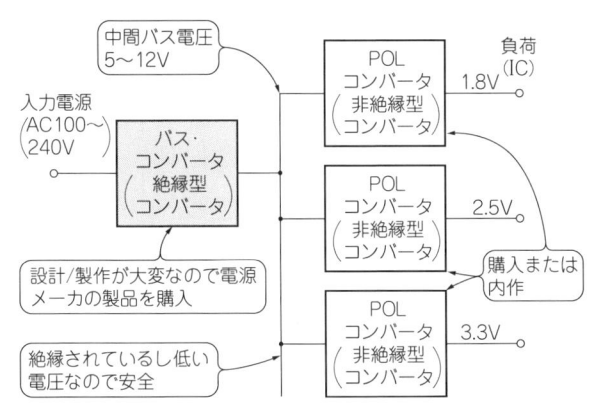

[図1-4] 中間バス・アーキテクチャと呼ばれる電源システムの概要
さまざまな電源電圧が必要な最近の電子機器に向いている

で購入する必要がなく，負荷となる電子回路にマッチした安価で高効率な電源システムの構築が可能です．

最近のディジタルICは，昔のように5Vだけではなく，3.3Vや2.5Vなど複数の電圧を要求することが多いので，このような構成のほうが便利です．

本書では実用的な電源システムを作るために，DC-DCコンバータやリニア・レギュレータについて実験しながら基本知識の習得を目指します．

実験のときは，基本的に直流電源を使用します．ここでいう直流電源とは，実験用のベンチ・トップ型で，絶縁トランス，整流/平滑回路，リニア・レギュレータを組み合わせた高性能なものを指します．

1-5　電源回路の設計時には負荷の性質も考える必要がある

● ディジタル回路とアナログ回路は電源回路が供給しなければならない電流の波形が大きく異なる

本書で負荷として想定するのは電子回路ですが，ディジタル回路とアナログ回路では電源が供給しなければならない電流の波形がかなり異なります(**図1-5**)．

アナログ回路ではゆっくりと電流が変化することが多く，ディジタル回路は不規則なパルス状の電流が流れます．

ディジタル回路のパルス性の負荷電流変化に対して，電源回路の能動素子は応答できない場合がほとんどです．どうして応答できるのかというと，出力に入れたコンデンサが電荷を充放電するからです．

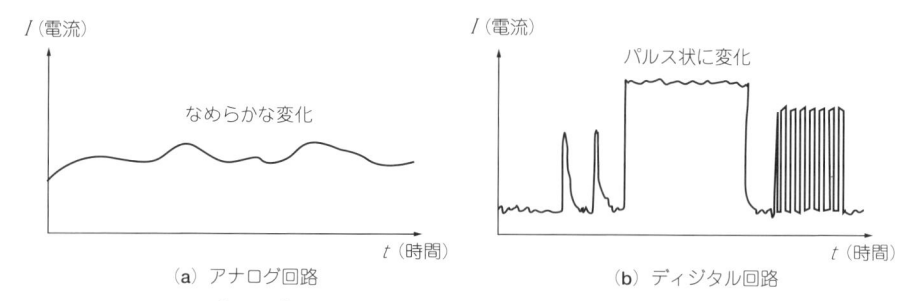

[図1-5] 電源回路が供給しなければならない電流波形
ディジタル回路が消費するパルス状の電流に対応するためには適切な出力コンデンサが重要

(a) アナログ回路 / (b) ディジタル回路

なめらかな変化 / パルス状に変化

● 設計時点で十分に考慮する必要がある負荷

一般に要注意負荷として警戒されているのが，
(1) コンデンサ負荷
(2) ランプ負荷
(3) モータ負荷
(4) インダクタ負荷
(5) DC-DCコンバータ

などです（**図1-6**）．

(1)，(2)，(3)は，電源ON時の突入電流が大きすぎて，過電流保護回路の設計によっては電源回路（およびそれ以後の回路）が起動しません．

(1)は，電源回路の入力側をOFFしたときに，出力と入力の電圧が逆転してしまい，保護ダイオードがないと破損する可能性が高い負荷です．

(3)と(4)は，電源回路の入力側をOFFしたときに，逆起電力が発生して，保護ダイオードがないとほとんどの場合に電源回路が破損します．

(5)は，高効率なスイッチング・タイプのDC-DCコンバータが出てきて問題になってきました．

DC-DCコンバータは負荷が一定なら入力電力もほぼ一定です．そのDC-DCコンバータを負荷とする電源回路から見ると，出力電力が一定になります．電源回路の出力電圧が増加すると，出力電流は減少することになるので，これは負性抵抗特性を示します．回路が負性抵抗を含んでいると発振しやすくなり，安定度の確保が難しくなります．

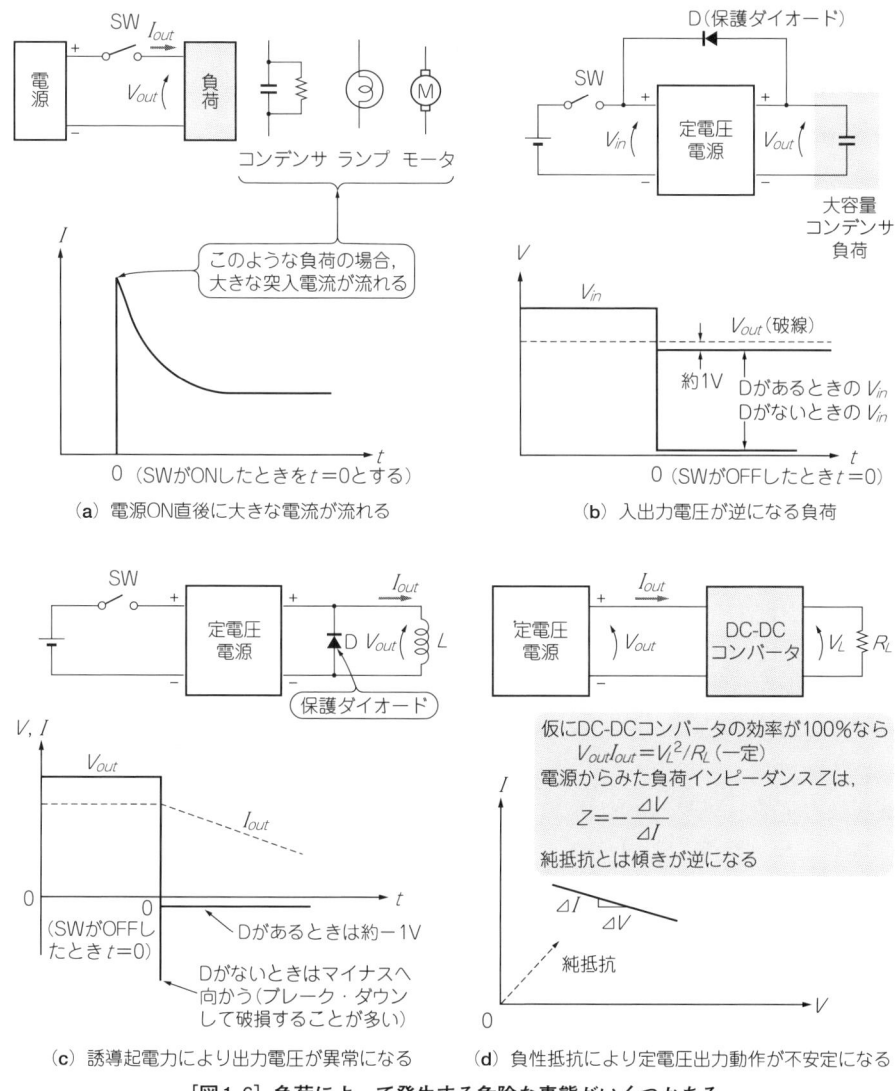

(a) 電源ON直後に大きな電流が流れる

(b) 入出力電圧が逆になる負荷

(c) 誘導起電力により出力電圧が異常になる

(d) 負性抵抗により定電圧出力動作が不安定になる

[図1-6] 負荷によって発生する危険な事態がいくつかある
保護用ダイオードや適切な設計の電流制限回路など，電源回路に対策をしておく必要がある

仮にDC-DCコンバータの効率が100%なら
$V_{out}I_{out}=V_L^2/R_L$ （一定）
電源からみた負荷インピーダンスZは，
$$Z=-\frac{\Delta V}{\Delta I}$$
純抵抗とは傾きが逆になる

1-5 電源回路の設計時には負荷の性質も考える必要がある

1-6　直流安定化電源のトレンド

● 低電圧大電流化の流れ

　負荷となる電子回路に使用されるICは微細化が進み，電源電圧も1V近辺に低下しています．それにつれて，電流が増加してきました．
　例えば同じ10Wの負荷でも，5V/2Aが1V/10Aになると，設計や製作の難易度が大幅に上がります．
　電源電圧の許容変動範囲を±5%とすると，5Vでは±0.25Vですが，1Vでは±0.05Vとなります．そのうえに電流が増加しているため，配線パターンでの電圧降下も無視できません．

▶ディジタルICが必要とする電源の例

　表1-1にサーバ用CPU（インテル社製Xeonプロセッサ）の電源電圧/電流の要求仕様を示します．
　省エネルギーのために，動作に応じて内部回路はダイナミックにON/OFFされます．入力電流も，最大100Aステップと短時間（1μs以内）に変化します．100Aステップで電流が変化しても，許される電圧変動は－140mV±20mVです．
　この要求仕様を実現するには，効率，形状，コストの面でリニア・レギュレータが受け入れられないので，スイッチング・レギュレータ（降圧型コンバータ）が使用されています．

▶複数の回路を並列で動かして負担を分散

　スイッチング・レギュレータが1回路だけでは，図1-7(a)のように120Aの電流を1回路だけで流す必要があります．プリント基板の銅箔も含めて，回路素子に加わる負担が大きすぎます．
　そこで，数回路を多相（マルチ・フェーズ）化し，1回路の電流を回路数分の1として負担を低減しています．一例として図1-7(b)に12V入力から1.2V/120Aを取り出す4相降圧型コンバータを示します．
　多相化して小さくなるのは1回路の出力電流だけではありません．単相では入力

[表1-1[93]]　インテルXeonプロセッサが電源に要求する仕様

直流入力電圧	直流出力電圧	直流出力電流	最大出力電流	最大出力電流ステップ	最大出力電流スルー・レート
12V	0.8375V〜1.6000V 6ビットで設定	105A	120A	100A/μs	930A/μs

電源に加わるストレスも約120Aピークと大きくなっていますが,4相では約30Aピークと小さくなります.

(a) 単相降圧型コンバータ
回路素子だけでなく,入力電源のストレスも大きい

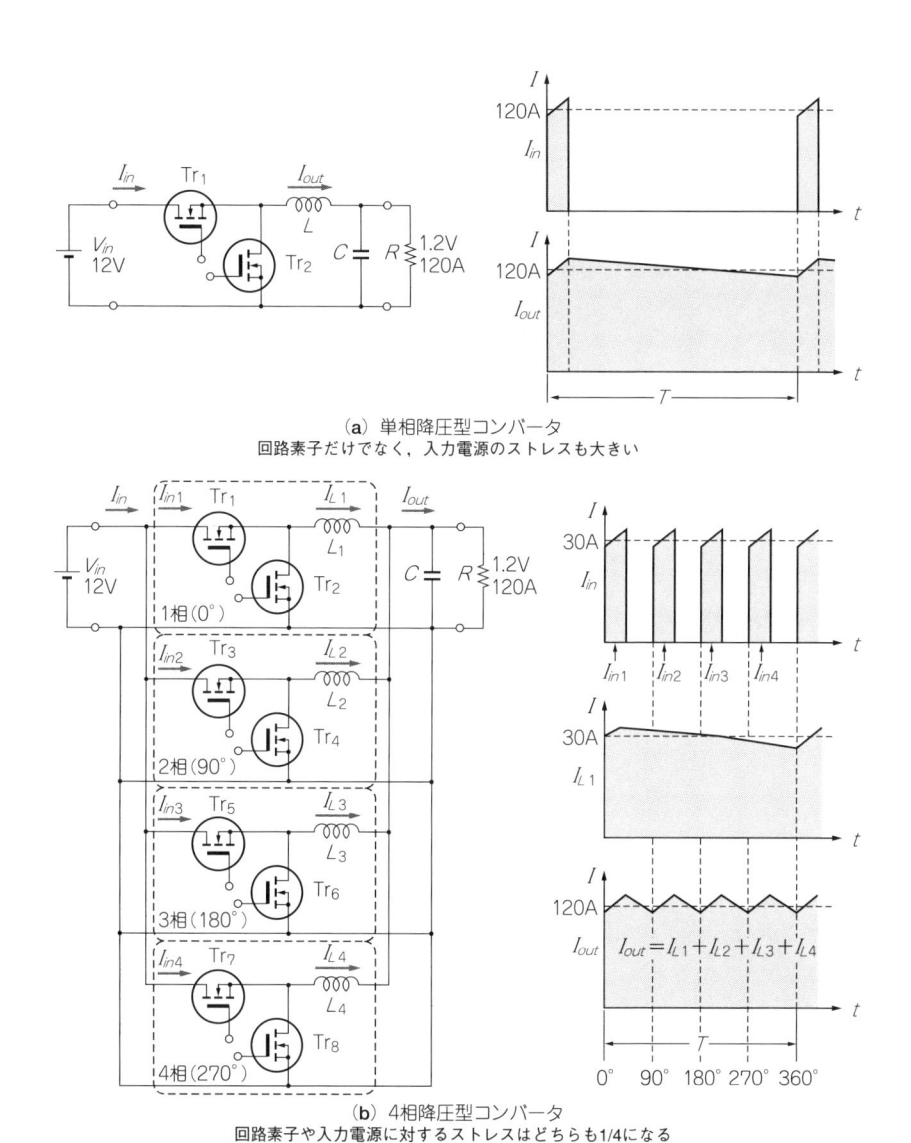

(b) 4相降圧型コンバータ
回路素子や入力電源に対するストレスはどちらも1/4になる

[図1-7] 低電圧大電流を必要とする負荷に対応するため多相化された電源が使われている

1-6 直流安定化電源のトレンド | 031

● 中間バス電圧を使いIC直近で必要な電圧を作る

　サーバやパソコン用CPUほどには大電力を必要としない回路においても，使用ICの電源が低電圧/大電流になっていて，しかもICごとに必要な電源電圧が異なっています．

　これに対応するため，前述の中間バス・アーキテクチャ(**図1-4**)を採用する場合が増えてきました．

　バス電圧には，最終的に必要な電圧よりある程度高く，かつ扱うのに危険がないよう，絶縁された5～12V程度の電圧を使います．電圧を高くしたぶん，伝送ラインに流れる電流を減らすことができます．

　ICの直近で必要な低電圧/大電流に変換することにより，配線による電圧降下を低減し，効率を改善します．ICの直近で必要な電圧に変換するコンバータは前述のようにPOLと呼ばれています．

● 携帯機器でもスイッチング方式が増えている

　小型携帯機器では何種類も必要な電源電圧を小型に作るため，必要部品数の少ないLDO (Low DropOut regulator)と呼ばれる低損失リニア・レギュレータが使用されることが多いのですが，充電池の連続使用時間を延ばすためには効率を高くする必要があり，スイッチング・レギュレータの使用が増えてきました．

　電源の投入/遮断順序が規定される場合も多く，電源ICにON/OFF制御端子付きを使用し，外部で電源投入/遮断の順序を制御することもあります．

● スイッチング周波数が高くなっている

　小型化と高速なエネルギー供給の必要からスイッチング周波数もMHzを越えてきています．

　MHzでスイッチングする回路には専用基板が必要になり，ブレッド・ボードでは簡単に実験できません．

　本書の実験は100kHz程度の周波数で行います．基本となる事柄は実験しながら考察します．

1-7　理想の電源回路とは

　電源回路はエネルギー変換回路です．目に見える機能はなく，必要なければ存在させておきたくない回路です．よって，電源回路への要求は言葉で書くなら簡単です．

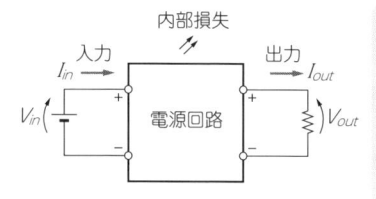

効率 η は，入力電力を P_{in} [W]，出力電力を P_{out} [W] として，

$$\eta = \frac{P_{out}}{P_{in}} = \frac{V_{out} I_{out}}{V_{in} I_{in}} \quad \cdots\cdots\cdots\cdots\cdots\cdots (1\text{-}1)$$

となる．ここで，内部損失 P_D [W] を考えると，

$$P_D = P_{in} - P_{out}$$

$$\eta = \frac{P_{out}}{P_D + P_{out}}$$

[図1-8] 電源回路の効率と内部損失
内部損失はすべて熱となる

(1) 効率100%
(2) 雑音は発生しない
(3) 高安定で出力の変動ゼロ
(4) 無視できるほど小形
(5) 価格ゼロ円

残念ながらこの要求を満たすことはできませんが，設計/製作する場合には，この要求にできるだけ近づけるようにします．

従来，直流安定化電源は，ディジタル回路用の5V，アナログ回路用の±15V，メカ制御用の24Vを用意する程度のものが一般的でした．

最近の電源は，上述のように出力電圧も多様化し，しかも，電源に用意されるスペースは大幅に減少しています．効率を向上させて，必要な放熱面積を減らすことが重要です．

1-8　電源回路の重要な特性「効率」

効率は**図1-8**の式(1-1)で定義されます．

電源回路をブラックボックスとして見る場合には，効率は重要なファクタですが，実際に電源を設計/製作する場合には，効率よりも内部損失を考慮することが重要です．効率の改善は，内部損失を低減した結果だからです．

電源回路各部の損失を計算/測定し，その原因を考察し，低減させる方法を考え，実験/計算で確認します．その結果として効率の向上が得られます．

さらに，発生した内部損失をどのように処理すれば内部温度上昇を低減できるのかを常に考えることも非常に大切です．

実際の電源で効率がどの程度になるかという概略を**表1-2**にまとめました．スイッチング・レギュレータは最近のパワーMOSFETを使用したものは高効率です

[表1-2] 5Vを出力する電源回路の効率

品種	リニア・レギュレータ			スイッチング・レギュレータ	
	入出力電位差0.5V	入出力電位差2V	入出力電位差4V	バイポーラ・トランジスタ	パワーMOSFET
効率	91%	71%	56%	60%～80%	70%～95%

が，バイポーラ・トランジスタを使用したものは90%以上の効率を得ることが困難です．

リニア・レギュレータも，LDO型ならば入出力電圧差が少ないときにはスイッチング・レギュレータ並みの効率になります．

1-9　直流安定化電源設計の第一歩は方式の選択

図1-3に示したように，直流安定化電源には，内部動作から分類すると，リニア・レギュレータとスイッチング・レギュレータの二つの方式があります．

● スイッチング・レギュレータとリニア・レギュレータの使い分け

図1-4に示した電子機器の電源のように，商用の交流電源(100～240V，50/60Hz)に接続される場合は，まず絶縁型スイッチング・レギュレータにより，商用電源から絶縁された何種類かの直流電源を作ります．その後で，必要に応じて，得られた直流電源をそのまま使用したり，あるいは電圧変換して使います．

本書で扱うリニア・レギュレータとDC-DCコンバータの2種類は，どちらもこの電圧変換のためのものです．

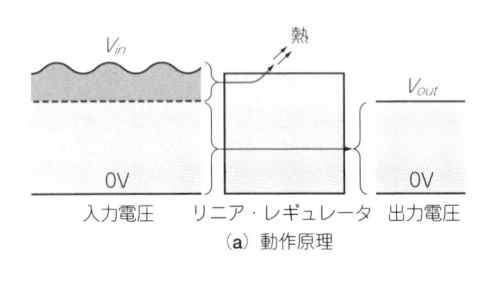

[図1-9] リニア・レギュレータの動作原理
$V_{in}I_{in} - V_{out}I_{out}$の内部損失がすべて熱になる

(a) 動作原理

(b) 等価回路

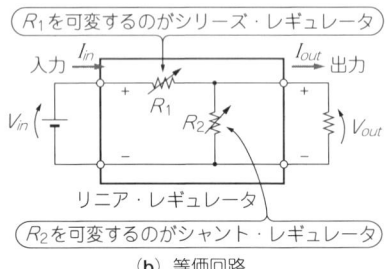

R_1を可変するのがシリーズ・レギュレータ
R_2を可変するのがシャント・レギュレータ

低ノイズの電源が必要なアナログ回路にはリニア・レギュレータ，大電流が必要な回路にはスイッチング・レギュレータを使用するのが一般的な使い分けです．

▶小電流だと単純にどちらが良いとはいえない

1A以下の小電流回路では，単純にどちらを使うべきとはいえません．損失，コスト，形状，性能など，総合的に考えて最もバランスの良い方法を選択します．

入出力間電圧差が小さいと，総合的に見てリニア・レギュレータが優れている場合も多いので，「高効率なのはスイッチング・レギュレータ」と思いこまずによく検討してみましょう．

● ノイズの少ないリニア・レギュレータ

スイッチングをしない連続動作の定電圧電源回路をリニア・レギュレータといいます．

リニア・レギュレータは，動作原理［図1-9(a)］から，一定の出力電圧を取り

$$V_{out} = \frac{T_{on}}{T} V_{in}$$

T_{on}/Tのことをデューティ・サイクルDという

(a) 動作原理

(b) 等価回路

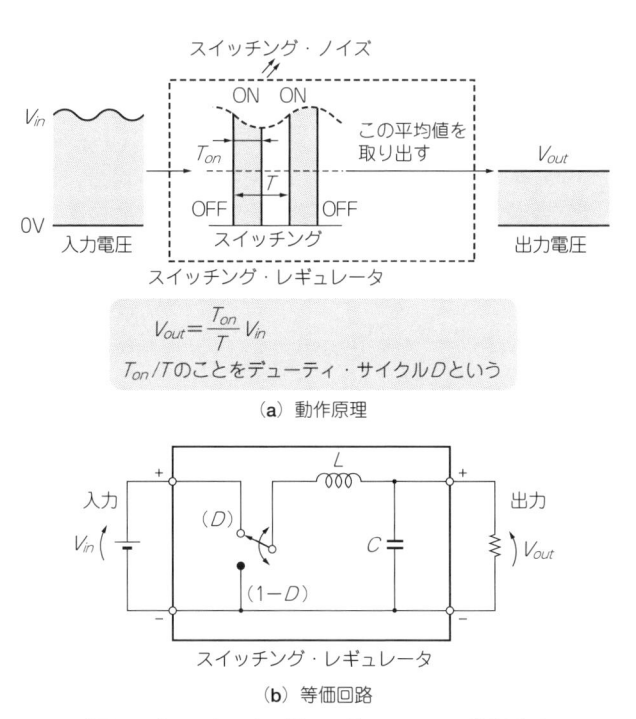

[図1-10] スイッチング・レギュレータの動作原理
原理的にはほぼ無損失だがスイッチング・ノイズを発生する

1-9 直流安定化電源設計の第一歩は方式の選択

出した余分な入出力電圧の差と出力電流の積をすべて熱損失にしてしまいます．
　リニア・レギュレータは，図1-9(b)のように，抵抗値を電子制御で変えることで分圧比を変え，出力電圧を一定にする回路ともいえます．
　リニア・レギュレータは動作原理からさらにシャント・レギュレータとシリーズ・レギュレータの2種類に分かれますが，それは次章で解説します．

Column

安定化電源に関連した用語

　安定化電源，特にスイッチング・レギュレータに関連した用語は非常に多く，混乱しやすいのでまとめておきます．
● **レギュレータ**(regulator)
　「調節器」のこと．出力電圧(電流，電力の場合もある)を一定値に調節可能な電源を指す．本書ではこの機能なしでも，スイッチングしていればスイッチング・レギュレータと呼び，スイッチング・コンバータと区別しない．
● **コンバータ**(converter)
　「変換器」のこと．逆変換器であるインバータ(inverter)に対して，特に順変換器とも言う．直流→直流，交流→直流，交流→交流の変換は順変換で，直流→交流の変換は逆変換である．絶縁型コンバータは，トランスの前で直流→交流に変換し，トランスで電圧を変圧してから整流回路で交流→直流に変換している．内部にインバータを有しているが，システム全体では直流→直流変換のためコンバータと言う．なお，リニア・レギュレータも言葉本来の意味では降圧型コンバータであるが，本書でコンバータと言えばスイッチング・コンバータを指す．
● **チョッパ**(chopper)
　「切り刻む者(物)」の意．非絶縁型DC-DCコンバータを指すが，本書では使用しない．
● **SMPS**(Switch-mode Power Supply)
　スイッチング電源のこと．Switching Power Supplyと呼ばれることもある．
● **DC-DCコンバータ**
　広義では直流電圧の変換器である．狭義では直流入力，直流出力のスイッチング・レギュレータを指す．
● **AC-DCコンバータ**
　一般に交流入力，直流出力の絶縁型スイッチング・レギュレータを指す．
● **スイッチング電源**
　スイッチング・レギュレータを使用した電源システムのこと．狭義ではスイッチング・レギュレータに各種保護回路，警報装置を付加した電源システムを指す．スイッチング電源システムをスイッチング・レギュレータと呼ぶ場合もある．

● 損失の小さいスイッチング・レギュレータ

　リニア・レギュレータに対してスイッチング・レギュレータは，スイッチング回路と無損失のコイルとコンデンサを使用して等価的に電圧変換比を変えますから，原理的な損失はゼロで効率が良くなります．

　最もわかりやすい降圧型コンバータの動作原理図(**図1-10**)から動作を説明する

● スイッチング・レギュレータ

　狭義では，スイッチング・コンバータを用いて一定の直流出力電圧(電流，電力の場合もある)を得る電源を意味する．広義では，スイッチング・コンバータによりエネルギー変換を行う電源すべてを指す．

● (電気)絶縁

　電気の流通路以外への漏れを防止すること．最も問題になるのは，100V以上の商用交流電源が，人間が触れる可能性のある筐体などの導電性部分に漏れて感電したり，漏電により火災などの事故を発生させることである．事故防止のため各国で法律により，電気/電子機器で使用されている絶縁物の材質/厚さ，金属導体間の空間距離や絶縁物上の沿面距離，最大上昇温度などが規制されている．日本におけるPSE法(電気用品安全法)もその一つである．

　なお，技術的な基準については，一般に安全規格(略称「安規」)と呼ばれていて，非関税障壁にならないように，IEC (International Electrotechnical Commission；国際電気標準会議)で決められた国際規格に沿った国内規格が各国/地域で採用されている．

● リプル(ripple)

　「さざなみ」のこと．電圧/電流の周期的な変動をいう．電源においては，50/60Hzの交流商用電源に起因するリプルを「ACリプル」，スイッチング動作に起因するリプルを「スイッチング・リプル」と呼ぶ．

● レギュレーション(regulation)

　レギュレーションの主要な意味は「規制」のことであるが，電源においては電圧変動率のことを呼ぶのが慣例である．電圧を安定化させることをレギュレート(regulate)と呼び，安定化電源をレギュレータ(regulator)と呼ぶ．

● インダクタ(inductor)

　容量性リアクタンス素子であるコンデンサは，一部でキャパシタ(capacitor)とも呼ばれているが，まだコンデンサが優勢である．誘導性リアクタンス素子であるインダクタは，コイル，巻き線，チョーク，リアクトルとも呼ばれている．最近ではインダクタと呼ぶことが多いので，本書ではインダクタで統一する．

と，振幅が一定なパルス発生器の高圧(電源電圧 = V_{in})部分と低圧(グラウンド = 0V)部分の時比率(デューテイ・サイクル)を変え，LCフィルタで平滑して必要な出力電圧を得ます．

● **昇圧が必要ならスイッチング・レギュレータを使う**
　リニア・レギュレータは原理的に降圧動作しかできませんが，スイッチング・レギュレータは昇圧，極性反転動作もできます．

第 2 章

【成功のかぎ2】
シャント・レギュレータ
大切な回路の電圧基準を作る

　安定化電源回路には，大きく分けるとリニア・レギュレータとスイッチング・レギュレータの2種類があります．スイッチング・レギュレータに対してリニア・レギュレータは，効率が低くなることが多いのですが，低ノイズ，高性能で，簡単に製作できます．必要な電流が小さい場合には，リニア・レギュレータは専用ICを使うと制御が簡単で，回路規模も小さくなります．しかも，スイッチング・レギュレータと違い，大きなノイズは出しません．
　リニア・レギュレータには，負荷と電力制御回路の接続方法によりシャント・レギュレータとシリーズ・レギュレータの2種類があります．
　本章では，よく使われているリニア・レギュレータのうちシャント・レギュレータ回路を取り上げます．

● シャント・レギュレータは最も重要な定電圧源
▶ほかの定電圧回路に組み込まれて使われる
　シリーズ・レギュレータICの内部には基準電圧源としてシャント・レギュレータが組み込まれていますし，個別部品でシリーズ・レギュレータを製作するときは，シャント・レギュレータで基準電圧源を用意します．絶縁型スイッチング・レギュレータにも，ほとんどの場合シャント・レギュレータが使用されています．
▶回路全体の特性を決めてしまうこともある
　高精度なシャント・レギュレータは，A-DコンバータやD-Aコンバータの基準電圧として使用されます．それ以外でも，多くの回路でシャント・レギュレータは基準電圧として使用されます．
　回路の特性は使用するシャント・レギュレータの特性以上にはなりませんから，最適な品種を選択できるように，シャント・レギュレータの電気的特性について把握しておくことは重要です．

2-1　制御素子が負荷と並列に入るシャント・レギュレータ

　シャント・レギュレータは，レギュレータ素子が負荷と並列に入り，電源電流をシャント(shunt：分流)することから名付けられています．もっとも簡単なシャント・レギュレータは，**図2-1**(a)に示したツェナー・ダイオード(Zener diode)を使用した回路です．ただし，ツェナー・ダイオードは，電圧温度係数，電圧-電流特性が貧弱で，低精度のシャント・レギュレータにしか使用できません．高精度シャント・レギュレータには専用ICがあります．

　シャント・レギュレータICには，ツェナー・ダイオードと同様に電圧固定のものもありますが，最も多く使用されているのが，基準電圧(最小電圧)が2.5Vで，電圧可変のTL431(テキサス・インスツルメンツ社，以下TIと略す)と，各社から出されている同等品です．最近では，世の低電圧化の流れを受けて基準電圧を

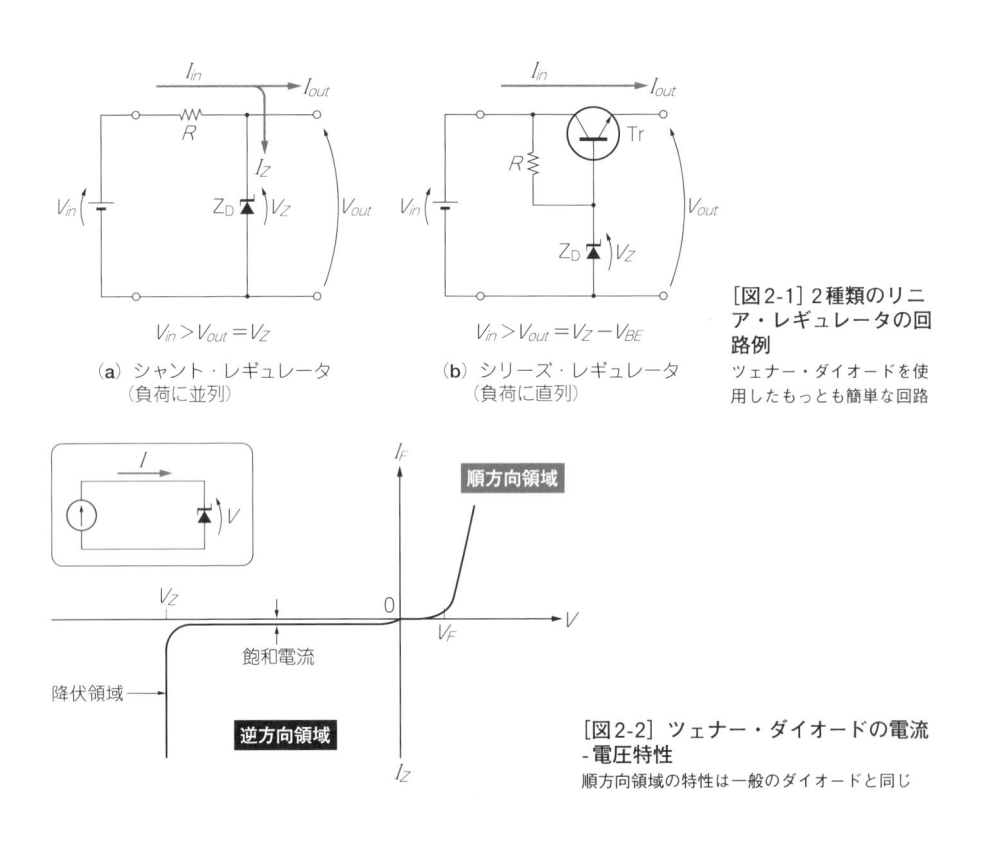

[図2-1] 2種類のリニア・レギュレータの回路例
ツェナー・ダイオードを使用したもっとも簡単な回路

(a) シャント・レギュレータ（負荷に並列）　　$V_{in} > V_{out} = V_Z$

(b) シリーズ・レギュレータ（負荷に直列）　　$V_{in} > V_{out} = V_Z - V_{BE}$

[図2-2] ツェナー・ダイオードの電流-電圧特性
順方向領域の特性は一般のダイオードと同じ

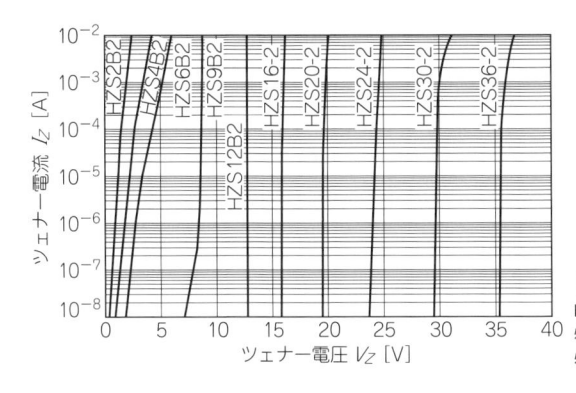

[図2-3⁽²¹⁾] ツェナー電圧-電流特性
HZSシリーズ(ルネサス テクノロジ)の代表特性．逆方向降伏領域のツェナー電圧-電流特性は一般のダイオードとは大きく異なる

1.25Vにしたものが増えてきました．

● ツェナー・ダイオードの特性

逆電圧で降伏するまでは一般整流用ダイオードやスイッチング・ダイオードと同様で，図2-2に示すように順方向領域と逆方向領域があります．大きく異なるのは逆方向の降伏領域です．

一般整流用ダイオードでは，降伏領域での電圧-電流特性は大きくばらつきますが，ツェナー・ダイオードの逆方向降伏領域特性は，図2-3のようにほぼ一定の電圧で降伏現象を示します．

使用領域の違いで言えば，一般整流用ダイオードやスイッチング・ダイオードは順方向領域と逆方向飽和領域を使用し，逆方向降伏領域を使用することは設計時にはありえませんが，ツェナー・ダイオードは逆方向降伏領域のみを使用します．

ツェナー・ダイオードの逆方向降伏領域は，約5Vを境にして，それ以下がツェナー降伏，それ以上がアバランシェ降伏です．図2-4(a)に示すように温度係数は約5Vを境に変化していて，境目の約5Vで温度係数がほぼゼロになっています．

ツェナー・ダイオードは降伏現象を利用しているため，一般的に雑音(ノイズ)が多いと言われています．そこで用意されているのが，低雑音を特長とする低雑音ツェナー・ダイオードです．ルネサス テクノロジ社に低雑音HZS-LLシリーズがありますが，図2-4(b)に示すようにすべてのツェナー電圧の素子が約1.8mAのときに温度係数が一致してほぼ$-0.25\text{mV}/\text{℃}$になっているのは，非常に面白い特徴です．

● シャント・レギュレータICの定番品

表2-1に入手が容易な新日本無線の汎用シャント・レギュレータICの代表例を

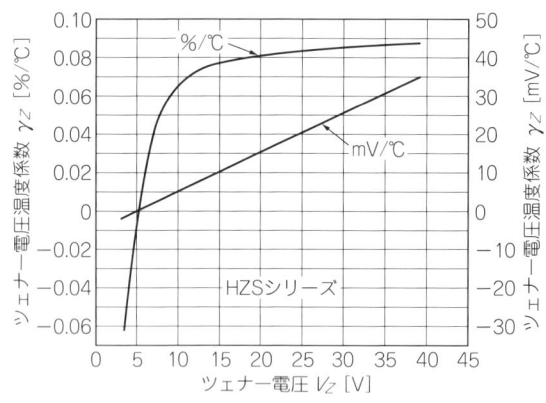

(a) HZSシリーズのツェナー電圧-温度係数特性

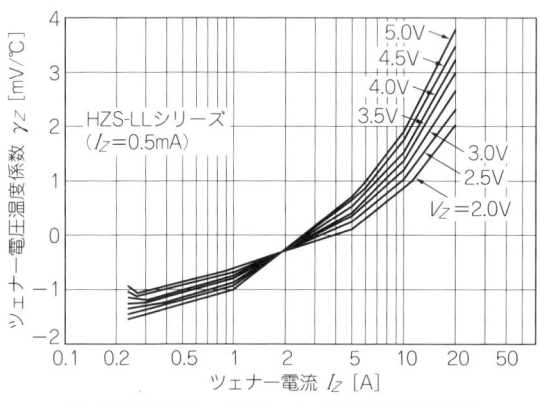

(b) HZS-LLシリーズのツェナー電流-温度係数特性

[図2-4][21][22] **ツェナー電圧/電流の温度特性例**
ツェナー電圧では約5Vのとき温度係数がゼロ，ツェナー電流が約1.8mAのとき温度係数が一致し−0.25mV/℃になる

示します．汎用と言うのは，そこそこ高性能かつ安価で，大量に使用されていることを表します．「そこそこ」とは言っても，ツェナー・ダイオードに比べれば非常に高性能で，たいていの使用条件では十分すぎる性能です．さらに高性能なシャント・レギュレータICもあり，高精度のA-D/D-Aコンバータなどに使用されています．

[表2-1] 主なシャント・レギュレータICの仕様(新日本無線)

品番	基準電圧		基準電圧温度係数		最小カソード電流		不安定 並列容量の範囲	最大電圧 V_{K-A}
	定格	誤差	標準	最大	標準	最大		
NJM431	2495mV	±2%	30ppm/℃	65ppm/℃	0.4mA	1mA	4000p〜1.5µF	35V
NJM2376	1250mV	±1%	76ppm/℃	−	80µA	500µA	6000p〜0.5µF	14V
NJM2823	1136mV	±0.4%	15ppm/℃	50ppm/℃	20µA	60µA	0.01µF以上	14V

[表2-2] 主なシャント・レギュレータICの互換品/相当品

メーカ	新日本無線	テキサス・インスツルメンツ	ナショナルセミコンダクター	オンセミコンダクタ	東芝	NECエレクトロニクス	ルネサステクノロジ
型名	NJM431	TL431	LM431	TL431A	TA76431	μPC1093	HA17431
	NJM2376	TLV431	LMV431	TLV431A	TA76432	μPC1943/44	HA17L431
	NJM2823	LM4041	LM4041/51	−	−	−	−

注：そのまま置き換え可能とは限らないので，必ずメーカのデータシートで確認のこと．

(a) NJM431/NJM2376
V_{ref}はNJM431が2495mV，NJM2376が約半分の1250mV

(b) NJM2823
NJM2823のV_{ref}は1136mV，最小カソード電流は60μA_{max}と小さい

[図2-5] シャント・レギュレータICの内部等価回路

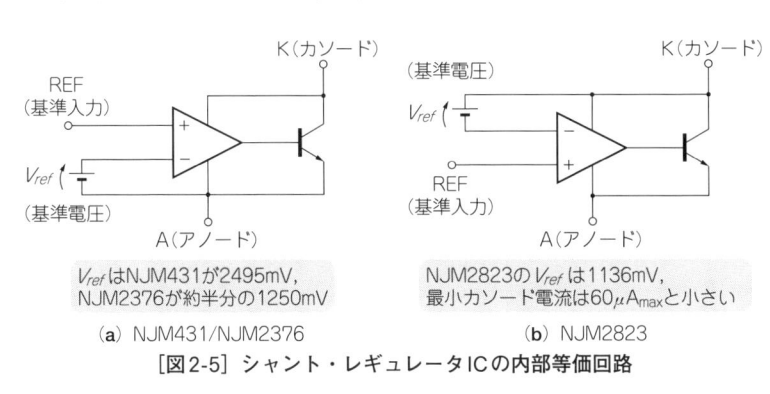

表2-2に入手が容易なメーカの互換品または相当品を示します．使用する場合は，細部の仕様は異なっていますから，使用するデバイスのデータシートで仕様を確認する必要があります．実際の型名はパッケージ形状の記号が付与されますから，使用する場合はデータシートで確認して正確な型名で発注する必要があります．

● シャント・レギュレータICの内部回路

図2-5にシャント・レギュレータICの等価回路を示します．図(a)の等価回路において，NJM431の基準電圧V_{ref}(2.5V)は後述するバンド・ギャップ・リファレンスにより作られ，100mA出力可能なオープン・コレクタ出力をもつ誤差増幅器の反転入力に供給されています．使用するときは，非反転入力（オープン・コレクタのトランジスタで反転されるため，実際には反転入力となる）に出力を負帰還し，

特徴
業界標準の「431」同等品
「431」の低電圧版
カソード電流60μAの高性能版

2-1 制御素子が負荷と並列に入るシャント・レギュレータ

基準電圧を非反転増幅します．非反転増幅ですから，出力電圧は基準電圧以上で，ICの最大定格以下（一般にはディレーティングして80％以下）となります．

表2-1の不安定並列容量の範囲は，図2-5のアノード-カソード間，つまり負帰還増幅回路の出力-グラウンド間に静電容量が接続された場合の負帰還安定度の問題です．表2-1の不安定並列容量は，この範囲の容量をアノード−カソード間に並列に付けると不安定になる可能性があり，最悪の場合には発振することもありうることを表しています．この値はメーカによって異なり，並列容量を付ける場合は使用メーカのデータシートで確認する必要があります．

この容量は後述の実験から見て必要性が認められませんので，シャント・レギュレータICのアノード-カソード間に並列容量は不要と考えておけば問題ありません．シャント・レギュレータICの定電圧特性は負帰還の効果で非常に高性能になっています．定電圧特性が優れているということは，出力インピーダンスがゼロに近いわけですから，並列容量による特性の向上は，負帰還の効果が減る高域以外ではほとんど望めません．例えばTL431では，出力インピーダンス特性から，100kHz以下では効果がほとんどないでしょう．

● IC化された基準電圧回路
　バイポーラIC内部の基準電圧回路は，前述のICが採用しているバンド・ギャップ・リファレンスと低雑音の埋め込みツェナー・ダイオードが一般的です．
▶バンド・ギャップ・リファレンス
　あえて訳すと禁制帯参照電圧回路ですが，シリコン（Si）の0K（絶対零度）におけるバンド・ギャップ電圧（約1.2567V）に近い電圧を発生することから名付けられました．1964年にフェアチャイルド・セミコンダクター社のヒルバイバー（David Hilbiber）によって原理が考案され，6年後にモノリシックOPアンプIC開発の先駆者とも言うべきボブ・ワイドラー（Bob Widlar）により実用的な回路が作られました．
　動作原理は，順方向にバイアスされたトランジスタのベース-エミッタ間電圧（V_{BE}）の物理学的性質を利用しています．V_{BE}の温度係数（約−2mV/℃）を逆の温度係数をもつ回路を作って打ち消して，温度によらず安定な，ツェナー・ダイオードよりも経時変化の少ない基準電圧を発生させます．
▶埋め込みツェナー・ダイオード
　トランジスタのベース-エミッタ間接合を逆バイアスして，ツェナー・ダイオードの特性を改良したものです．ベース-エミッタ間接合を利用したツェナー・ダイ

オードはアバランシェ降伏がシリコン表面で起きるため，雑音が大きく，経時変化も大きくなっています．

しかし，埋め込みツェナー・ダイオードはアバランシェ降伏がバルク内部で起きるため，雑音も経時変化も少なくなっています．欠点はコストが上昇することで，バンド・ギャップ・リファレンスに対して，埋め込みツェナー・ダイオードを用いた基準電圧ICは高価になっています．

● シャント・レギュレータICとツェナー・ダイオードの使い分け

現在では中精度以上の基準電圧回路にツェナー・ダイオードを使用することはほとんどありませんが，低精度の基準電圧回路にはツェナー・ダイオードを使用することもあります．

ツェナー・ダイオードが多用されているのはサージ保護回路です．そのため，ツェナー・ダイオードのデータシートには図2-6に示す許容サージ逆電力特性が載っています．この場合の許容サージ電力は単発パルスに対して規定されていますから，組み込んだ電子機器の全寿命期間で数十回～数百回のサージ・パルスが想定されるときの許容サージ電力は，単発パルスに対して半分以下にディレーティングすることが必要です．連続的に印加される場合は，許容電力損失(HZSシリーズで400mW)以下にする必要があります．

実験などで大電力サージが発生する場合，大電力ツェナー・ダイオードが必要になるときがあります．図2-7に示すように，数十V以下の低圧の場合はパワー・トランジスタ[図(a)]，100V以上の中高圧の場合はパワーMOSFET[図(b)]と小電力ツェナー・ダイオードを組み合わせて使用すれば，数百W以上の許容損失をも

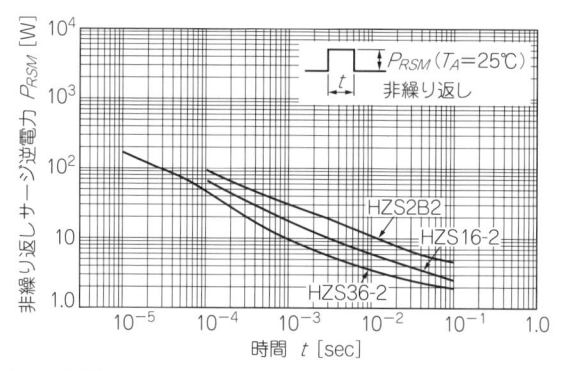

[図2-6[21]] ツェナー・ダイオードの非繰り返しサージ逆電力

[図2-7] 大電力ツェナーの代わりになる回路
電圧精度はよくないが大電力のサージも許容できる

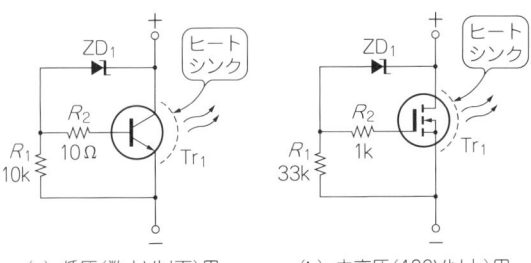

(a) 低圧（数十V以下）用
(b) 中高圧（100V以上）用

つ大電力ツェナー・ダイオードが簡単に構成できます．電圧精度は貧弱ですが，サージ保護としては十分な性能です．

2-2　シャント・レギュレータICの使いかた

● これだけは守りたい使用上の注意点

シャント・レギュレータICを使用するに当たっては，下記の点に注意しないと，その優れた特性を活かせません．

(1) 必ず最小カソード電流以上の電流を流す

カソード電流が少ないと，出力電圧が一定になりません．

(2) 並列容量は付けない

どの程度の容量を並列に入れると不安定になるかは，データシートに必ず載っています．基本的に並列容量を付けなければ安心です．ノイズを低下させる目的で入れても，後述するように出力インピーダンスが小さすぎて無意味です．ノイズを低下させるには RC フィルタを使用します．

(3) 基準入力（REF）端子には許容最大電流がある

データシートに必ず載っています．電源をON/OFFしたときにも限度値を守るように，REF端子には直列に抵抗を入れておくと安心です．

上記の値は同等品でもメーカごとに異なっていることもあるので，使用回路をコピーしてICの製造メーカを変える場合は，必ずデータシートで確認します．

● 応用回路例

シャント・レギュレータIC NJM431（NJM2376も同様）の使用例を図2-8に示します．図(a)，(b)，(c)の基準電圧回路を使用する場合は，負荷インピーダンスが無視できるほど大きいか固定されているのが一般的ですから，雑音低減のため RC の

(a) $V_{out} < V_{ref}$ のとき

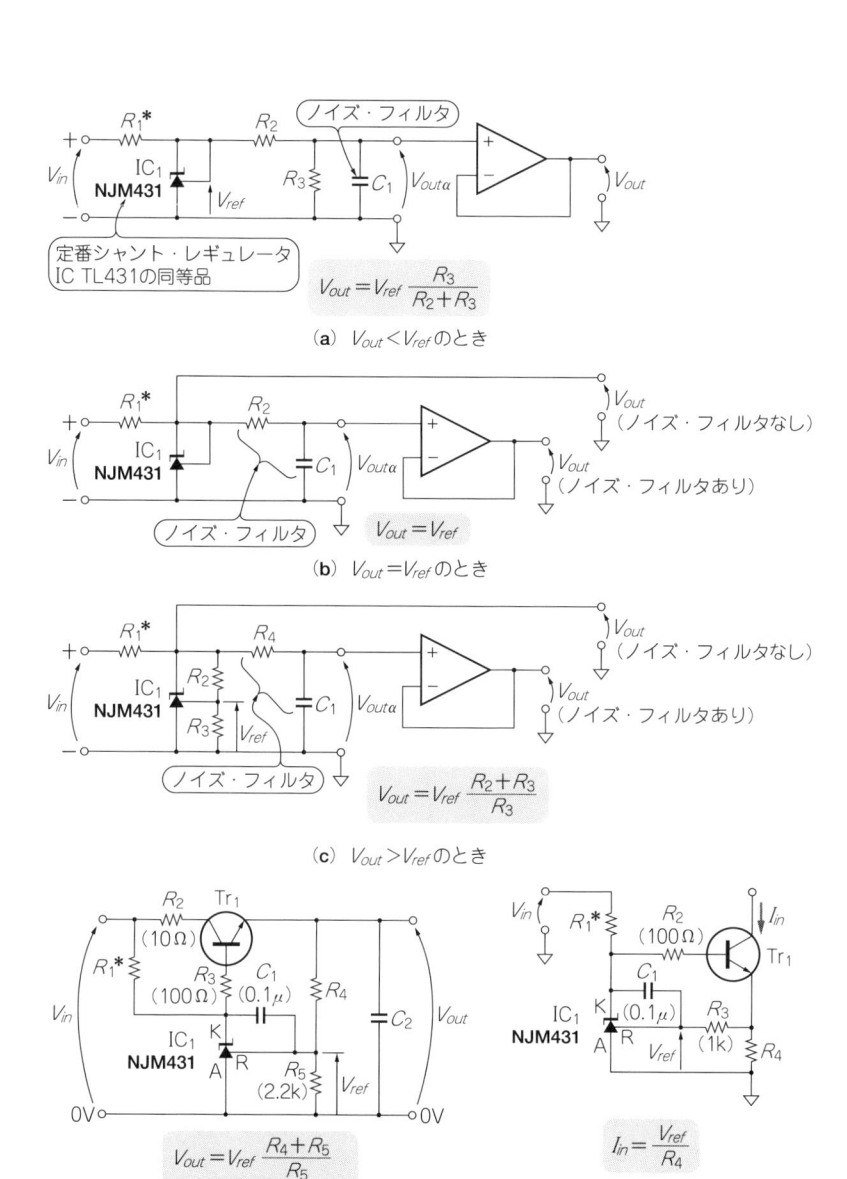

$$V_{out} = V_{ref} \frac{R_3}{R_2 + R_3}$$

(b) $V_{out} = V_{ref}$ のとき

$$V_{out} = V_{ref}$$

(c) $V_{out} > V_{ref}$ のとき

$$V_{out} = V_{ref} \frac{R_2 + R_3}{R_3}$$

(d) 高精度シリーズ・レギュレータ

$$V_{out} = V_{ref} \frac{R_4 + R_5}{R_5}$$

R_2, R_3：保護用
C_1（R_3）：発振防止用

(e) 定電流回路

$$I_{in} = \frac{V_{ref}}{R_4}$$

＊重要：R_1はIC$_1$の電流が2mA以上になるように設定する

[図2-8] 定番シャント・レギュレータIC TL431の同等品NJM431の応用回路
ノイズ・フィルタを加えるときは負荷インピーダンスが十分に大きい必要がある．この例ではOPアンプの高い入力インピーダンスで受けている

2-2 シャント・レギュレータICの使いかた 047

[図2-9⁽⁴⁰⁾] 定番シャント・レギュレータICのオリジナルTL431の形状と端子接続
すべて上面図．外形記号は一般的な呼びかた

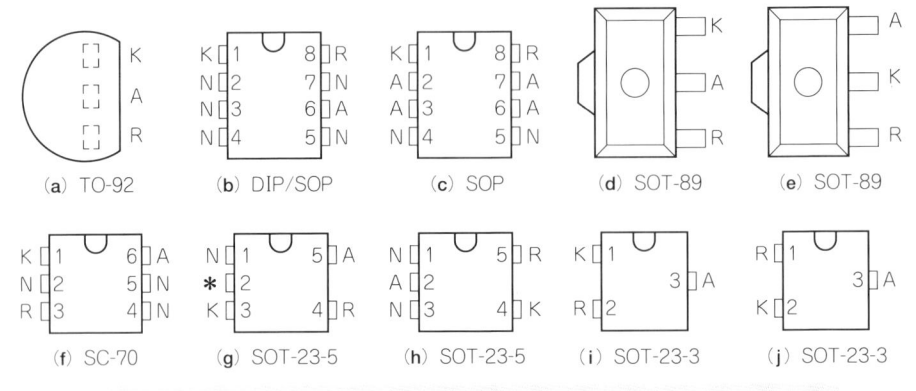

端子記号　K：カソード，A：アノード，R：参照入力，N：無接続，＊：アノードに接続

(a) TO-92　(b) DIP/SOP　(c) SOP　(d) SOT-89　(e) SOT-89
(f) SC-70　(g) SOT-23-5　(h) SOT-23-5　(i) SOT-23-3　(j) SOT-23-3

ノイズ・フィルタを入れる場合もあります．

　図(d)のシリーズ・レギュレータは，小電力の高精度電源として使用されます．図(e)の定電流回路は，トランジスタのベース電流が誤差となるため，高精度とは言えません．パワーMOSFETを使用すると高精度になりますが，寄生容量が大きいため，低周波でしか使用できません．

　ここでは触れませんが，絶縁型スイッチング・レギュレータの定電圧制御には，シャント・レギュレータICを使用することが多いです．

● ピン接続の注意点

　TI社のデータシートから，外形寸法を**図2-9**に引用します．**図2-9**でピン接続が1種類しかないパッケージは，TO-92と8ピンDIPのリード挿入型だけです．面実装タイプでは，同一形状で複数のピン接続があります．TI社はオリジナル・メーカとして多種類のピン接続を用意していますが，メーカによってはどちらか1種類だけという場合があります．

　面実装タイプを使用する場合は，使用デバイスのデータシートを確認することが重要です．基板設計が終わってからコストダウンのために選定した使用予定メーカ品が搭載できないことがわかり，あわてて元のメーカに戻したという話もあります．

(a) 回路Ⓐ　汎用ツェナー
D₁ HZS6.2EB2（ルネサステクノロジ）

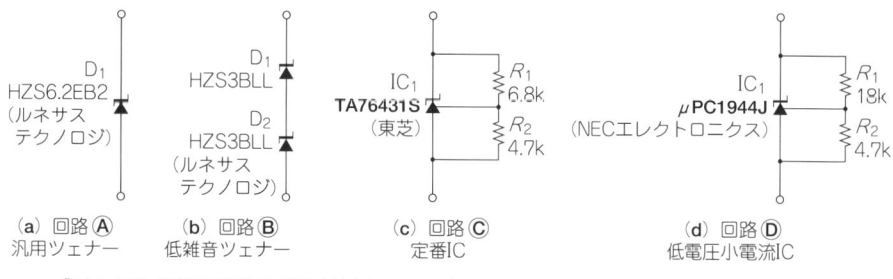

(b) 回路Ⓑ　低雑音ツェナー
D₁ HZS3BLL
D₂ HZS3BLL（ルネサステクノロジ）

(c) 回路Ⓒ　定番IC
IC₁ TA76431S（東芝）
R_1 6.8k
R_2 4.7k

(d) 回路Ⓓ　低電圧小電流IC
IC₁ μPC1944J（NECエレクトロニクス）
R_1 18k
R_2 4.7k

[図2-10] 定電圧特性や雑音特性をテストする四つのシャント・レギュレータ（約6V）

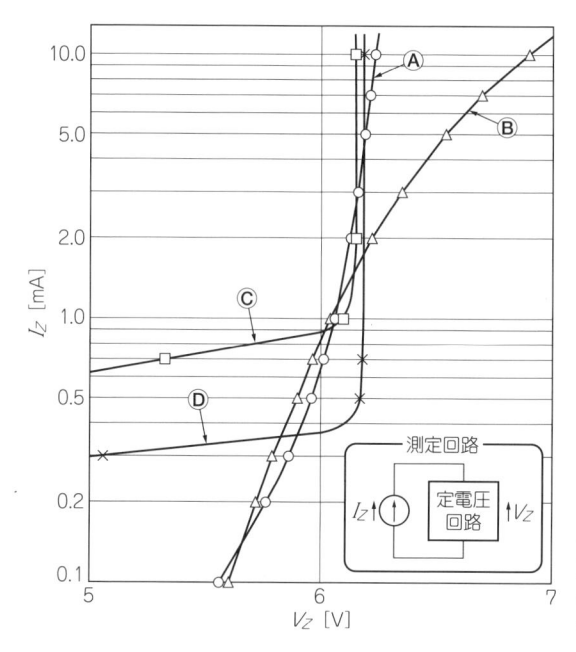

[図2-11] 図2-10に示した四つのシャント・レギュレータの定電圧特性
ツェナー・ダイオードの電圧は電流値に影響を受ける

2-3　ツェナー・ダイオードとシャント・レギュレータICの特性

● 出力電圧をそろえた4種類の回路で特性を比較

　出力電圧を約6Vとした**図2-10**の回路で，定電圧特性，ノイズ特性を実測してみました．

▶定電圧特性

　図2-11の定電圧特性を見ると，ⓒのシャント・レギュレータIC TA76431Sは

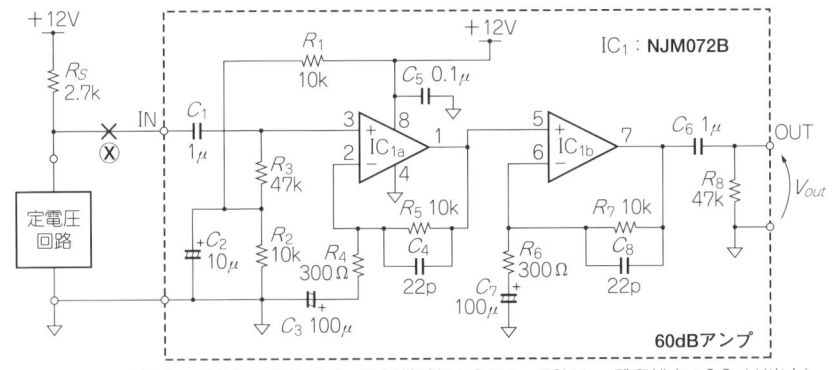

[図2-12] ノイズ測定に使用したプリアンプの回路

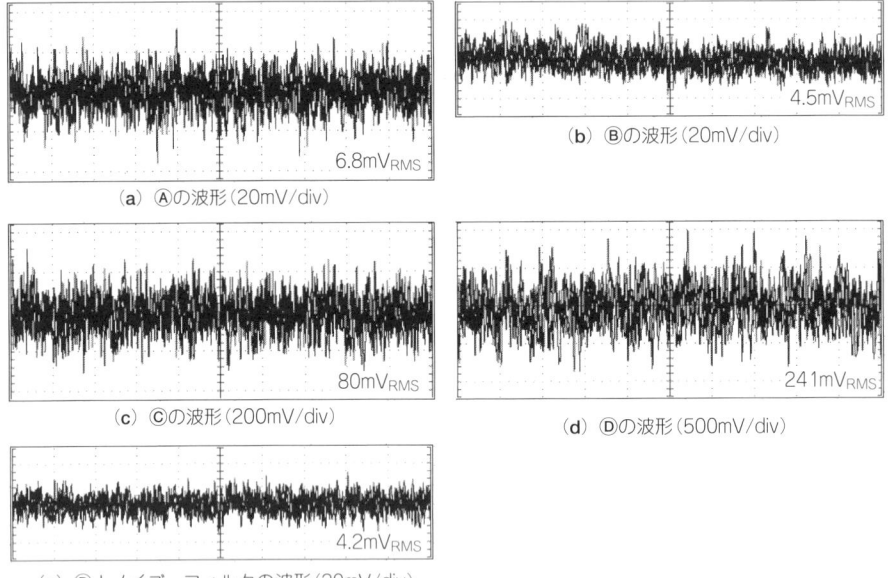

ゲイン：+61.4dB（1kHz），3dB帯域幅：3.5Hz〜70kHz，残留雑音：3.8mV（出力）

(a) Ⓐの波形（20mV/div） 6.8mV$_{RMS}$

(b) Ⓑの波形（20mV/div） 4.5mV$_{RMS}$

(c) Ⓒの波形（200mV/div） 80mV$_{RMS}$

(d) Ⓓの波形（500mV/div） 241mV$_{RMS}$

(e) Ⓓ＋ノイズ・フィルタの波形（20mV/div） 4.2mV$_{RMS}$

[図2-13] テストした四つの回路の出力波形（200μs/div）
シャント・レギュレータICのノイズはツェナー・ダイオードに比べ大幅に大きいがノイズ・フィルタを加えれば改善する

2mA以上，Ⓓの μPC1944は0.7mA以上で定電圧特性を示し，出力電圧の電流依存性は観測できません．Ⓐのツェナー・ダイオードHZS6.2EB2は緩やかな電流依存性を示し，ⒷのHZS3BLLは1mA以上で大きな電流依存性を示します．ツェナー・ダイオードで基準電圧源を作るには，定電流回路で駆動し，出力電圧を可変抵抗で

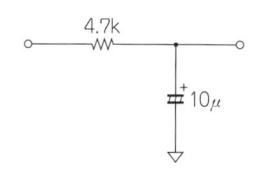

図2-12の⊗点に挿入　　［図2-14］図2-10(d)の後に追加したノイズ・フィルタの回路

［表2-3］図2-10に示した四つのシャント・レギュレータのノイズ特性

回路	型名	基準電圧	合成電圧(1mA時)		ノイズ電圧		メーカ
			設計値	実測値	実測値	入力換算値	
Ⓐ	HZS6.2EB2	6.2V	6.1V	6.06V	6.8mV	4.8μV	ルネサス テクノロジ
Ⓑ	HZS3BLL	3.0V	6.0V	6.04V	4.5mV	2.1μV	ルネサス テクノロジ
Ⓒ	TA76431S	2.495V	6.11V	6.10V	80mV	68μV	東芝
Ⓓ	μPC1944	1.26V	6.09V	6.18V	241mV	210μV	NECエレクトロニクス

調整する必要があります．

▶ノイズ特性

　ノイズ測定回路を**図2-12**に示します．ノイズ電圧が小さいため，約1000倍 (61.4dB)に増幅します．増幅回路の-3dB帯域幅は3.5Hz〜70kHz，入力ショート時の出力残留雑音は3.8mV$_{RMS}$でした．この回路で測定したときのノイズ波形が**図2-13**です．ノイズ電圧の測定値と，入力換算値を**表2-3**にまとめました．もっとも低ノイズなのはⒷのHZS3BLLで，次にⒶのHZS6.2EB2と，ツェナー・ダイオードは意外に低ノイズです．

　一般に，ツェナー・ダイオードのノイズはツェナー電圧に比例すると言われていますが，それから換算すると，3Vツェナー・ダイオードのノイズは$4.8\mu V \div 2 = 2.4\mu V$，2個直列にすると2個のノイズは無相関のためピタゴラスの定理から$2.4\mu V \times \sqrt{2} = 3.4\mu V$となるはずですが，$2.1\mu V$と約60％になっていて，ⒷのHZS3BLLは本当に低雑音であることがわかります．

　ツェナー・ダイオードに対して，バンド・ギャップ・リファレンスを使用したシャント・レギュレータICのノイズは1桁以上悪くなっています．特にⒹのμPC1944は210μVとⒸのHZS3BLLの100倍も悪くなっています．降伏現象を利用していないシャント・レギュレータICが高ノイズである理由は，バンド・ギャップ・リファレンス部分のバイアス電流が少なくて等価的な抵抗が大きいため，この等価抵抗の熱雑音によるものではないかと思われます．ⒹのμPC1944はⒸのTA76431Sよりも必要最小カソード電流が小さいのも原因でしょう．

Column

シャント・レギュレータは無負荷時の損失が大きい

　シャント・レギュレータは図2-A(a)に示すように，レギュレータ素子が負荷と並列に入って電源電流をシャント(shunt：分岐，分流)することから名付けられています．

　シャント・レギュレータは，負荷を短絡しても安全ですが，無負荷時に損失がもっとも大きくなります．このため，基準電圧発生回路などの小出力電源にしか使われません．

　シリーズ・レギュレータは図2-A(b)に示すように，レギュレータ素子が負荷とシリーズ(series：直列)に入ることから名付けられています．

　特徴としては，負荷を短絡すると過電流が流れるため何らかの保護手段が必要ですが，無負荷時の損失はほとんどゼロになります．現在使用されているほとんどのリニア・レギュレータがこの方式です．

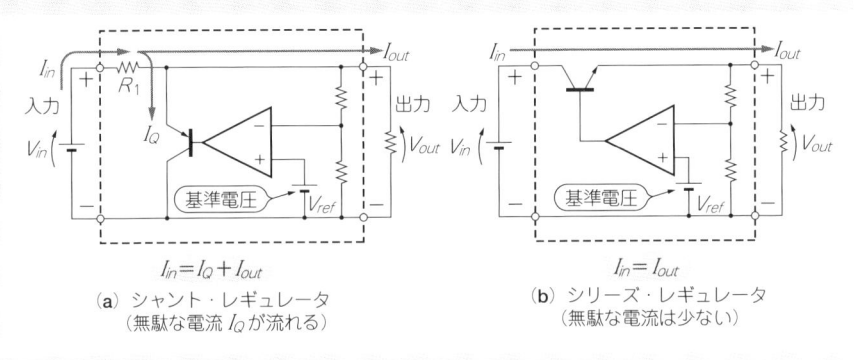

(a) シャント・レギュレータ
(無駄な電流 I_Q が流れる)
$I_{in} = I_Q + I_{out}$

(b) シリーズ・レギュレータ
(無駄な電流は少ない)
$I_{in} = I_{out}$

[図2-A] リニア・レギュレータのブロック構成

　対策として，シャント・レギュレータICのアノード-カソード間に大きなコンデンサ(100μF)を入れてみましたが，内部抵抗がほとんどゼロのためまったく改善されませんでした．そこで，図2-14のノイズ・フィルタ(－3dBのカットオフ周波数は約3.4Hz)を入れたところ，Ⓓの μPC1944のノイズの測定値が4.2mV，入力換算値は1.5μVと大幅に改善されました．このときの波形は図2-13(e)です．

　上述のように，基準電圧回路を使用する場合は負荷インピーダンスが無視できるほど大きいか一定であるのが一般的ですから，ノイズを小さくする必要がある場合にはRCのノイズ・フィルタを入れるのが効果的です．

第3章

【成功のかぎ3】
3端子レギュレータ
3本足の超定番IC

　前章では，リニア・レギュレータにはシャント・レギュレータとシリーズ・レギュレータの二つがあることと，基準電圧として使われるシャント・レギュレータの特性について解説しました．

　本章から解説するシリーズ・レギュレータは，シャント・レギュレータよりも大きい電力を扱うのに向いたリニア・レギュレータです．

　マイコンやOPアンプなど，機能を実現する回路に安定化された電源電圧を供給するために使われます．

　シリーズ・レギュレータは，電圧の安定化に必要な回路のほとんどを含んでいるICを使う場合が一般的です．本章では，そのようなICを使うための基本的な知識を解説します．

3-1　シリーズ・レギュレータとは

　シリーズ・レギュレータは，負荷とシリーズ(series：直列)にレギュレータが入ることから名付けられています．

　シリーズ・レギュレータは，同じく電力を扱うレギュレータであるスイッチング・レギュレータに比べると，次のような特徴があります．

- 回路が簡単
- 必要な部品点数が少なく高信頼性
- パルス性のノイズがほとんどない
- 入出力電圧差を小さくして使えば高効率

基本的にはスイッチング・レギュレータより効率が悪いのですが，後述するLDOと呼ばれるタイプを使用して，入出力電圧差を小さくして使えれば，高効率な電源回路を作れます．

　入出力電圧差が大きい場合は，出力電流にほぼ比例した大きな電力損失が発生して制御素子(ICやトランジスタ)の温度が上昇します．信頼性を確保するためには，

適切な熱設計を行う必要があります．

シリーズ・レギュレータを使う場合，出力コンデンサの設定など，ここで解説する注意事項以外にも注意するべき事柄がいくつかありますが，それらは次章以降，実際にレギュレータを動作させながら解説します．

▶シリーズ・レギュレータはICを使うのが一般的

シリーズ・レギュレータは個別部品で作ることもできますが，IC化されたレギュレータを使う場合がほとんどです．なかでも特に有名なのが「3端子レギュレータ」と呼ばれるICです．

● 3端子レギュレータとは

図3-1のようにシリーズ・レギュレータの全回路をIC化し，外部接続を入力(IN)，出力(OUT)，グラウンド(GND = 0V)の3端子にまとめたものです．図3-2に示すように，外部に2個のコンデンサを接続するだけで動作する使いやすいICです．

● 3端子レギュレータには2種類ある

シリーズ・レギュレータのICには，古くからある標準的な3端子レギュレータ

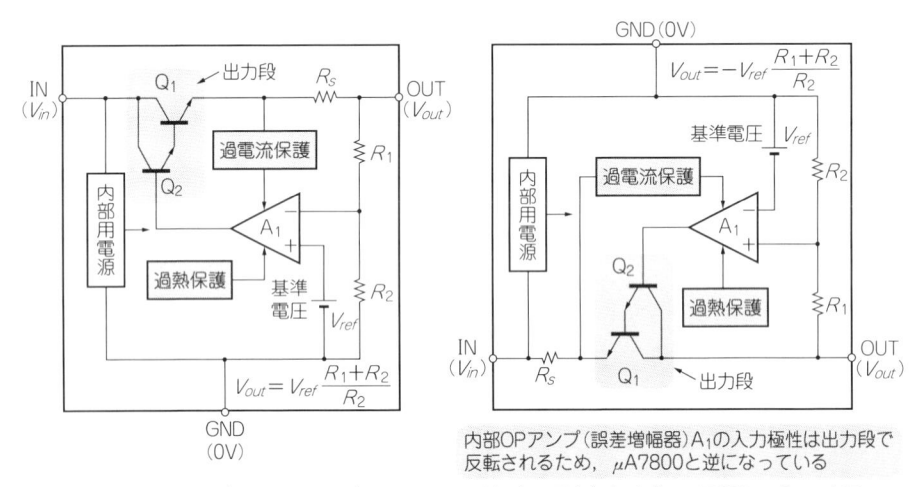

(a) 正電圧出力タイプの μA7800 のブロック図　　(b) 負電圧出力タイプの μA7900 のブロック図

[図3-1] 標準型3端子レギュレータの内部構成
どちらもパワーOPアンプで基準電圧を増幅している

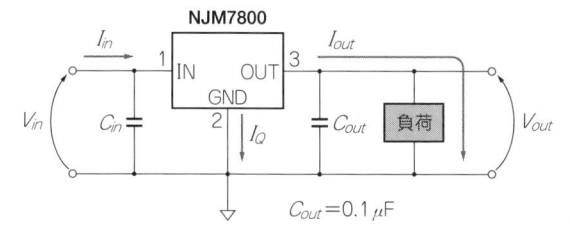

[図3-2] 3端子レギュレータの特性測定回路
正電圧用の場合を示している

と，標準型レギュレータの入出力間の電圧差が大きい欠点を解決したLDO（Low DropOut：低電圧降下）と呼ばれる低損失型レギュレータの2種類があります．LDOは次章で解説します．
▶ 標準型は入出力間に2V前後の電圧差が必要
　本書では，入出力間の電位差が大きいタイプのものを標準型3端子レギュレータと呼びます．

3-2　定番の3端子レギュレータ

　シリーズ・レギュレータ全体のなかでも定番といえる，標準型3端子レギュレータの定番を紹介します．

● 正電圧を安定化するµA7800シリーズ
　このICはフェアチャイルド・セミコンダクターで開発され，30年以上使い続けられている，最もポピュラーな固定正電圧出力の電源ICです．内部構成は**図3-1(a)**のようになっています．
　各社から同等品が出されていますが，ここでは一例として新日本無線製の代表的な仕様を**表3-1**に挙げます．このICの特徴は，次のようなものが挙げられます．
(1) 出力電圧は固定で，5V，6V，8V，9V，12V，15V，18V，24Vなどがあり，出力電圧精度は定格値の±5.0％以内．
(2) 出力電流は，100mA（NJM78L00），0.5A（NJM78M00），1.5A（NJM7800）の3種類．
(3) 入力電圧は出力電圧よりも＋2.5V以上（保証値），＋2.0V以上（標準値）であることが必要．
(4) 各種保護回路（過熱保護，過電流保護）を内蔵していて，壊れにくく使いやすい．

[表3-1][34][35] 代表的な標準型3端子レギュレータの主な仕様

シリーズ名	最大定格			熱抵抗 θ_{JC}	出力電圧精度	最大出力電流	レギュレーション	
	入力電圧	動作温度	消費電力				ライン	ロード
NJM78Lxx	35V	−40〜85℃	500mW	−	±5.0%	100mA	±2.1%	±1.7%
NJM78Mxx	35V	−40〜85℃	7.5W	7℃/W	±4.2%	500mA	±0.5%	±1%
NJM78xx	35V	−40〜85℃	16W	5℃/W	±4.2%	1.5A	±1%	±1%
NJM79Lxx	−35V	−40〜85℃	500mW	−	±4.2%	100mA	±2.1%	±0.83%
NJM79Mxx	−35V	−40〜85℃	7.5W	7℃/W	±4.2%	500mA	±0.67%	±1%
NJM79xx	−35V	−40〜85℃	16W	5℃/W	±4.2%	1.5A	±1%	±1.3%

注:±12V出力で,TO-92(L),TO-220F(M/無印)外形のデータを元にした.

出力電圧を可変にしたNJM317(ナショナル セミコンダクターのLM317がオリジナル)もあります.

● 負電圧を安定化するμA7900シリーズ

このICもフェアチャイルド・セミコンダクターで開発され,30年以上使い続けられている,最もポピュラーな固定負電圧出力の電源ICです.内部構成は**図3-1(b)**のようになっています.

各社から同等品が出されていますが,ここでも新日本無線製の代表的な仕様を**表3-1**に追記します.このICの特徴を以下にまとめます.

(1) 出力電圧は固定で,−5V,−6V,−8V,−9V,−12V,−15V,−18V,−24Vなどがあり,出力電圧精度は定格値の±4.2%以内.

(2) 出力電流は,100mA(NJM79L00),0.5A(NJM79M00),1.5A(NJM7900)の3種類.

(3) 入力電圧は出力電圧よりも−2.5V以下(保証値),−1.5V以下(標準値)であることが必要.

(4) 各種保護回路(過熱保護,過電流保護)を内蔵しており,壊れにくく使いやすい.

(5) 正電圧型のμA7800シリーズよりも発振しやすい.

同様に,出力電圧を可変にしたLM337(ナショナル セミコンダクター)もあります.

● 基準電圧と増幅器と保護回路がまとめられている

標準型3端子レギュレータの簡略化した内部ブロック図が前出の**図3-1**です.
μA7800シリーズはOPアンプに基準電圧,電力増幅用ダーリントン・エミッタ・

入出力電圧差		出力電圧
標準	最大	温度係数(標準)
1.8V	2.5V	− 75 ppm/℃
1.8V	2.5V	− 83 ppm/℃
2.0V	2.5V	− 100 ppm/℃
1.5V	2.5V	− 92 ppm/℃
1V	2.5V	− 33 ppm/℃
1.2V	2.5V	− 33 ppm/℃

フォロワと各種保護回路を追加した構成です．μA7900シリーズはOPアンプに基準電圧，電力増幅用ダーリントン・エミッタ接地と各種保護回路を追加した構成です．

動作原理上は，どちらも出力段にパワー・トランジスタを使用したパワーOPアンプで基準電圧を増幅していると考えられます．

3-3　3端子レギュレータICを使うときの注意点

NJM7805FAの主な仕様を表3-2に，主な特性を図3-3に示します．これらを基にして，使用時の注意点を確認しておきます．これらの注意点は，次章で解説するLDOレギュレータについても同じです．

● 使用条件を決める最大定格

表3-2(a)に示す絶対最大定格は，この値を一つでも越えて使用すると故障する危険性が高いことを表しています．実際の設計にあたっては，信頼性向上のため，ディレーティングといって，この値の80％以下で使用するのが一般的です．ディレーティングは瞬時最大値で，

- 入力電圧：80％以下
- 出力電流：80％以下
- ジャンクション温度：80％以下

とします．消費電力は，図3-3(b)に示すように放熱条件によって大きく変わります．表3-2(b)の熱抵抗と合わせて，ジャンクション温度を80％以下にするように設定します．ジャンクション温度は電源の信頼性と密接に関連します(Appendix A参照)．

[表3-2^(34)] NJM7805AFの主な仕様と特性

(a) 絶対最大定格

項　目	記　号	定　格
入力電圧	V_{in}	35 V
消費電力	P_D	16 W
ジャンクション温度	T_J	$-30℃ \sim +150℃$
動作温度	T_{opr}	$-40℃ \sim +85℃$
保存温度	T_{stg}	$-40℃ \sim +150℃$

(b) 熱抵抗

項　目	記　号	定　格
ジャンクション-周囲外気間	θ_{JA}	60℃/W
ジャンクション-ケース間	θ_{JC}	5℃/W

(c) 電気的特性 (C_I=0.33 μF, C_O=0.33 μF, T_J=25℃)

項　目	記　号	条　件	特性 最小	特性 標準	特性 最大	単　位
出力電圧	V_{out}	V_{in}=10V, I_{out}=0.5A	4.8	5.0	5.2	V
ライン・レギュレーション	$\Delta V_{out} - V_{in}$	V_{in}=7～25V, I_{out}=0.5A	-	3.0	50	mV
ロード・レギュレーション	$\Delta V_{out} - I_{out}$	V_{in}=10V, I_{out}=0.005～1.5A	-	15	50	mV
無効電流	I_Q	V_{in}=10V, I_{out}=0A	-	4.2	6.0	mA
出力電圧温度係数	$\Delta V_{out}/\Delta T$	V_{in}=10V, I_{out}=5mA	-	-0.5	-	mV/℃
リプル除去比	R_{RR}	V_{in}=10V, I_{out}=0.5A, V_{rpin}=2V$_{p-p}$, f=120Hz	68	78	-	dB
出力雑音電圧	V_{NO}	V_{in}=10V, I_{out}=0.5A, 帯域幅=10Hz～100kHz	-	45	-	μV

● 性能を表現するキーワード

　レギュレータICを選択するときに目安となる電気的特性の見方について，表3-2(c)と図3-3で説明します．

▶レギュレータが出力する電圧
　出力電圧は，特定の出力電流（ここでは0.5A）のときの出力電圧です．ライン・

モールドされていない
TO-220AB外形では，放
熱フィンは2ピン(GND)
に接続されている

1：IN（入力）
2：GND（グラウンド）
3：OUT（出力）

NJM7800FA

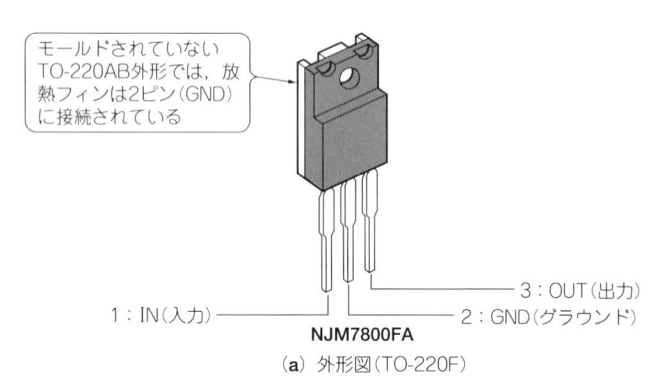

(a) 外形図（TO-220F）

[図3-3^(34)] データシートから引用したNJM7800の主要特性

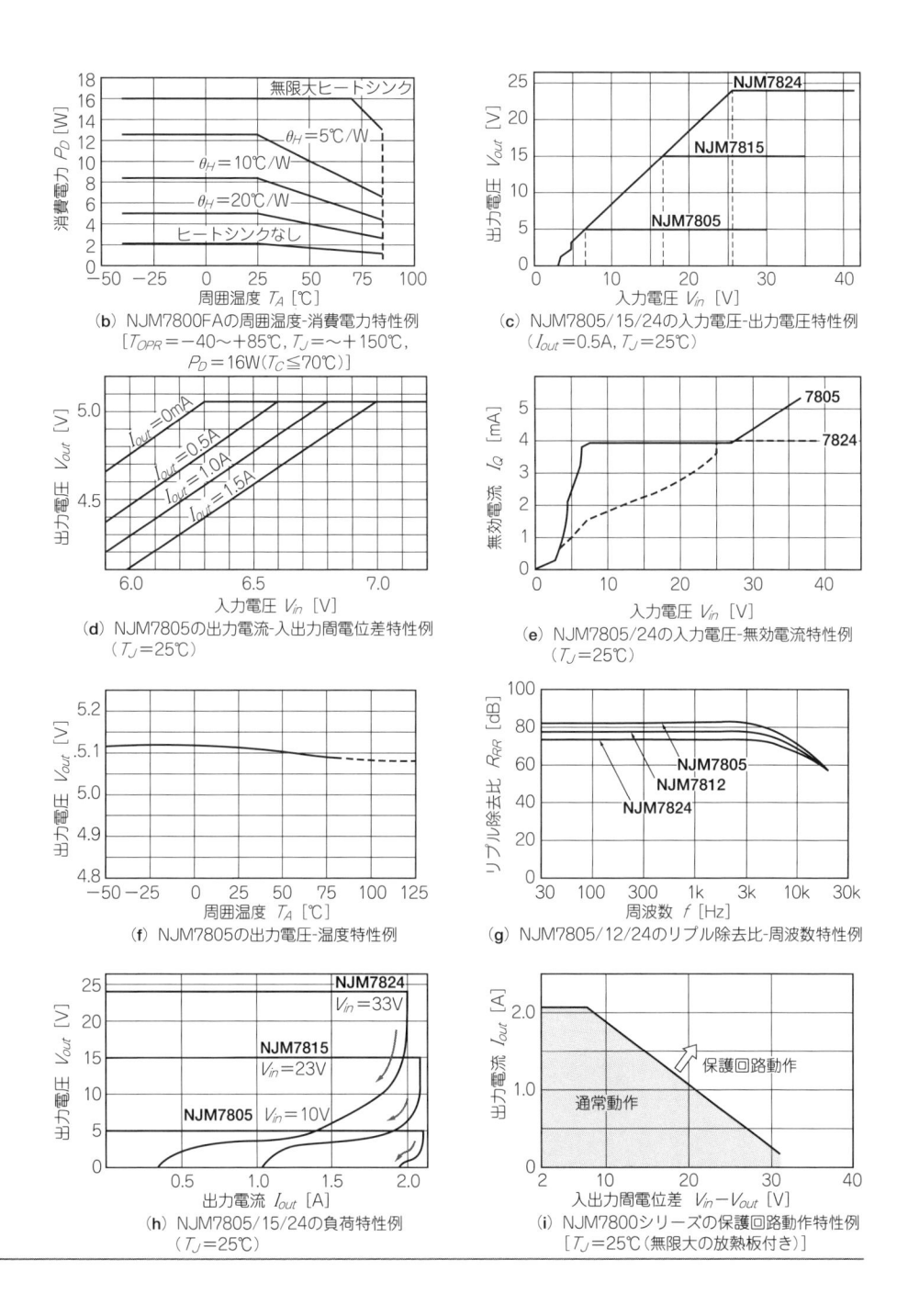

(b) NJM7800FAの周囲温度-消費電力特性例
[$T_{OPR}=-40\sim+85℃$, $T_J=\sim+150℃$, $P_D=16W(T_C≦70℃)$]

(c) NJM7805/15/24の入力電圧-出力電圧特性例
($I_{out}=0.5A$, $T_J=25℃$)

(d) NJM7805の出力電流-入出力間電位差特性例
($T_J=25℃$)

(e) NJM7805/24の入力電圧-無効電流特性例
($T_J=25℃$)

(f) NJM7805の出力電圧-温度特性例

(g) NJM7805/12/24のリプル除去比-周波数特性例

(h) NJM7805/15/24の負荷特性例
($T_J=25℃$)

(i) NJM7800シリーズの保護回路動作特性例
[$T_J=25℃$(無限大の放熱板付き)]

3-3 3端子レギュレータICを使うときの注意点

レギュレーションとロード・レギュレーション，出力電圧温度係数を合わせてみて，必要な出力電圧範囲に入っているかどうかを検討します．
▶入力電圧の変化を出力に影響させない能力
　ライン・レギュレーションは，入力電圧を7〜25Vに変化させたときの出力電圧変化量です．測定条件から，入出力電圧差は出力電流0.5Aのとき2V（7V − 5V）であればよいことがわかります．**図3-3**（c），（d）から，出力電流を0〜1.5Aに変化させたときの入力電圧と出力電圧の関係がわかります．
▶出力電流による電圧変動を抑える能力
　ロード・レギュレーションは，出力電流を0.005〜1.5Aに変化させたときの出力電圧変化量です．
▶レギュレータが動作するために消費する電流
　図3-3（e）の無効電流は，無負荷時の内部制御回路の電流です．
▶出力電圧の温度変化
　図3-3（f）の出力電圧温度特性は，無負荷時のケース温度（＝ジャンクション温度）に対する値です．負荷時は，損失によるジャンクション温度の上昇，ライン・レギュレーションとロード・レギュレーションの影響があります．
▶入力電圧に含まれるノイズを除去する能力
　図3-3（g）のリプル除去比は，**図3-2**の測定回路で入力 V_{in} に低周波信号を重畳して測定しています．図中の入出力側コンデンサは非常に小さく，実際の使用においては入力側で数百μF以上，出力側で100μF以上とすることが多いので，リプル除去比はさらに小さくなります．
▶レギュレータが発生するノイズ
　出力雑音電圧も，大容量コンデンサの使用によりさらに小さくなります．
▶レギュレータ本体が壊れないための保護回路
　保護回路については，**図3-3**（h）で過電流保護の動作がわかります．動作は「フの字（拘束型）」特性をしており，**図3-3**（i）と合わせてみると，内部損失を16W以内にする過電力保護動作をしていることがわかります．
　過熱保護回路の動作温度は，NJM7800シリーズで170℃，NJM78M00シリーズで175℃，NJM78L00シリーズで190℃と，許容損失によって変えられています．
　最大ジャンクション温度が150℃なら，それ以上の温度で働く保護回路では意味がないと思われるかもしれませんが，ICの破壊温度は200℃以上です．熱ストレスによる信頼性の悪化はありますが，破壊に対する保護にはなります．

● IC を選ぶときに考えるべきこと

下記の要求仕様を明確にして，適切な品種を選択します．
　(1) 出力電圧および出力電流
　(2) 最低入出力電圧差
　(3) 入力電圧範囲

使用時の内部損失，すなわち(入出力電圧差)×(出力電流)が大きい場合には，スイッチング電源(DC-DCコンバータ)も検討します．

入出力電圧差が2.5V以上であれば，LDOレギュレータよりも標準型3端子レギュレータのほうが，低価格でかつ使いやすいでしょう．

第3章 Appendix A
3端子レギュレータの放熱設計

● ジャンクション温度と故障率

　半導体のジャンクション温度は，その信頼性に大きく影響します．

　電子機器の信頼性予測について書かれたMIL-HDBK-217Fによると，リニアICのジャンクション温度が故障率に与える影響は**図A-1**のようになっています．たとえば，ジャンクション温度25℃のときの故障率に対して，100℃での故障率は160倍にもなります．正確には他の要因の影響もあり単純に160倍になるわけではありませんが，ジャンクション温度の信頼性に与える影響は非常に大きくなっています．したがって，電子機器設計に当たっては1℃でも温度を下げる工夫が必要です．

　参考までに，**図A-1**にはCMOSディジタルICも記入してみましたが，特性の軽微な変動が故障となるリニアICと違って，I/Oが判別できればよいディジタルICの故障率は大幅に小さくなっています．

● レギュレータICの熱モデル

　信頼性の高い電源を設計するためには，まず第一に損失を減らすこと，次に熱エ

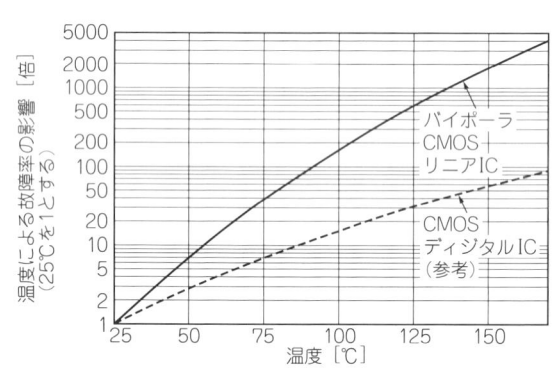

[図A-1[94]] 温度と故障率の関係
縦軸はログ・スケールであることに注意

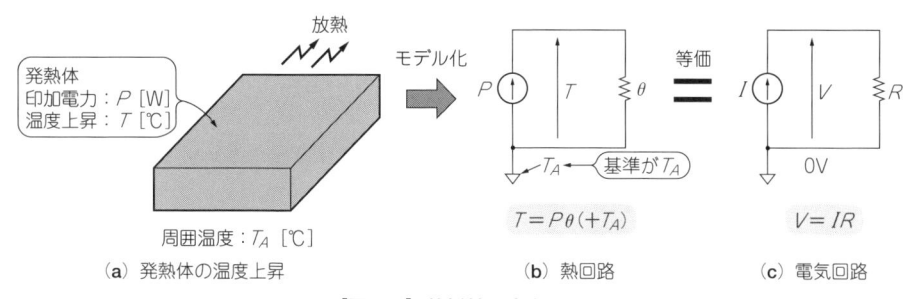

[図A-2] **熱抵抗の考えかた**
熱抵抗で考えると測定しにくい部分の温度上昇の推定が可能となる

(a) 発熱体の温度上昇
発熱体
印加電力：P [W]
温度上昇：T [℃]
周囲温度：T_A [℃]
放熱
モデル化

(b) 熱回路
$T = P\theta (+T_A)$
基準が T_A

(c) 電気回路
$V = IR$

エネルギーに変換された損失を速やかに大気中に捨てることが必要です．

ここでは，損失からジャンクション温度を求めるために，熱の伝わりやすさを定量化した「熱抵抗」という概念を使います．熱抵抗 θ [℃/W] は，物体に1Wのエネルギーを加えたときの温度上昇で定義されます．「熱抵抗」の概念を使うと，**図A-2**(a)で発熱体に電力 P [W] を印加したときの発熱体の温度上昇 T [℃] は，**図A-2**(b)の熱回路図で表すことができます．**図A-2**(c)のオームの法則が適用できて簡単に計算できる電気回路に相似です．電力 P が電流源，熱抵抗 θ が抵抗となり，周囲温度をグラウンドと考えると，オームの法則を適用して，温度上昇 T [℃] は，

$$T = P\theta$$

となります．この関係を使えば，特定の印加電力のときの温度上昇から，熱抵抗 θ [℃/W] を，

$$\theta = \frac{T}{P}$$

と求めて，印加電力を変えたときの温度上昇は簡単に計算できます．

図A-3にヒートシンク（放熱器）に取り付けたレギュレータICの構造を示します．これを**図A-4**の熱回路図で計算すると，図中の式(A-1)のようにジャンクション温度 T_J は簡単に求められます．損失がある程度大きくてヒートシンクが必要なときは，θ_{JA} は無視できて図中の式(A-2)で T_J は求められます．

● ヒートシンクの熱抵抗

レギュレータICを取り付けたヒートシンクの熱は外気中に放散されます．そのとき，

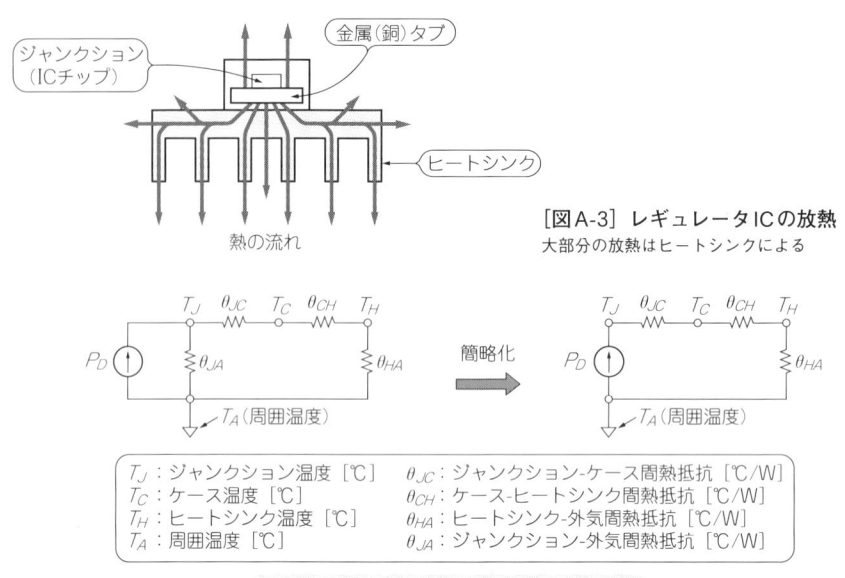

[図A-3] レギュレータICの放熱
大部分の放熱はヒートシンクによる

T_J：ジャンクション温度 [℃]
T_C：ケース温度 [℃]
T_H：ヒートシンク温度 [℃]
T_A：周囲温度 [℃]
θ_{JC}：ジャンクション-ケース間熱抵抗 [℃/W]
θ_{CH}：ケース-ヒートシンク間熱抵抗 [℃/W]
θ_{HA}：ヒートシンク-外気間熱抵抗 [℃/W]
θ_{JA}：ジャンクション-外気間熱抵抗 [℃/W]

$$T_J = P_D \{\theta_{JA} //(\theta_{JC} + \theta_{CH} + \theta_{HA})\} + T_A \cdots \text{(A-1)}$$
$$\fallingdotseq P_D (\theta_{JC} + \theta_{CH} + \theta_{HA}) + T_A \cdots \cdots \text{(A-2)}$$

[図A-4] ジャンクション温度の計算方法
ヒートシンクを使用するときはθ_{JA}は省略可

(1) 伝導
(2) 対流
(3) 放射（輻射）

の三つの作用によって放熱が行われます．伝導は，ジャンクション-ヒートシンク間の熱伝達に寄与しています．対流は主としてヒートシンク-外気間の放熱に寄与し，放射も主としてヒートシンク-外気間の放熱に寄与しています．放射による外気中への放熱を大きくするには，ヒートシンクの体積を大きくする必要があります．たとえば，**図A-5**のようなフィンが付いているときに，並んだフィン同士は互いに熱を放射しあって放熱には効果がありませんから，最大外形から計算した包絡体積を考えて，**図A-6**から熱抵抗を求めます．アルミ，鉄などの金属板をヒートシンクとして使用するときは，**図A-7**によって熱抵抗を求めます．

　自然空冷で対流による放熱を期待するときには，**図A-8(a)**のようにヒートシンクのフィンを縦方向に向けます．図には示していませんがフィンを下向きにすることは，暖められた空気が下から上に移動し，上部にあるレギュレータICを暖めま

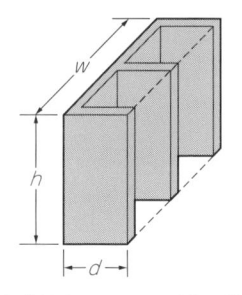

[図A-5] 放熱器の包絡体積の求めかた
フィン部が充填された直方体として求める．フィンにより表面積は増加するが，熱抵抗は表面積の増加に影響されにくいため包絡体積により熱抵抗を求める

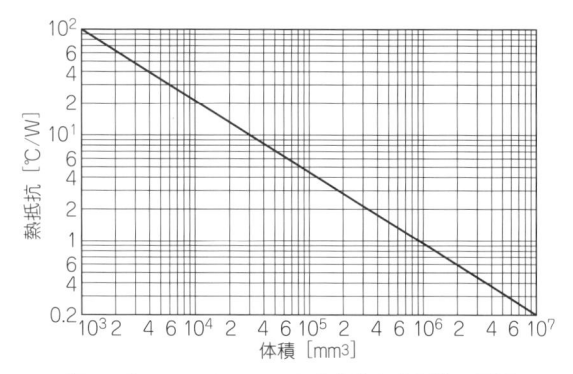

包絡体積＝$h \times w \times d$ [mm³]

[図A-6] ヒートシンクの包絡体積と熱抵抗の関係
自然空冷で使った場合

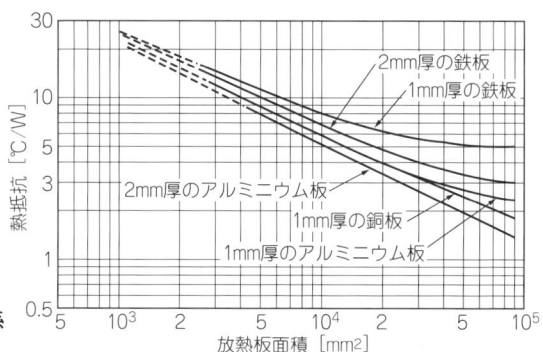

[図A-7] 放熱板の面積と熱抵抗の関係
金属板をヒートシンクに使う場合

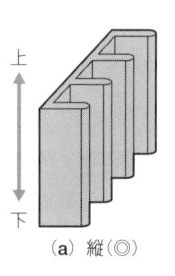

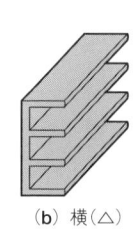

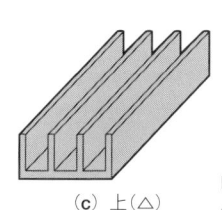

[図A-8] ヒートシンクの取り付け方向
自然空冷のときは縦方向に取り付けると対流によって熱抵抗が下がる

(a) 縦(◎)　(b) 横(△)　(c) 上(△)

すから勧められません．ファンによる強制空冷のときは風の流れの方向にフィンを向けます．

長さ L [mm]	実測熱抵抗 [℃/W]	測定時の処理	包絡体積 [mm³]	計算熱抵抗 [℃/W]
50	4.9	黒アルマイト	42500	8.0
100	3.8	ヒートシンク縦	85000	5.0
150	3.3	自然空冷	127000	3.9

(a) 熱抵抗

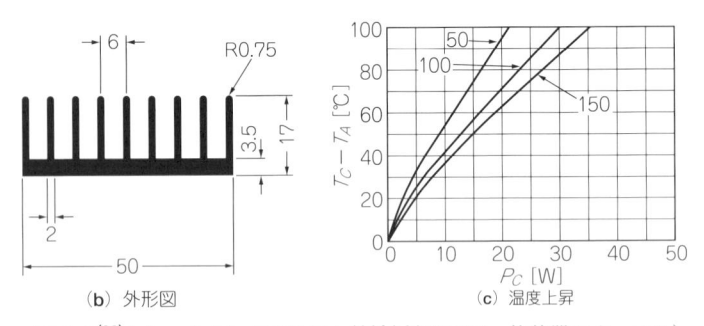

(b) 外形図　(c) 温度上昇

[図A-9[(82)]] ヒートシンクの仕様と特性例(17FB50, 放熱器のオーエス)
対流による放熱のため，包絡体積から計算する熱抵抗よりも実測の熱抵抗は低い

● 実際のヒートシンク

　図A-9に実際のヒートシンクの一例を示します．型名17FB50のヒートシンクは，黒アルマイト加工されていて，フィン間隔は6mmになっています．長さL = 50mmで縦方向に置いたときの熱抵抗は4.9℃/Wです．包絡体積から図A-6によって求めた熱抵抗は8.0℃/Wです．この差3.1℃/Wが対流による放熱ぶんです．縦に長くなると対流による放熱が少なくなることがわかります．長くしたときにはフィン間隔を8～10mm程度に広げたほうがよいでしょう．

　経験上，自然空冷時のフィン間隔は6～12mmが適当です．17FB50(L = 50mm)のような小型ヒートシンクで6mm，中型で8～10mm，熱抵抗が1℃/W以下の大型ヒートシンクで12mm程度にします．フィンに凹凸の付いたローレット加工がされているものもありますが，自然空冷のときは不要というよりも無意味です．放熱にはヒートシンク表面の状態が大きく影響します．黒色でなくてもアルマイト加工だと熱抵抗は下がります．

　強制空冷のときはアルマイト加工は不要です．放熱はヒートシンクに接する空気流によりますから，包絡体積ではなく表面積が問題になります．強制空冷専用のヒートシンクはフィン間隔を狭くして表面積を大きくしてあります．ローレット加工も有効です．ただし，フィン間隔のあまり狭いところに強風を吹き付けると，風切

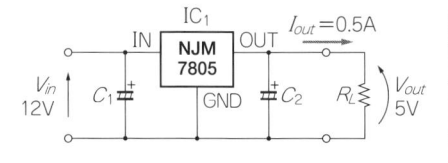

図においてIC₁の損失 P_D は，
$$P_D = (V_{in} - V_{out})I_{out} = (12-5) \times 0.5 = 3.5W$$
$T_{Jmax} = 100℃$，$T_A = 60℃$ とすると，
$$T_J \fallingdotseq P_D(\theta_{JC} + \theta_{CH} + \theta_{HA}) + T_A$$
から，
$$\theta_{HA} = \frac{T_J - T_A}{P_D} - \theta_{JC} - \theta_{CH}$$
$$= \frac{100-60}{3.5} - \underbrace{5 - 0.5}_{\text{仕様 本文参照}}$$
$$= 5.9℃/W$$
よって，**図A-9**の17FB50（$\theta_{HA} = 4.9℃/W$）を使用すればよい

[**図A-10**] **実際の3端子レギュレータの熱設計の例**
ジャンクション温度が設定値以下になるような熱抵抗のヒートシンクを決定する

り音がうるさすぎることもありますから要注意です．

● 熱設計の一例

　図A-10に実際の熱設計の一例を示します．入力電圧12V，出力電圧5V，出力電流0.5A，損失3.5Wのときの設計例です．

　入力電圧は商用電源をトランスで降圧した場合を考えています．入力電圧の変動を9～12Vとして，最大入力電圧のときの熱設計です．最低入力電圧を9Vとしたのは，入力リプルの最低点でも8V以上は確保して，安定化するためです．

　周囲温度は，室温を40℃ₘₐₓとし，筐体内温度を60℃ₘₐₓとするのが，通常の電子機器では一般的です．

　ケース-ヒートシンク間の熱抵抗 θ_{CH} を0.5℃/Wとしていますが，このときの条件は，ケース-ヒートシンク間にシリコーン・グリスを塗布することと，M3ねじの締め付けトルクを0.3～0.5N・m（≒3～5kgf・cm）にすることです．ケースやヒートシンク表面には細かい凹凸があり，そのまま取り付けると間に入った空気が断熱層となって大幅に熱抵抗が大きくなります．ケース-ヒートシンク間にシリコーン・グリスを塗布して凹凸を埋めて熱抵抗を下げます．締め付けトルクは，0.6N・m（≒6kgf・cm）を越えるとICに大きなストレスがかかりますから，トルク・ドライバで締め付けトルクを確認しながら作業することを勧めます．

　上記の設計では筐体内の対流や他の熱源の影響などは不明ですから，熱抵抗に余裕のある17FB50を選択しましたが，設計終了後に必ず温度上昇を実測して確認します．

第4章

【成功のかぎ4】
LDOレギュレータ
高効率なリニア・レギュレータ

前章では，シリーズ・レギュレータの定番である3端子レギュレータICを解説しました．3端子レギュレータICを使うと簡単に高性能な電源を作れますが，使用条件によっては損失が大きいという欠点があります．ここでは，損失を小さくできるLDOレギュレータを取り上げます．

ICを使って電源回路を作るとき，簡単に製作できるからと手を抜くと，壊れやすい不安定な電源ができてしまいます．安定で壊れにくい電源を作るために，シリーズ・レギュレータICの使用上の注意事項を解説します．

4-1　LDOレギュレータは入出力の電圧差が小さくても動く

　3端子レギュレータは，回路が簡単で発生ノイズがほとんどなく，必要な部品点数が少ない高信頼性の電源を作るには欠かせないICです．唯一の欠点は損失が大きいことです．そこで，必要な入出力電圧差を小さくして，損失(≒入出力電圧差×出力電流)の小さいシリーズ・レギュレータを構成できるように作られたのが，LDO(Low DropOut：低電圧降下)と呼ばれる低損失型レギュレータです．

● LDOレギュレータの特徴

　標準型3端子レギュレータの入出力電圧差2.5V(負出力で2.0V)以上という制約を，回路の工夫により約0.5V以下にしたのがLDOレギュレータで，高効率レギュレータとも言われています．LDOレギュレータは1980年頃，ナショナル セミコンダクター社が最初に商品化しました．LDOレギュレータには3端子のものもありますが，ON/OFF制御端子の付いた4端子以上のものが最近ではよく使われています．このICの特徴を挙げると次のようになります．

　(1)出力電圧は固定で1.5V～5Vのものが多い
　(2)出力電圧精度は定格値の±1%以内のものが多い

(3) 出力電流は100mA～1Aのものが多い
(4) 入力電圧は出力電圧よりも0.5V以上(保証値)必要なものが多い
(5) 各種保護回路(過熱保護,過電流保護)を内蔵しており壊れにくく使いやすい
(6) 出力に付けるコンデンサによっては発振することもある

選択に困るほどの多数の品種があり,製造メーカも国内／国外に多数あります.メーカのカタログを見ると,あまりに品揃えが多くてびっくりします.その理由としては,LDOの用途が小型携帯機器に多いため,外付け部品を少なくして基板面積を最小化させることが重要で,負荷となるICなどの電源仕様に応じて多くのデバイスが作られているからです.

● **LDOレギュレータの動作原理**

LDOレギュレータの簡略化した内部ブロック図を**図4-1**に示します.LDOレギュレータは,OPアンプ(誤差増幅器),基準電圧,エミッタ接地のPNPパワー・トランジスタと各種保護回路で構成されています.

標準型3端子レギュレータよりも入出力電圧差が低くても動く理由を,出力段だけ取り出した**図4-2**で考えてみます.

標準型3端子レギュレータNJM7800の出力段は,2段ダーリントン接続のエミッタ・フォロワで,過電流検出用抵抗が直列に接続されています[**図4-2(a)**].エミッタ・フォロワ駆動用の電流源が必要で,この部分の電圧降下がNJM7900[**図4-2(b)**]よりも余分ですから,もっとも入出力電圧差が大きくなります.

NJM7900の出力段は,2段ダーリントンのエミッタ接地回路ですが,駆動用の

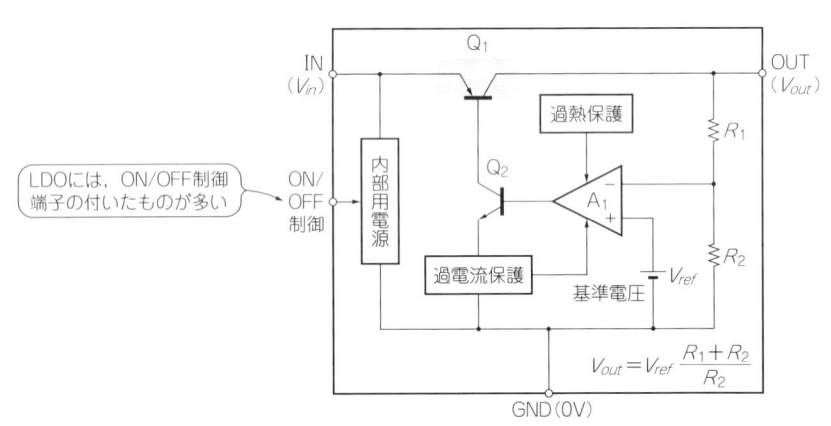

$$V_{out} = V_{ref} \frac{R_1 + R_2}{R_2}$$

[図4-1] LDOレギュレータの内部構成

(a) NJM7800

$\Delta V = V_{in} - V_{out}$
$= V_B + V_{BE2} + V_{BE1} + V_{RS}$
0.3V 0.7V 0.7V 0.3V
$\fallingdotseq 2V$

(b) NJM7900

$\Delta V = |V_{in} - V_{out}|$
$= V_{RS} + V_{BE1} + V_{CE2}$
0.3V 0.7V 0.5V
$\fallingdotseq 1.5V$

(c) LDOレギュレータ

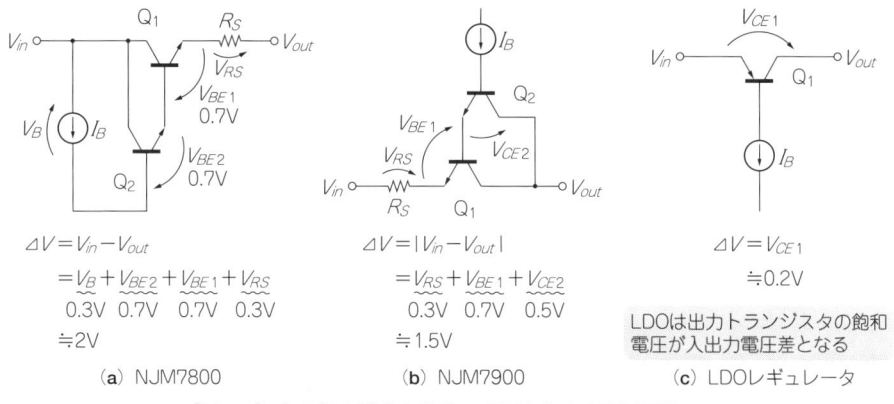

$\Delta V = V_{CE1}$
$\fallingdotseq 0.2V$

LDOは出力トランジスタの飽和電圧が入出力電圧差となる

[図4-2] 出力段の構成と動作に必要な入出力間電圧差 ΔV

電流源はグラウンドに接続されていますから，この部分の電圧降下は無視できて，NJM7800よりも入出力電圧差は小さくなります．

LDOレギュレータの出力段はPNPトランジスタ1個で構成されています［図4-2(c)］．そのため，最低入出力電圧差はこのトランジスタのON電圧 $V_{CE(sat)}$ に近くなり，もっとも入出力電圧差が小さくなります．過電流検出を直列抵抗で行うICもありますが，この部分の電圧降下を避けるためにベース電流 I_B で行うICもあります．

● LDOレギュレータの仕様例

多種のLDOレギュレータのなかから仕様の一例を表4-1に示します．図4-3の内部ブロック図に示すように，すべて出力のON/OFF機能をもっています．

図4-3(a)のNJM2396Fは，μA7800と同様に出力電流最大値が1.5A，TO-220フルモールド外形(4端子)です．後述の比較実験に使用します．

図4-3(b)のNJU7781は，CMOS ICで，出力にセラミック・コンデンサ1μFを接続したときに安定に動作し，出力放電スイッチ付きですからOFF時の応答が高速です．

図4-3(c)のPQ7DV10は，出力電流最大値が10Aという大電流対応品です．内部は制御回路と出力トランジスタの2チップ構成で，TO-3P外形(5端子)です．

図4-3(d)のBD3560Fは，0.65Vと低電圧が出力可能なレギュレータICです．機能的にはLDOレギュレータといえますが，回路は標準型3端子レギュレータの制御回路用電源と出力用電源を分離した構成になっていて，出力MOSFETはドレイ

[表4-1] 代表的なLDOレギュレータの主な定格と仕様

型名	最大定格			熱抵抗 θ_{jc}	最大出力電流	消費電流	出力電圧誤差	メーカ
	入力電圧	動作温度	消費電力					
NJM2396F	35V	$-40\sim85℃$	18W	5.6℃/W	1.5A	5mA	$3.3\sim12V/\pm4\%$	新日本無線
NJU7781	10V	$-40\sim85℃$	350mW	-	300mA	40μA	$1.5\sim5V/\pm1\%$	新日本無線
PQ7DV10	10V	$-20\sim80℃$	60W	2℃/W	10A	17mA	$1.5\sim7V$可変	シャープ
BD3560F	7V	$-10\sim100℃$	690mW	-	2.5A	1.4mA	$0.65\sim2.5V$可変	ローム
LTC3026	6V	$-40\sim125℃$	-	-	1.5A	200μA	$0.4\sim2.6V$可変	リニアテクノロジー

(a) 主な定格

型名	入出力コンデンサ[μF]		レギュレーション		入出力電圧差			付加機能
	入力	出力	ライン	ロード	標準	最大	出力電流	
NJM2396F	0.33	22	$\pm0.16\%$/V	$\pm1.4\%$/A	0.2V	0.5V	0.5A	ON/OFF
NJU7781	0.1	1.0 セラミック	$\pm0.1\%$/V	$\pm0.015\%$/mA	0.15V	0.22V	150mA	ON/OFF, 放電
PQ7DV10	0.33	47	$\pm2\%$	$\pm2.5\%$	-	500mV	10A	ON/OFF
BD3560F	10	100	$\pm0.5\%$/V	10mV	0.12V	0.2V	1A	ON/OFF, 放電
LTC3026	$0.1\sim4.7$	5以上	-	-	0.10V	0.25V	1.5A	ON/OFF, 放電, 昇圧

(b) 主な仕様

ン接地(ソース・フォロワ)です．出力放電スイッチ付きですからOFF時の応答は高速です．

　LDOと言えば制御回路用電源と出力用電源が一緒でエミッタ/ソース接地のものが一般的ですが，0.8V出力のLDOでも内部の制御回路用電源の制約から，最低入力電圧が1.5V程度となっていて入出力電圧差が大きくなってしまいます．ほとんどの場合，電子機器内部には高電圧がありますから，プリント基板上のパターン接続の煩雑さをいとわなければ，1V以下の低圧出力で入出力電圧差を小さくするのにこの電源分離の形式は有利です．後述の発振安定度を見てもソース接地よりはソース・フォロワが安定です．

　図4-3(e)のLTC3026は，昇圧コンバータを内部に有していて，昇圧コイルを外付けすれば最小1.14Vの入力電圧で動作可能なVLDO(Very Low DropOut)リニア・レギュレータです．入出力電圧差がわずか100mV(標準)のとき1.5Aの出力電流を供給可能です．リニア・レギュレータとスイッチング・レギュレータのハイブリッド構成ですが，SW端子をグラウンドに接続してBST端子に5Vを供給すれ

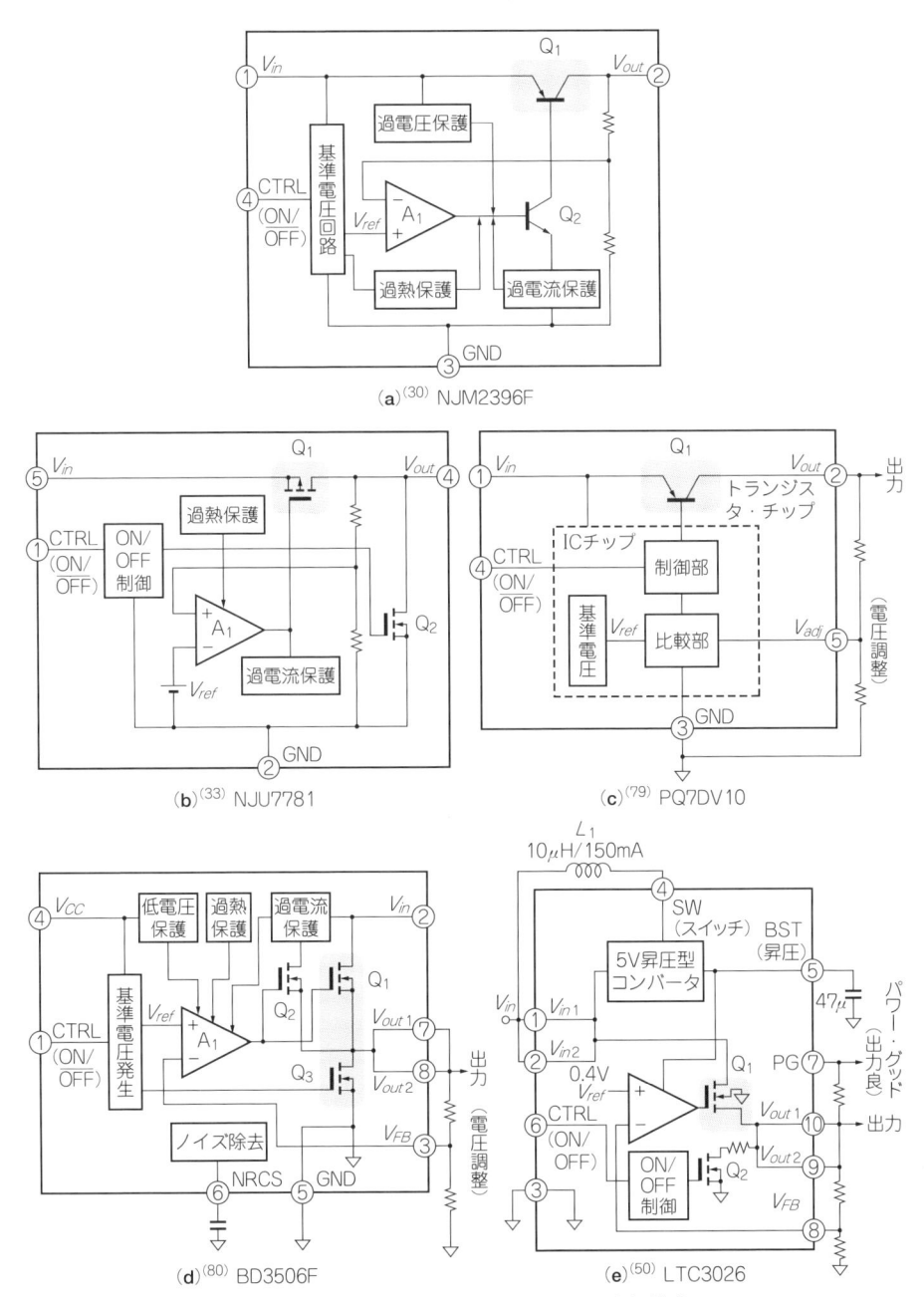

[図4-3] 代表的なLDOレギュレータの内部構成

4-1 LDOレギュレータは入出力の電圧差が小さくても動く

ば，BD3560Fのような使いかたもできます．なお，PG(Power Good)端子は，レギュレータ出力の状態を外部に知らせるためのオープン・ドレイン出力で，出力が安定化されていれば高レベル($≒ V_{out}$)，安定化されていなければ低レベル($≒ 0V$)となり，システムに組み込むときには便利な機能です．

● **LDOレギュレータの選びかた**
　下記の要求仕様を明確にして，適切な品種を選択します．
(1)出力電圧および出力電流
(2)最低入出力電圧差
(3)入力電圧範囲
　以上はレギュレータ選択時の必須事項です．内部損失(≒入出力電圧差×出力電流)が大きい場合には，スイッチング電源(DC-DCコンバータ)も検討します．
(4)ON/OFF制御の必要性
　出力をON/OFFする必要がある場合には，この機能をもつ品種を選択します．OFF時の出力電圧は出力コンデンサに充電された電荷により徐々に下降しますが，急速にゼロにする必要がある場合にはシャント(放電)スイッチ付きの品種を選択します．
(5)ON(OFF)時のIC内部消費電流
　OFF時の消費電流が少ないことは当然として，出力電流に寄与しないON時の無効電流も少なければ少ないほど良いわけですが，他の仕様との関係があってすべてを満足するICはありません．電池動作の小型携帯機器では動作時間に影響しますから，この仕様も重視します．
(6)出力コンデンサ
　小型携帯機器では実装上の理由から大容量アルミ電解コンデンサが使用できないため，積層セラミック・コンデンサ(MLCC：MultiLayer Ceramic Capacitor，通称チップコン)の使用が多くなり，このときにも発振しないLDOを選択する必要があります(発振の理由については後述)．また，出力に十分なデカップリング容量を入れられないため，負荷変動が大きな場合には高速応答型LDOを選択します．
(7)出力ノイズ電圧
　負荷となる回路がノイズに弱い微小信号増幅回路，VCO(電圧制御発振回路)などの場合には，低ノイズLDOを採用します．

＊

　以上を検討してLDOレギュレータを選択し，必ず実装して確認します．

4-2 シリーズ・レギュレータICの使用法

　LDOを含めたシリーズ・レギュレータICを使うと，簡単に直流安定化電源が製作できます．その際の注意事項はメーカの技術文書には必ず載っていますが，ここでは忘れやすい注意事項を確認の意味で取り上げます．出力コンデンサと異常発振については次章で取り上げます．

● 3端子レギュレータのピン配置の覚えかた

　標準型3端子レギュレータの場合，正電圧出力のNJM7800シリーズと負電圧出力のNJM7900シリーズとでは，ピン配置が大幅に異なっています．ただし，**図4-4**に示すように見かたを変えれば(電圧配分で見れば)，同様な電圧配置のピン接続と見ることができます．

　この理由を考えると，2番ピンはICチップが載る金属タブに接続されていて，サブストレート(**図4-5**のp型半導体部分)に接続されますから最低電圧となります．他の1，3番ピンは任意ですからICチップ上のパターン・レイアウトの都合でしょう．3端子正電圧出力LDOレギュレータ μPC2400A シリーズのピン配置も μA7800

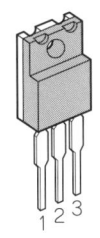

ピン番号	電圧配分	NJM7800 正電圧標準	NJM7900 負電圧標準	μPC2400A 正電圧LDO	NJM317 正電圧可変
1	最高電圧	入力	GND	入力	可変 (最低電圧)
2	最低電圧	GND	入力	GND	出力 (中間電圧)
3	中間電圧	出力	出力	出力	入力 (最高電圧)

[図4-4] 3端子レギュレータのピン配置
LDOのなかには正電圧出力型3端子レギュレータとはピン配置が異なるものもあるので注意

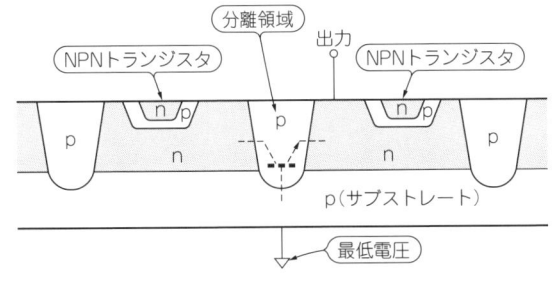

[図4-5[77]] バイポーラICの内部構造

シリーズとまったく同じです.

注意すべき点は，3端子可変正電圧出力レギュレータNJM317のピン配置が，これらとまったく無関係なことです．オリジナル・メーカであるナショナル セミコンダクター社が，ICチップ上でもっとも面積の大きなサブストレートを出力端子にすれば低損失で大電流が流せて，可変3端子レギュレータの入出力電圧差を小さくできることから工夫したものと思われますが，ピン配置から内部構造が推定できるのは面白いところです．

● 入出力間の保護ダイオードを忘れずに

図4-5に示すように，汎用バイポーラICは，PN接合に逆電圧を印加することによって内部素子間の絶縁分離を得ています．ICへの印加電圧は，絶縁用PN接合の逆バイアスを保つことが必要です．このPN接合が順バイアスされると，逆方向に想定外の過電流が流れて，最悪の場合にはレギュレータICが破壊します．破壊しないまでも，大きなストレスがかかりますから，信頼性に大きな影響を及ぼします．

入力電源ON/OFF時に絶縁用PN接合が順バイアスされて，レギュレータICがダメージを受けることのないようにするには，保護ダイオードが必要になる場合があります．

図4-6に示すのは，出力側コンデンサC_{out}が入力側コンデンサC_{in}よりも大きくて，入力電源をOFFしたときにレギュレータICの入出力間が逆バイアスされ，出力段トランジスタのV_{CE}が逆バイアスされることへの対策です．図の破線で示すように，入力電源が短絡される危険性があるときにも有効です．

この対策は，図4-7に示すように数種類の電源を有する回路にも有効です．各電源の負荷が出力-グラウンド間だけに接続されている場合は不要ですが，図の破線のように互いの出力間に負荷が接続されている場合や，正常状態では接続されていなくても異常状態では接続される危険性がある場合には有効です．電源ON時に

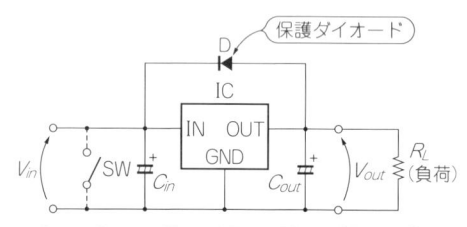

$C_{out} \gg C_{in}$のとき電源がOFFされると$V_{out} > V_{in}$となり，ICに逆電圧が加わる．SWがONされたときも同様

[図4-6] 3端子レギュレータICの入出力間には保護用ダイオードを入れる

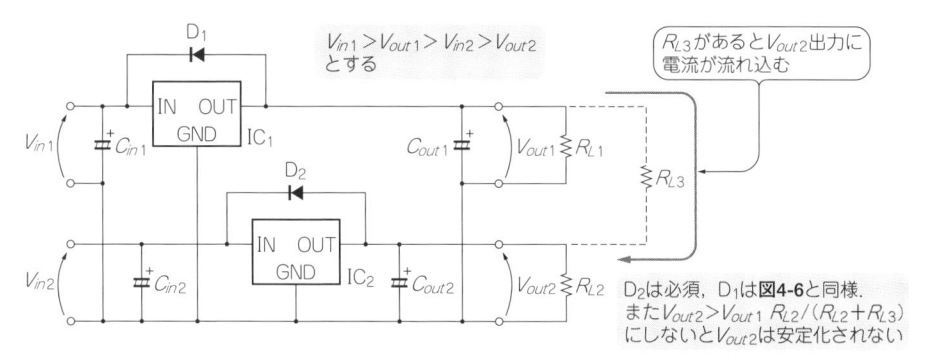

[図4-7] 電源が2種類以上のときの保護ダイオードの入れかた

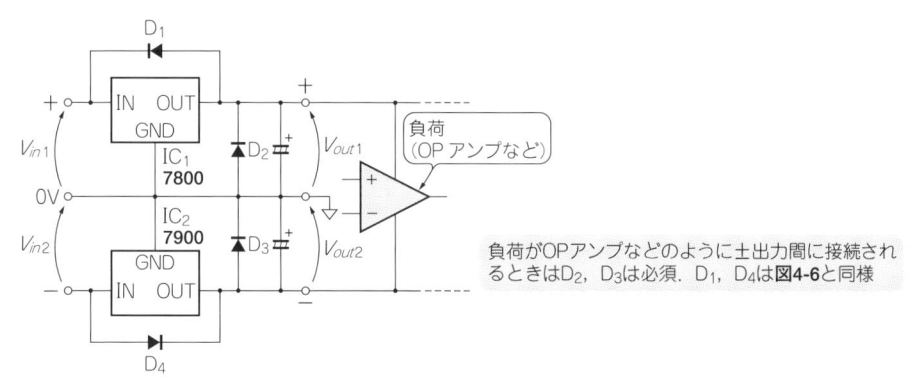

[図4-8] 正負電源のときの保護ダイオードの入れかた

V_{in2}がV_{in1}より遅く立ち上がる場合と，電源OFF時にV_{in2}がV_{in1}よりも早く下がる場合にはD_2は必須です．D_1も**図4-6**と同じ理由により入れたほうがよいでしょう．特に電源OFF時，V_{in1}がV_{in2}よりも早く下がる場合にはD_1は必須です．

● ±電源では出力-GND間の保護ダイオードが必要

図4-8に示すのは，正電圧出力と負電圧出力の3端子レギュレータを使用して正負電源を製作したときの保護ダイオードです．各電源の負荷が出力-グラウンド間だけに接続されている場合は不要ですが，図のように各出力間に負荷が接続される場合や，正常状態では接続されていなくても異常状態では接続される危険性がある場合には有効です．

互いの出力間に負荷が接続されている場合を考えると，入力電源ON時に両電源の出力が同時に絶対値が等しく立ち上がれば保護ダイオードは不要ですが，そのよ

4-2　シリーズ・レギュレータICの使用法　|　**077**

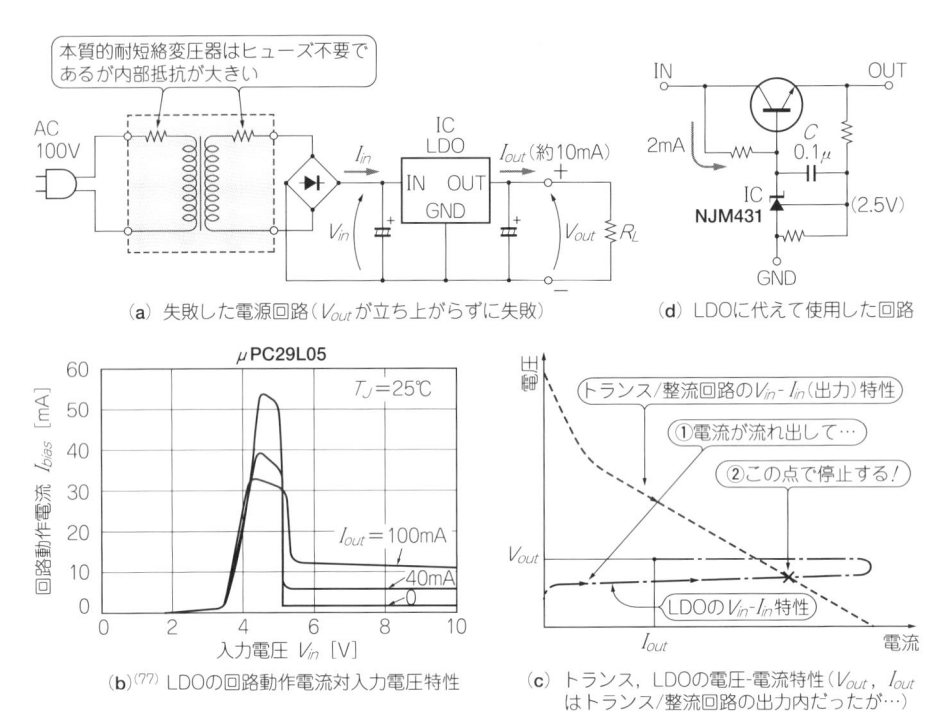

(a) 失敗した電源回路(V_{out}が立ち上がらずに失敗)

(d) LDOに代えて使用した回路

(b)[77] LDOの回路動作電流対入力電圧特性

(c) トランス,LDOの電圧-電流特性(V_{out}, I_{out}はトランス/整流回路の出力内だったが…)

[図4-9] LDOレギュレータを電源インピーダンスの高いところで使用するときは要注意

うな状態は期待できませんから必ず保護ダイオードを入れます.

たとえば,マイナス側の出力が先に立ち上がると,まだ立ち上がっていないプラス側の出力はマイナスになります.ここで図4-5を見ると,出力がマイナスになれば絶縁用PN接合が順バイアスされてICの内部回路が変わってしまい出力が立ち上がりません.これを「ラッチダウン」と呼びます.負荷としてOPアンプなどを接続すると,経験上,数十回に1度程度の頻度で起きることがあります.

● 保護ダイオードは一般整流用が良い

保護用ダイオードとしては,内部の絶縁用PN接合よりも順方向電圧が低いものが必要です.メーカでは整流用ショットキー・バリア・ダイオードを推奨していますが,漏れ電流が大きく高価です.

安価な100V/1A程度の一般整流用ダイオードは,絶縁用PN接合よりも順方向電圧が低く漏れ電流も小さくて,実用的には十分に使用可能です.高価な高速整流用ダイオード(FRD)は順方向電圧が高く,この用途には適合しません.

● 立ち上がり途中で大電流が流れるLDO

　OPアンプで簡単な電源内蔵センサ・アンプを作ったときの失敗例を紹介します．
　簡単に作るため，電源トランスにトランスや電源の安全規格IEC61558で規定されている「本質的耐短絡変圧器」を使用しました．これはヒューズなどの保護手段を備えなくても，過負荷や短絡時に温度が所定の限度を越えないというものです．欠点はロード・レギュレーションが100％近い，つまり内部インピーダンスが大きすぎて無負荷時の電圧が定格負荷時の2倍近くになるということです．そこで，入力電圧範囲を広く取るためにLDOを採用したところ，出力が立ち上がらず見事に失敗しました．

　図4-9(a)に回路を示しますが，原因は簡単なことでした．LDOは標準型3端子レギュレータと異なり，安定化する直前の入力電圧で，出力段のエミッタ接地トランジスタをONさせるために，入力電流が急増します[図4-9(b)]．電源トランスを含めた整流回路の電圧-電流特性に，LDOの入力電圧-電流特性を描くと，出力電圧は立ち上がりません[図4-9(c)]．

　負荷が短絡しても大電流は流れず安全ですから，対策は図4-9(d)に示すような保護回路なしのシャント・レギュレータとエミッタ・フォロワで作った簡単な安定化電源に変更しました．

　出力電流が100mA以上の電源ではLDOの入力無効電流はマスクされますから，出力が立ち上がらないことはほとんどありませんが，数十mA以下の電源では入力整流回路の内部インピーダンスには注意が必要です．

第4章
Appendix B
出力トランジスタの接地形式

　リニア・レギュレータの出力トランジスタは，正電圧出力の標準型3端子レギュレータ μA7800ではエミッタ・フォロワ(コレクタ接地ともいう)，負電圧出力の標準型3端子レギュレータ μA7900やLDOレギュレータではエミッタ接地です．
　両者の違いは，出力をエミッタから取り出せばエミッタ・フォロワ，出力をコレクタから取り出せばエミッタ接地ということではありません．

● 接地形式は入力信号と出力信号の共通線で決まる
　増幅回路における「接地」という概念は，入力信号と出力信号の共通線(コモン)がトランジスタのどの電極に接続されているのかを表しています．トランジスタは3端子素子ですが，入力信号に2端子，出力信号にも2端子が必要ですから，1端子が共通になります．どの電極を共通にするかで，エミッタが共通ならエミッタ共通(common emitter)，ベースならベース共通(common base)，コレクタならコレクタ共通(common collector)回路と言います．
　共通線を交流的にグラウンドに接続する，すなわち接地することが多いため，共通電極がエミッタならエミッタ接地と呼びます．

● 各接地形式の特徴
　図B-1，表B-1に各接地形式と特徴をまとめました．
　コレクタ接地(コレクタ共通)回路は，エミッタ・フォロワともいいます．フォロワ(follower)とは追随，模倣する人(物)のことで，電圧ゲインが約1倍で入力電圧に対して出力電圧がほぼ等しいため，このように呼びます．
　リニア・レギュレータの出力直列トランジスタに使用する場合，エミッタ接地がもっとも電流/電圧ゲインが大きくて前段の制御回路にかかる負担が小さく，入出力間電圧差も小さくなり優れていると言えます．ただし，出力インピーダンスが大きく，出力に接続されたコンデンサの悪影響で定電圧特性を得るための負帰還をか

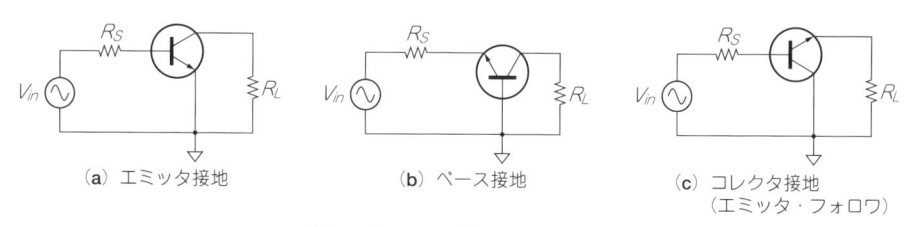

[図B-1] トランジスタの接地形式

(a) エミッタ接地
(b) ベース接地
(c) コレクタ接地（エミッタ・フォロワ）

[表B-1] トランジスタの接地形式による特性の相違

	エミッタ接地	ベース接地	コレクタ接地
入力インピーダンス	中	低	高
	h_{ie}	h_{ie}/h_{fe}	$h_{fe}R_L$
出力インピーダンス	中	高	低
	$1/h_{oe}$	h_{fe}/h_{oe}	$(h_{ie}+R_s)/h_{fe}$
電圧ゲイン	大	中	無
	$-h_{fe}R_L/(h_{ie}+R_s)$	$R_L/(h_{ie}+R_s)$	$\fallingdotseq 1$
電流ゲイン	大	無	大
	h_{fe}	$\fallingdotseq 1$	$-h_{fe}$

注：hパラメータ（h_{ie}, h_{fe}, h_{oe}）はトランジスタのデータシートを参照のこと．
表中の数値，式は近似であり，厳密なものではない

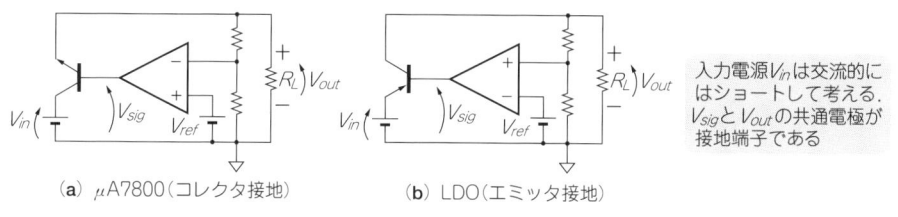

(a) μA7800（コレクタ接地）
(b) LDO（エミッタ接地）

入力電源V_{in}は交流的にはショートして考える．V_{sig}とV_{out}の共通電極が接地端子である

[図B-2] 3端子レギュレータの出力トランジスタと接地形式

けると発振しやすくなります．この点については次章で触れます．

エミッタ・フォロワ（コレクタ接地）では，出力インピーダンスが小さいため，出力に接続されたコンデンサの悪影響がなく安定な負帰還がかけられます．電圧ゲインが約1倍になるため制御回路の負担が大きく，入出力間電圧差は制御回路をどんなに工夫してもV_{BE}ぶん（$\fallingdotseq 0.7V$）はあります．

ベース接地は電流ゲインがなくて（$\fallingdotseq 1$倍）制御回路の負担が大きくなるため，出力直列トランジスタに単体で使用されることはありません．

Appendix B 出力トランジスタの接地形式

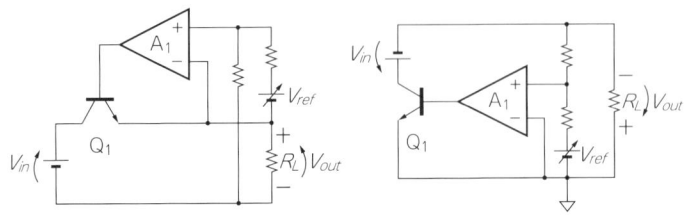

（a）概略回路図（出力はエミッタに接続されているが…）　　（b）描き変えた回路（エミッタ接地）

[図 B-3] フローティング型リニア・レギュレータの内部構成
A_1 を含む制御回路の電源が出力 0V から浮いているためこのように呼ばれる

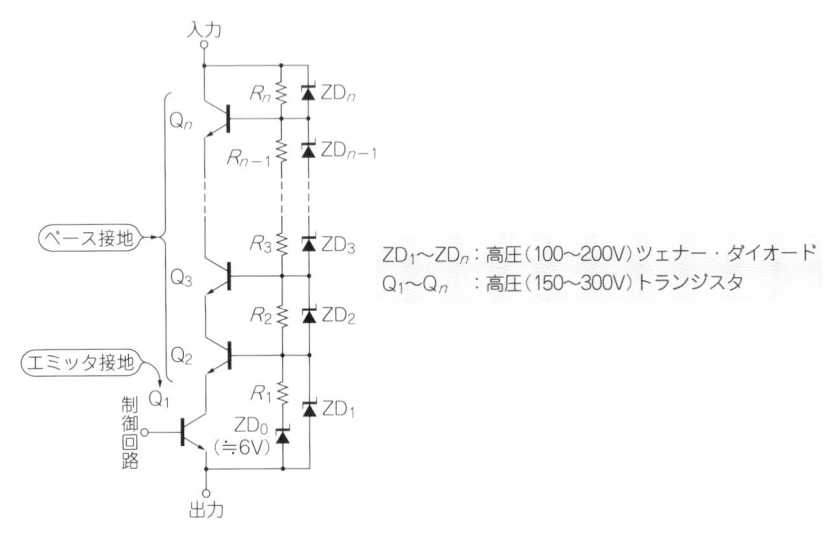

$ZD_1 \sim ZD_n$：高圧（100〜200V）ツェナー・ダイオード
$Q_1 \sim Q_n$：高圧（150〜300V）トランジスタ

[図 B-4] 出力トランジスタの直列接続

● 出力直列トランジスタの接地形式

図 B-2（a）は μA7800 シリーズの等価回路で，入力電圧と出力電圧の共通電極はコレクタですから，コレクタ接地（エミッタ・フォロワ）回路です．図 B-2（b）はLDO の等価回路で，入力電圧と出力電圧の共通電極はエミッタですから，エミッタ接地回路です．

先に「エミッタから出力を取り出せばエミッタ・フォロワというわけではない」と述べましたが，図 B-3 を見てください．出力がエミッタから取り出されていますが，入力電圧と出力電圧の共通電極はエミッタですから，エミッタ接地回路です．この形式は制御回路（基準電圧，誤差増幅用 OP アンプなど）の電源が出力のグラウ

ンド(0V)から浮いているため「フローティング型」と呼ばれています．出力電圧／電流の設定が簡単にできるため，実験で使用するメータ付きのベンチ・トップ型定電圧／定電流電源はほとんどがこの形式です．

　ベース接地は電流ゲインがなくて制御回路（ドライブ回路）の負担が大きくなるため，出力直列トランジスタに単体で使用されることはありません．ただし，高電圧のリニア・レギュレータでは，特性の良い高耐圧のトランジスタがないために低耐圧のトランジスタを直列接続（カスコード接続という）して耐圧を上げる用途で使用されています(**図B-4**)．

　図に付加されているツェナー・ダイオードは保護用で，$ZD_1 \sim ZD_n$はトランジスタに印加される電圧が偏って一部のトランジスタの耐圧を越えないようにします．ここにはサージ電力の大きなバリスタなどが使用されます．ZD_0は最下段のエミッタ接地トランジスタが飽和しないように入れます．トランジスタが飽和すると，復帰するまでにデータシート記載の「蓄積時間」の間は制御不能になるので，これを防止するためです．

第5章

【成功のかぎ5】
リニア・レギュレータを安定に動作させる
出力端子に付けるコンデンサが鍵を握る

　直流定電圧電源の目的は，負荷となる電子回路に安定な直流電圧を供給することです．リニア・レギュレータICの場合，出力に付加するコンデンサによっては発振して不安定になる場合があります．ここでは，どのような場合に発振するのか，なぜ発振するのか，どうすれば安定な直流電圧を出力できるのかを実験しながら考察します．

5-1　レギュレータが発振するメカニズム

● 位相の回りすぎた信号が入力に戻ることで発振する

　シリーズ・レギュレータは図5-1の簡略化等価回路で示されるように，負帰還によってゲインを適切に設定したパワーOPアンプと，基準電圧V_{ref}で構成されています．発振の原因は一般の増幅回路と同じですが，出力に付加される大きな容量C_{out}について考慮する必要があります．

　増幅回路の発振原因は，ループ・ゲイン(loop gain)と呼ぶ負帰還回路を一巡したゲインの周波数特性で考察します．増幅回路の発振は交流で起きますから，直流基準電圧V_{ref}は交流では短絡されていると考えます．

　図5-1(a)で，A-A_a間を切り離し，A_a点に出力信号V_{out}の代わりに$V_{out\,a}$を与えて，ループ・ゲイン$A\beta$を計算します．図5-1(c)で示すように，帰還ループを一巡した出力信号V_{out}が，元の信号$V_{out\,a}$とレベルが等しく位相が同じときに増幅回路は発振します．元の信号は帰還回路で分圧され，増幅回路の反転入力端子に戻されていますから，正常であれば出力信号は元の信号に対して位相が180°回っているはずです．

　ところが，出力信号の位相がさらに180°余分に回り，元の信号と同じ位相，同じレベルになると発振します．そのとき帰還回路を切り離して外部から$V_{out\,a}$を加えると，V_{out}が出力されます．両者はレベルと位相が等しいので，切り離した帰還

(a) シリーズ・レギュレータの等価回路

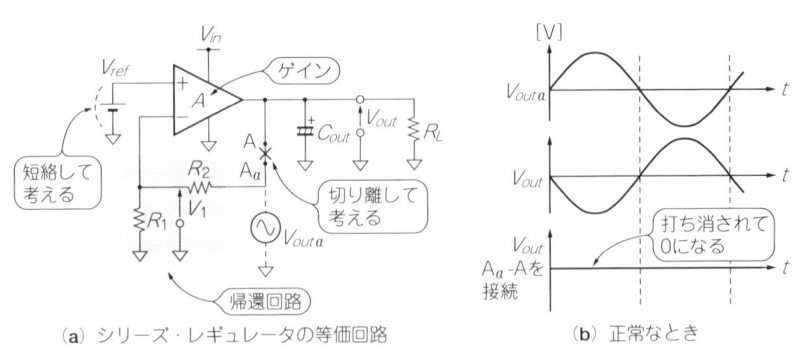

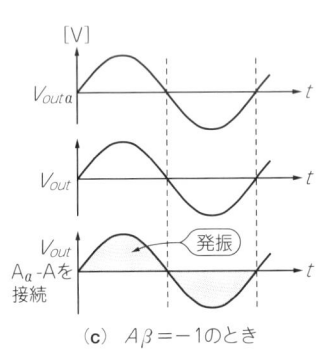

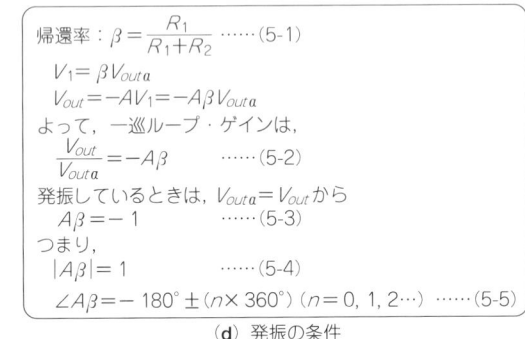

(b) 正常なとき

(c) $A\beta = -1$のとき

(d) 発振の条件

帰還率：$\beta = \dfrac{R_1}{R_1+R_2}$ ……(5-1)

$V_1 = \beta V_{outa}$
$V_{out} = -AV_1 = -A\beta V_{outa}$
よって，一巡ループ・ゲインは，
$\dfrac{V_{out}}{V_{outa}} = -A\beta$ ……(5-2)
発振しているときは，$V_{outa} = V_{out}$ から
$A\beta = -1$ ……(5-3)
つまり，
$|A\beta| = 1$ ……(5-4)
$\angle A\beta = -180° \pm (n \times 360°)$ $(n = 0, 1, 2 \cdots)$ ……(5-5)

[図5-1] シリーズ・レギュレータの発振条件

回路を再接続すれば，外部からV_{outa}を注入しなくてもV_{out}は出力され続けます．これが発振です．

図5-1(d)の式では，

$$A\beta = -1 \quad \cdots\cdots (5\text{-}3)$$

となります．式(5-3)は，ループ・ゲインの大きさ$|A\beta|$が1（= 0dB）で，位相が$-180°$回転したときに発振することを意味しています．

● 位相が180°回っても$|A\beta|$＜1なら発振しない

負帰還とは，$A\beta$の位相の回転が$-180°$よりも小さいときの動作モードのことです．位相が$-180°$回っているときの動作モードは負帰還ではなく，正帰還と呼びます．

このとき$|A\beta|$＜1なら，正帰還された信号は徐々に減衰しますから，オーバーシュートやリンギングなどにより一時的に出力は乱れますが，発振状態にはなり

(a) ループ・ゲインの絶対値の周波数特性とゲイン余裕

このような特性になると不安定

ゲイン余裕：位相が−180°回ったときの|Aβ|がどのくらい負になっているかを見る

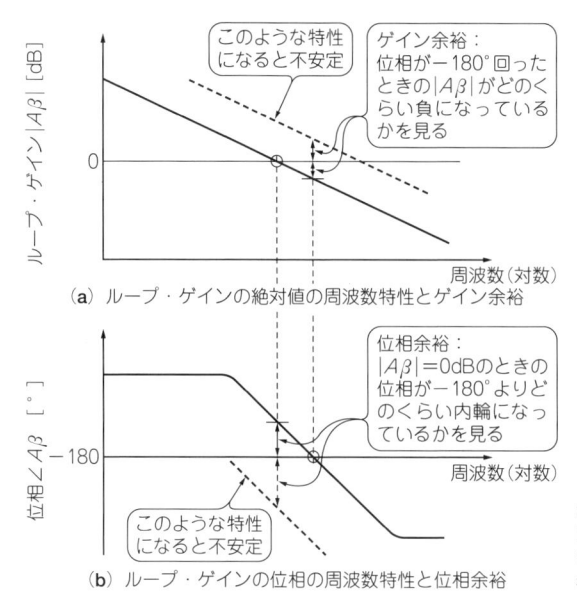

(b) ループ・ゲインの位相の周波数特性と位相余裕

位相余裕：|Aβ|＝0dBのときの位相が−180°よりどのくらい内輪になっているかを見る

このような特性になると不安定

[図5-2] ゲイン余裕と位相余裕
増幅回路の発振に対する安定度は，ボーデ線図でゲイン余裕と位相余裕を見て判断する．電源回路では，ゲイン余裕で7dBかつ位相余裕で45°を目安にするのが一般的である

ません．

　位相が−180°回って，｜$A\beta$｜＝1になると増幅回路は発振します．

　｜$A\beta$｜＞1の場合，増幅回路内部では，クリップなどが起きてゲインAが低下します．その結果，実効的に｜$A\beta$｜＝1となって発振が持続します．

● 位相余裕とゲイン余裕という発振に対する評価基準

　増幅回路が発振条件に対してどのくらいの余裕をもっているかを判断するには，ボーデ線図と呼ぶループ・ゲインの周波数特性のグラフを見ます．**図5-2**のボーデ線図で示すように発振に対する余裕は，ゲイン余裕と位相余裕で判断します．

　ゲイン余裕は，位相∠$A\beta$が−180°回っている周波数において，ループ・ゲイン｜$A\beta$｜が0dB（1倍）よりもどのくらい負になっているかを見ます．この負の値をゲイン余裕と言います．

　位相余裕は，ループ・ゲイン｜$A\beta$｜が0dBになる周波数において，位相∠$A\beta$が−180°よりもどのくらい内輪になっているかを見ます．この位相と−180°との差を位相余裕と言います．

　表5-1に，ステップ信号を入力したときのゲイン余裕/位相余裕と出力応答との関係を示します．一般のOPアンプ回路では位相余裕は60°を目安にしていますが，

[表5-1] ゲイン余裕/位相余裕とステップ応答

ゲイン余裕 [dB]	位相余裕 [°]	ステップ応答
3	20	ひどいリンギング
5	30	多少のリンギング
7	45	応答時間が短い
10	60	一般的に適切な値
12	72	周波数特性にピークが出ない

電源回路では応答時間を重視しますから45°を目安にします．

● 発振を起こさせないための手法…位相補償

発振させないために，位相余裕とゲイン余裕を増加させる手法を位相補償と言います．詳しくは後述しますが，不要なゲインを削るためのポールを与えることで，元の下降特性−6dB/oct.に加えて−12dB/oct.とします．さらに，ループ・ゲインが0dBになる周波数f_C近傍で位相余裕を確保するために，ゼロを与えて−6dB/oct.の下降特性に戻すのが一般的です．

レギュレータICの位相補償は内部で行われていますから，発振する場合は，出力コンデンサで対策する以外ありません．

● 出力コンデンサが発振に対する余裕に影響する

レギュレータICには，出力電圧変動を低減するため出力に大きな容量C_{out}が付加されます．レギュレータICの出力抵抗R_{out}とコンデンサの等価直列抵抗(Equivalent Series Resistance；ESR)R_Cを含めた出力コンデンサ部分の周波数特性は段違い特性で，図5-3のようになります．出力コンデンサに大きなESRがあれば，高域で位相は元に戻って0°になります．LDOの場合には出力抵抗がESRよりも大幅に大きくて，f_P-f_Z間での位相回転が最大90°になります．位相回転が戻るまえにループ・ゲインが0dBになると発振してしまいます．

一般に，レギュレータICの|$A\beta$|が0dBになる周波数は1MHz以下です．R_{out}が小さくてループ特性に対する影響が数MHz以上で起きるときはまず安定です．ESRがある程度大きいときも位相回転は少なくなり発振に対して安定な電源ができます．ESRが大きすぎると位相が低域で戻り，必要周波数での効果がなくなるので，不安定になることもあります．

現実のコンデンサを見ると，アルミ電解コンデンサはESRが適度に大きく，レ

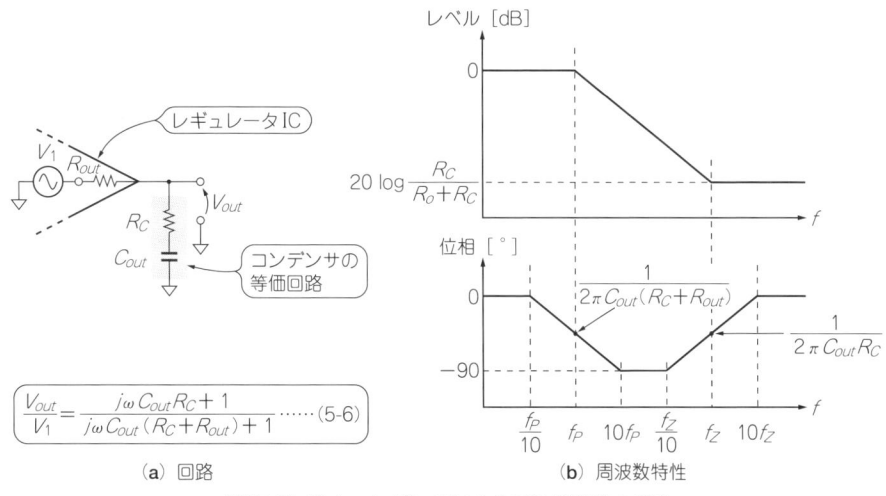

$$\frac{V_{out}}{V_1} = \frac{j\omega C_{out} R_C + 1}{j\omega C_{out}(R_C + R_{out}) + 1} \quad \cdots\cdots (5\text{-}6)$$

(a) 回路　　(b) 周波数特性

[図5-3] 出力コンデンサによる周波数特性の変化

ギュレータICの出力に付けても安定ですが，負荷（出力）電流が高速で変動すると，ESRの影響で出力電圧変動が大きくなります．つまり，発振に対しては安定ですが，電源としては安定とは言いにくくなります．そこで，ESRの小さい小容量のセラミック・コンデンサを電源電流が高速で変動するディジタルICの電源端子に付加するわけです．

出力コンデンサとしてESRの小さいセラミック・コンデンサだけを用いると，位相が戻らないので発振の危険性が高くなります．

● 負荷の影響もある

電源回路の負荷は変動する場合がほとんどです．ループ・ゲインの特性も負荷により変動します．

一般に，トランジスタの特性はコレクタ電流によって大幅に変化し，電流がゼロに近いとゲインも小さくて，周波数特性も悪くなります．無負荷のときは出力トランジスタにほとんど電流が流れないため，出力トランジスタのゲインは小さくループ・ゲインの周波数特性も低域で減衰します．負荷があると出力トランジスタに電流が流れ，出力トランジスタのゲインは大きく周波数特性も高域まで延びます．

また，負荷があると，出力段のゲインは出力抵抗と負荷で分圧されて無負荷時よりも減少し，出力段の時定数は負荷抵抗の影響で減少します．そのため，ループ・ゲインが減少してループ・ゲインが0dBになる周波数（一般にクロスオーバー周波

数f_Cと呼ぶ)は下がり，出力段の時定数による位相回転ははるかに高い周波数に追いやられ，ループ特性には影響しなくなる場合もあります．

上記の影響で，無負荷では安定でも定格負荷では発振することがあったり，逆に定格負荷では安定でも無負荷にすると発振する場合があります．

使用するレギュレータICがどちらに相当するかは，負荷を変動させてみればわかります．電源の安定度を見るには，負荷を変動させてみることが重要です．

5-2　レギュレータICの発振原因

● 出力段がエミッタ・フォロワのとき

NJM7800シリーズのような出力トランジスタがエミッタ・フォロワのレギュレータはR_{out}が小さいことが普通です．そのため，図5-4に示すように，出力トランジスタや出力コンデンサのループ特性に対する影響は，ループ・ゲインが0dBになる周波数f_C以上となって安定です．

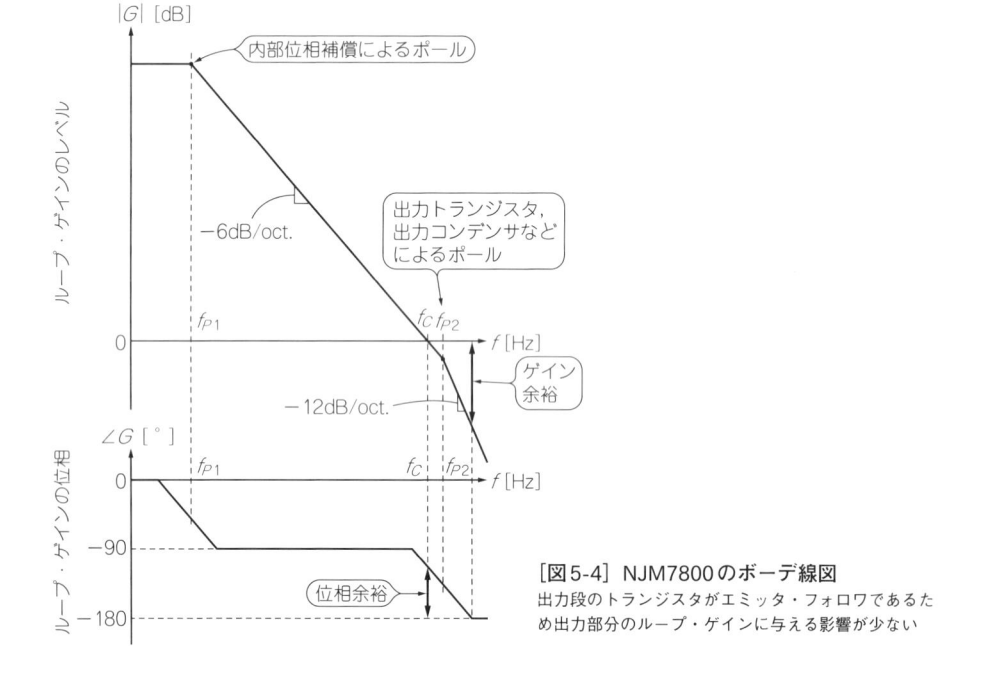

[図5-4] NJM7800のボーデ線図
出力段のトランジスタがエミッタ・フォロワであるため出力部分のループ・ゲインに与える影響が少ない

● 出力段がエミッタ接地のとき

　NJM7900シリーズやLDOのような出力トランジスタがエミッタ（ソース）接地のときは，R_{out}が大きくて出力コンデンサの影響を受けますから，**図5-5**のようにESRによっては不安定となり発振します．

　なお，**図5-5**の一点鎖線のように，ESRが大きすぎると内部の高域ポール（f_{p3}）の影響を受けて不安定となることもあります．

● セラミック・コンデンサ対応のLDO

　セラミック・コンデンサはESRが小さすぎるため周波数特性上でのゼロの効果がなく，−6dB/oct.で下降するLDOの周波数特性に出力コンデンサ部分の周波数特性が加わって−12dB/oct.の下降特性となり，位相は180°遅れ，非常に不安定になります．

　携帯機器用に，出力コンデンサとしてセラミック・コンデンサを使用可能にしたLDOが各社から出されています．一例として，NJM2885DL1-05の仕様を**表5-2**に示します．

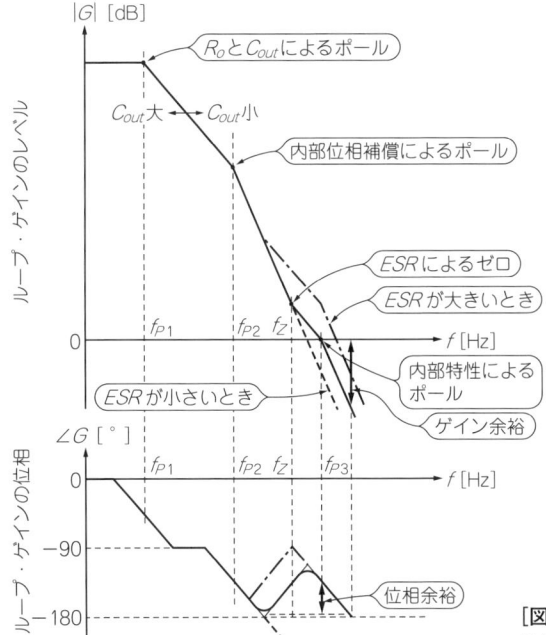

[図5-5] LDOレギュレータのボーデ線図
出力コンデンサの容量とESRの影響が大きい

[表5-2 ⁽³²⁾] セラミック・コンデンサ対応のLDO NJM2885DL1-05の主な仕様

項 目	記 号	定 格
入力電圧	V_{in}	14V
消費電力	P_D	8W
動作温度	T_{opr}	$-40℃ \sim +85℃$
保存温度	T_{stg}	$-40℃ \sim +125℃$

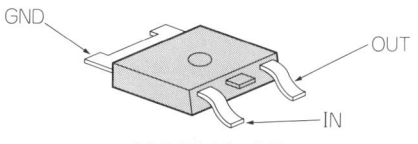

(a) 絶対最大定格

(c) 外形とピン接続

項 目	記 号	条 件	特 性 最小	特 性 標準	特 性 最大	単 位
出力電圧	V_{out}	$V_{in}=6V, I_{out}=30mA$	4.95	5.0	5.05	V
ライン・レギュレーション	V_{out}/V_{in}	$V_{in}=6 \sim 11V, I_{out}=30mA$	–	–	0.1	%/V
ロード・レギュレーション	V_{out}/V_{in}	$V_{in}=6V, I_{out}=0 \sim 0.5A$	–	–	0.03	%/mA
無効電流	I_Q	$V_{in}=6V, I_{out}=0mA$	–	0.2	0.3	mA
出力電圧温度係数	V_{out}/T	$V_{in}=6V, I_{out}=10mA$	–	±50	–	ppm/℃
リプル除去比	RR	$I_{out}=10mA, V_{rpin}=200mV_{RMS}, f=1kHz$	–	75	–	dB
出力雑音電圧	V_{NO}	$I_{out}=10mA$, 帯域幅:$10Hz \sim 80kHz$	–	45	–	μV_{RMS}

(b) 電気的特性 ($C_{in}=0.33\mu F, C_{out}=2.2\mu F, T_j=25℃$)

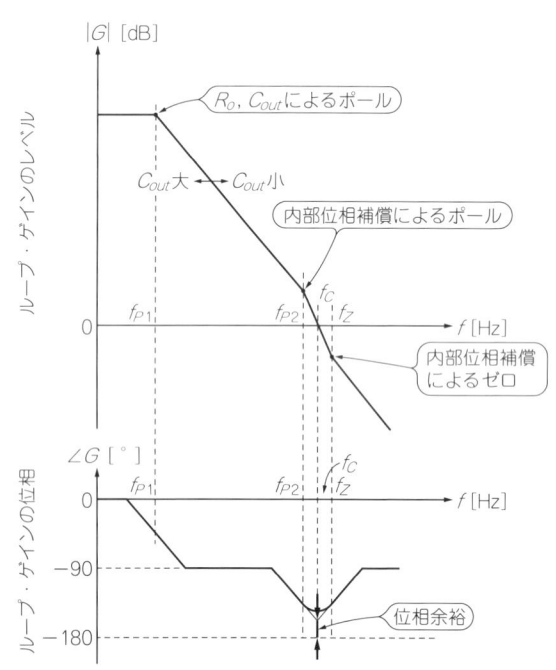

[図5-6] セラミック・コンデンサ対応LDOのボーデ線図
安定に動作する容量範囲に制限がある

第5章 リニア・レギュレータを安定に動作させる

セラミック・コンデンサ対応のLDOでは，**図5-6**のように内部位相補償を工夫してゼロ(f_Z)を付加しています．このため，出力コンデンサの容量値に制限が生じます．制限外の小容量では不安定になることが，**図5-6**から予想できます．

5-3　レギュレータICを発振させる実験

3種類の5V（−5V）/1.5A出力のレギュレータIC（NJM7805，NJM7905，NJM2396F05）について，出力コンデンサの値を変えて発振安定度を見てみます．また，セラミック・コンデンサ対応のLDOであるNJM2885DL1-05（5V/0.5A出力）の発振安定度も見てみます．発振安定度の確認は，オシロスコープで入出力端子を観測しています．

● エミッタ・フォロワ出力タイプの汎用品NJM7805

実験回路は**図5-7**で，R_1をオープンにしたときと50Ωにしたときの二つの条件で，NJM7805の発振安定度を見ました．結果を**表5-3**に示します．

このICは出力トランジスタがエミッタ・フォロワになっているため出力抵抗が低く，あらゆる負荷に対して非常に安定です．ただし，入力側の配線パターンが長くなった場合を想定して，入力側にコイル10μH～100μHを入れたときは，入力コンデンサC_{in}なしで発振しました．**図5-8**に発振波形を示します．C_{in}は0.1μF以上が必要です．

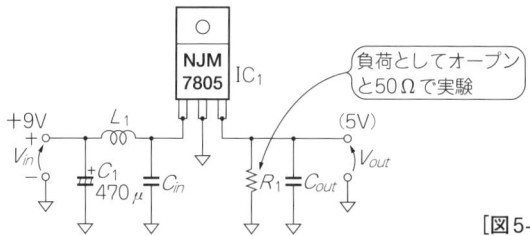

[図5-7] NJM7805の発振安定度の実験回路

[表5-3] NJM7805の発振安定度の実験結果

項　目	実験で使った値				推奨値
L_1	10μH～100μH				−
C_{in}	0		0.1μF		0.33μF
C_{out}	0		0		0.1μF
R_1	−	50Ω	−	50Ω	
安定度	発振		安定		−

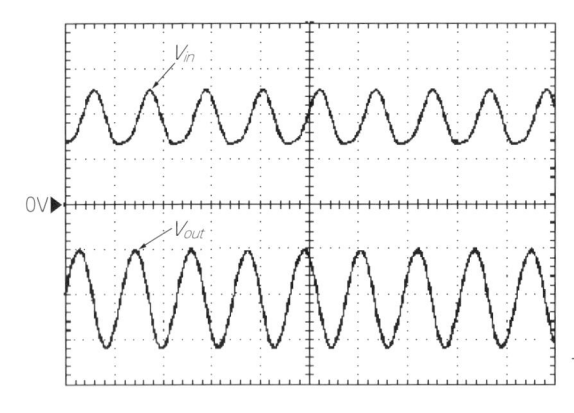

[図5-8] NJM7805の発振波形（1μs/div.）
上：入力波形（5V/div.），下：出力波形（200mV/div.，AC）

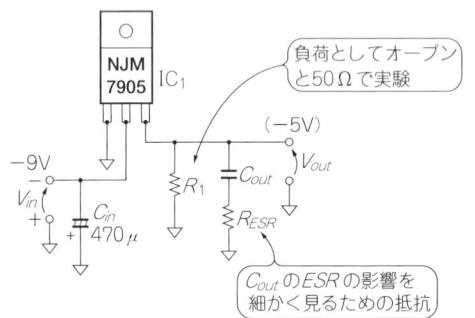

[図5-9] NJM7905の発振安定度の実験回路

[表5-4] NJM7905の発振安定度の実験結果

項　目	実験で使った値				推奨値
C_{in}	470μF				2.2μF
$C_{out} + R_{ESR}$	0.22μF 未満	0.1μF 未満	0.1μF + 28Ω 以上	0.1μF + 17Ω 以下	1μF
			0.22μF 以上		
R_1	－	50Ω	－	50Ω	－
安定度	発振		安定		－

　交流等価回路で入力端子をグラウンド・レベルにするためにはC_{in}が必須のため，どのような回路でも安定動作を保証するためにC_{in}は必要です．以下の実験では，C_{in}として470μFの電解コンデンサを入れて行いました．

● エミッタ接地出力タイプの汎用品NJM7905
　実験回路は図5-9で，R_1をオープンにしたときと50Ωにしたときの二つの条件で，NJM7905の発振安定度を見ました．結果は表5-4です．

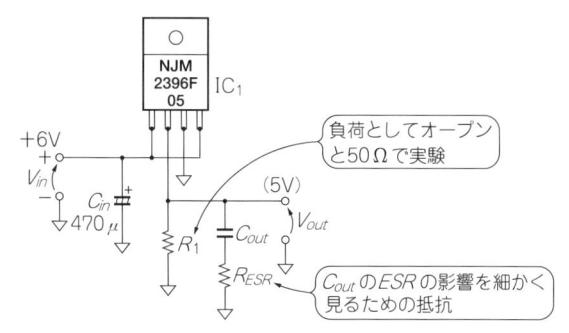

[図5-10] NJM2396F05の発振安定度の実験回路

[表5-5] NJM2396F05の発振安定度の実験結果

項　目	実験で使った値				推奨値
C_{in}	470μF				0.33μF
$C_{out} + R_{ESR}$	0.1〜1μF + 0Ω		1μF + 0.9Ω 以上		22μF
			10μF 以上		
R_1	−	50Ω	−	50Ω	−
安定度	発振		安定		−

　このICの出力トランジスタはエミッタ接地となっているため出力抵抗が大きく，出力コンデンサC_{out}の値によっては発振します．C_{out}なしでは発振しましたが，無負荷では0.1μFで発振して0.22μF以上で安定し，負荷を接続すると0.1μF以上で安定になりました．ESRの小さいフィルム・コンデンサでも電解コンデンサでも同じでした．

　ESRを細かく見ると，C_{out}が0.1μFのとき，無負荷ではR_{ESR} = 28Ω以上で安定で，負荷を接続するとR_{ESR} = 17Ω以下で安定になりました．上述のESRが大きすぎても発振する場合があることと，負荷の影響を実証する結果になりました．

● LDOレギュレータNJM2396F05

　実験回路は図5-10で，R_1をオープンにしたときと50Ωにしたときの二つの条件で，NJM2396F05の発振安定度を見ました．結果は表5-5です．

　このICの出力トランジスタはエミッタ接地なので出力抵抗が大きく，出力コンデンサとESRの値によっては発振します．無負荷でも負荷を接続したときでも，C_{out}なしでは安定でしたが，0.1μF〜1μFで発振しました．10μF以上を付けると安定になりました．

　図5-11に0.1μFのときの発振波形を示します．C_{out}が0.1μFのときにはESRに

Column

ステップ応答と電圧変動への対応

● スイッチング負荷でステップ応答を確認する

　NJM7805を例に使用して，負荷を急速に変化させたときの出力電圧変動とその対策を探ってみます．

　実験回路は，**図5-7**で$L_1 = 0H$，電解コンデンサ$C_1 = 470\mu F$，$C_{out} = 100\mu F$とします．負荷として，**図5-A**に示すON/OFF試験回路の「V＋」を接続しました．

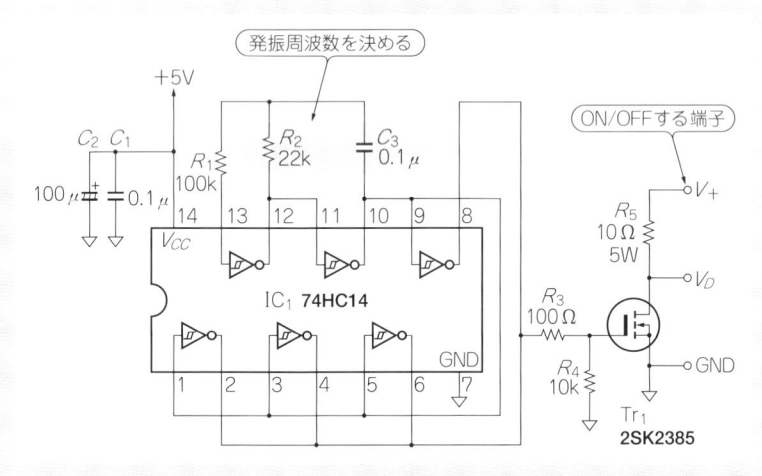

[図5-A] 負荷をON/OFF試験するための回路

負荷をON/OFFすると電源の安定度がわかる．このような治具を作っておくと便利である．C_3, R_2で周波数を変更できる

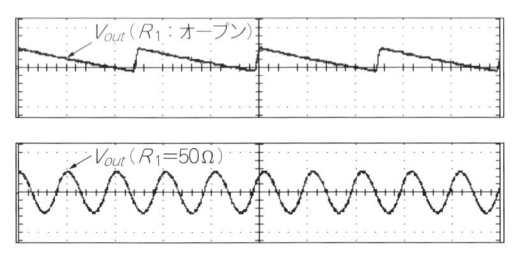

[図5-11] NJM2396F05の発振波形

上：R_1がオープンのとき(2V/div., 40μs/div., AC)，下：$R_1 = 50Ω$のとき(2V/div., 10μs/div., AC)

後述する出力電圧変動対策用のリプル・フィルタとして，図5-7の出力V_{out}のところに図5-Bに示すV_{in}を接続しました．
　負荷として10ΩをON/OFF（電流換算で0A/0.5A）すると，NJM7805の出力変動は約40mV_{P-P}となりました．NJM7805の出力変動が入力されてもリプル・フィルタ出力では変動を観測できませんでした．

● 電圧変動を抑えるには
　リンギングがなければ安定ですが，安定でも電圧変動はあります．ディジタル・アナログ混在回路で電源を一緒にすると，実験のような変動の大きい電源電圧がアナログ回路に供給されます．アナログ回路の中には，微小信号増幅回路，高精度A-D/D-Aコンバータ，VCO（電圧制御発振）回路などの低ノイズ電源を必要とする回路があります．その場合には，専用に電源を用意するか，図5-Bのようなリプル・フィルタを入れる必要があります．
　実験で使用したリプル・フィルタの欠点は，エミッタ・フォロワのためV_{BE}（≒0.7V）以上の入出力電圧差が必要なことで，実験結果では約4mA出力に対して0.75Vの電圧降下となっています．この電圧降下を小さくしたリプル・フィルタ用のICもあります．

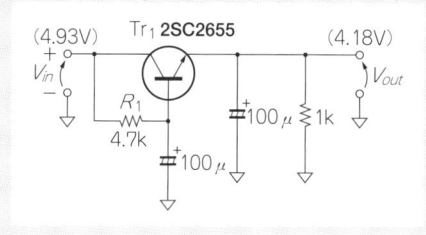

[図5-B] 実験に使用したリプル・フィルタの回路
リプル（電圧の周期的変動）を抑えるフィルタ．欠点は入出力電圧差が約0.7Vと大きいことである

よらず不安定でしたが，C_{out}が1μFのときにはR_{ESR}が0.9Ω以上で安定でした．

● セラミック・コンデンサ対応のLDOレギュレータNJM2885DL1-05
　実験回路は図5-12で，R_1をオープンにしたときと50Ωにしたときの二つの条件で，NJM2885DL1-05の発振安定度を見ました．結果は表5-6です．
　このICはセラミック・コンデンサ対応のLDOです．無負荷ではC_{out}によらず安定でした．負荷を接続すると，C_{out}なしでは安定でしたが，0.1μFで発振しました．0.22μF以上を付けると安定になりました．C_{out}が0.1μFのときにはR_{ESR}が5.4Ω以上で安定でした．

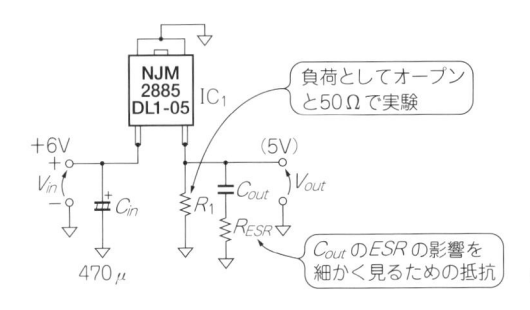

[図5-12] NJM2885DL1-05の発振安定度の実験回路

（回路図中の注釈）
- 負荷としてオープンと50Ωで実験
- C_{out}のESRの影響を細かく見るための抵抗

[表5-6] NJM2885DL1－05の発振安定度の実験結果

項 目	実験に使った値			推奨値
C_{in}	470μF			0.33μF
$C_{out} + R_{ESR}$	0	0.1μF	0.10μF + 5.4Ω 以上	2.2μF
			0.22μF 以上	
R_1	−	50Ω	−	50Ω	−
安定度	安定	発振	安定	−

● 安定動作のためには余裕をもった容量が必要

　上記の実験結果にはICメーカ推奨のコンデンサの値を追記していますが，実際の設計に際してはこの値以上の容量を接続するようにします．

　ディジタルICのように電源電流が高速で変動する負荷の場合，瞬時に負荷電流を供給するのはレギュレータICではなくて出力コンデンサです．ICメーカの推奨値は発振安定性を保証するだけで使用条件は考慮していませんから，余裕をもった容量を選択します．

　大容量セラミック・コンデンサは，温度と印加電圧により容量が大幅に変動するため，セラミック・コンデンサ対応LDOの場合は，ICメーカに推奨セラミック・コンデンサを確認して使用します．

　ここでは，発振安定度の確認は抵抗負荷で行いましたが，実機での確認はこのような静特性だけでなく，コラムに示したようにスイッチング負荷でも確認するようにします．

第5章
Appendix C
ボーデ線図の描きかた

シリーズ・レギュレータの発振安定度を考察するときに便利なボーデ線図を描いてみます.

● 伝達関数

図C-1に示すように，種々の回路で入出力の比（ゲイン）は$j\omega$の関数として表すことができ，この関数$G(j\omega)$を伝達関数と言います.

この伝達関数の分母多項式$D(j\omega)$を0にする$j\omega$をポール（pole；極），分子多項式$N(j\omega)$を0にする$j\omega$をゼロ（zero；零点）と言います. なぜ変数がωでなくて$j\omega$なのかというと，元の変数はラプラス演算子sだからです. ここでは簡単にするため$s = j\omega$としています.

● 概略ボーデ線図

伝達関数を図示する手法は種々ありますが，周波数を横軸に取ったボーデ線図（Bode plot）は非常に便利です. ボーデ線図はゲインの絶対値［dB］とその位相［°］を縦軸に取り，周波数［Hz］を横軸に取ったグラフです.

まず，簡単なCRの1次遅れ回路（図C-2）のボーデ線図を描くと図C-3になります. ポールは，$j\omega = -2\pi f_P$から周波数を求めるとjf_Pと虚数になり，現実の周波数特性では分母がゼロにはなりません. 分母の$j\omega$が1次であり，$10f_P$以上では遅れがほぼ90°一定のため1次遅れ回路と言います. $10f_P$以上ではゲインは－6dB/oct.で減衰しています. oct.（octave；オクターブ）と言うのは周波数が2倍になること

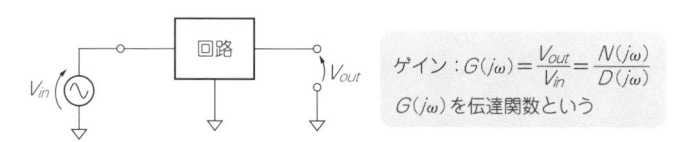

ゲイン：$G(j\omega) = \dfrac{V_{out}}{V_{in}} = \dfrac{N(j\omega)}{D(j\omega)}$
$G(j\omega)$を伝達関数という

［図C-1］伝達関数の定義

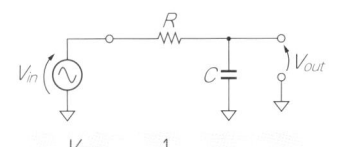

$$G = \frac{V_{out}}{V_{in}} = \frac{1}{j\omega CR + 1} \quad \cdots\cdots \text{(C-1)}$$

分母を0とする$j\omega$は，

$$j\omega = -\frac{1}{CR}$$

$$f_P = \frac{1}{2\pi CR} \quad \cdots\cdots \text{(C-2)}$$

とすると，ポールは$-2\pi f_P$となる．
式(5-A)より，

$$|G| = \frac{1}{\sqrt{\omega^2 C^2 R^2 + 1}} \quad \cdots\cdots \text{(C-3)}$$

$$\angle G = -\tan^{-1}(\omega CR) \quad \cdots\cdots \text{(C-4)}$$

となる．これを$f = \frac{\omega}{2\pi}$, $20\log|G|$
として図示したのが，ボーデ線図である

◀[図C-2] CRによる1次遅れ回路とその伝達関数

[図C-3] 1次遅れ回路のボーデ線図

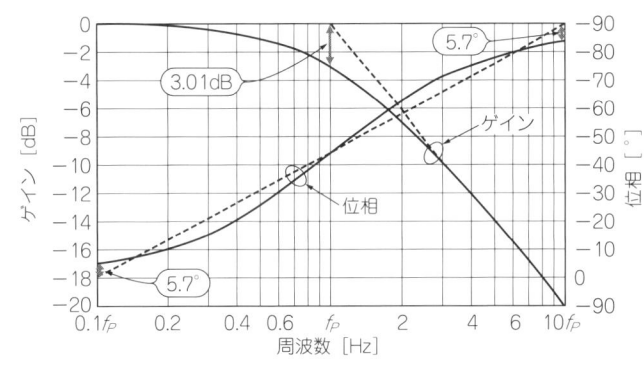

[図C-4] 概略ボーデ線図の誤差

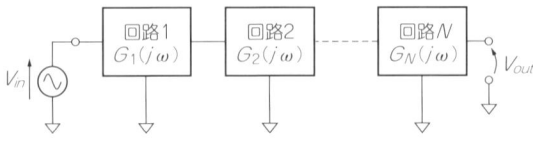

トータルの伝達関数$G(j\omega)$は

$$G(j\omega) = G_1(j\omega) G_2(j\omega) \cdots G_N(j\omega)$$

よって，

$$20\log|G(j\omega)| = 20\log|G_1(j\omega)| + 20\log|G_2(j\omega)| + \cdots$$
$$\cdots + 20\log|G_N(j\omega)|$$

$$\angle G(j\omega) = \angle G_1(j\omega) + \angle G_2(j\omega) + \cdots + \angle G_N(j\omega)$$

上式から，全体のボーデ線図は同一目盛で個々の回路のボーデ線図を描き，ゲインも位相もすべて足し合わせればよい

[図C-5] 複数回路の全体のボーデ線図の描きかた

を表し，−6dB/oct.は周波数が2倍になるとゲインは−6dBつまり半分になることを意味しています．

　図C-3の実線は真の特性で，破線は折れ線で近似した概略の特性です．ゲインはf_Pに折れ点があり，位相は$f_P/10$と$10f_P$に折れ点があります．$f_P/10$から$10f_P$までを拡大すると図C-4になります．概略特性は真の特性に対し，ゲインで3.01dB，位相で5.7°の誤差がありますが，負帰還安定度を判断するのには充分な近似ですから，今後はボード線図を概略特性で表します．

　複雑な回路のボード線図を描くには，簡単な回路に分解して同一目盛りで個々の回路のゲインと位相の周波数特性を描きます．そのあと，図C-5に示すようにゲインと位相を加算すれば，複雑な回路のボード線図も簡単に描けます．

(a) 1次進み回路

$$G = \frac{V_{out}}{V_{in}} = \frac{j\omega CR}{j\omega CR + 1}$$

(b) ボード線図

$$f_P = \frac{1}{2\pi CR}$$

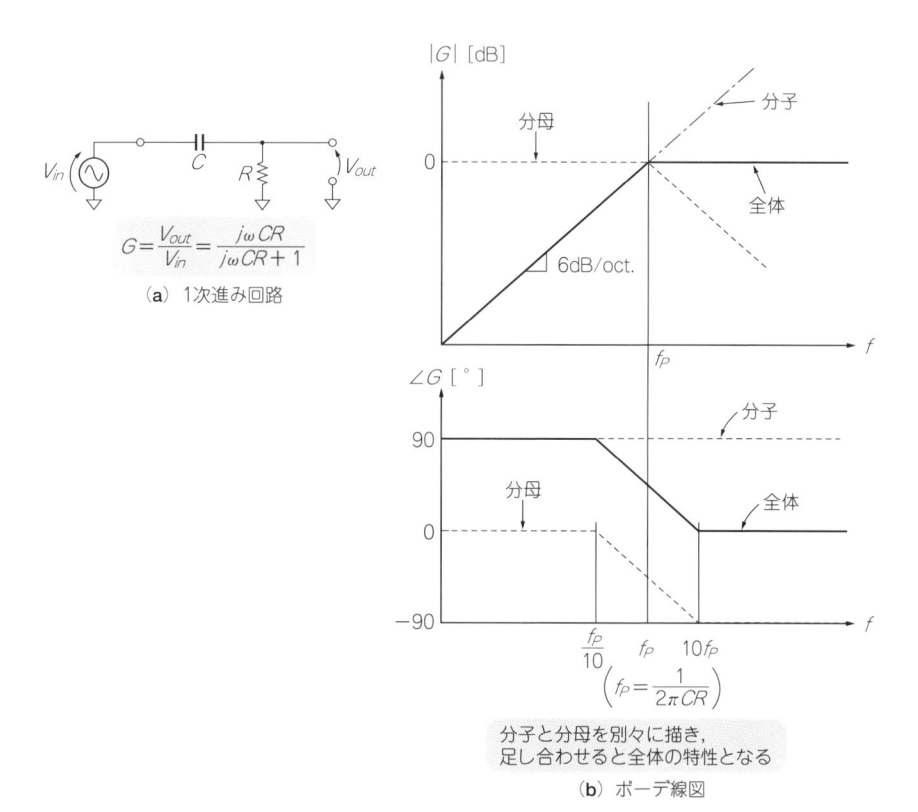

分子と分母を別々に描き，
足し合わせると全体の特性となる

[図C-6] 1次進み回路のボード線図

Appendix C　ボード線図の描きかた　|　101

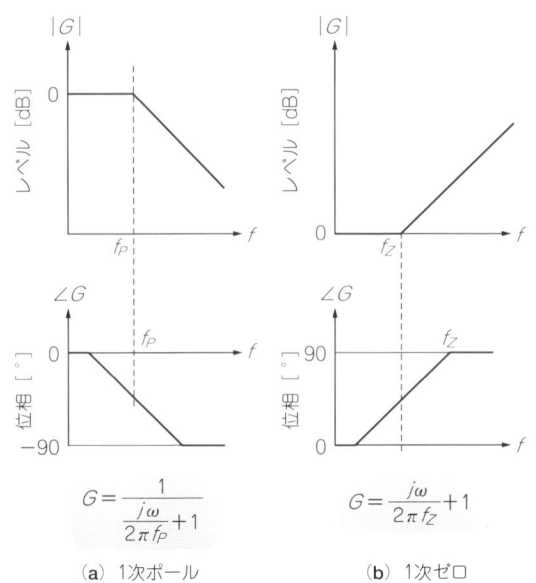

[図C-7] (a) 1次ポール: $G = \dfrac{1}{\dfrac{j\omega}{2\pi f_P}+1}$ (b) 1次ゼロ: $G = \dfrac{j\omega}{2\pi f_Z}+1$

[図C-7] 1次ポールと1次ゼロの伝達関数と周波数特性

● 1次進み回路

図C-6(a)の1次進み回路を，図C-2にならって伝達関数の分子と分母に分けて描いてみます．

図C-6(b)のように，分子$j\omega CR$のゲインは周波数に比例して単調に増加し，位相は90°進みます．分母は図C-2と同じ1次遅れ特性です．これを足し合わせると，図の実線の特性になります．

● 段違い特性

位相補償を行うためには，不要なゲインを削るためのポールと，位相余裕を確保するためのゼロが必要です．ここでポールとゼロと言っても，正確なポール周波数とゼロ周波数はそれぞれjf_P，jf_Zと虚数であり，現実の周波数特性では分母，分子ともゼロにはなりません．

1次のポールとゼロを図C-7に示します．ポール(f_P)があると，f_P以上の周波数でゲインは-6dB/oct.で減衰し，位相は90°遅れます．ゼロ(f_Z)があると，f_Z以上の周波数でゲインは6dB/oct.で増加し，位相は90°進みます．両者を足し合わせると，ゲインは一定，位相は0°に戻ります．

位相補償のための回路が，段違い特性(ステップ特性ともいう)回路です．*ESR*

回路	f_P	f_Z	A_1	A_2
IN─R_1─┬─OUT, R_2─C─GND	$\dfrac{1}{2\pi(R_1+R_2)C}$	$\dfrac{1}{2\pi R_2 C}$	1	$\dfrac{R_2}{R_1+R_2}$
IN─R_1─┬─OUT, R_2─C─GND, R_3─GND	$\dfrac{1}{2\pi\left(R_2+\dfrac{R_1R_3}{R_1+R_3}\right)C}$	$\dfrac{1}{2\pi R_2 C}$	$\dfrac{R_3}{R_1+R_3}$	$\dfrac{\dfrac{R_2R_3}{R_2+R_3}}{R_1+\dfrac{R_2R_3}{R_2+R_3}}$

(a) 高域減衰段違い特性

回路	f_Z	f_P	A_1	A_2
IN─($C \parallel R_1$)─┬─OUT, R_2─GND	$\dfrac{1}{2\pi C R_1}$	$\dfrac{R_1+R_2}{2\pi C R_1 R_2}$	$\dfrac{R_2}{R_1+R_2}$	1
IN─($R_1 \parallel C$)─┬─OUT, R_2─, R_3─GND	$\dfrac{1}{2\pi C(R_1+R_2)}$	$\dfrac{1}{2\pi C\left(R_1+\dfrac{R_2R_3}{R_2+R_3}\right)}$	$\dfrac{R_3}{R_2+R_3}$	$\dfrac{R_3}{\dfrac{R_1R_2}{R_1+R_2}+R_3}$

(b) 低域減衰段違い特性

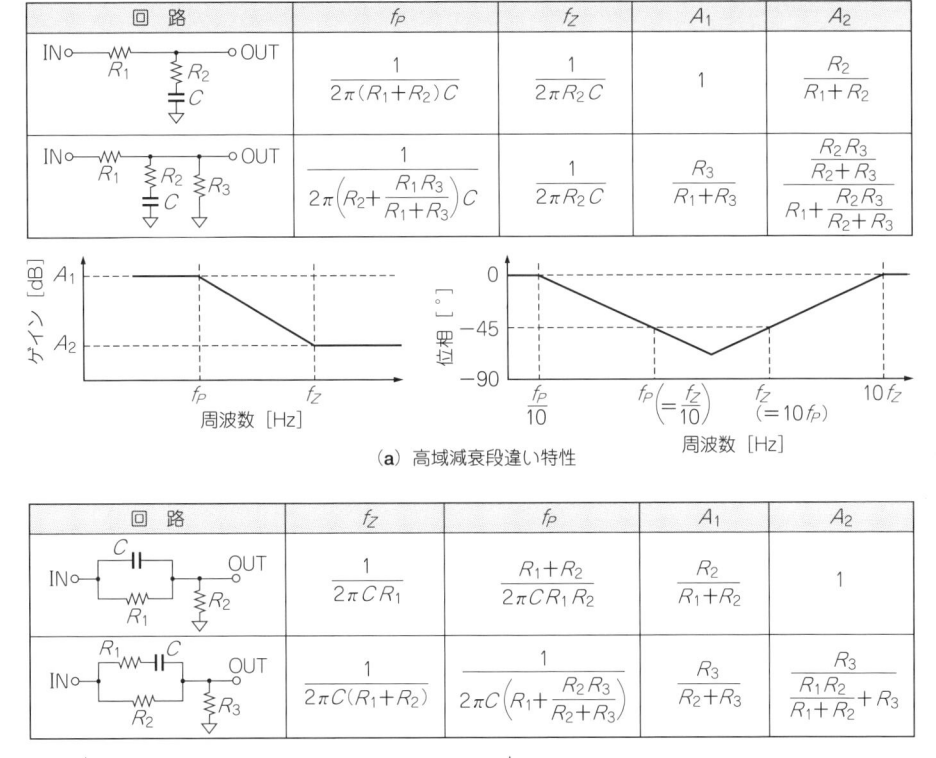

[図C-8] **段違い特性の回路と周波数特性**

の大きな出力コンデンサの例が本文中にありますが，それも含めた高域減衰と低域減衰の段違い特性を**図C-8**に示します．ここではf_Pとf_Zの開きを10倍としています．この開きを大きくすると位相回転は大きくなります．位相補償を行うには，この開きを10以下にするのが適当でしょう．

ここで扱った回路はゲインと位相が密接に関係し，片方だけを独立に可変することはできません．片方だけを独立に可変できれば位相補償が簡単に行えますが，そ

ういったうまい話はありませんから，ボーデ線図を描いてループ・ゲインを整形し，安定度を確保します．

第6章

【成功のかぎ6】
スイッチング・レギュレータの基礎
損失がゼロに近付く電源回路

本章から，現在の電源の主流となっているスイッチング・レギュレータ (switching regulator) を取り上げます．

リニア・レギュレータは使用部品点数も少なく簡単に製作できて低ノイズ/高性能ですが，使用条件によっては損失が大きいという短所があります．これに対してスイッチング・レギュレータは損失が少ないという長所をもっていますが，リニア・レギュレータの長所とは正反対の短所をもつ場合が多いです．つまり，使用部品点数が多く製作は簡単にはできない，高ノイズ/低性能となりがちです．

そこで，スイッチング・レギュレータの長所である低損失をさらに向上させ，短所をいかに解決していくのかということを重点的に取り上げます．

6-1　スイッチング方式の特徴

● 損失が小さい

リニア・レギュレータと非絶縁型スイッチング・レギュレータの比較を表6-1に示します．第1章でも触れましたが，両者の大きな違いは内部損失です．現実の負荷として多いディジタルICの電源仕様が低電圧/大電流となってきているため，

[表6-1] リニア・レギュレータと非絶縁型スイッチング・レギュレータの比較

	リニア・レギュレータ	非絶縁型スイッチング・レギュレータ
使用部品点数	少ない	多い
ノイズ	ほとんどない	多い
変換効率	悪い(30%～60%)	良い(70%～95%)
電圧変換動作	降圧のみ	降圧，昇圧，昇降圧，極性反転
出力電力	10W程度まで	1kW以上もある
開発工数	少ない	多い
コスト	低い(小電力)/高い(大電力)	高い(小電力)/低い(大電力)
サイズ	小さい(小電力)/大きい(大電力)	小さい(小電力/大電力)

リニア・レギュレータを使用すると損失が大きくなりすぎます．熱処理を考えると限られたスペースでは実装が不可能となって，高効率のスイッチング・レギュレータが使用されるようになりました．

● ノイズが大きい

リニア・レギュレータ自体はほとんどノイズを出しませんが，スイッチング・レギュレータは出力ノイズだけでなく，入力側にもノイズを出し，空中にも輻射ノイズ（電磁波）を出しますから，ノイズ対策が重要です．

● 部品点数が多く設計に時間がかかる

リニア・レギュレータの設計は放熱設計を除けばそれほど難しいことはありませんが，スイッチング・レギュレータは部品点数が多いため動作に応じた最適値を求めるのに時間がかかります．

*

現在の電子機器には小型/軽量で地球に優しい省エネが求められていますから，面倒でもスイッチング・レギュレータを使わざるをえません．

6-2　基本構成と動作

● 基本構成

スイッチング・レギュレータは図6-1のように，エネルギー変換を行うDC-DCコンバータに出力電圧を一定に保つ（レギュレータ機能）負帰還ループで構成されて

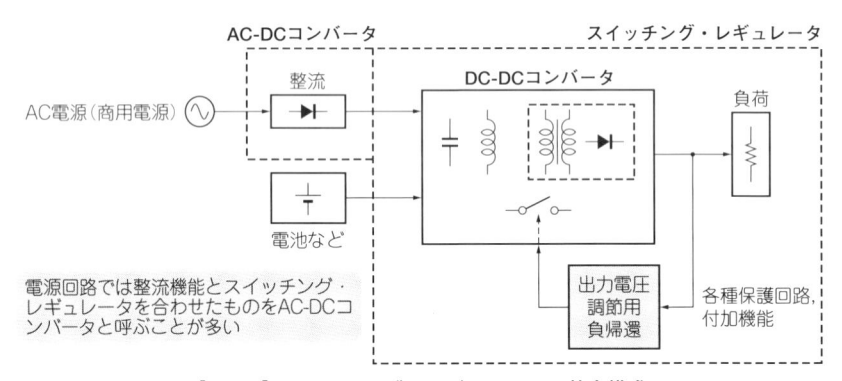

[図6-1] スイッチング・レギュレータの基本構成
AC入力のときはAC-DCコンバータ，DC入力のときはDC-DCコンバータと呼ばれることが多い

います.

　DC-DCコンバータは，入力電源からスイッチを用いて短時間にエネルギーを取り出し，インダクタ(コイル)とコンデンサ(キャパシタ)に蓄積し，負荷に電圧を変換してエネルギーを供給します.

　負帰還ループは負荷端の出力電圧を一定の直流電圧とするように，スイッチの動作時間を調節します.

　スイッチング・レギュレータには，トランスを使用した絶縁型と使用しない非絶縁型の2種類がありますが，どちらも基本はDC電圧を入力してDC電圧を取り出します．入力が商用交流電源の場合は，初段にAC-DC変換のための整流回路を備えていて，AC-DCコンバータと呼ばれることが多いです.

● **基本動作**

　リニア・レギュレータは降圧しかできませんから，降圧型スイッチング・レギュレータと動作を比較してみます(図6-2).

　リニア・レギュレータは図6-2(a)に示すように，入出力間の電圧差に起因する電力を内部で熱に変えて，一定の出力電圧を負荷に供給します．スイッチング・レ

(a) リニア・レギュレータ
(V_{out}が一定になるようR_Sを調節する)

(b) スイッチング・レギュレータ
(V_{out}が一定になるようSのON/OFF比を調節する)

(c) チャージ・ポンプ回路
(V_{out}はV_{in}の約半分になり，調節できない)

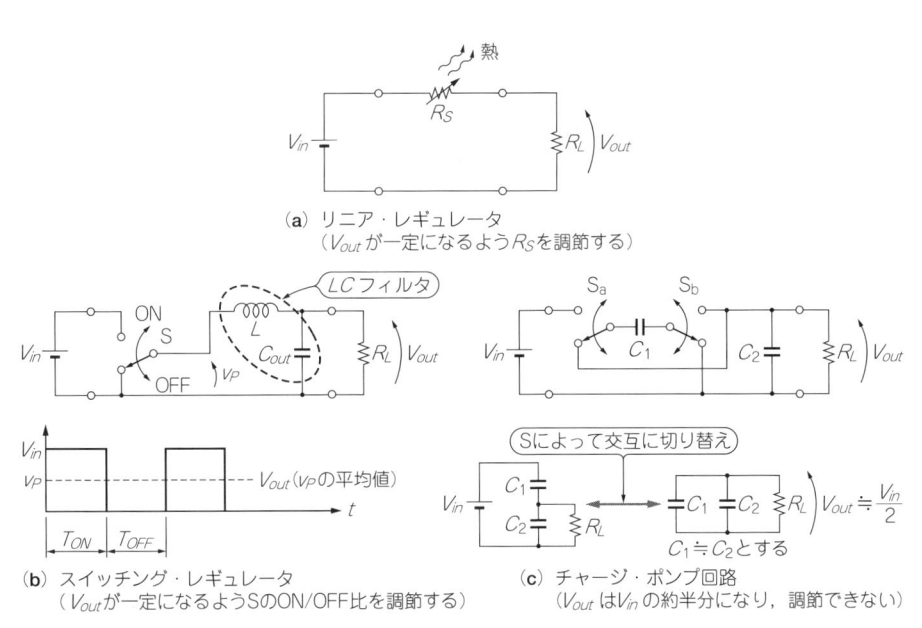

[図6-2] 降圧型レギュレータの基本構成

(a) 回路　　　　　　　　　(b) 波形

$t=0$でSをaにしてCに充電.

$$v_C = V_{in}(1-e^{-\frac{t}{\tau_1}}) \quad (\because \tau_1 = CR_S) \quad \cdots\cdots (6\text{-}1)$$

$$i_{in} = \frac{V_{in}}{R_S} e^{-\frac{t}{\tau_1}} \quad \cdots\cdots (6\text{-}2)$$

よって，コンデンサに充電されるエネルギーW_Cは，

$$W_C = \int_0^\infty v_C i_{in} dt = \frac{1}{2}CV_{in}^2 \quad \cdots\cdots (6\text{-}3)$$

このとき充電抵抗R_Sでの損失W_{RS}は，

$$W_{RS} = \int_0^\infty i_{in}^2 R_S dt = \frac{1}{2}CV_{in}^2 = W_C \quad \cdots\cdots (6\text{-}4)$$

となって，充電エネルギーと等しくなる．
Sをbに切り替えるとCは放電する．
このときの時定数τ_2は下式となる．

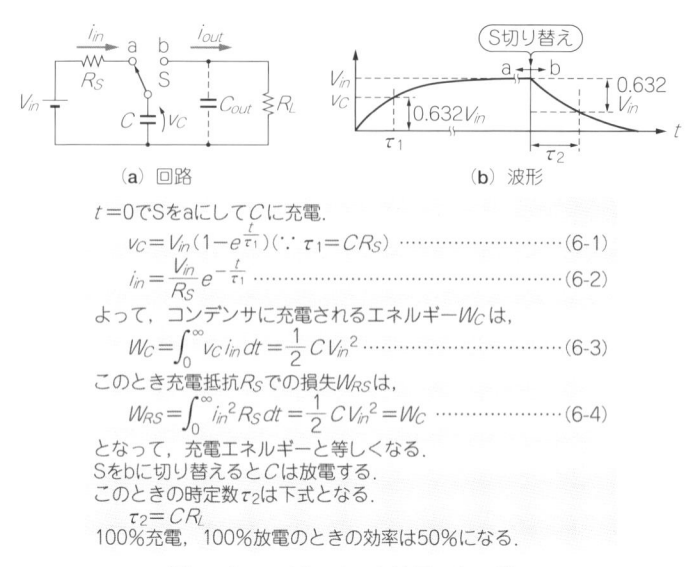

$$\tau_2 = CR_L$$

100％充電，100％放電のときの効率は50％になる．

［図6-3］コンデンサの充放電エネルギー

ギュレータは**図6-2(b)**に示すように，スイッチング回路を用いて生成したパルス列の平均値が出力電圧になるように制御し，無損失のLCフィルタで平滑して，一定の出力電圧を負荷に供給します．

　このLCフィルタの動作を信号伝送で見ると，パルス列に含まれる高い周波数成分を減衰させて直流成分（平均値）だけを通過させます．エネルギー伝送で見ると，入力電源から短時間に受け取ったエネルギーをインダクタLに蓄えて徐々に放出し，一部が負荷に供給され，一部がコンデンサCに蓄えられます．インダクタからのエネルギー供給が低下したときには，コンデンサから負荷にエネルギーが供給されます．

　コンデンサだけを用いた場合は，チャージ・ポンプ回路と呼ばれていて，出力電圧の調節機能を内蔵しにくいのでスイッチング・コンバータと呼んだほうが適切です．**図6-2(c)**で，最初に直列接続のコンデンサにエネルギーを蓄え，次にコンデンサを並列にしているため，出力電圧は入力電圧の半分になります．

　スイッチング・レギュレータは降圧だけでなく，昇圧，昇降圧，極性反転など，さまざまな電圧を出力可能です．その動作は，コンデンサやインダクタにエネルギーを蓄え，蓄積エネルギーを取り出すときに一定の出力電圧になるように工夫して負荷に供給します．使用素子は理想的には無損失ですから，非常に高効率となります．

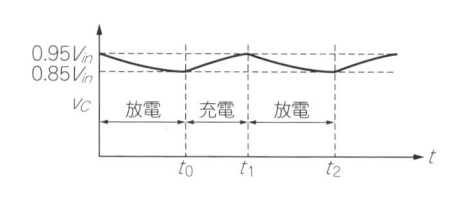

図6-3において，Sを上図のように切り替えると，
$$\Delta W_C = W_{C(95\%)} - W_{C(85\%)} = 0.09\,CV_{in}^2$$
R_S での充電損失 ΔW_{RS} は，
$$\Delta W_{RS} = \int_{t_0}^{t_1} i_{in}^2 R_S\,dt = 0.01\,CV_{in}^2$$
よって，
$$\eta = \frac{E_{out}}{E_{in}} = \frac{\Delta W_C}{\Delta W_C + \Delta W_{RS}} = 90\%$$

η ：効率[%]
E_{out} ：出力エネルギー
E_{in} ：入力エネルギー

[図6-4] コンデンサのリプル電圧と効率の関係
リプル電圧を小さくすると効率は向上する

6-3　損失の原因と対策

● コンデンサにエネルギーが蓄積されるときに損失が出る

　コンデンサとインダクタではエネルギーの蓄えかたが違います．図6-2(c)に示したコンデンサだけを使用したスイッチング・レギュレータでは，図6-3のように電圧源から充電するときに充電電流をある値以下に抑えるための抵抗が必要です．この抵抗がないと電流のピーク値は無限大となります．無限大の電流は理想的にも現実的にも許されません．半導体スイッチは過電流で破損し，メカニカル・スイッチは接点が熔着します．そのため図中の抵抗 R_S は必須で，原理的に無損失でエネルギーを蓄積することはできません．エネルギーを蓄積するときの損失は，図中の式で示すように蓄積されたエネルギーと等しくなります．

　コンデンサに蓄積されるエネルギーは図中の式で示すように $CV_C^2/2$ で，容量（キャパシタンス C）に比例し，印加電圧 V_C の2乗に比例します．

　電源として使用するときにはできるだけリプルを小さくする必要があります．図6-4のようにコンデンサ端子電圧のリプルを約11%にすると，効率は90%となります．実際には，負荷電圧の変動を減らすために図6-3の点線で示したコンデンサ C_{out} が必要で，効率は少し低下します．電圧源で充電するときの効率を上げるには，このように充放電時定数よりもスイッチング周期を大幅に短くしてリプルを小さくすることが必要です．

● コンデンサへの充電損失をなくすには

　コンデンサだけを使用して電圧源から充電するスイッチング・レギュレータには，原理的に充電損失があります．

電圧源ではなく電流源を使用して，一定の電流で充電すると抵抗を入れる必要がなく，充電損失をゼロにできます．ただし，リニア・レギュレータで電流源を作ると無損失にはできませんから，インダクタを使用したスイッチング・レギュレータが必要になります．

● インダクタを使うほうが損失を減らせる

インダクタの場合は，**図6-5**のように電圧源を接続しても原理的に無損失で電圧を印加できます．電池や商用交流電源のような現実のエネルギー源は，電流源よりも電圧源として考えたほうが適切ですから，原理的に電圧源から無損失でエネルギー蓄積が可能なインダクタがスイッチング・レギュレータには使用されることが多いです．

インダクタに蓄積されるエネルギーは図中の式で示すように $Li_L^2/2$ で，インダク

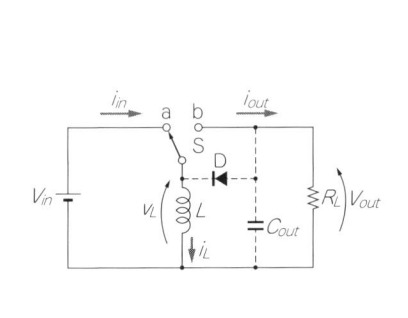

(a) 回路

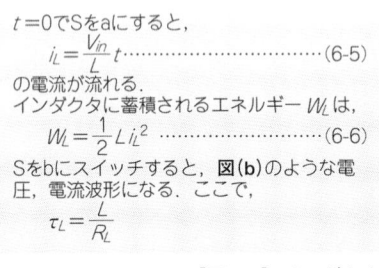

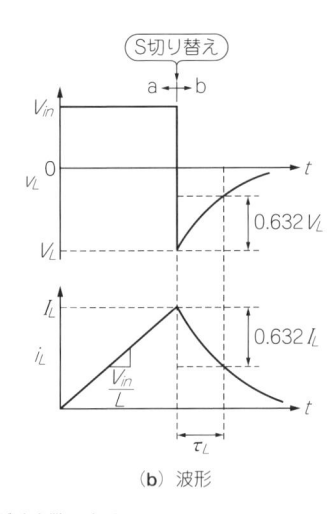

(b) 波形

$t=0$ でSをaにすると，
$$i_L = \frac{V_{in}}{L} t \quad \cdots\cdots\cdots (6\text{-}5)$$
の電流が流れる．
インダクタに蓄積されるエネルギー W_L は，
$$W_L = \frac{1}{2} L i_L^2 \quad \cdots\cdots\cdots (6\text{-}6)$$
Sをbにスイッチすると，**図(b)** のような電圧，電流波形になる．ここで，
$$\tau_L = \frac{L}{R_L}$$

が時定数である．
簡単のためSをbにする時間を $t=0$，そのときの v_L を V_L，i_L を I_L とすると，
$$v_L = V_L e^{-\frac{t}{\tau_L}} \quad \cdots\cdots\cdots (6\text{-}7)$$
$$i_L = I_L (1 - e^{-\frac{t}{\tau_L}}) \quad \cdots\cdots\cdots (6\text{-}8)$$
とコンデンサのときの電圧，電流の式と逆になっている．
これを双対性といい，回路を解析したり考案するとき非常に役立つ．

[図6-5] **インダクタへのエネルギー蓄積**
理想インダクタへは無損失でエネルギーを蓄積できる

タンスLに比例し，電流i_Lの2乗に比例します．
▶欠点はサージ・ノイズの発生

　インダクタの欠点は充電電流を急激にゼロにできないことで，原理的に無限大の逆起電力と呼ばれるサージ電圧を発生します．図中のスイッチはa⇔b接点間の切り替え時間がゼロでないと，半導体スイッチは素子耐圧を越えてブレークダウンし，メカニカル・スイッチは空気が絶縁破壊して接点間で放電します．このサージ電圧対策として図中の点線で示したダイオードDを入れて，サージ電圧を出力電圧でクランプします．

● インダクタとともにコンデンサを使う

　図中の点線で示したコンデンサC_{out}は出力電圧変動（リプル電圧）を低減するためのものです．インダクタだけでコンデンサを使用しないと，リプルが大きく高周波のインピーダンスも大きくなりますから，LED点灯用などの限られた用途にしか適合しません．

　インダクタを使用したスイッチング・レギュレータでも，電子回路を負荷とする場合には必ずコンデンサが使用されています．この理由は出力電圧変動が低減でき，高周波のインピーダンスが低下してノイズも低減できるからです．このコンデンサへの充電は原理的に無損失で行えるため，中出力以上のスイッチング・レギュレータにはインダクタが使用されます．

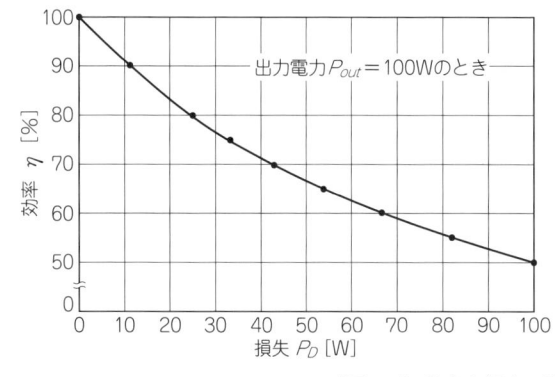

$$\eta = \frac{P_{out}}{P_{in}} \quad \cdots\cdots (6\text{-}9)$$

$$P_D = P_{in} - P_{out} = \left(\frac{1}{\eta} - 1\right) P_{out} \cdots (6\text{-}10)$$

η：効率[%]
P_D：損失[W]
P_{in}：入力電力[W]
P_{out}：出力電力[W]

[図6-6] 効率と損失の関係
グラフは出力電力を100Wとしたときの値

● **効率は結果論，設計では損失が大切！**

電源の仕様では「効率」が重視されますが，電源設計では「損失」が重要です．例えば出力100Wで，効率を80％，85％，90％，95％と変えてみると，図6-6に示すように内部損失はそれぞれ，25W，18W，11W，5Wになり，放熱設計に対する負担には大きな差が出ます．狭いスペースでは，ファンによる強制空冷が必要になるかもしれません．

電源設計で内部損失をいかに減少させるかが重要ですから，本書では効率ではなく損失を取り上げ，その低減方法についても触れます．

6-4　スイッチング・レギュレータの種類

● **インダクタを使用する回路**

インダクタを使用するスイッチング・レギュレータの回路形式には多くの種類があります．トランスを使用しない非絶縁型では入出力電圧の大小関係から，表6-2に示す4種類に分けられます．反転型コンバータを昇降圧型コンバータに分類している文献もありますが，本書では反転型コンバータとしています．表6-2を実現する回路にも種々の方式があります．トランスを使用する絶縁型コンバータの回路形式にも多くの種類がありますが，詳細は後述します．

なぜ多くの回路形式があるのかと言えば，スイッチング・レギュレータには欠点が多いからです．ある用途での欠点を解消するために新しい回路形式が考案されても，別の用途では欠点が解消されず，さらに新しい回路形式が考案され，これにスイッチング素子としての半導体の進歩が加わり，新しい半導体に最適化された回路形式が考案されるという歴史を辿ってきました．

ここ数年の状況は，新規回路形式の発表がほとんどなく，小幅な改良しか発表されていません．回路形式を概括するにはちょうど良いタイミングだと思われます．

[表6-2] 非絶縁型スイッチング・レギュレータの主な方式

コンバータ種類	降圧型	昇圧型	昇降圧型			反転型	
機能的名称	Step-down	Step-up	Step-up/down			Inverting	
一般的な名称	Buck	Boost	Buck-boost	SEPIC	Zeta	Buck-boost	Cuk
入出力電圧の関係	$V_{in} \geq V_{out}$	$V_{in} \leq V_{out}$	$V_{in} \geq V_{out} \geq V_{in}$			$V_{in} \geq -V_{out} \geq V_{in}$	
入出力電圧変換率	D	$1/(1-D)$	制御による	$D/(1-D)$		$-D/(1-D)$	

注：V_{in}は入力電圧，V_{out}は出力電圧である．Dはデューティ・サイクル（時比率）と呼ぶ．スイッチング周期に対する能動スイッチのオン時間の比で，スイッチング・レギュレータでは最も重要なパラメータである（詳細は後述）．

[図6-7] チャージ・ポンプ回路
(a) N 倍昇圧回路 — $V_{out} \fallingdotseq N V_{in}$ ($C_1 = C_2 = \cdots = C_N$ とする)
(b) 反転 N 倍昇圧回路 — $|V_{out}| \fallingdotseq N V_{in}$ ($C_1 = C_2 = \cdots = C_N$ とする)
(c) $1/N$ 降圧回路 — $V_{out} \fallingdotseq \dfrac{V_{in}}{N}$ ($C_1 = C_2 = \cdots = C_N$ とする)

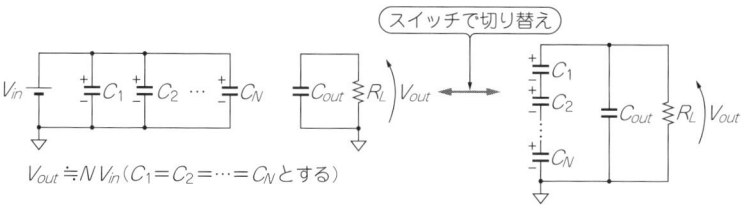

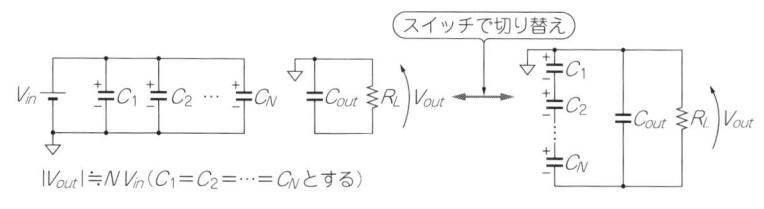

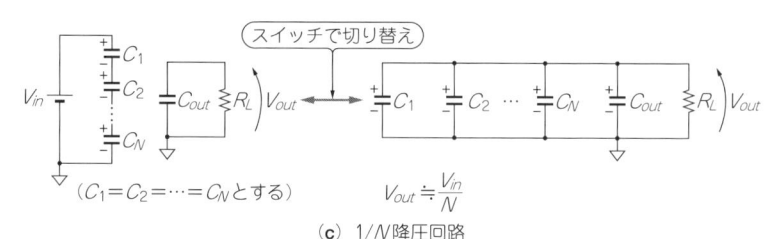

スイッチ部分が複雑なのでICを使用せず個別部品で構成するのは難しい

● コンデンサを使用する回路

　コンデンサだけを使用したスイッチング・レギュレータであるチャージ・ポンプ回路は，**図6-7**に示すように，出力電圧を段階的にしか可変できません．

　実際のICでは，スイッチングされるコンデンサ(スイッチト・キャパシタと呼ぶ)の個数は1～2個が多いようで，電源電圧を2～3倍に昇圧します．反転型の場合も同様で－1～－2倍程度に昇圧するものが多いようです．降圧型の場合は電源電圧の半分を出力するものが一般的です．

　チャージ・ポンプ回路は，前述したように原理的に損失があるため，小出力の電源にしか使われません．

6-4　スイッチング・レギュレータの種類

6-5　簡単なスイッチング・レギュレータを作ってみる

● インバータIC 1個で作る

　スイッチング・レギュレータとはどういうものか，簡単に体験できるインバータIC 1個だけの簡単な回路を作ってみましょう．回路は，文献(12)を参考にしたコンデンサとインダクタにエネルギーを蓄える「マジック・コンバータ」と，コンデンサだけにエネルギーを蓄える「ダイオード・ポンプ回路」です．

　使用ICはシュミット・インバータが6個入ったTC74HC14APで，その最大定格

[表6-3[75]] シュミット・インバータIC TC74HC14APの絶対最大定格

項　目	記号	定　格	単位
電源電圧	V_{CC}	$-0.5 \sim 7$	V
出力電圧	V_{out}	$-0.5 \sim V_{CC}+0.5$	V
出力寄生ダイオード電流	I_{ok}	± 20	mA
出力電流	I_{out}	± 25	mA
電源/GND電流	I_{CC}	± 50	mA
許容損失	P_D	500	mW

(a) マジック・コンバータ

(b) 降圧型コンバータとして使用

(c) 昇圧型コンバータとして使用

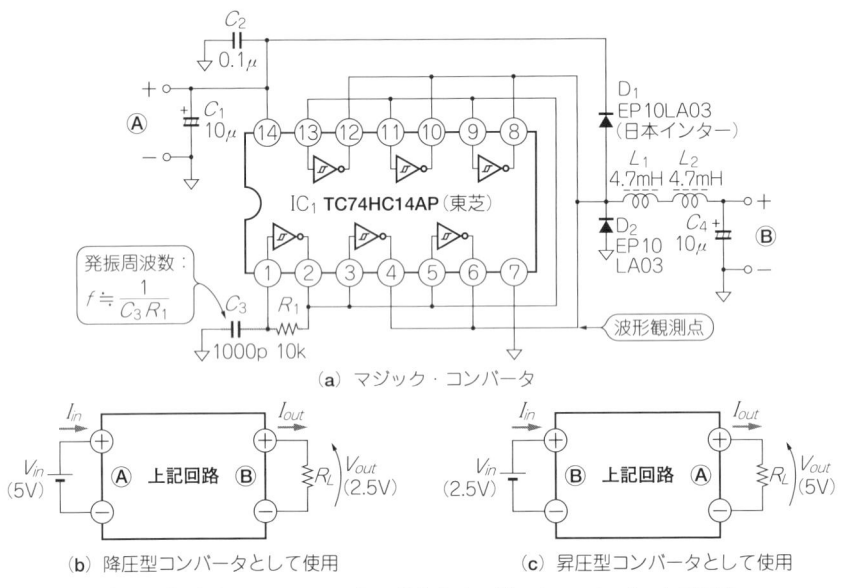

[図6-8] 直流トランスのように動作するマジック・コンバータの回路

を表6-3に示します．パワーICではない論理ICを使用するため，動作電流は最大定格の半分以下で実験しています．2種の回路とも出力電圧調整機能を備えていないため，正しくはスイッチング・コンバータです．

● マジック・コンバータ

この回路は中野正次氏の考案で，インバータICの電源側（Ⓐ）に電圧を印加すると出力側に降圧された電圧が出て[図6-8(b)]，インバータICの出力側（Ⓑ）に電圧を印加すると電源側に昇圧された電圧が出る[図6-8(c)]という不思議な回路です．一般にこのような回路を「直流トランス回路」と言います．

製作した回路は図6-8で，実測データが図6-9です．D_1，D_2は必須ではありませんが，インバータIC出力のスパイク・ノイズが大きかったため，IC保護用に入れました．またL_1，L_2は10mHのインダクタの持ち合わせがなく代わりに直列で使用しました．方形波のH/Lの比率を制御すれば，出力電圧を制御できます[12]．インバータICの出力波形を図6-10に示します．スパイク・ノイズも見られず，D_1，D_2の効果がわかります．

降圧型コンバータとしては，図6-2(b)の原理図をそのまま実際の回路にしたと

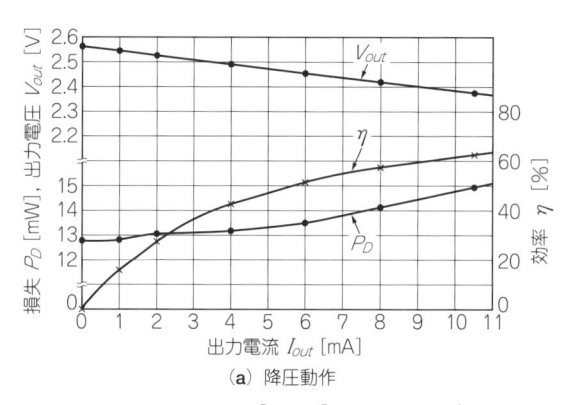

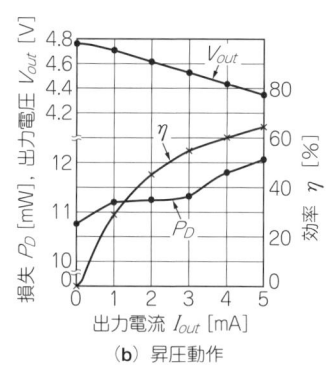

(a) 降圧動作

(b) 昇圧動作

[図6-9] 実験したマジック・コンバータの特性

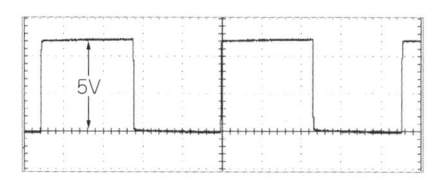

[図6-10] マジック・コンバータ（図6-8）の動作波形（2V/div., 2μs/div.）
無負荷時，IC_1の6番ピンの出力波形．発振周波数は約108kHzとなった

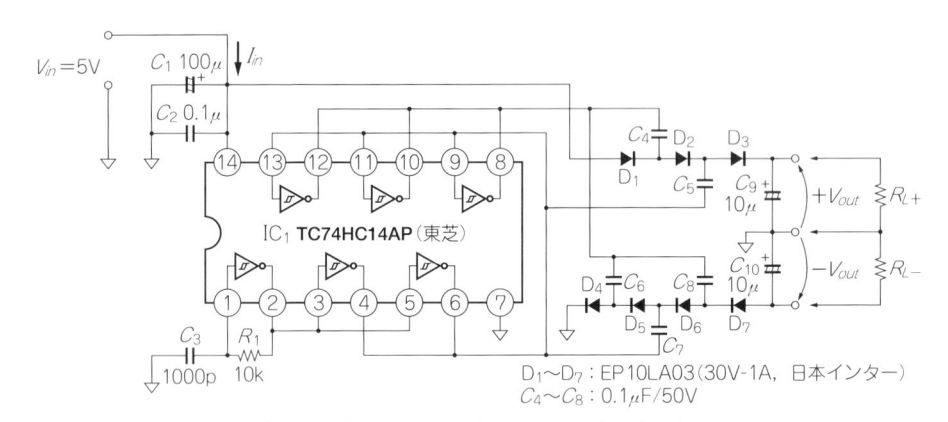

[図6-11] 正負出力のダイオード・ポンプ回路

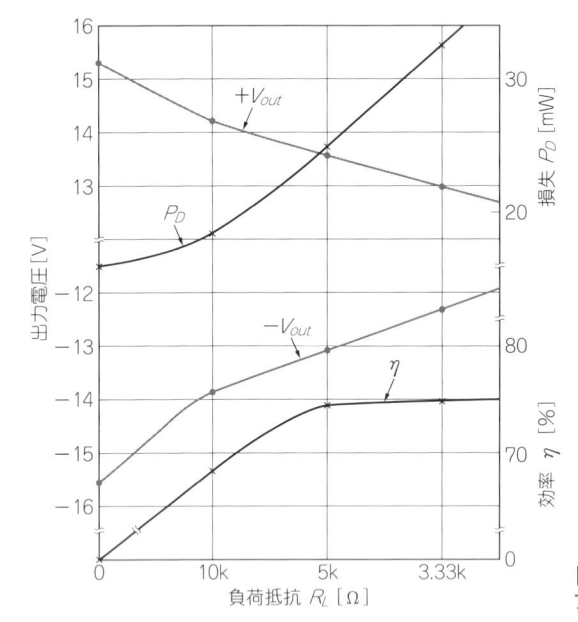

[図6-12] 実験したダイオード・ポンプ回路の特性

言えます．昇圧型コンバータについては後述しますが，動作原理を理解すると原理図をそのまま実際の回路にしたことがわかります．

● ダイオード・ポンプ回路

　これはチャージ・ポンプ回路の一種ですが，能動スイッチを使用しないでダイオ

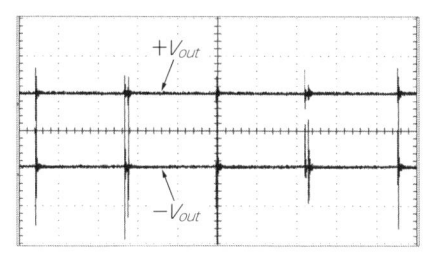

[図6-13] ダイオード・ポンプ回路の動作波形 (200mV/div., 2μs/div.)
出力にはリプルがほとんどなく，スパイク・ノイズが多い．スパイク・ノイズはパターン配置とRCフィルタで除去可能である

ードを受動スイッチとして使用しています．そのため，ダイオードの順方向等価抵抗による損失に，順方向電圧降下による損失が加算されます．動作原理は商用電源で使用される多段倍圧整流回路と同じです．

　製作した回路は**図6-11**で，実測データが**図6-12**です．5Vから±12V以上が取り出せますから，低消費電流のOPアンプなどの電源に使用可能です．**図6-13**に示す出力波形からわかるように大きなノイズがありますが，スイッチング・リプルがほとんどなくスパイク・ノイズだけですから，プリント基板の適切なパターン設計と簡単なRCリプル・フィルタで十分に低減可能と思われます．

第7章

【成功のかぎ7】
降圧型コンバータの基本回路
最も基本的なスイッチング・レギュレータ

　ここでは，インダクタ（コイル）にエネルギーを蓄えるスイッチング・レギュレータのなかで最も基本的な降圧型コンバータ（buck converter）の回路動作と設計手順を取り上げます．

　ここで重要な点は，降圧型コンバータの動作をどのように考えるのかということです．各部を理想化／単純化すれば電圧／電流の時間変化は1次式で表され，理解しやすくなります．設計手順も，慣れれば自分で導くことができます．スイッチング・レギュレータの文献を読むと，性能の良さそうな回路がたくさん載っていますが，どのように設計したらよいのかは書いてない場合がほとんどです．その場合も回路動作を理想化／単純化して理解すれば，設計手順は自ずから明らかになります．

　取り上げる降圧型コンバータは最も簡単なPWM制御で，インダクタ電流がゼロにならない電流連続型（Continuous Conduction Mode；CCM）とします．

7-1　降圧型コンバータの回路

● 降圧型コンバータの基本構成

　降圧型コンバータは図7-1に示すブロック図のように，次の三つのブロックから構成されています．

　（1）PWMスイッチ
　（2）LCフィルタ
　（3）定電圧制御部

　PWM（Pulse Width Modulation；パルス幅変調）スイッチは，図7-2に示すように制御信号によってデューティ・サイクルD，つまり"H"（入力電圧V_{in}）と"L"（0V：グラウンド電圧）の時間の比を変えて，出力パルス列の平均値を所望の出力電圧にします．LCフィルタは，パルス列の高周波成分を減衰させて，出力電圧を直流に平滑します．定電圧制御部は，所望の出力電圧になるように，PWMスイッチに送

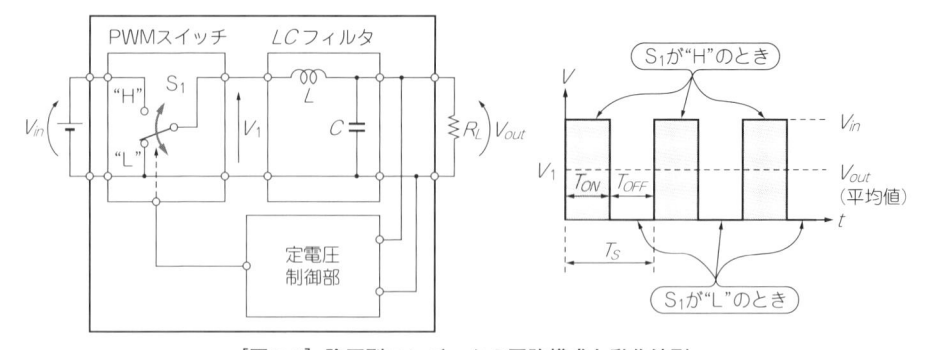

[図7-1] 降圧型コンバータの回路構成と動作波形
PWMスイッチ，定電圧制御部，LCフィルタの三つのブロックによって構成される

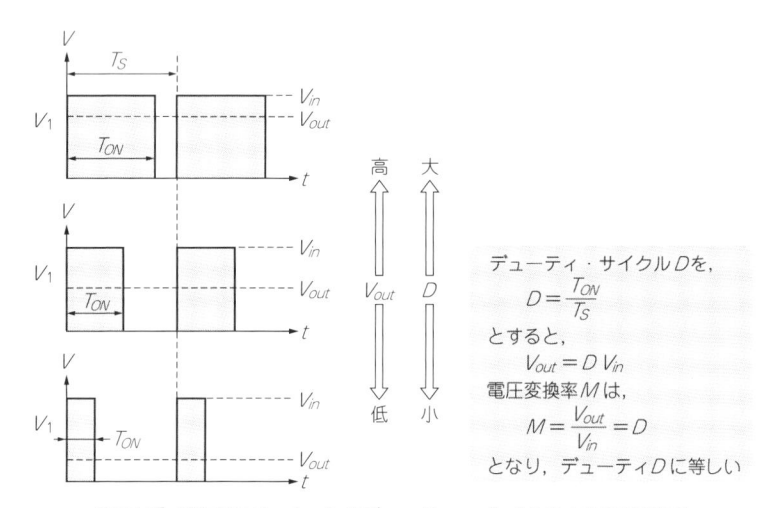

[図7-2] 降圧型コンバータのデューティ・サイクルと電圧変換率
降圧型コンバータではデューティ・サイクルDと電圧変換率Mは等しい

デューティ・サイクルDを，
$$D = \frac{T_{ON}}{T_S}$$
とすると，
$$V_{out} = D V_{in}$$
電圧変換率Mは，
$$M = \frac{V_{out}}{V_{in}} = D$$
となり，デューティDに等しい

る制御信号を生成します．

図7-2で出てくるデューティ・サイクルDと電圧変換率Mはスイッチング・レギュレータの文献でもよく出てきますから，覚えておきましょう．

● PWMスイッチ

　PWMスイッチの機能を実現するには，半導体スイッチとその制御回路を使用します．双投タイプのトグル・スイッチは交互にON/OFFする半導体スイッチ2個で構成されます．制御回路は図7-3に示すように，制御信号をPWM波に変換する

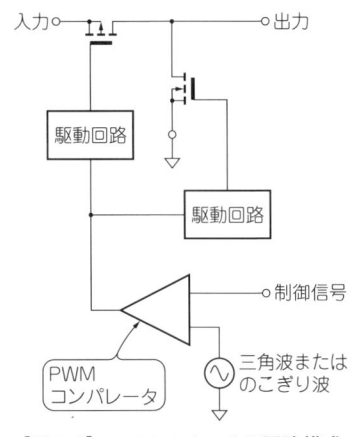

[図7-3] PWMスイッチの回路構成

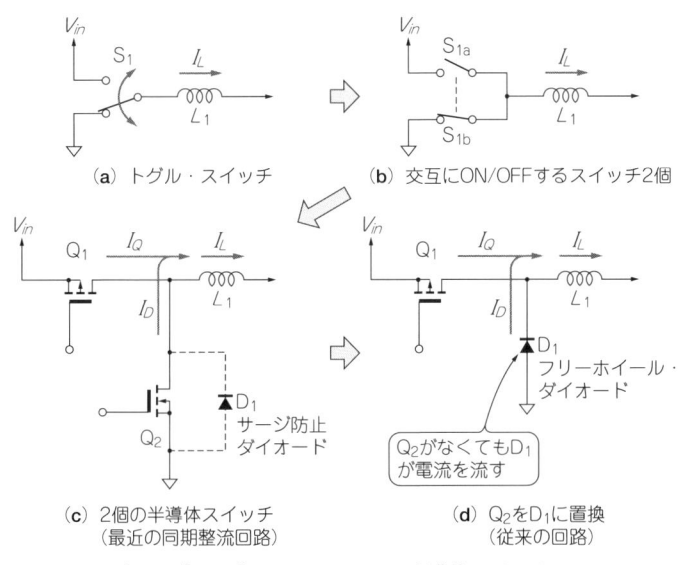

(a) トグル・スイッチ
(b) 交互にON/OFFするスイッチ2個
(c) 2個の半導体スイッチ
　　（最近の同期整流回路）
(d) Q_2をD_1に置換
　　（従来の回路）

[図7-4] トグル・スイッチから半導体スイッチへ

PWMコンパレータと，半導体スイッチの駆動回路で構成されます．

▶半導体スイッチ

　双投タイプのトグル・スイッチから半導体スイッチへの回路の変換を**図7-4**に示します．半導体スイッチは**図7-3**に示すように2個のパワーMOSFETで構成しますが，瞬時に切り替えないと，**図7-5**のように後続のインダクタによって大きなサ

7-1　降圧型コンバータの回路 | 121

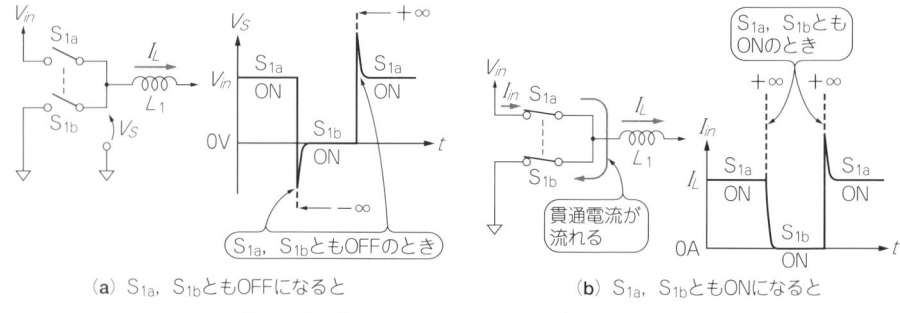

(a) S_{1a}, S_{1b}ともOFFになると　　　**(b)** S_{1a}, S_{1b}ともONになると

[図7-5]　ダイオードがないとサージが発生する
インダクタに流れる電流が連続のためサージ保護用のダイオードは必須

ージ電圧が発生します．それを防ぐために二つのスイッチを短時間同時にONすると，入力電源からグラウンドに大きな貫通電流が流れます．そこで，**図7-4(c)**のようにサージ防止ダイオードD_1を接続し，Q_1とQ_2が両者ともOFFする期間はD_1を導通させて，このトラブルを解決します．

インダクタ電流は連続的に流れるため，Q_1がOFFしたときはD_1に電流が流れ，Q_2がONするとD_1の端子間電圧は順方向電圧以下になるためOFFし，電流はQ_2に流れます．次に，Q_2がOFFすると電流はD_1に流れ，Q_1がONするとD_1は逆バイアスされて電流は流れません．

Q_2がなくてもD_1に電流が流れ続けますから，能動スイッチQ_2は不要であり，受動スイッチD_1がQ_2の肩代わりをして，Q_1とD_1だけでPWMスイッチが構成できます[**図7-4(d)**]．これが最も簡単なPWMスイッチの回路構成です．このとき，D_1を「フリーホイール・ダイオード(freewheel diode)」と言いますが，「フライホイール・ダイオード」とも呼ばれています．ただし，英語では「flywheel diode」とは言いません．

最近は出力が1V以下で数十Aのような低圧／大電流の電源が増え，D_1の順方向電圧V_F（約0.4V～1V）による損失が無視できなくなっています．そこでまた図7-4(c)に戻り，低オン抵抗のパワーMOSFETをQ_2として追加すると，D_1のV_FよりもQ_2の電圧降下は大幅に少ないので高効率になります．これを同期整流回路と言い，低圧／大電流の降圧型コンバータには必須の回路です．

▶ PWMコンパレータ

半導体スイッチの制御信号を作成する方法は種々あります．最も簡単な方法は，**図7-6**に示す制御入力信号（出力電圧と設定電圧の誤差信号）と三角波（あるいはのこぎり波）とを比較して，PWM信号を作成する方法です．スイッチング周波数は，

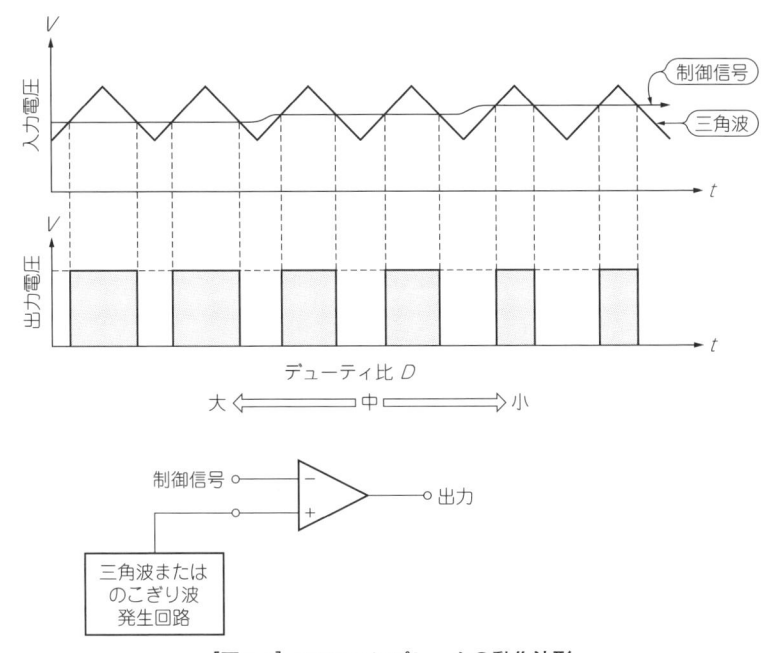

[図 7-6] PWMコンパレータの動作波形
基準となる三角波(のこぎり波)と制御信号を比較してPWM信号を生成する

三角波(のこぎり波)の周波数となります．内部には基準となる三角波(のこぎり波)発生器が必要です．

● **LCフィルタ**

　LCフィルタは，PWMスイッチの出力パルス列を平均化して直流電圧を出力します．

　LCフィルタの共振周波数はスイッチング周波数より大幅に低く設定されます．設計においては，共振周波数ではなくインダクタ電流のリプルぶんと出力電圧のリプルぶんがある値以下になるようにLC値を決定します．つまり，共振周波数は結果として与えられています．

● **定電圧制御部**

　定電圧制御部は，**図7-7**に示すように基準電圧と誤差増幅器で構成されます．出力電圧を抵抗で分圧してから基準電圧と比較して，その誤差信号を誤差増幅器で増

誤差増幅器

$$V_{err} = A\left(V_{ref} - V_{out}\frac{R_2}{R_1+R_2}\right) + V_{err\,0}$$

バイアス電圧

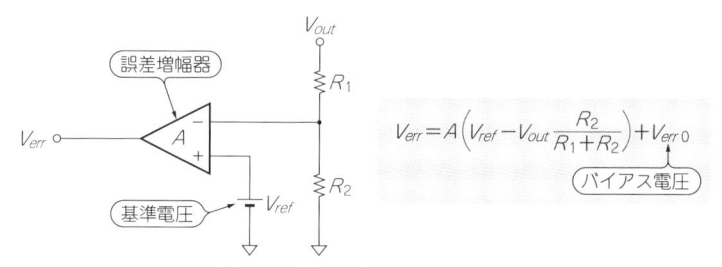

基準電圧

[図7-7] 定電圧制御部の回路構成
分圧して適当な値にした出力電圧と基準電圧との差を増幅して出力電圧を一定にする制御を行う．PWMコンパレータの入力電圧に合わせたバイアス電圧も必要

幅します．

PWMコンパレータの入力電圧範囲(三角波の振幅)を逸脱しないように，出力にはバイアス電圧が与えられています．

7-2　降圧型コンバータの設計手順

● 降圧型コンバータの概略動作

設計するためには，降圧型コンバータの概略動作を理解する必要があります．

簡単にするため各部の損失を無視して図7-8(a)で考えると，Q_1のON/OFFにより各部波形は図7-8(b)のようになります．出力電圧V_{out}は電圧源で一定，出力電流I_{out}も一定として考えます．

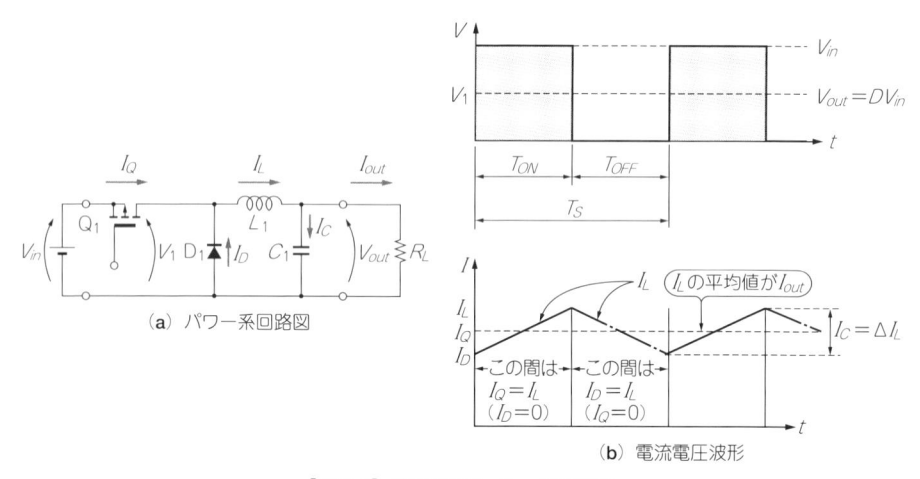

(a) パワー系回路図

(b) 電流電圧波形

[図7-8] 降圧型コンバータの動作

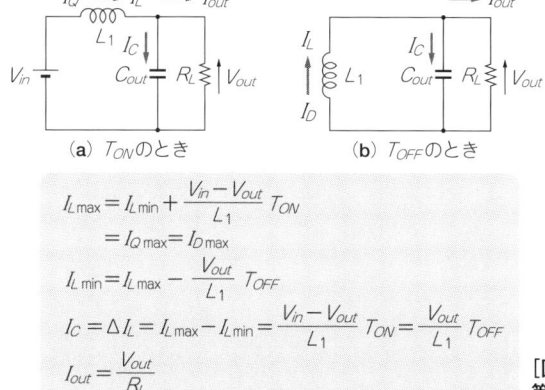

$$I_{L\max} = I_{L\min} + \frac{V_{in} - V_{out}}{L_1} T_{ON}$$
$$= I_{Q\max} = I_{D\max}$$
$$I_{L\min} = I_{L\max} - \frac{V_{out}}{L_1} T_{OFF}$$
$$I_C = \Delta I_L = I_{L\max} - I_{L\min} = \frac{V_{in} - V_{out}}{L_1} T_{ON} = \frac{V_{out}}{L_1} T_{OFF}$$
$$I_{out} = \frac{V_{out}}{R_L}$$

[図7-9] スイッチのON/OFFによる等価回路

電流を計算するときは，Q_1のON/OFFに対して**図7-9**(a)，(b)の二つの等価回路に分けて考えると考えやすいです．T_{ON}のときはI_Lが直線的に上昇し，T_{OFF}のときはI_Lが直線的に下降します．入力がV_{in}と0Vの直流電源ですから，計算は非常に簡単です．

● 設計手順

上記では各部の損失，ダイオードのV_Fは無視して考えました．設計計算の精度を上げるため，無視した損失を概略では取り入れて，**表7-1**に従い下記の手順で設計します．

① 仕様決定
② 経験による条件仮定
③ 基本パラメータの計算
④ インダクタ電流の計算
⑤ 出力コンデンサの計算

なお，表中の数値は後述の実験で使用します．

以上でパワー系の計算は終了し，使用部品が求まります．④で求めた入手可能な部品の値が計算値とかけ離れていたら，②に戻って再計算します．制御系については，複雑な安定度の問題が絡むので後述します．

● 設計仕様を決める

電源設計するためには次に示す仕様が必要です．下記の仕様を与えます．

[表7-1] 降圧型コンバータの設計の手順

① 仕様決定

V_{out}	5 V
I_{out}	1 A
V_{in}	12 V ± 3 V
f_S	80 kHz
ΔV_{out}	50 mV

② 経験による条件仮定

η = 0.9(パワーMOSFET 使用)
$\Delta I_L / I_L$ = 0.3(一般的な値)
④で選定したインダクタンス値が大幅に異なったときは再度 $\Delta I_L / I_L$ を計算する.
$\Delta I_L = \dfrac{(V_{in} - V_{out}) T_{ON}}{L_1}$, $\Delta I_L / I_L = \dfrac{\eta \, \Delta I_L}{I_{out}}$

③ 基本パラメータの計算

T_S	=	$1/f_S$	=	$12.5\,\mu s$
D	=	V_{out}/V_{in}	=	0.417
T_{ON}	=	DT_S	=	$5.21\,\mu s$

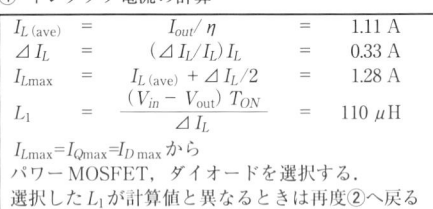

④ インダクタ電流の計算

$I_{L(ave)}$	=	I_{out}/η	=	1.11 A
ΔI_L	=	$(\Delta I_L/I_L) I_L$	=	0.33 A
I_{Lmax}	=	$I_{L(ave)} + \Delta I_L/2$	=	1.28 A
L_1	=	$\dfrac{(V_{in} - V_{out}) T_{ON}}{\Delta I_L}$	=	$110\,\mu H$

$I_{Lmax} = I_{Qmax} = I_{Dmax}$ から
パワー MOSFET,ダイオードを選択する.
選択した L_1 が計算値と異なるときは再度②へ戻る.

⑤ 出力コンデンサの計算

ESR	=	$\Delta V_{out}/\Delta I_L$	=	$0.16\,\Omega$

(1) 出力電圧:V_{out}
(2) 出力電流:I_{out}
(3) 入力電圧:V_{in}
(4) スイッチング周波数:f_S
(5) 出力リプル電圧:ΔV_{out}

入力電圧は範囲が与えられる場合もありますが,設計計算では最小値,中心値,最大値のいずれかを適宜採用します.

● 条件を仮定する

設計仕様では明示的に与えられない効率,インダクタのリプル電流を仮定します.効率 η(イータ)は,スイッチ素子がバイポーラ・トランジスタなら 80%,パワー MOSFET なら 90% を仮定します.仮定した効率から,入力に関係した電流(I_{in},I_Q, I_D, I_L)を増加させて,設計精度を上げます.

正確に言えば,**図7-8**(a)の回路では $I_L = I_{out}$ となり,損失を取り込んでも $I_L = I_{out}$ とすべきです.損失の本質的な取り込みかたは,D を増加させて V_1 の直流電圧値を V_{out} よりも大きくすることですが,計算を簡単にするため $I_L > I_{out}$ とします.このようにすると,計算は大幅に簡単になり,損失を無視したときよりも設計精度

は上がります．また，過負荷時の飽和が問題になるインダクタ電流に余裕ができます．他の形式のスイッチング・レギュレータの場合でも，同一の手法が適用できて，計算は大幅に簡単になり設計精度は上がります．

インダクタの電流リプル率 $\Delta I_L/I_L$ は，大きくするとインダクタは小さくなりますが，スイッチ素子や平滑コンデンサにかかるストレスが大きくなります．一般に $\Delta I_L/I_L = 30\%$ (= ±15%) とするとバランスの良い設計ができるとされていますから，ここでもその値とします．電流リプル率の30％は一般的な値で，個別の電源にとっては別の値が最適かもしれません．

このような仮定が必要なことから電源回路設計は難しいと言われますが，実験しながら経験を積めば仮定の仕方は自然と身に付きます．

● **基本パラメータを計算する**

与えられた条件から，デューティ・サイクル D，オン時間 T_{ON} を求めます．このパラメータが以下の計算の元になります．厳密に計算するときは，V_1 にダイオードの V_F も入れるべきですが，簡単にするため無視しています．

● **インダクタ電流を求める**

T_{ON} と $\Delta I_L/I_L$ からインダクタ電流の最大値，リプル電流 ΔI_L とスイッチ素子に関係した電流 (I_Q, I_D) の最大値を求めます．ディレーティングのため，この値の1.25 (1/0.8) 倍以上の電流定格をもつインダクタと半導体を選択します．

● **出力コンデンサを求める**

簡単のためリプル電流 ΔI_L は出力コンデンサだけに流れる (I_C) と考えますから，コンデンサの等価直列抵抗 ESR と ΔI_L の積が，出力リプル電圧 ΔV_{out} になります．この値が仕様の ΔV_{out} 以下になるような ESR のコンデンサを選択します．

＊

以上で，パワー系の設計は終了です．実際の部品には計算値どおりの値がない場合が多く，かけ離れた値を採用することもあります．その場合は図中の式に従って再計算します．

設計データを元に実装し動作させてみます．得られた実測データと設計データを比較して考察すれば，次の設計はさらに高精度にできるでしょう．

7-3　降圧型コンバータを作ってみよう

● 仕様

動作をわかりやすくするため，スイッチング・レギュレータ用の専用ICではなく，汎用ICで降圧型コンバータを作ってみます．設計仕様は下記とします．

　(1) 出力電圧：5V
　(2) 出力電流：1A
　(3) 入力電圧範囲：12V ± 3V
　(4) スイッチング周波数：約80kHz
　(5) 出力リプル電圧：50mV$_{P-P}$

この仕様を実現するために各部を設計します．

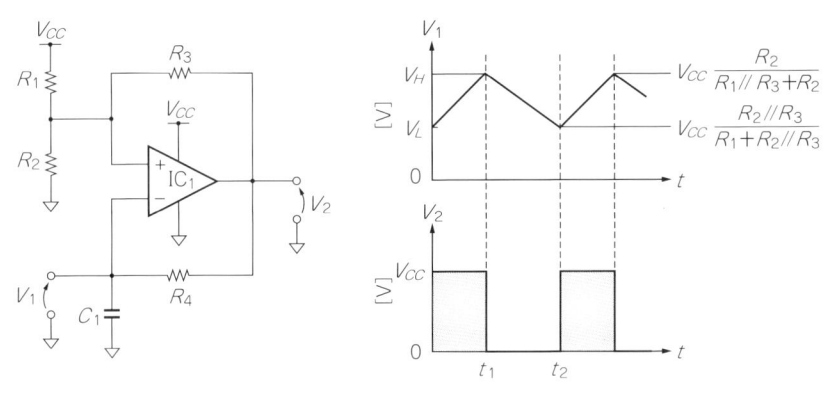

$$V_L = V_{CC} \frac{R_2 // R_3}{R_1 + R_2 // R_3}$$

$$V_H = V_{CC} \frac{R_2}{R_1 // R_3 + R_2}$$

$$t_1 = -R_4 C_1 \ln \frac{V_{CC} - V_H}{V_{CC} - V_L}$$

$$t_2 - t_1 = -R_4 C_1 \ln \frac{V_L}{V_H}$$

ただし，コンパレータIC$_1$の出力振幅は
0V ←→ V_{CC} のフルスイングとする

[図7-10] **三角波発生回路の動作**
三角波はフリーラン・マルチバイブレータのコンデンサ電圧を利用する

● 三角波発生回路とPWMコンパレータ

　三角波発生回路は，図7-10に示すコンパレータによるフリーラン・マルチバイブレータを使用します．コンデンサ電圧の波形はCR充放電回路の波形ですから，対称三角波ではなくなまっていますが，PWMコンパレータの基準信号としては十分です．

　2個入りのコンパレータNJM2903を使用するため，余ったもう1個のコンパレータをPWMコンパレータとして使用します．

● 定電圧制御部の設計

　基準電圧と誤差増幅器は，簡単のためNJM431だけで構成します(図7-11)．この回路のゲインは負荷抵抗と出力段トランジスタのコレクタ電流で決定されます．図中の約55dBは実験回路における動作条件から概算しました(ジャンクション温度は300Kとした)．$V_{ref}(\fallingdotseq 2.5V)$を発生させている電源はカソード電圧$V_{K-A}$ですから，$V_{K-A}$は$V_{ref}$以上が必要です．

● 回路図

　パワー系の計算は表7-1で行い，図7-10と図7-11を加えて完成した実験回路が図7-12です．L_1は110μH以上の近い値として150μHとしました．C_1は$ESR=0.17\Omega(@-10℃)$の470μFとしました．

　IC$_2$(NJM431)のV_{K-A}を2.5V～6V($V_{ref} \leq V_{K-A} \leq V_{in}/2$)に設定したため，三角波の振幅レベルも同程度に設定しました．コンパレータ出力はオープン・コレクタになっているため，エミッタ・フォロワを追加して出力電圧を電源電圧V_{in}にできるだけ近づけました．正確にはトランジスタのV_{BE}のため，V_{in}から約1V下がります．

　Tr$_1$のゲート・ドライブ回路はコンプリメンタリ・エミッタ・フォロワとしまし

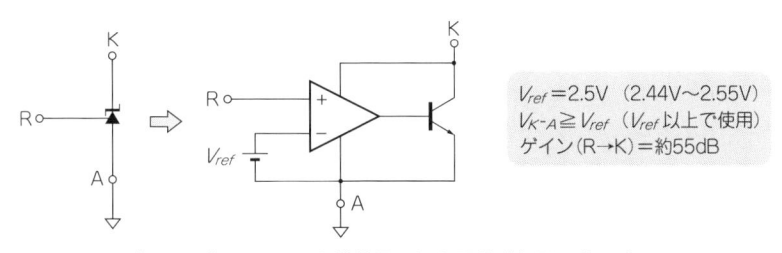

$V_{ref}=2.5V$　(2.44V～2.55V)
$V_{K-A} \geq V_{ref}$　(V_{ref}以上で使用)
ゲイン(R→K)＝約55dB

[図7-11] NJM431を基準電圧源と誤差増幅器に使用する

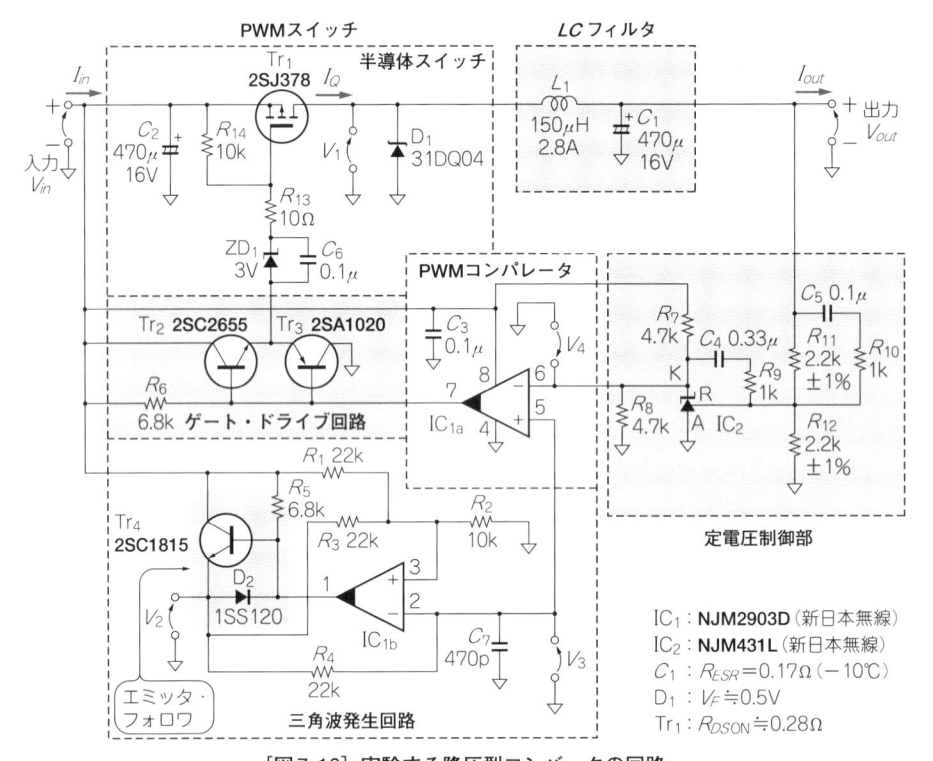

[図7-12] 実験する降圧型コンバータの回路
全体は図7-1に示す3ブロックで構成され，PWMスイッチは4ブロックで構成されている

たが，実験結果で見るように十分ではないようでした．もう1個トランジスタを追加して，三角波発生回路の出力と同様な回路を構成して，ダイオードの両端でコンプリメンタリ・エミッタ・フォロワをドライブするようにしたほうが良かったと思います．ゲート・ドライブ電圧はエミッタ・フォロワのため V_{in} より低下しますから，Tr_1 を十分にOFFできない可能性があります．ツェナー・ダイオード ZD_1（≒3V）を追加して，OFF時には V_{in} よりも約2V高くし，きちんとOFFできるようにしています．

位相補償はポールとゼロで段違い特性を与えて行っていますが，詳細は後述します．

7-4 降圧型コンバータを動かしてみよう

● 内部動作

　定電圧/定電流の実験用電源を入力源にして試作した降圧型コンバータ実験基板を動作させました．電源投入時は軽負荷にしないと，後述のソフト・スタート回路がないため，立ち上がらない場合がありました．

　写真7-1はV_{in} = 12V，V_{out} = 5V，I_{out} = 1Aのときの内部の波形です．三角波の振幅(V_3)は3V_{P-P}強で，最低電圧が約3VとなっていてV_{ref}の安定度を考えると望ましいとも言えます．

　低速コンパレータNJM2903の影響で，PWMコンパレータ入力の電圧(V_3とV_4)から出力電圧(V_1)の変化までが遅れていて，さらにTr_1がOFFのときはゲート容量の影響でさらに遅れていますが，電源としては正常に動作しています．

● 定格入出力時

　写真7-2は，V_{in} = 12V，V_{out} = 5V，I_{out} = 1AのときのV_1，I_Q，出力リプル電圧ΔV_{out}です．

　電流プローブの都合で**写真7-2**，**写真7-3**のI_Qは反転しています．ここでは正規

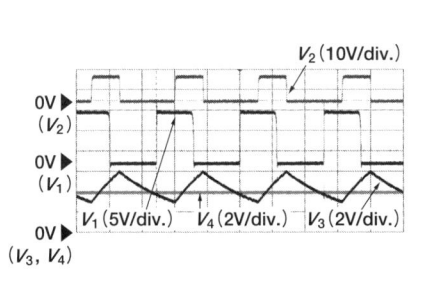

[写真7-1] 実験回路の動作波形 (5 μs/div.)

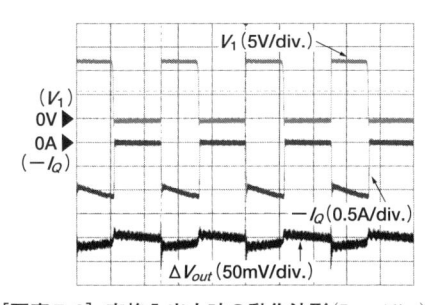

[写真7-2] 定格入出力時の動作波形 (5 μs/div.)

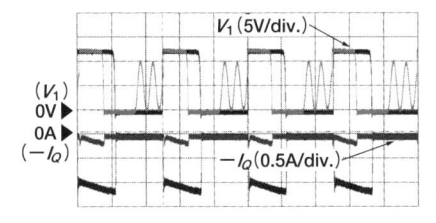

[写真7-3] 軽負荷時の動作波形 (5 μs/div.)
灰色の波形は定格負荷時の波形

の電流プローブを使用しましたが，だれでも簡単に使用できる価格ではありません．ゼロ・レベルがない連続的なインダクタ電流は無理ですが，I_Q（I_Dも）のようにゼロ・レベルのはっきりした波形はあり合わせの部品で簡単に観測できます(第17章で，簡単/安価な電流プローブを紹介する)．

波形から読み取ると，$f_S = 80\text{kHz}$，$D = 44.6\%$，$I_{Lmax} = 1.2\text{A}_{peak}$，$\Delta I_L = 0.27\text{A}_{P-P}$，$\Delta I_L / I_L = 0.26$，$\Delta V_{out} = 30\text{mV}_{P-P}$（スパイク・ノイズは無視）となっています．

I_Lの直線性が悪いのは，ドライブ回路が高速にTr_1をOFFできないためですから，もう1段NPNトランジスタのエミッタ・フォロワを入れたいところです．

Dは設計値よりも増加していますが，これはD_1のV_F（約0.5V）を無視したためです．C_1のESRは室温で56mΩと小さいので，リプル・ノイズももう少し小さくなると思いましたが，実験基板ではC_1のリード・インダクタンスが無視できず悪化しています．

スパイク・ノイズがV_1にありますが，これはTr_1やD_1のリード・インダクタンスの影響です．

● 軽負荷時

写真7-3は$V_{in} = 12\text{V}$，$V_{out} = 5\text{V}$，$I_{out} = 50\text{mA}$のときのV_1，I_Qの波形です．出力電流が想定した$\Delta I_L / 2$（約0.14A_{peak}）以下になってインダクタ電流I_Lが断続し，I_LがゼロになるとV_1が自由振動しているのがわかります．自由振動の周波数はL_1とV_1点の浮遊(寄生)容量で決定されます．

このように，インダクタンス電流が断続した場合は回路解析が非常に面倒ですから，ここでは深入りしませんが，軽負荷ではこのような動作になるということを覚えておいてください．

● 数値データを見る

$V_{in} = 12\text{V}$一定で，I_{out}を$0 \sim 1.2\text{A}$に変化させたときの出力電圧V_{out}，内部損失P_D，効率ηの変化を**図7-13**に示します．

$V_{in} = 12\text{V}$，$V_{out} = 5\text{V}$，$I_{out} = 1\text{A}$のときの効率は約90%，内部損失は583mWで，各部品に触れてもほんのり暖かい程度です．この程度ならヒートシンクは不要で，リニア・レギュレータに対するスイッチング・レギュレータのメリットが体感できます．

$I_{out} = 1\text{A}$一定で，V_{in}を$8 \sim 15\text{V}$に変化させたときの出力電圧V_{out}，内部損失P_D，効率ηの変化を**図7-14**に示します．

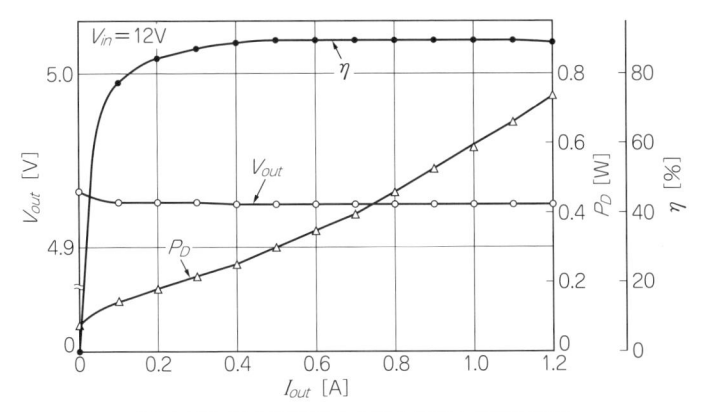

[図7-13] 出力電流による出力電圧と損失の特性

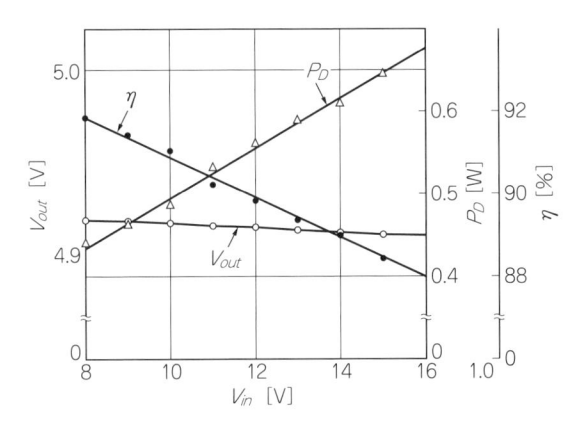

[図7-14] 入力電圧による出力電圧と損失の特性

　内部損失(効率)はV_{in}が低いほど良くなることがわかります．理由は，Dが増加して，電圧降下が少ないTr_1に，電圧降下の大きいD_1よりも長期間電流が流れること，Tr_1のドライブ損失，Tr_1とD_1のスイッチング損失が少なくなることです．

7-5　実用的な降圧型コンバータの条件

　製作した降圧型コンバータは動作を理解するための実験のための回路です．実用化するためには少なくても，

- ソフト・スタート
- 保護回路

の二つの機能は必要です．

　ソフト・スタートは，本回路をONしたときに出力電圧を徐々に上げていく機能で，これがないとONしたときの突入電流が非常に大きくなり，場合によっては故障します．

　保護回路としてまず必要なのは，負荷が短絡したときに本器を故障から守る過電流保護です．そのほかに，本器が故障したときに負荷を守る過電圧保護，過熱保護，入力電圧が低下したときに負荷を守る低電圧保護が考えられます．

　ON/OFF時にシーケンス制御を要求する負荷も最近増えてきました．付加機能としてはその要求に対応することも必要でしょう．

　スイッチング・レギュレータ用の専用ICには必要な機能が備わっていますから，実用的な降圧型コンバータを作るときは専用ICを使います．それについては各社から多種多様な専用ICが出ていて選択に困るほどです．それらについては，第9章で紹介します．

第8章

【成功のかぎ8】
スイッチング電源の回路形式
電源回路のトポロジー変換

　スイッチング電源にはさまざまな回路があり，各回路にはそれぞれ特徴があります．電源を設計する場合は，おのおのの回路の長所と短所を理解して，最もふさわしい回路を選択する必要があります．
　前章では，最も基本的なスイッチング電源である降圧型コンバータの基本回路を取り上げました．降圧型コンバータの実用回路を紹介するまえに，回路形式をトポロジーという観点からとらえて，各回路の特徴を考察します．トポロジー（topology）のもともとの意味は位相幾何学ですが，ここでは回路の接続形式を表します．電源回路のトポロジーを変化させながら，さまざまな回路を作っていくと，種々の電源回路を見通しよく理解することができます．
　各回路の特徴をつかめば，応用ごとに最もふさわしい回路を選択することができます

8-1　トポロジー変換を行うに当たって

　スイッチング電源の基本回路は，前章で紹介した非絶縁降圧型コンバータと考えるのが適当です．スイッチング素子によるパルス発生器と，それに続くLCによる平滑フィルタは，非常にわかりやすい回路構成と言えます．その対極にあるのが，絶縁型フルブリッジ・コンバータです．フルブリッジ・コンバータからトポロジー変換を行うこともできます．
　ここでは，降圧型コンバータからトポロジー変換を行って，各種スイッチング電源を作ります．絶縁型コンバータについては，フルブリッジ・コンバータからトポロジー変換を行います．

● インダクタ電流の連続性

　インダクタを使用するスイッチング電源は，入力エネルギーをインダクタに蓄え，電圧を変換して出力します．このときのインダクタ電流は図8-1(a)に示すように，

連続，断続とその境界の臨界動作の三つのモードがあります．連続と断続では，入出力電圧の変換比や電源としての動作特性に大きな違いがあります．電源回路のトポロジーや基本的な動作を見るときには，どのモードで動作しているのかは非常に重要な問題です．

　連続であると仮定すると設計計算が非常に容易になります．ここではインダクタ電流は連続であるとして，トポロジー変換を行っていきます．

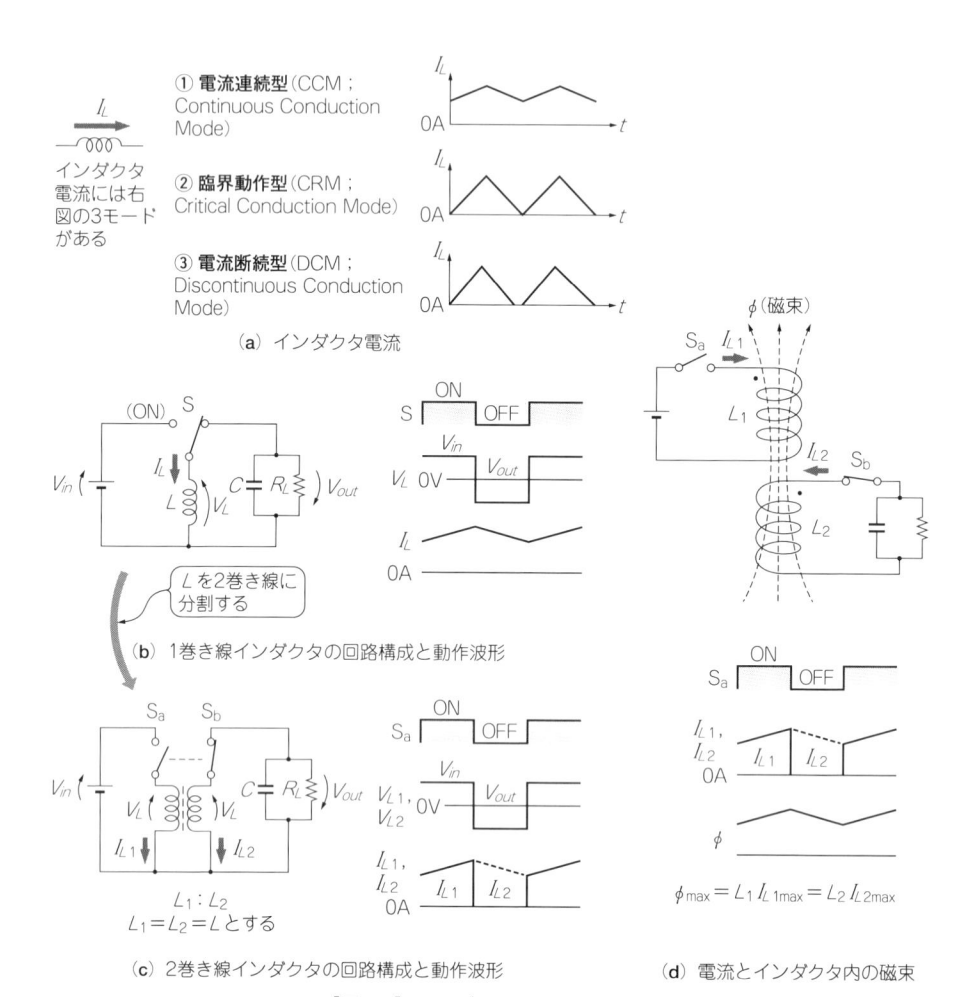

[図8-1] インダクタ電流の連続性

インダクタ電流の連続性とは，本質的に磁束の連続性を意味する．インダクタを2巻き線に分割すると，おのおのの電流は不連続になるが，その和すなわち磁束は分割まえの電流や磁束に等しく連続となる

絶縁型コンバータのように2巻き線インダクタを使用する場合は，図8-1(c)に示すように，各インダクタ電流は連続しませんが，インダクタ内部の磁束と合成電流は連続します［図8-1(d)］．インダクタ内部の磁束は，図に示す定義から電流とインダクタンスの積になります．

また，内部損失は無視して効率100%としています．

● 能動スイッチと受動スイッチ

図8-2に示すように，PWMスイッチを2個の能動スイッチではなく，1個の能動スイッチと1個の受動スイッチ（ダイオード）として，トポロジー変換を行います．Dはデューティ・サイクルです．

スイッチ素子をすべて能動スイッチにすると，どのスイッチが受動スイッチに置き換え可能なのかわからなくなる場合もありますから，受動スイッチに置き換え可能なスイッチは最初から受動スイッチにしておきます．

トポロジー変換の途中では，能動スイッチと受動スイッチは適宜入れ替えます．

8-2	電源回路のトポロジー変換

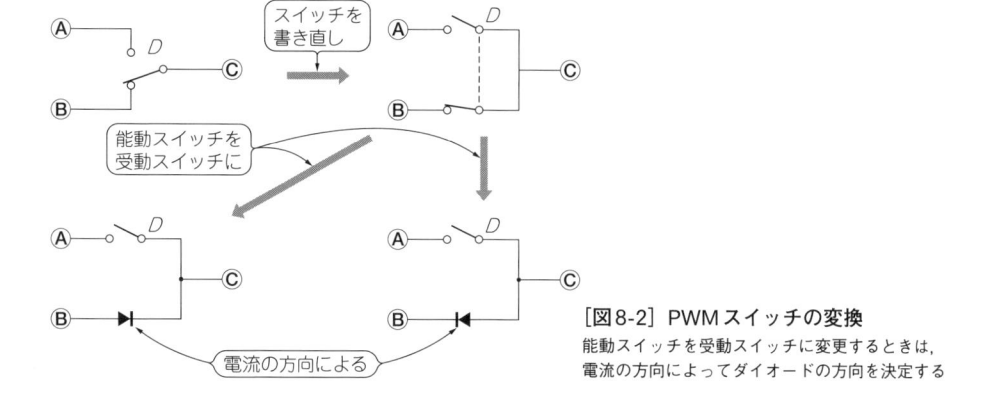

● 非絶縁型コンバータのトポロジー

降圧型コンバータから出発して，トポロジー変換を行いながら，種々の非絶縁型コンバータ回路を作ってみます（図8-3）．

降圧型コンバータと昇圧型コンバータは，入力端子と出力端子が入れ替わった関係にあることは「マジック・コンバータ」として第6章で紹介しました．

[図8-2] PWMスイッチの変換
能動スイッチを受動スイッチに変更するときは，電流の方向によってダイオードの方向を決定する

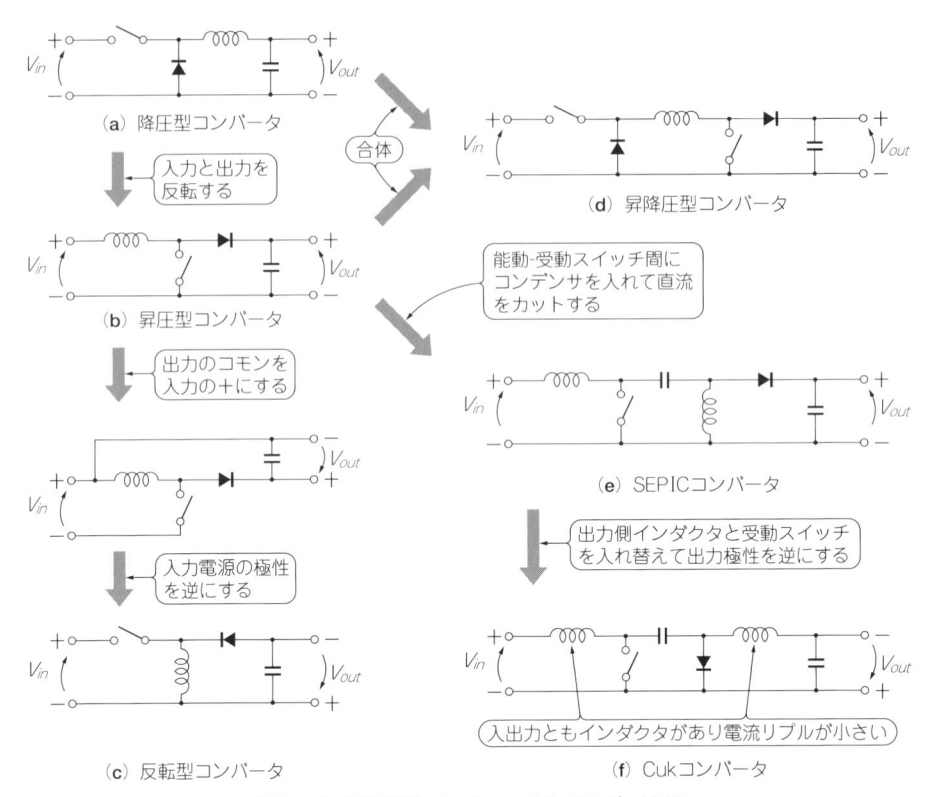

[図8-3] 非絶縁型コンバータのトポロジー変換

SEPIC（Single Ended Primary Inductance Converter）コンバータとCuk（チューク：発明者の名前）コンバータについては，直流カットのコンデンサを能動‐受動スイッチ間に入れたと説明していますが，このコンデンサには直流エネルギーが蓄えられていますから，エネルギーをインダクタとコンデンサに蓄えるコンバータと考えることもできます．この両者はインダクタを2個使用しますが，これらは独立している必要はなく，1個のコアに巻いた2巻き線インダクタも使用可能です．

● 非絶縁型から絶縁型へ

非絶縁型コンバータに絶縁トランスを追加して，種々の絶縁型コンバータ回路を作ってみます（図8-4）．

降圧型コンバータからフォワード・コンバータへの変換には，逆流防止用ダイオードが必須です．トランスは直流を伝送しませんから，1次側で交流に変換し，2

次側で整流して直流に変換する整流ダイオードがこの逆流防止用ダイオードです．

反転型コンバータからフライバック・コンバータへの変換は，トランスではなく2巻き線インダクタを使用します．昇圧型コンバータは出力に入力電圧が加算されているため，直流を伝送しないトランスを使用して，1スイッチの回路では変換できません．そこで，図のような2スイッチの電流型(current-fed)コンバータに変換します．

SEPICコンバータはCukコンバータと同様か，出力側インダクタに2巻き線インダクタを使用すれば絶縁型に変換できます．

● トランスと2巻き線インダクタの違い

回路図記号では同じ形であり，実際の外形もほとんど同じですが，トランスと2巻き線インダクタの違いはどこにあるのでしょうか？端的に言えば，

- トランス：エネルギーを伝送する
- 2巻き線インダクタ：エネルギーを蓄積/伝送する

ということです．トランスでは蓄積エネルギーはできるだけ小さいことが望まれますが，励磁インダクタンスにエネルギーが蓄積されます．

2巻き線インダクタは，トランスの励磁インダクタンスを小さくしてエネルギーを蓄積しやすくしたものと言えます．構造的な違いはトランスのコアにはギャップ(空隙)がなく，2巻き線インダクタにはギャップがあることです．

● 絶縁型コンバータのトポロジー

フルブリッジ・コンバータから出発して，種々の絶縁型コンバータ回路を作ってみます(図8-5)．

フルブリッジ・コンバータのトランス1次側の中点電位は，電源電圧の半分です($V_{in}/2$)．したがって，ハーフブリッジ・コンバータのトランス1次側のコンデンサ側電位は電源電圧の半分で，トランス巻き線も含めて「ハーフ(1/2)」となっています．

2スイッチ型コンバータでは，点線のダイオードを追加すると，トランスや2巻き線インダクタに蓄積されて伝送されないエネルギーは自動的に電源に回生されます．ほかの回路では漏洩インダクタンスに蓄積されたエネルギーによりスイッチにサージ電圧が発生します．この処理のためスナバ回路が付加される場合が多いです．ただし，スナバ回路は伝送すべきエネルギーも消費するため，効率が悪化します．

図(e)のフォワード・コンバータでは，励磁インダクタンスに蓄積されたエネル

(a) 降圧型コンバータ

能動-受動スイッチ間に
トランスを入れ，逆流防
止ダイオードを追加する

逆流防止

(b) フォワード・コンバータ

形を整える

(c) 反転型コンバータ

能動-受動スイッチ間に
トランスを入れる

(d) フライバック・コンバータ

Lとトランスを一体化
して形を整える

能動スイッチを二重化してトランスを入れる

ほかのコンバータと違い，能動スイッチと受動スイッチ間にトランスを入れても，電源電流をOFFできない．そこで，能動スイッチを二重化してトランスを入れる．
また，インダクタ電流は常に連続でOFFできないため，能動スイッチは右図のように制御する．どちらかの能動スイッチがOFFしたとき，電流I_{on}が出力される

(e) 昇圧型コンバータ

$D = T_{on}/T_s$

(f) 電流型コンバータ

C_1を分割して中間にLと一体化したトランスを入れる

(g) Cukコンバータ

(h) 絶縁型Cukコンバータ

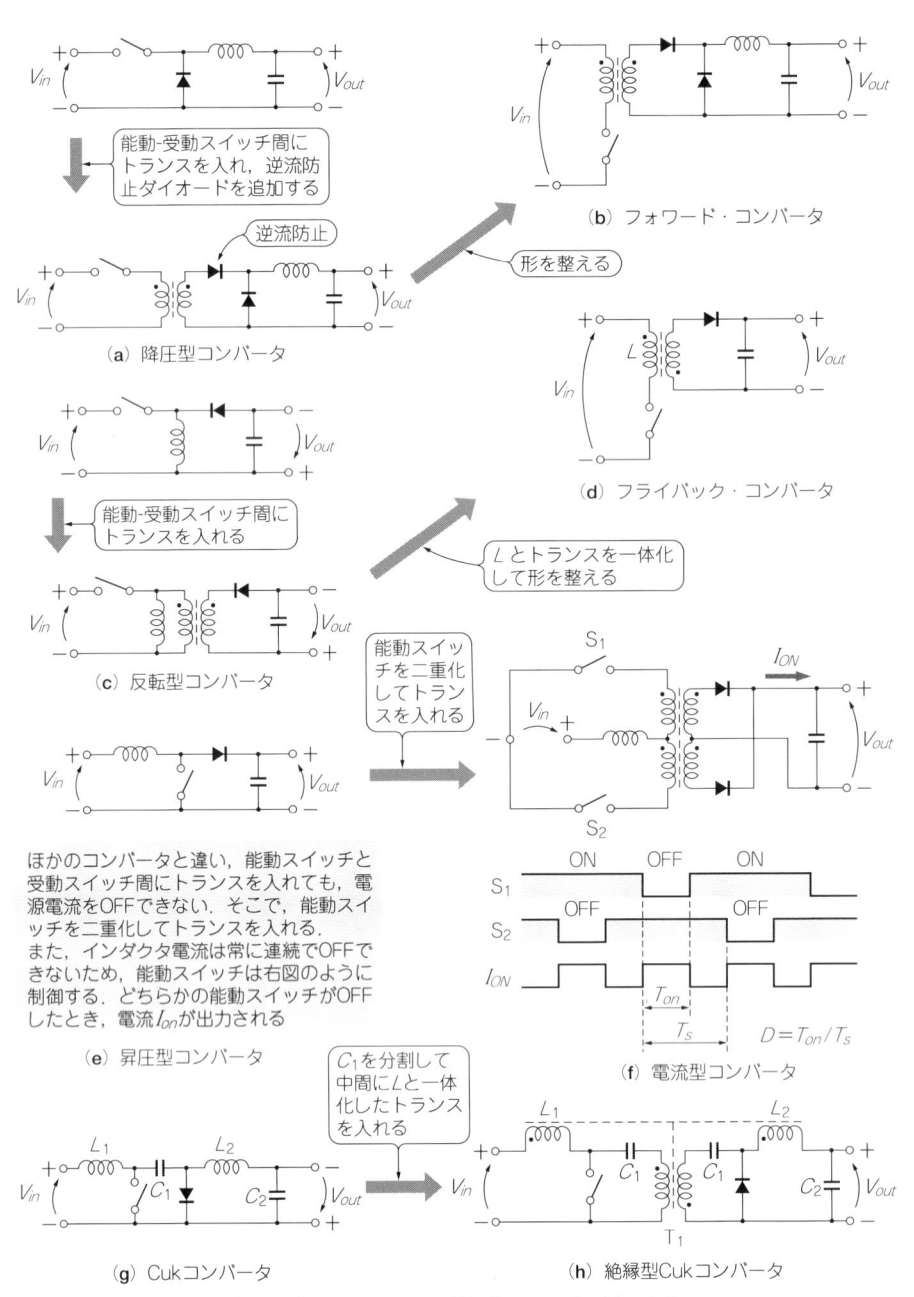

[図8-4] 非絶縁型から絶縁型へのトポロジー変換

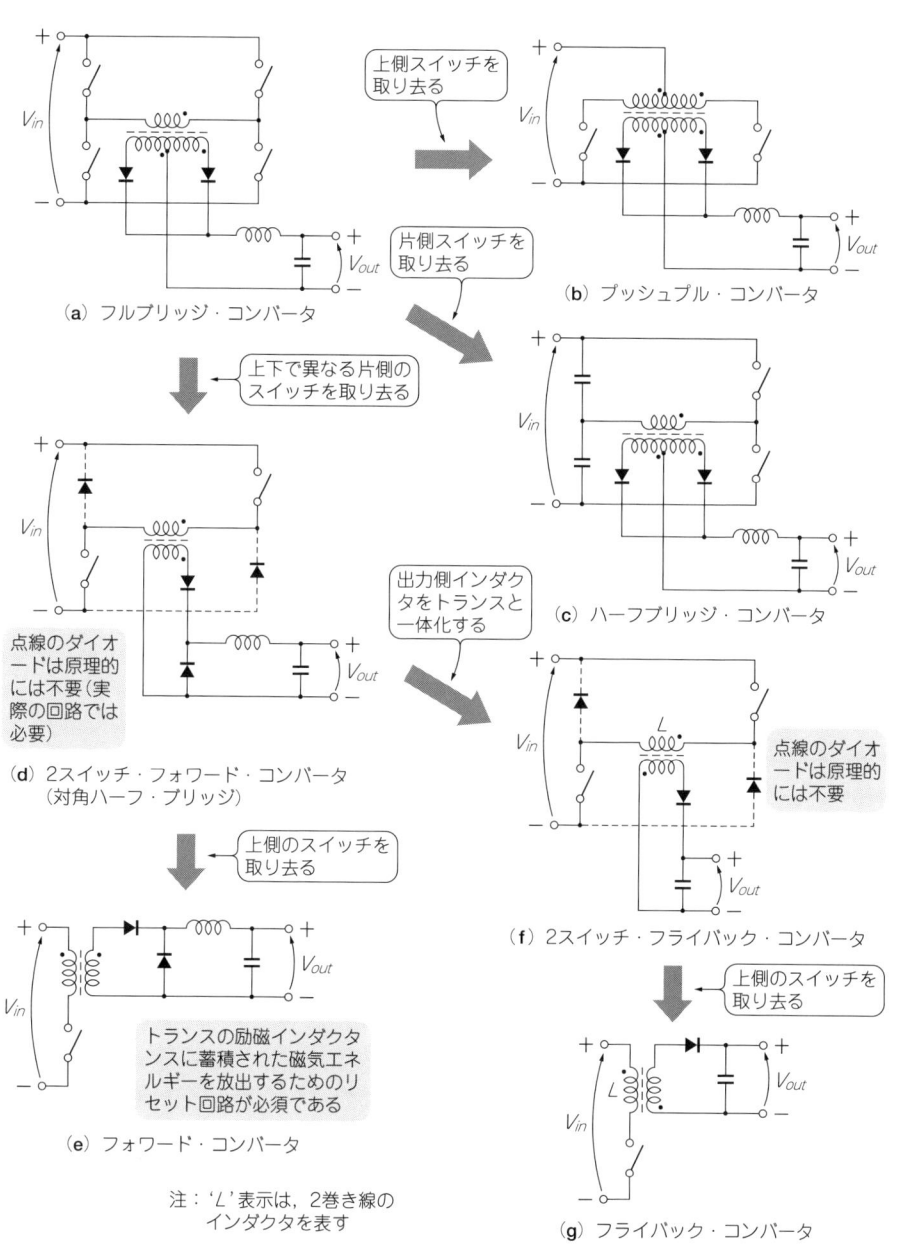

[図8-5] 絶縁型コンバータのトポロジー変換

(a) フルブリッジ・コンバータ

上側スイッチを取り去る

(b) プッシュプル・コンバータ

片側スイッチを取り去る

上下で異なる片側のスイッチを取り去る

(c) ハーフブリッジ・コンバータ

出力側インダクタをトランスと一体化する

点線のダイオードは原理的には不要（実際の回路では必要）

(d) 2スイッチ・フォワード・コンバータ（対角ハーフ・ブリッジ）

点線のダイオードは原理的には不要

(f) 2スイッチ・フライバック・コンバータ

上側のスイッチを取り去る

トランスの励磁インダクタンスに蓄積された磁気エネルギーを放出するためのリセット回路が必須である

(e) フォワード・コンバータ

注：'L'表示は，2巻き線のインダクタを表す

上側のスイッチを取り去る

(g) フライバック・コンバータ

8-2 電源回路のトポロジー変換

ギーを放出するリセット回路は必須です．

● そのほかのトポロジー

　インダクタ電流は連続としてトポロジー変換を行いましたが，インダクタ電流を断続としても上記の回路は動作します．ただし，インダクタ電流を断続とすると電圧変換率は簡単に求められません．

　インダクタ電流を断続とすると，連続では動作できない回路も動作するようになります．例えば図8-6のように，ハーフブリッジ・コンバータの2次側インダクタを1次側に移動できます（フルブリッジでも同様）．インダクタが1次側にあると，上下スイッチの切り替えでインダクタ電流の方向が切り替わりますが，電流がゼロでないと大きなサージ電圧が発生します．電流がゼロのときに切り替えればサージ電圧は発生しません．

　インダクタを1次側に移動すると，図のようにコッククロフト‐ウォルトン回路のような多段倍電圧整流回路を2次側に採用できて，高圧電源に最適な回路になります．2次側にインダクタを置いた場合には，整流回路の各段にインダクタが必要になります．

　SEPICコンバータとフライバック・コンバータの関係は，図8-7のように2巻き線インダクタの1次‐2次間の結合コンデンサの有無によります．Cukコンバータとフライバック・コンバータの関係も同様です．フライバック・コンバータで絶縁の必要がなく，サージ・ノイズに悩まされているときには，SEPICコンバータかCukコンバータにするのが非常に有効な手段です．

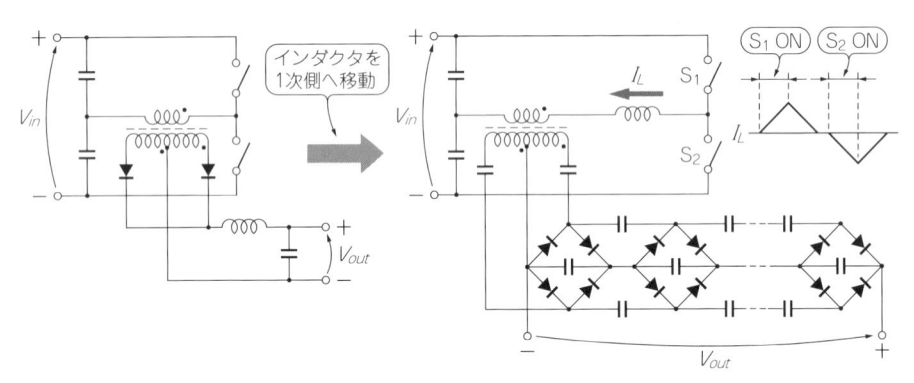

[図8-6] **インダクタ電流が断続の場合**
インダクタ電流の方向を反転できるので，インダクタを1次側へ移動することもできる

リセット回路やスナバ回路として，最近使用例が多いアクティブ・クランプ回路ですが，図8-8のように，フォワード・コンバータ(フライバック・コンバータでも同様)に降圧型コンバータを付加したものと考えられます．トポロジーから見ると，パワーMOSFETを使用しないときには，ボディ・ダイオードに相当する外付けダイオードが必要です．

そのほかにも，共振型スイッチング電源のトポロジーがありますが，専門的になるので省略します．

8-3　各種回路の電圧変換率

● 電圧変換率を求める意味

電源設計で与えられる仕様は，入力電圧，出力電圧と出力電流(出力電力)です．パワー系の設計には，回路形式を選択し，内部素子の電圧／電流を求めることが必要です．入出力電圧の変換率がわかれば，回路形式の選択と，内部素子の電圧／電流が簡単に求められます．

入力電力と出力電力が等しいとすれば，インダクタ電流を求めることができます．その他の内部素子の電流は，インダクタ電流から簡単に求められます．

● 仮想直流トランスを使用して電圧変換率を求める

電圧変換率を求めるには，図8-9のようにPWMスイッチの直流電圧変換率だけに着目し，PWMスイッチを1：Dの直流トランスと考えるのが最も簡単です．直流だけで考えれば，インダクタはショート，コンデンサはオープンとなって，簡単

(a) フライバック・コンバータ　　(b) SEPICコンバータ

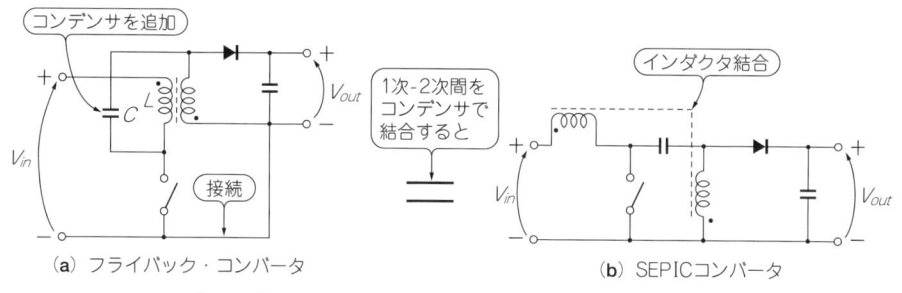

[図8-7] SEPICコンバータとフライバック・コンバータ
フライバック・コンバータの1次・2次間をコンデンサで結合すると，同一コアに巻いた2巻き線インダクタを使用するSEPICコンバータになる．フライバック・コンバータで絶縁の必要がなく，サージ・ノイズに悩まされているときには非常に有効な手段となる

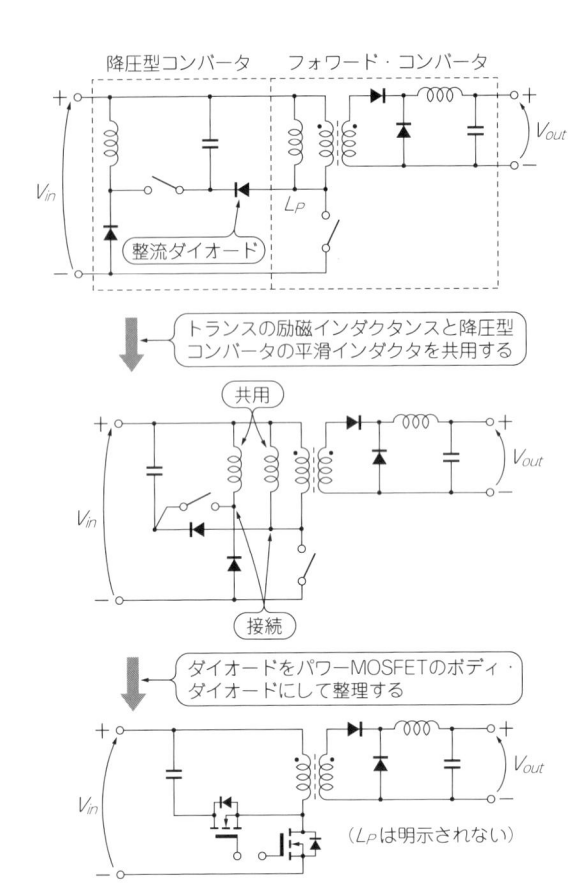

降圧型コンバータ　フォワード・コンバータ

トランスの励磁インダクタンスL_Pに蓄積された磁気エネルギーを放出するためのリセット回路に降圧型コンバータを使用する

↓ トランスの励磁インダクタンスと降圧型コンバータの平滑インダクタを共用する

共用

接続

↓ ダイオードをパワーMOSFETのボディ・ダイオードにして整理する

(L_Pは明示されない)

[図8-8] アクティブ・クランプ回路
フォワード・コンバータで，トランスの励磁インダクタンスに蓄積された磁気エネルギーを放出するためのアクティブ・クランプ回路は，トポロジー変換を行うと，フォワード・コンバータに降圧型コンバータを付加したものと考えられる

に電圧変換率Mが求められます．

　トランスが直流を伝送できないことはファラデーの電磁誘導の法則から明らかです．このように物理的な根拠をもたない仮想素子である直流トランスを使用するのは，計算が簡単になるからです．

　降圧型コンバータは$1:D$の直流トランスそのものですから，$M = D$となります．**図8-10**に示すように昇圧型コンバータは$M = 1/(1 - D)$ですが，ほとんどの文献では「$D' = 1 - D$」として，$M = 1/D'$と書かれている場合が多いです．

　図8-11に示す反転型コンバータの電圧変換率を同様にD'で書くと，$M = -D/D'$となります．

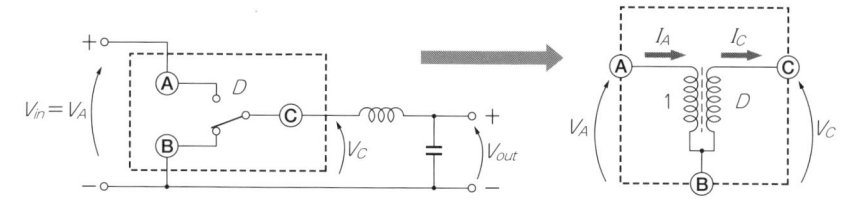

[図8-9] PWMスイッチを「直流トランス」と考える

降圧型コンバータにおいて，デューティ・サイクルDより，電圧変換率$M = V_C/V_A = D$となる．これから，PWMスイッチは巻き線比$1:D$の「直流トランス」と考えられる

$V_{out} = V_{in} - V_C$, $V_{out} = -V_A$, $V_C = DV_A$
∴ $M = V_{out}/V_{in} = 1/(1-D)$

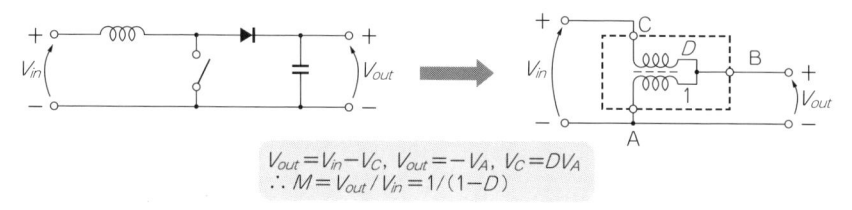

[図8-10] 昇圧型コンバータの電圧変換率

$V_{out} = V_{in} - V_A$, $V_{out} = -V_C$, $V_C = DV_A$
∴ $M = V_{out}/V_{in} = -D/(1-D)$
注：式中のV_{out}の極性は図の矢印（'−'→'+'）ではなく，
　　V_{in}の'−'側を基準としている

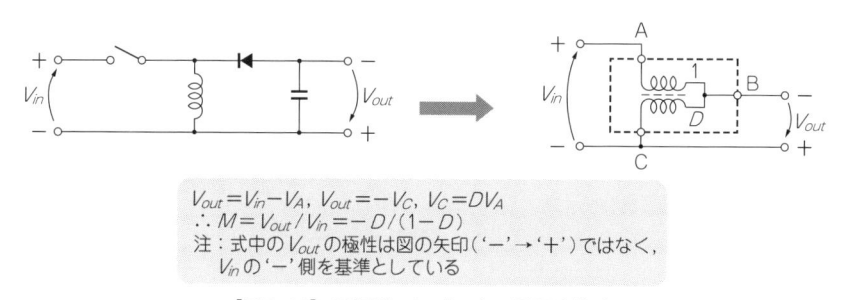

[図8-11] 反転型コンバータの電圧変換率

　昇降圧型コンバータは，降圧型コンバータと昇圧型コンバータを合体させてインダクタを共用する形ですから，$V_{in} > V_{out}$のときは降圧型コンバータ，$V_{in} < V_{out}$のときは昇圧型コンバータとして動作させるのが最も高効率です．しかし制御が面倒なので，専用制御ICを使用するとき以外は**図8-12**のように，二つのPWMスイッチを同じタイミングで制御します．電圧変換率は反転型コンバータと絶対値が等しくなり，反転型コンバータが文献では昇降圧型コンバータと呼ばれる理由がわかります．

　SEPICコンバータ（**図8-13**）とCukコンバータ（**図8-14**）では，直流カットの結合コンデンサが入っているため，これを等価する電圧源V_{in}を出力側に加えて計算

8-3　各種回路の電圧変換率　145

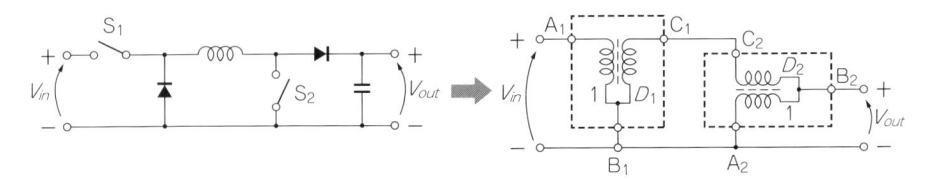

$V_{in} > V_{out}$ のときは S_2 を OFF して S_1 を PWM 制御，$V_{in} < V_{out}$ のときは S_1 を ON して S_2 を PWM 制御することもできるが，ここでは S_1, S_2 を同時に PWM 制御し，$D_1 = D_2 = D$ とする．
$V_{out} = DV_{in} - V_C$, $V_{out} = -V_A$, $V_C = DV_A$
$\therefore M = V_{out}/V_{in} = D/(1-D)$

[図 8-12] 昇降圧型コンバータの電圧変換率

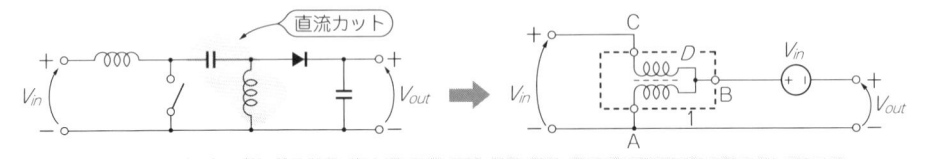

SEPIC コンバータは，昇圧型コンバータのスイッチ間に LC を入れて直流をカットしている．等価回路では，カットすべき直流ぶん V_{in} を逆極性で出力側に入れる．
$V_{out} = V_{in} - V_C - V_{in}$, $V_{out} = -V_A - V_{in}$, $V_C = DV_A$
$\therefore M = V_{out}/V_{in} = D/(1-D)$

[図 8-13] SEPIC コンバータの電圧変換率

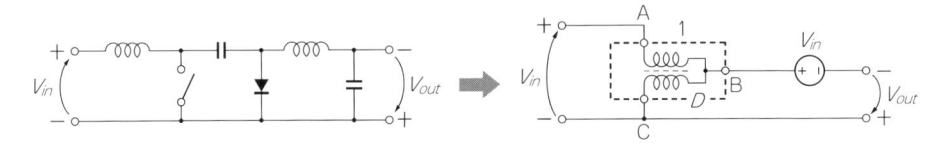

$V_{out} = V_{in} - V_A + V_{in}$, $V_{out} = -V_C + V_{in}$, $V_C = DV_A$
$\therefore M = V_{out}/V_{in} = -D/(1-D)$
注：式中の V_{out} の極性は図の矢印（'−'→'+'）ではなく V_{in} の '−' 側を基準としている

[図 8-14] Cuk コンバータの電圧変換率

します．電圧変換率は SEPIC コンバータは昇降圧型コンバータと等しく，Cuk コンバータは反転型コンバータと等しくなります．

　図 8-15 に，降圧型コンバータ，昇圧型コンバータと昇降圧型コンバータ（反転型コンバータ）の電圧変換率 M とデューティ・サイクル D の関係を示します．降圧型コンバータは D が 1 に近いほど高効率になり，昇圧型コンバータは D がゼロに近いほど高効率になります．

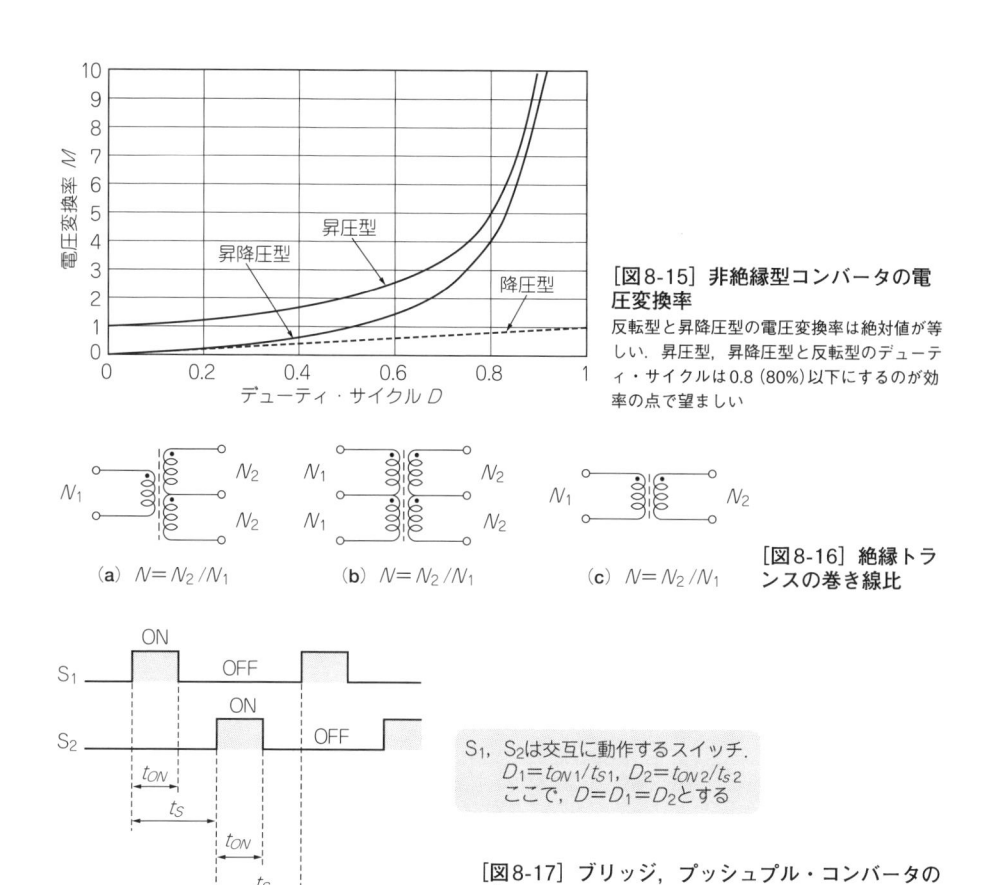

[図8-15] 非絶縁型コンバータの電圧変換率

反転型と昇降圧型の電圧変換率は絶対値が等しい．昇圧型，昇降圧型と反転型のデューティ・サイクルは 0.8（80％）以下にするのが効率の点で望ましい

[図8-16] 絶縁トランスの巻き線比

(a) $N = N_2/N_1$　　(b) $N = N_2/N_1$　　(c) $N = N_2/N_1$

S_1, S_2 は交互に動作するスイッチ．
$D_1 = t_{ON1}/t_{S1}$, $D_2 = t_{ON2}/t_{S2}$
ここで，$D = D_1 = D_2$ とする

[図8-17] ブリッジ，プッシュプル・コンバータのデューティ・サイクル

● 絶縁型コンバータの電圧変換率

　絶縁型コンバータの電圧変換率は，絶縁トランスあるいは2巻き線インダクタの巻き線比（**図8-16**）と，元になった非絶縁型コンバータの電圧変換率の積で表されます．

　交互に動作するスイッチをもつブリッジ型やプッシュプル型の場合には，各スイッチのデューティ・サイクルをスイッチごとに定義すると，実効デューティ・サイクルの半分になります．

　ここでは実効デューティ・サイクルになるように**図8-17**のように定義して，電圧変換率を計算します．

8-3　各種回路の電圧変換率　147

8-4 各回路の特徴

● 電源回路トポロジー一覧表

表8-1に非絶縁型コンバータのトポロジーの一覧，表8-2に絶縁型コンバータの

[表8-1] 非絶縁型コンバータの種類と特徴

名　称	降圧型	昇圧型	反転型	昇降圧型
電圧変換率	D	$1/(1-D)$	$-D/(1-D)$	$D/(1-D)$
スイッチ電圧最大値[1]	V_{in}	V_{out}	$\|V_{out}\|+V_{in}$	V_{in}, V_{out}
ダイオード電圧最大値[1]	V_{in}	V_{out}	$\|V_{out}\|+V_{in}$	V_{in}, V_{out}
入力リプル電流[2]	大(I_1)	小(I_3)	大(I_1)	大(I_1)
出力リプル電流[2]	小(I_3)	大(I_2)	大(I_2)	大(I_2)
特徴	最も高効率．出力電流リプルは小さいが，入力電流リプルが大きい	入力電流リプルは小さいが，出力電流リプルが大きい．効率の面でDは80％以下が望ましい	入力電流リプルも出力電流リプルも大きい．効率の面でDは80％以下が望ましい	入力電流リプルも出力電流リプルも大きい．Lが1個のためSEPICよりも実装面積が小さくなる

注▶(1)電圧最大値には，サージ電圧を含まない．(2)出力コンデンサのリプル電流であり，波形

[表8-2] 絶縁型コンバータの種類と特徴

名　称	フルブリッジ	ハーフブリッジ	プッシュプル	電流型
電圧変換率[1]	ND	$ND/2$	ND	$N/(1-D)$
1次側スイッチ電圧最大値[2]	V_{in}	V_{in}	$2V_{in}$	V_{out}/N
2次側ダイオード電圧最大値[2]	NV_{in}	$NV_{in}/2$	NV_{in}	$2V_{out}$
入力リプル電流[3]	中(I_1)	中(I_1)	中(I_1)	小(I_3)
出力リプル電流[3]	小(I_3)	小(I_3)	小(I_3)	大(I_2)
特徴	1kW以上の大出力用．PWM制御ではなく位相制御を行うとソフト・スイッチングが可能．トランスの偏磁に注意	100W以上の中出力用	V_{in}が低く中出力以上の出力が必要なときに最適．トランスの偏磁に注意．ブリッジ型よりもEMIノイズが低い	高圧電源用．スイッチが接続される巻線間に共振コンデンサを接続して，共振型電源とすることもある

注▶(1)Nは図8-16の巻き線比，Dは図8-17とする．(2)電圧最大値にはサージ電圧を含まない．

トポロジーの一覧を示します．入力電流波形と平滑用出力コンデンサの前の電流波形は図8-18です．表中の入出力リプル電流はこの波形です．

表8-2でブリッジ型とプッシュプル型で入力リプル電流が中となっているのは，等価的に2相降圧型となっているためです．単相降圧型のフォワード型に比べ，入力リプル電流が小さくなります．

SEPIC	Cuk
$D/(1-D)$	$-D/(1-D)$
$V_{out} + V_{in}$	$\|V_{out}\| + V_{in}$
$V_{out} + V_{in}$	$\|V_{out}\| + V_{in}$
小(I_3)	小(I_3)
大(I_2)	小(I_3)
入力電流リプルは小さいが，出力電流リプルが大きい．降昇圧型よりも大きくなりがちである	入力電流リプルも出力電流リプルも小さい

は( )内に図8-18の記号で示す．

2スイッチ・フォワード	フォワード	2スイッチ・フライバック	フライバック	名　称
ND	ND	$ND/(1-D)$	$ND/(1-D)$	電圧変換率[1]
V_{in}	$2V_{in}$	V_{in}	$V_{in}/(1-D)$	1次側スイッチ電圧最大値[2]
NV_{in}	NV_{in}	$NV_{in} + V_{out}$	$NV_{in} + V_{out}$	2次側ダイオード電圧最大値[2]
大(I_1)	大(I_1)	大(I_1)	大(I_1)	入力リプル電流[3]
小(I_3)	小(I_3)	大(I_2)	大(I_2)	出力リプル電流[3]
数100W以上の中大出力用．スイッチ電圧がV_{in}であり，トランスは自動的にリセットされる．Dは50%以下で使用する	数100W以下の小中出力用．Dは50%以下で使用する	100W以上の中大出力用．スイッチ電圧がV_{in}である．Dは50%以下で使用する．リプル電流が大きいので，出力電流の小さい高圧出力に向いている	100W以下の小出力用．出力リプル電流が大きいので，出力電流の小さい多出力電源に向いている	特徴

(3)出力コンデンサのリプル電流であり，波形は( )内に図8-18の記号で示す．

[図8-18] 電流波形

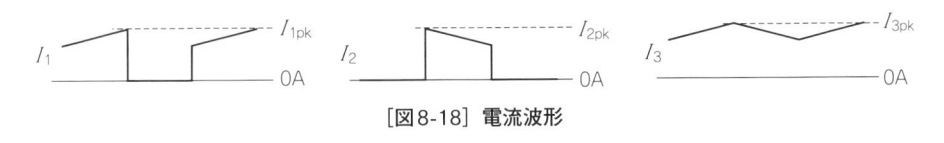

ブリッジ型とプッシュプル型ではトランスの磁束が正負対称になっていないと，言い換えると図8-17で$D_1 \neq D_2$のときは，トランスが飽和して異常動作となります．この現象を「偏磁」と言い，ブリッジ型ではトランス巻き線と直列に直流カットのコンデンサを入れて防止することもあります．

● 非絶縁型コンバータの選択方法

入力電圧V_{in}と出力電圧V_{out}の関係から，以下が一般的な選択です．
- $V_{in} > V_{out}$のとき：降圧型コンバータ
- $V_{in} < V_{out}$のとき：昇圧型コンバータ
- $V_{in} > V_{out} > V_{in}$のとき：インダクタの大きさから，小出力ではSEPICコンバータ，中出力では昇降圧型コンバータが基板面積が小さくできる
- $V_{in} > 0V > V_{out}$のとき：反転型コンバータ，入出力リプル電流を小さくしたいときはCukコンバータ

● 入出力リプル電流

入力リプル電流が大きいと，入力電源の負担が大きくなります．入力電源の内部インピーダンスが大きいと，損失が無視できません．出力リプル電流が大きいと，平滑用出力コンデンサの負担が大きくなり，電源の寿命が短くなります．回路トポロジーの選択では，入出力リプル電流についても考慮する必要があります．

入力リプル電流は，入力にインダクタが接続される「昇圧型」の回路が少なくなっています．表8-1で言うと，昇圧型，SEPIC，Cukと電流型コンバータです．

出力リプル電流は，出力にインダクタが接続される「降圧型」の回路では小さくなっています．表8-1で言うと降圧型とCuk，表8-2ではフォワード，ブリッジとプッシュプル・コンバータです．

これらのなかで，入出力リプル電流とも少ないのはCukコンバータだけです．Cukコンバータは機能的には反転型であり，反転型コンバータよりも部品点数が多いのですが，入出力リプル電流が少ないというメリットがあるため使用されています．

第9章

【成功のかぎ9】
降圧型コンバータの実用回路
専用ICを使った実用回路

　実用的な電源には，第7章で実験した基本的な定電圧出力機能のほかに何が必要でしょうか？
　電源は電子機器の心臓部ですから，入力電源や出力負荷の異常で簡単に壊れないことと，入力や自分自身の異常でも負荷となる電子回路を壊さないことが必要です．
　電子機器のほかの部分に悪影響を与えない動作状態も必要です．例えば，基本的な降圧型コンバータでは起動時に大電流が流れましたが，入力電源側の負担を軽減するために，一定の値以下に抑えることが必要です．また，出力電圧の立ち上がり，立ち下がり特性も単調に増加，減少することが必要です．出力電圧が振動的に変化すると，負荷となるマイコンなどのリセット回路が誤動作し，予期しない不具合を発生します．
　市販の電源用ICには，これらの機能がすでに組み込まれていますから，簡単に実用的な電源を設計できます．ここはすべて専用ICを使って設計します．

9-1　実用的な電源回路には何が必要か

● 保護機能と付加機能

　実用的な電源は保護機能と付加機能を備えています．

　保護機能としては，負荷の電子回路や入力電源が異常になったときに自分自身を保護する機能と，入力電源や自分自身が異常になったときに負荷の電子回路を保護する機能が考えられます．

　付加機能としては，システムに組み込んだときに必要な制御信号の入出力機能があげられます．

　これらを図示すると，図9-1に示す三つのブロックから構成されます．
- 基本コンバータ
- 保護機能

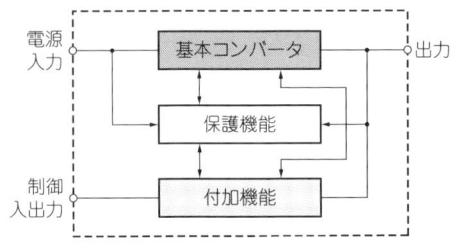

[図9-1] 実用的な電源を作るためには保護機能と付加機能が必要

入力電圧を変換して出力するだけでは実用的な電源とはいえない

- 付加機能

基本コンバータ部に追加する，これらの二つの機能について考えてみます．

● **具体的な保護機能を考えてみる**

実用的な電源に必要な保護機能を考えてみると，下記の五つがあげられます．
- 過電流保護

  負荷となる電子回路の故障で電源出力が短絡した場合でも，電源がダメージを受けない．
- 低入力電圧保護

  入力電圧が低下して電源出力が定電圧を維持できない場合に，出力を遮断して負荷を保護する．
- 過熱保護

  電源内部が過熱した場合に，電源の動作を止めて火災などを防止する．
- 過入力電圧保護

  入力電圧が過大になった場合に，入力を遮断して電源と負荷を保護する．
- 過出力電圧保護

  出力電圧が過大になった場合に，出力を遮断して負荷となる電子回路を保護する．

AC-DCコンバータのなかには，ここにあげたすべての保護機能を有するものもありますが，DC-DCコンバータでは一部省略されている場合が多いようです．保護機能の肥大化は回路規模を大きくしてしまい，信頼性を低下させ，コストアップを招くからです．

電源回路のような個別回路には必要最低限の保護機能だけをもたせておき，電子機器の保護はシステム全体で考えると，バランスの良い設計ができます．

一般的な専用ICでは，ほかで保護が難しい過電流保護と低入力電圧保護の二つを有するものが多いようです．

● 最も重要な保護機能である過電流保護

　過電流保護は，電流を検出して電圧値に変換しピーク値を一定値以下にする「定電流保護回路」で実現される場合がほとんどです．

　電流検出にはホール素子などを使用した磁気的な検出も可能ですが，コスト的な問題から，一般的には値の小さな抵抗を使用します．**図9-2**に降圧型コンバータのブロック図上で電流を検出する箇所をあげます．

▶電流検出に使われる箇所はほぼ決まっている

　正確な検出には，検出回路のCMRR（同相除去比）が重要で，基準電位が交流的

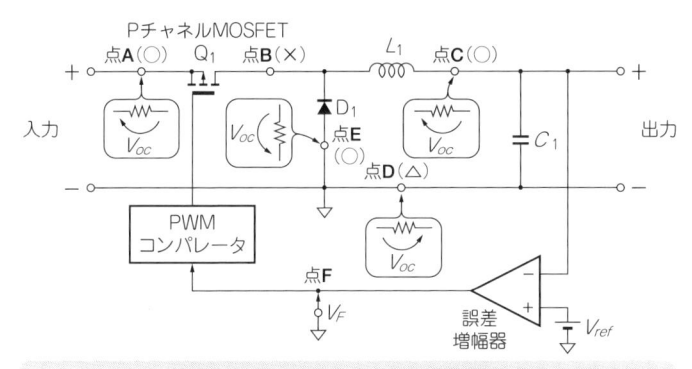

点F以外の各点に低抵抗を入れて検出する．実際の電源では点Aと点Cが多い．点Bは不可．点Dは使えない場合が多い

（a）電流検出用の抵抗を挿入する場所は5点考えられる
　　誤差増幅器の出力 V_F を使う場合もある

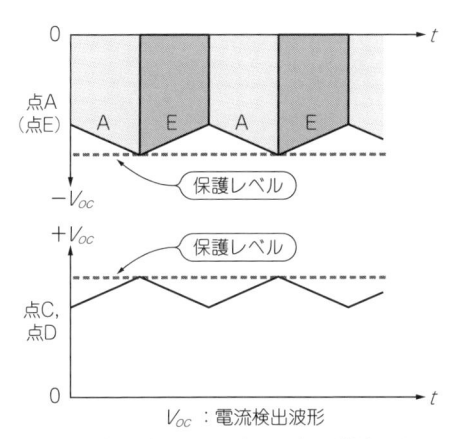

V_{OC}：電流検出波形

（b）それぞれの点ではこのような波形が検出できる

[図9-2] 過電流を防止するために電流を検出する

9-1　実用的な電源回路には何が必要か　**153**

にグラウンド電位に近いほど高く取れます．よって，専用ICの検出点は，点Aまたは点C，まれに点Eです．点Aでの検出ではパワーMOSFETのオン抵抗を検出抵抗に使用する場合もあります．

図中の点Bはスイッチング波形の上に電流検出信号が乗るため，検出回路の$CMRR$を高く取ることができません．正確な電流検出が難しいので採用しません．

点Dでの検出は負荷と電源のグラウンドを共用できないため，システム上許される場合しか採用できません．図9-3(a)に定電流保護回路の動作特性を示します．

▶短絡またはそれに近い状態を検出する方法もある

図9-2の点Fでは電流を直接検出できませんが，図9-3(b)のように短絡状態に近い極端な過負荷の場合，誤差増幅器の出力V_Fが大きくなることから異常を検出できます．一般にSCP(short circuit protection：短絡保護)と呼ばれ，タイマと組み合わせて一定時間短絡状態が続いたときに，出力を遮断して回路を保護します．

出力が短絡状態でも電流が一定限度を越えない，入力電源や使用部品の直流抵抗が大きな小出力電源の保護に使用します．

一般に「定電流保護回路」の場合，最大出力電流の設定は定格出力電流の1.2倍

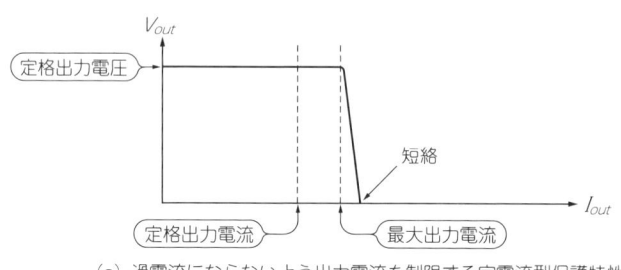

(a) 過電流にならないよう出力電流を制限する定電流型保護特性
（短絡したとき大電流が流れる回路ではこの保護特性が必要）

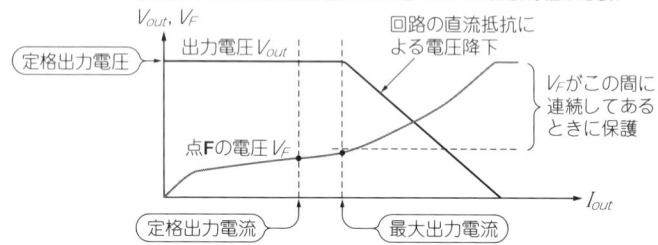

(b) 過電流になったことを検出する短絡保護(SCP)特性
（過電流状態が一定時間続いたとき出力を遮断して回路を保護する）

[図9-3] 性質の違う二つの保護特性がある
両方を併用する場合もある

以上にします．ディジタル回路のようにパルス状の電流が流れる負荷の場合には，さらに保護レベルを大きく設定する必要がありますが，短絡すると，非常に大きな電流が連続して流れ，スイッチング素子やインダクタが発熱し破損する場合があります．そこで，定電流保護回路のうえに，短絡状態が一定時間続いた場合に出力を遮断する前述のSCPを追加することもあります．

● 具体的な付加機能を考えてみる

付加機能として多いのは出力電圧の「ON/OFF」機能や出力電圧を徐々に上げる「ソフト・スタート」機能，それとスイッチング周波数の外部制御が可能な「同期」機能です．

電池動作でON/OFF機能が必要な場合は，電池寿命を延ばすためにOFF時の消費電力が少ないICを選択します．

負荷となるICに何種類もの電源電圧がある場合，各電源電圧の立ち上げかた（シーケンスと呼ぶ）が規定されていることがあります．これを守らないとラッチアップを起こしICが破損します．シーケンスには，**図9-4**に示すように「順次」，「比例」，「同一」の3種類があります．この複雑なシーケンスの制御用に専用ICや制御機能

(a) 順次
ほかが立ち上がるまで出力はゼロ

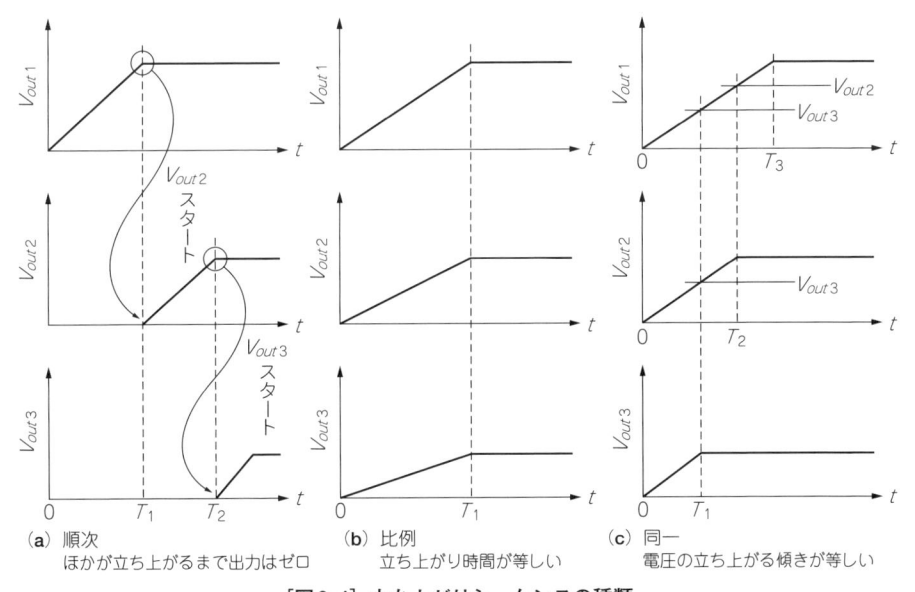

(b) 比例
立ち上がり時間が等しい

(c) 同一
電圧の立ち上がる傾きが等しい

[図9-4] 立ち上がりシーケンスの種類
付加機能の一つ．電圧の異なる複数の電源を使うときに必要な場合がある

を内蔵した電源ICが各社から出されていますから，必要な場合はそれらを選択します．

▶複数の電源を同時に使うときに重要になる

シーケンスが規定されていなくても，一つのシステムの中に多種類の電源を含む場合もあります．メカ制御用の24Vが先に立ち上がった後に低い電圧のディジタル回路が立ち上がると，一瞬メカが動作する場合もあり，思わぬ回り込みでICがラッチアップする場合もあります．電源だけでなくシステム全体で，起動・停止のシーケンスを検討することが必要です．その場合には，システム・コントローラに電源回路の正常動作を知らせるPG(Power-Good)信号が必要になります．

同一基板上に複数の電源があり，おのおのの電源でスイッチング周波数が異なると，ビートを発生してトラブルの原因になることがあります．その場合にはスイッチング周波数の外部同期機能も必要となります．

9-2　　実用的な降圧型コンバータを作ってみる

● 降圧型コンバータの仕様

市販の専用ICを使った実用的な降圧型コンバータを作ってみます．設計仕様は，個別部品で電源回路を作った第7章と同じにしてみます（表9-1参照）．設計手順も図9-5の回路や波形をもとに表9-1に従い行えば，第7章と同じになります．出力のコンデンサはインピーダンスが0.056Ω（20℃）の16V/470μFアルミ電解コンデンサを使用しました．

回路は専用ICを用いてできるだけ簡単にします．今回使用した専用ICは，最近の専用ICから見るとスイッチング周波数が1桁低いのですが，DIP形状があって実験しやすく，安価に入手可能です．最近の専用ICは面実装外形の超小型で実装面で対応しにくく，入手もテープ1巻数千個単位で，手軽に実験できません．メーカ製の評価基板を入手して実験することになります．

● NJM2374AD/NJM2360ADによる降圧型コンバータ

NJM2360Aは，一世を風靡したMC33063/A（オン・セミコンダクタ，旧モトローラ）のセカンド・ソースで，"A"は基準電圧精度を5%から2%に向上させたものです．

降圧型，昇圧型，反転型が製作可能なパワー段を含む基本的コンバータ部と，基準電圧，コンパレータを含む定電圧制御部に過電流保護回路を追加して8ピンにま

[表9-1] 設計の手順
インダクタの計算値は90μHになったが第7章の図7-12に合わせて150μHに変更した

① 仕様を決定する

出力電圧	V_{out}	5V
出力電流	I_{out}	1A
入力電圧	V_{in}	12V ± 3V
スイッチング周波数	f_S	80kHz
出力リプル電圧	V_R	50mV

③ 基本パラメータを計算する

T_S	$1/f_S$	12.5μs
V_S	Q_1 オン電圧	1.5V
V_F	D_1 順方向電圧	0.5V
D	$(V_{out} + V_F)/(V_{in} - V_S + V_F)$	0.50
T_{on}	DT_S	6.25μs

⑤ 出力コンデンサの計算

ESR	$V_R/\Delta I_L$	0.22 Ω

② 経験による条件を仮定

効率	η	0.8
電流リプル率	$\Delta I_L/I_L$	0.3 (0.18)

④ インダクタ電流を計算する

$I_{L(ave)}$	I_{out}/η	1.25A
ΔI_L	$(\Delta I_L/I_L) I_L$	0.38A (0.23A)
$I_{L(MAX)}$	$I_{L(ave)} + \Delta I_L/2$	1.44A (1.37A)
L_1	$\dfrac{(V_{in} - V_S - V_{out}) T_{on}}{\Delta I_L}$	90μH ➡150μHに変更

$I_{L(MAX)} = I_{Q(MAX)} = I_{D(MAX)}$ から,トランジスタ,パワーMOSFET,ダイオードを選択.実際に使うL_1の値が計算値と異なるときは再度②から再計算する

再計算／再計算

$$\Delta I_L = \frac{(V_{in} - V_S - V_{out}) T_{on}}{I_L}$$

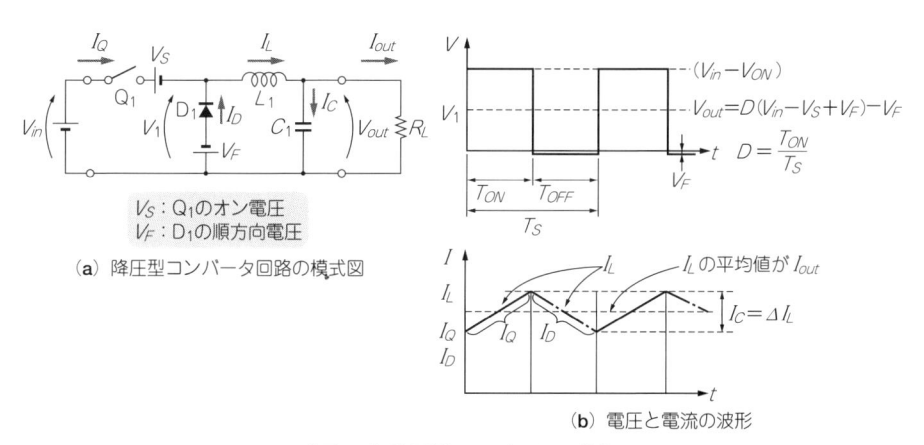

(a) 降圧型コンバータ回路の模式図
V_S:Q_1のオン電圧
V_F:D_1の順方向電圧

(b) 電圧と電流の波形
$D = \dfrac{T_{ON}}{T_S}$
I_Lの平均値がI_{out}
$I_C = \Delta I_L$

[図9-5] 降圧型コンバータの動作
理想回路にV_FやV_Sを追加して実際の動作に近くした

とめたICです [**図9-6(b)**].定電圧制御はコンパレータを使用したON/OFF制御です.ON/OFF制御は簡単な温度制御に使用されていますが,定電圧制御にはほとんど使用されません.ON/OFF制御の長所は安定であること,短所は出力リプル電圧が大きいことです.

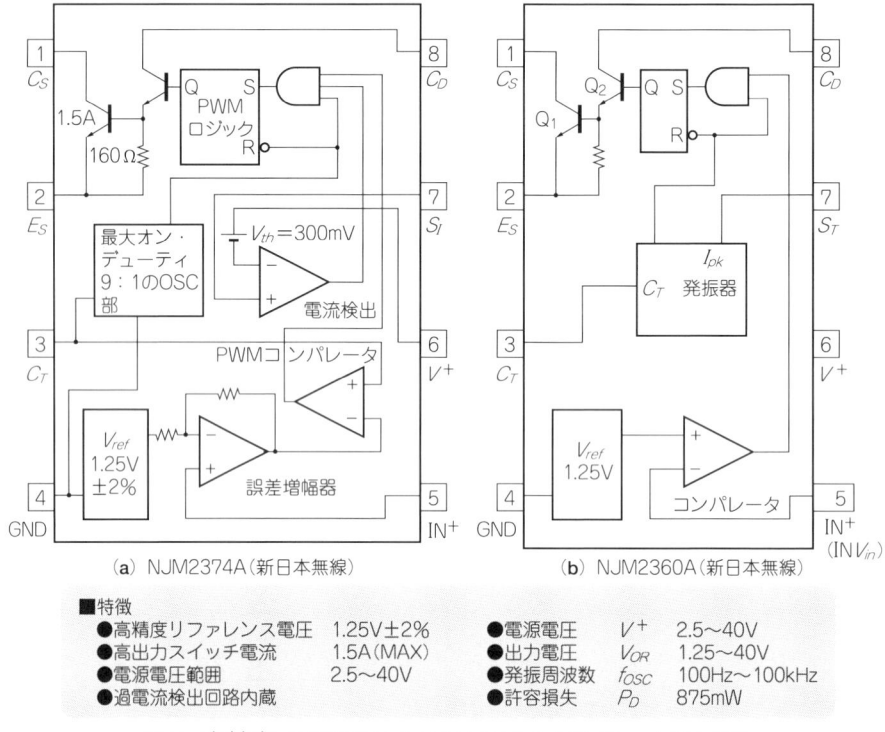

[図9-6(27)(28)] **NJM2374AとNJM2360Aの内部ブロック図と特徴**
NJM2360Aのオリジナルはモトローラ（現在はオン・セミコンダクタ）のMC33063で，NJM2374AはNJM2360Aの改良版

■特徴
- ●高精度リファレンス電圧　1.25V±2%
- ●高出力スイッチ電流　1.5A(MAX)
- ●電源電圧範囲　2.5～40V
- ●過電流検出回路内蔵
- ●電源電圧　V^+　2.5～40V
- ●出力電圧　V_{OR}　1.25～40V
- ●発振周波数　f_{OSC}　100Hz～100kHz
- ●許容損失　P_D　875mW

　NJM2374AはNJM2360Aの改良型です．NJM2360ADのON/OFF制御では出力リプル電圧が大きい短所を，PWMコンパレータと誤差増幅器を追加してPWM制御に変更しています［**図9-6**(a)］．

　NJM2360Aと同様に，降圧型，昇圧型，反転型コンバータが製作可能となっています．定電圧制御の安定性を確保するために大きなゲイン補償が行われ，誤差増幅器のゲインは約20dBと小さくなっています．

　NJM2374AはNJM2360Aよりも周波数特性が良く，80kHz動作では最大デューティ・サイクルがNJM2360Aの約65%に較べて約90%と大きくなっていて，入力電圧の変化範囲が広く取れます．ドライブ回路も改善されていますが，ドライブ回路の損失が増加し，降圧型コンバータで使用するときの出力電圧は6V以下に制限されます．

　どちらのICも降圧型コンバータとして使用する場合には，パワー段がダーリン

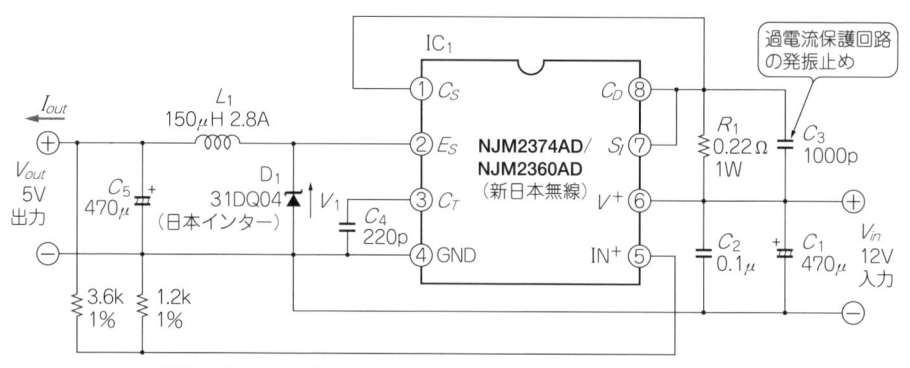

[図9-7] 実験で使用したNJM2374AD/NJM2360ADの電源回路
ICソケットを使って，二つのICを同じ周辺回路で動作させてみた

(a) NJM2374AD使用時　　(b) NJM2360AD使用時

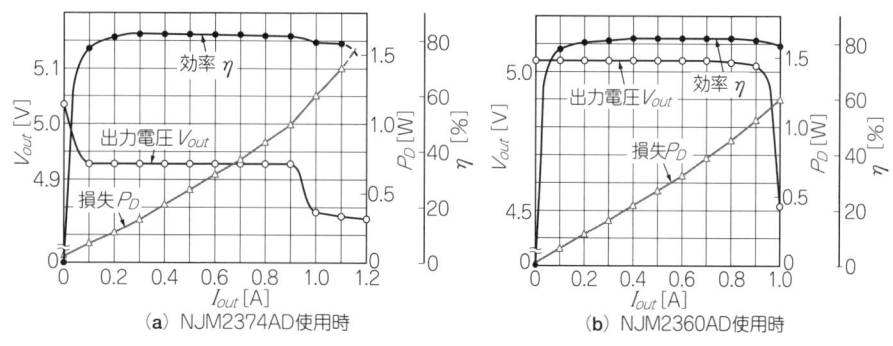

[図9-8] NJM2374AD/NJM2360ADによる電源回路の特性
最大出力電流は0.9A程度，効率80%強の電源となった

トン接続されるため，この部分のオン電圧が1.5Vと大きくなって損失も大きくなります．損失を低減するにはPNPトランジスタかPチャネル・パワーMOSFETを外付けします．

● 差し替えて実験してみる

　NJM2374ADとNJM2360ADによる実験回路は図9-7です．ICソケットで実装し，入れ替えてデータを取りました．
　出力電流(I_{out})対出力電圧(V_{out})，損失(P_D)，効率(η)特性の結果は図9-8です．リプル電圧波形は図9-9，立ち上がり波形は図9-10です．
　図9-7で電流検出抵抗R_1に並列に入れたC_3は，過電流保護回路の発振止めです．メーカによれば，配線と立ち上がり波形の影響で発振するときは，300pF～

9-2　実用的な降圧型コンバータを作ってみる　│　159

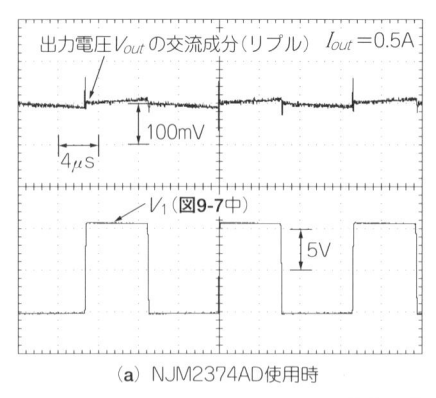

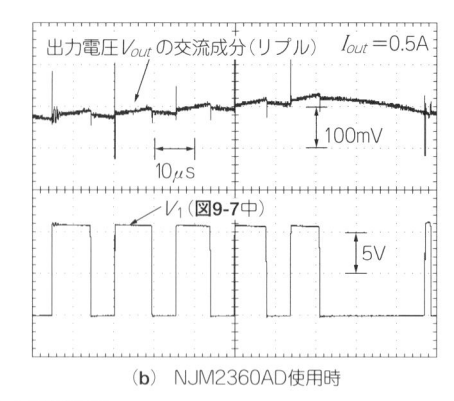

[図9-9] 入出力電圧波形
改良版であるNJM2374Aのほうがリプル電圧は小さい

(a) NJM2374AD使用時
(b) NJM2360AD使用時

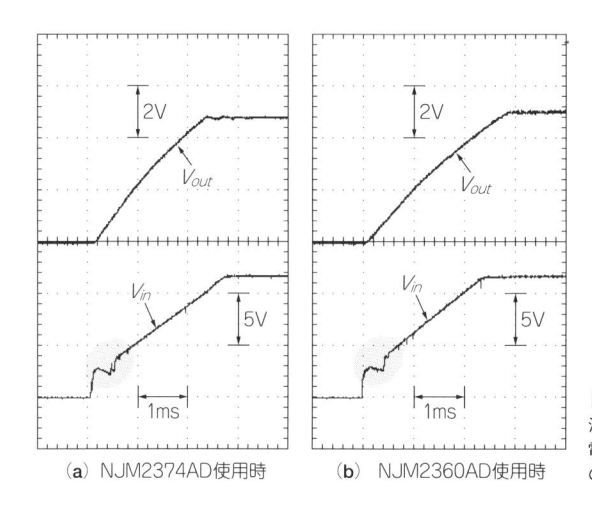

[図9-10] 立ち上がり時の波形
滑らかにすばやく立ち上がっているが,入力電圧が乱れている.入力電源の出力容量以上の大きな電流が流れている可能性がある

(a) NJM2374AD使用時
(b) NJM2360AD使用時

1500pFを入れると安定になるそうです.

内部損失の大部分がICの損失ですから,損失特性から使用周囲温度を60℃以下にすれば実験回路では出力電流0.5A以下で使用するのが適切です.これ以上の出力が必要な場合は,データシートの回路例に習い,PNPトランジスタかPチャネル・パワーMOSFETを外付けします.

図9-9のリプル電圧波形で大きなスパイク・ノイズが見えますが,これは別の要因から見えているので無視します.スパイク・ノイズの理由と低減方法については後述します.

NJM2374ADのリプル電圧は約20mV$_{P-P}$ですが，NJM2360ADのリプル電圧はON/OFF制御のため大きくなっています．

立ち上がり特性は，ソフト・スタート機能がないため過電流保護回路で決定されていて非常に高速ですが，入力電源(2Aまで出力可能)に大きな負担をかけていることが，入力電圧波形の乱れからわかります．

出力電圧特性がI_{out} = 0.9Aから低下しているのは，過電流保護回路が電流ピーク値で動作するためです．

9-3　パワーMOSFETによる実用的な降圧型コンバータ

● パワーMOSFETとバイポーラ・トランジスタ

後述するように，パワーMOSFETはバイポーラ・トランジスタと比べてスイッチング・スピードが速いばかりでなく，200V以下の低圧ではチップ面積当たりのオン抵抗が低いため，小型・低コスト・高効率となります．このため最近のスイッチング素子は，パワーMOSFET一色という状況です．スイッチング素子をパワーMOSFETに変更すると，経験上約10％の効率向上が得られるため，設計計算で最初に与える効率もバイポーラ・トランジスタ使用時は80％，パワーMOSFET使用時は90％とします．

ここでは，前節のバイポーラ・トランジスタと同一の設計仕様でパワーMOSFETを使用し，効率が改善されることを見てみます．

● HA16114Pによる降圧型コンバータ

HA16114P(ルネサス テクノロジ)は，外付けパワーMOSFET用のドライブ回路を内蔵した制御部分だけのICです．主な特徴は下記のとおりです．

- 入力電圧範囲：4.5V 〜 40V
- 基準電圧(V_{ref})：2.5V ± 2％
- スイッチング周波数：1Hz 〜 600kHz
- ON/OFF制御機能
- ソフト・スタート機能
- 過電流検出回路
- 短絡保護(SCP)回路(時間設定可能)
- 外部同期入力回路
- パワーMOSFETドライブ回路

- UVL（低入力誤動作防止）回路

小出力電源の短絡保護回路は過負荷時にOFF状態を保持しますが，このICの場合は過電流保護が一定時間連続すると，間欠的にON/OFFを繰り返します．

前節で紹介したICと同様に，入力電圧範囲が40Vまでとなっています．自動車電装用では入力電圧が定格12Vで，最大32Vに耐える必要（ロード・ダンプ試験と呼ぶ）があります．アミューズメント機器用ではAC 24Vを整流して用います．メカトロニクス制御用ではDC 24Vが一般的です．汎用電源ICの入力電圧は，このような用途を考慮して決定されています．

自動車電装用ではカー・ラジオに妨害を与えないことも重要で，HA16114PはSYNC端子に同期パルスを与えることで，ラジオの受信周波数に影響しないスイッチング周波数の設定が可能です．

● 前節と比較できる条件で設計してみる

設計仕様は前節と同じにします（**表9-2**参照）．設計手順も前節と同じで，**表9-2**に従って行います．出力のコンデンサはインピーダンスが0.056Ω（20℃）の16V/470

[表9-2] 設計の手順

① 仕様を決定する

出力電圧	V_{out}	5V
出力電流	I_{out}	1A
入力電圧	V_{in}	12V ± 3V
スイッチング周波数	f_S	80kHz
出力リプル電圧	V_R	50mV

② 経験による条件を仮定

効率	η	0.9
電流リプル率	$\Delta I_L / I_L$	0.3
		0.23（再計算）

④で選定したインダクタンス値が計算値と大幅に異なったときには下式にΔI_Lを求め，$\Delta I_L / I_L$を再計算する．以下（ ）内は再計算値．

$$\Delta I_L = \frac{(V_{in} - V_S - V_{out}) T_{on}}{I_L}$$

③ 基本パラメータを計算する

T_S	$1/f_S$	12.5μs
V_F	D_1 順方向電圧	0.5V
D	$(V_{out} + V_F)/(V_{in} - V_S + V_F)$	0.44
T_{on}	DT_S	5.50μs

④ インダクタ電流を計算する

$I_{L(ave)}$	I_{out}/η	1.25A
ΔI_L	$(\Delta I_L/I_L) I_L$	0.38A (0.23A)
$I_{L(MAX)}$	$I_{L(ave)} + \Delta I_L/2$	1.44A (1.37A)
L_1	$\dfrac{(V_{in} - V_{out}) T_{on}}{\Delta I_L}$	90μH (150μH)

$I_{L(MAX)} = I_{Q(MAX)} = I_{D(MAX)}$から，トランジスタ，パワーMOSFET，ダイオードを選択．実際に使うL_1の値が計算値と異なるときは再度②から再計算する

⑤ 出力コンデンサの計算

ESR	$V_R/\Delta I_L$	0.19Ω

μFアルミ電解コンデンサを使用しました．

　回路はICとその周辺部品，パワーMOSFETが異なるだけで，できるだけ前節と同じにしました．短絡保護は使用しませんでしたが，ソフト・スタートは使用しました．

　高周波スイッチングが可能な制御ICとパワーMOSFETを使用してバイポーラ・トランジスタと同じ設計仕様では役不足ですが，同一条件で動作させて違いを見るためです．

● 損失の少ない使いやすい電源ができた

　HA16114Pによる実験回路を**図9-11**に示します．入力電圧V_{in}を12V一定にし，出力電流I_{out}を変化させたときのV_{out}, P_D, η特性の結果は**図9-12**です．出力電流I_{out}を1A一定にし，入力電圧V_{in}を7V～16Vまで変化させたときのV_{out}, P_D, η特性の結果を**図9-13**に，リプル電圧と立ち上がり波形を**写真9-1**に示します．

　パワーMOSFETを使用しているため，内蔵バイポーラ・トランジスタを使用した前節に比べて効率が10％向上し，約90％となっています．

　立ち上がり特性は，ソフト・スタート機能を使用したため，前節の

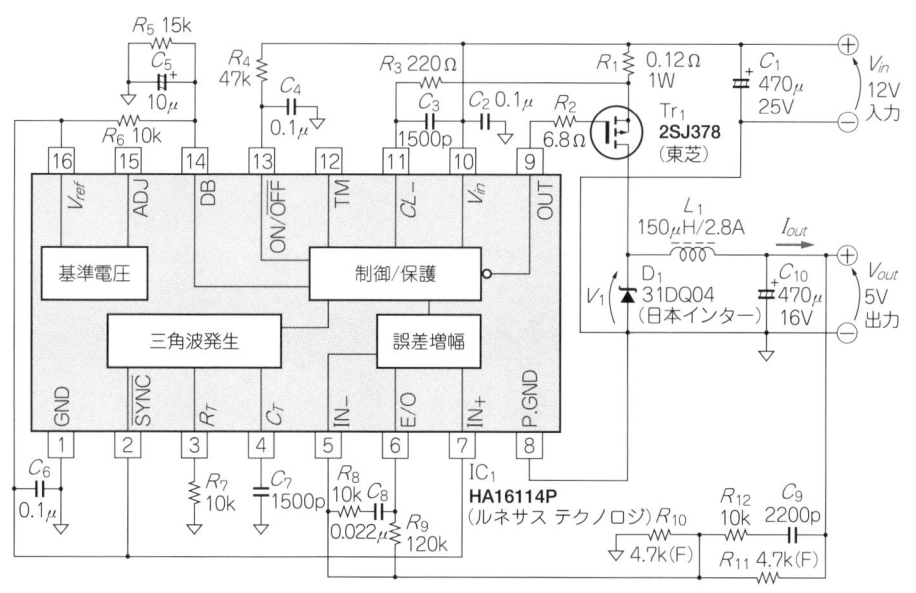

[図9-11] HA16114Pを使用した実験回路（12V入力，5V出力）

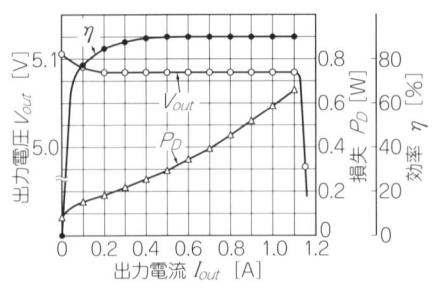

[図9-12] HA16114Pを使用した回路の出力電流特性

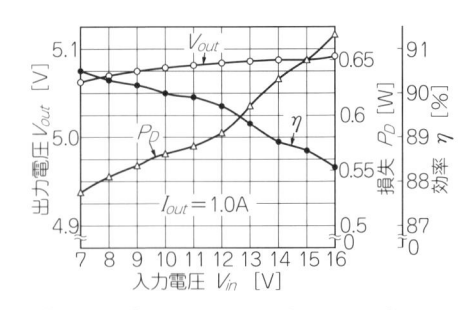

[図10-13] HA16114Pを使用した回路の入力電圧特性

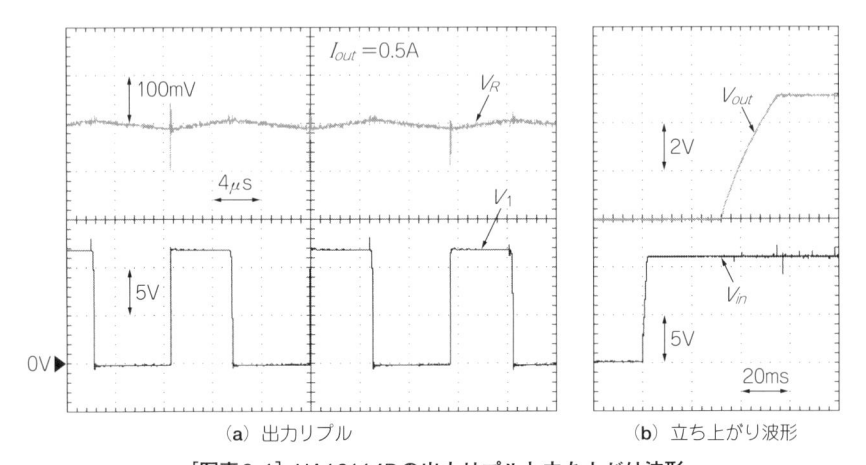

(a) 出力リプル

(b) 立ち上がり波形

[写真9-1] HA16114Pの出力リプルと立ち上がり波形

NJM2374AD，NJM2360ADに比べて遅くなっていますが，入力電源に与えるストレスは軽微で，きれいな立ち上がり波形になっています．

9-4　最近のスイッチング素子はパワーMOSFET一色

● パワーMOSFETはなぜ使われるのか

最近のスイッチング・レギュレータはパワーMOSFET一色で，バイポーラ・トランジスタを使用することはまずありません．前節で紹介したようなバイポーラ・トランジスタ向きの電源専用ICもまだ使用されていますが，新規に発表されるICはほとんどパワーMOSFET用です．また，バイポーラ・トランジスタ，パワーMOSFETとも製造中止は多いのですが，バイポーラ・トランジスタは代替品のな

いことがよくあります．パワーMOSFETの場合は，善し悪しは別にして，電圧/電流定格が同一で，小型化，高性能化，低コスト化が図られたものが代替品として発表されます．

なぜパワーMOSFETが使われるのかと言えば，バイポーラ・トランジスタに比べて，
　（1）スイッチング・スピードが速く，MHzスイッチングが可能
　（2）200V以下の低圧素子では，チップ面積当たりのオン抵抗が低い
　（3）高耐圧素子では，安全動作領域が広く丈夫である
以上より，小型，低コスト，高効率，高信頼性となるためです．

● スイッチング周波数を高くすると小型化できる

最近のスイッチング・レギュレータでは，数百kHzからMHz以上の高周波スイッチングが一般的になっています．スイッチング周波数を高くすると，形状の大きな二つの部品，インダクタと出力平滑コンデンサを小型化できます．

スイッチング損失はスイッチング周波数に比例します．そのぶん損失が増加しますから，高効率を維持するために低損失パワーMOSFETの使用は必須です．

本書では，インダクタのリプル電流を30％にするとバランスの良い設計ができるとしていますが，この値はバイポーラ・トランジスタの時代に言われた値です．パワーMOSFETを使用する場合はオン抵抗が低いので，電流ピーク値を大きくしてリプル電流も大きく，例えば50％に設定すると必要なインダクタンスが小さくなり，インダクタはさらに小型化できます．電流の変化率はインダクタンスに反比例しますから，インダクタンスが小さくなれば，負荷が急変したときの応答性が良くなります．

出力平滑コンデンサには，形状が大きくて寿命が有限なアルミ電解コンデンサに代えて，小型のセラミック・チップ・コンデンサが使用できて，小型かつ長寿命になります．

スイッチング周波数を高くすると一長一短がありますが，小型/長寿命を優先する場合には高周波スイッチングを採用します．最初に設計するときには，使用部品と基板のパターン・レイアウトはICメーカの参照設計に従います．自分なりの工夫はそのあとで行うようにしないと希望の性能が得られません．

パワーMOSFETの高速スイッチングでは，バイポーラ・トランジスタの低速スイッチングに比べてドライブが面倒ですが，ドライブ回路内蔵の専用ICを使用すれば簡単です．

[図9-14] (a) 過電流保護動作の応答遅れ　(b) 過電流保護動作特性への影響

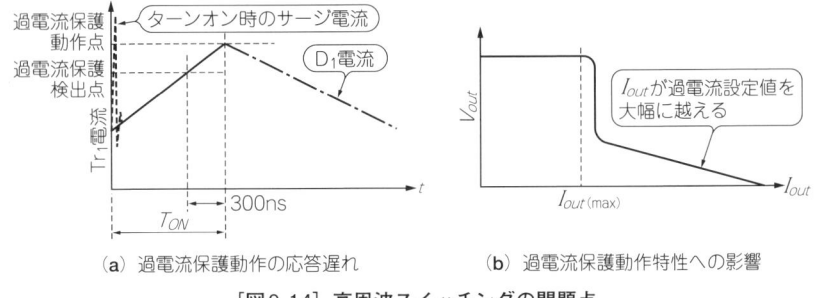

[図9-14] 高周波スイッチングの問題点

● スイッチング周波数を高くしたときの問題点

　スイッチング周波数を高くすると，スイッチング損失が増加するばかりでなく，大きなスイッチング・ノイズが電磁波として周囲の空間に輻射（エミッション）されます．簡単には，使用部品と基板のパターン・レイアウトをICメーカの参照設計に従って行えば，実用的なレベルはクリアできます．

　高周波スイッチングでインダクタのリプル電流を大きくしたときの問題点に，過電流保護回路の応答の遅れがあります．使用したHA16114Pは過電流検出の遅れ時間が300ns$_{max}$と規定されています．スイッチング周波数を600kHzにすると，図9-14(a)に示すようにデューティ・サイクルに換算して18％の時間は過電流が流れます．過電流保護特性はおおむね図9-14(b)となり，過電流が長時間連続した場合には故障することが予想されます．そこでSCP（短絡保護）を併用すると，一定時間後には停止して電源と負荷を保護します．

　過電流検出を瞬時に行えばこのような問題は起きませんが，次の理由により過電流検出の遅れ時間は正常動作のために必要不可欠です．パワーMOSFETがターン・オンするときには，ダイオード，インダクタなどの寄生容量を充電する必要があります．このとき図9-14(a)に示すように大きなサージ電流が流れるので，過電流検出を瞬時に行うと，この電流で過電流保護回路が動作し，電源としては機能しなくなります．

　ただし，HA16114Pで過電流検出の遅れ時間が300nsも必要かと言えば，想定したアプリケーションが不明なので確かなことは言えませんが，一般的な使用条件では数十nsで十分ではないかと思います．

9-5　最近の降圧型コンバータICの例

● 最近のトレンド

　最近の電源用ICは，少ない外付け部品で要求仕様を実現するため各応用分野に特化され，形状は熱伝導を考慮した面実装型となっています．実験で使用したような汎用電源ICは，最近の新製品のなかにはほとんどありません．

　最近の電源ICは，小型化，高効率化されていて，最高スイッチング周波数はMHz以上になっています．スイッチング周波数を高くするとインダクタとコンデンサを小さくできて，小型化のためには非常に有効です．ただし，スイッチング損失が増加するため，低損失で熱伝導の良い部品が必要となります．パワー系の基本的な設計手法はスイッチング周波数によりませんから，ここで説明した手法が適用可能です．

　製品設計では，熱伝導を考慮した面実装型のICを使用して，小型化，高効率化を図る必要があります．メーカのカタログを見ると，少しずつ仕様の変わったICが多くあり，どれを選んだらよいのか選択に困るほどです．最終的にはメーカと相談して使用品種を決定する必要がありますが，最近のICのなかから使用しやすそうなものを紹介します．

　付加価値を高めるために，インダクタまでも同一パッケージに入れたモジュールが各社から発売されています．設計コストが材料コストよりも高くなる場合は，モジュールを使用してパターン設計をメーカの参照設計に沿って行うことで，簡単に電源が設計できて設計コストが低減できます．

● パワーMOSFET外付けタイプ

　NJU7630（新日本無線）は，国産のディジタル家電用の降圧型コンバータ制御ICです．スイッチング周波数は700kHzです．パワーMOSFETとショットキー・バリア・ダイオードを外付けして使用します．内蔵保護機能は短絡保護だけなので大電流出力には向いていません．

　回路例を**図9-15**，効率特性を**図9-16**，評価ボードの基板実装例を**写真9-2**に示します．次に紹介するLT3481よりも基板実装面積が大きいのは，パワーMOSFETを外付けしたことと，ユーザが基板上の部品を簡単に変更できるように片面実装で2125サイズの大きな部品を使用しているためです．

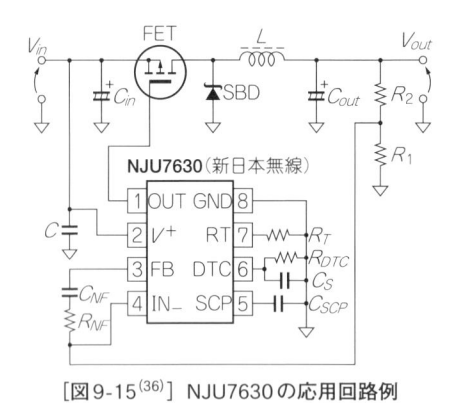

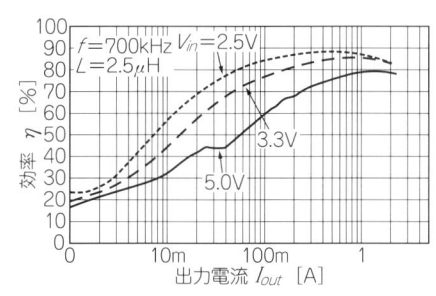

[図9-15$^{(36)}$] NJU7630の応用回路例

[図9-16$^{(36)}$] NJU7630を使用した回路の効率特性

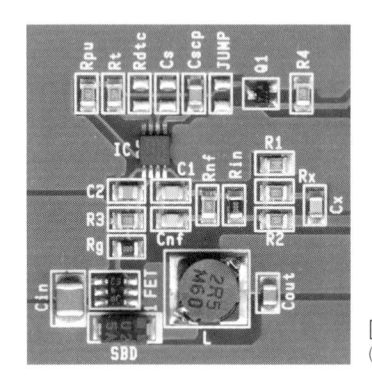

[写真9-2] NJU7630の基板実装例
（実装サイズ：約20×25mm）

● パワーMOSFET内蔵タイプ

　LT3481（リニアテクノロジー）は，自動車電装用として使用可能な，超小型高効率降圧型コンバータICです．パワーMOSFETが内蔵されているため，ショットキー・バリア・ダイオードだけを外付けして使用します．

　回路例を**図9-17**，効率・損失特性を**図9-18**，評価ボードの基板実装例を**写真9-3**に示します．

　自動車電装用では厳しい環境試験があり，入力電圧も前述のようにロード・ダンプ試験に耐える必要があります．その場合は出力電圧を5Vとし，5V以下の低圧出力は5V入力の高効率リニア・レギュレータ（LDO）や降圧型コンバータICで作ると，高効率電源システムになります．

　LT3481はR_T端子に同期パルスを与えることで，ラジオの受信周波数に影響しないスイッチング周波数の設定が可能です．

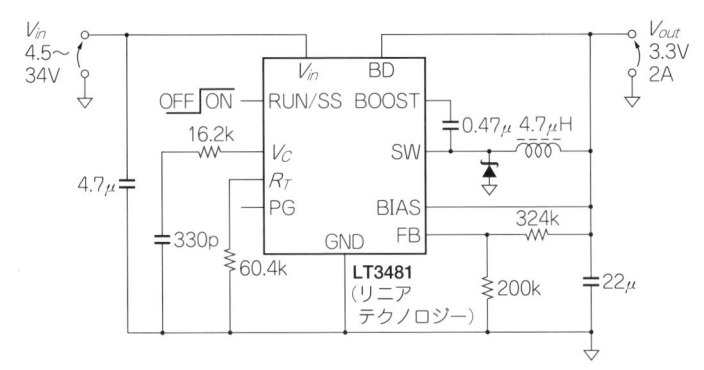

[図9-17(47)] LT3481の応用回路例

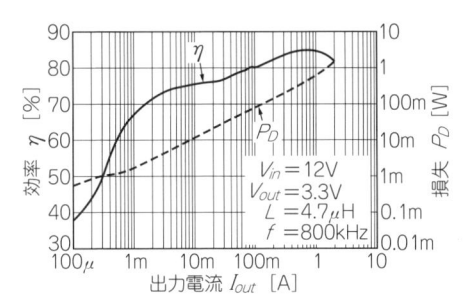

[図9-18(47)] LT3481を使用した回路の効率/損失特性

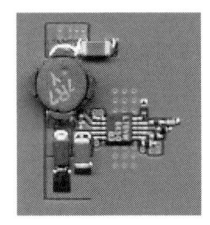

[写真9-3] LT3481の基板実装例
（実装サイズ：約 15×15 mm）

9-5 最近の降圧型コンバータICの例

Column

セラミック・コンデンサ使用時は直流バイアス特性を考慮する

今までは表9-1，表9-2のように，ESR（等価直列抵抗）の大きな電解コンデンサを使用して，インダクタ電流のリプルぶんとESRの積から出力リプル電圧V_Rを求めていました．

最近では小型化のために，低ESRのセラミック・コンデンサを出力平滑用に使用することが多くなっています．ESRがないときのリプル電圧を求めてみます．

● LCフィルタの特性

降圧型コンバータの出力部に使用されるLCフィルタの周波数特性は図9-Aのようになっています．出力リプル電圧を低減するため，スイッチング角周波数ω_SはLC共振角周波数ω_0よりもはるかに高いところに設定します．ω_0よりもはるかに高いところでは，フィルタの周波数特性は$-\omega_0^2/\omega^2$となって，位相は$-180°$，レベルは周波数比の2乗に反比例して減衰します．

フィルタの特性で重要なQはω_0近傍で周波数特性に大きく影響しますが，リプル電圧を見積もるときに必要なのはω_S以上の周波数特性なので，Qは無視できます．

● 周波数領域の$1/s$は時間領域の積分である

過渡現象を解析する場合には，初期条件が重要で計算も面倒ですが，定常状態の解析では初期条件を無視できて，簡単な計算で結果が得られます．

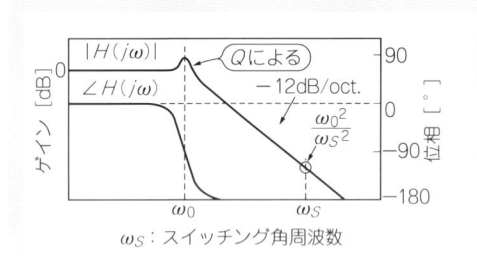

ラプラス変換すると伝達関数$H(s)$は，

$$H(s)=\frac{v_O(s)}{v_1(s)}=\frac{\omega_0^2}{s^2+\frac{\omega_0}{Q}s+1}$$

ただし，$\omega_0=\dfrac{1}{\sqrt{LC}}$

$$Q=R\sqrt{\frac{C}{L}}$$

$s \to j\omega$としてボーデ線図を描く

[図9-A] LCフィルタの周波数特性

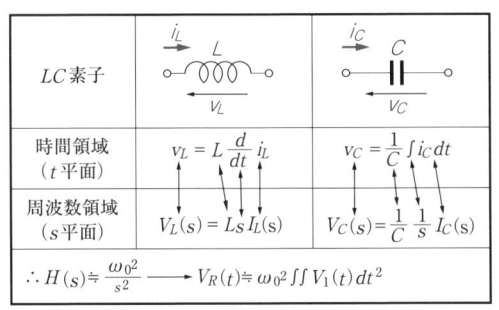

LC素子	i_L ─⌒⌒⌒─ L ←v_L	i_C ─┤├─ C ←v_C
時間領域 (t平面)	$v_L = L \dfrac{d}{dt} i_L$	$v_C = \dfrac{1}{C} \int i_C \, dt$
周波数領域 (s平面)	$V_L(s) = Ls \, I_L(s)$	$V_C(s) = \dfrac{1}{C} \dfrac{1}{s} I_C(s)$
$\therefore H(s) \fallingdotseq \dfrac{\omega_0^2}{s^2} \longrightarrow V_R(t) \fallingdotseq \omega_0^2 \iint V_1(t) \, dt^2$		

注:定常状態のため,初期条件は無視する

[表9-A] ラプラス演算子 s と微積分の関係

ラプラス演算子 $s(=j\omega)$ は,**表9-A**に示すように時間領域の微分を表し,$1/s$ は時間領域の積分を表します.したがって,ω_S のところでは2階積分でリプル電圧が求められます.

● 出力リプル電圧を計算する[7]

図9-Bに示すように,LC フィルタの入力電圧はパルス(PWM)波で,出力は位相が反転したパラボラ(2次関数)波形になります.計算すると図中の式(9-A),式(9-B)になります.波形は時間軸上の原点($t=0$の点)によらないので,時間原点を最も計算しやすいようにON期間とOFF期間で適宜再設定して計算しています.

式(9-A),式(9-B)は変形されているだけで同じ式であり,実際の計算には計算しやすい式を使います.

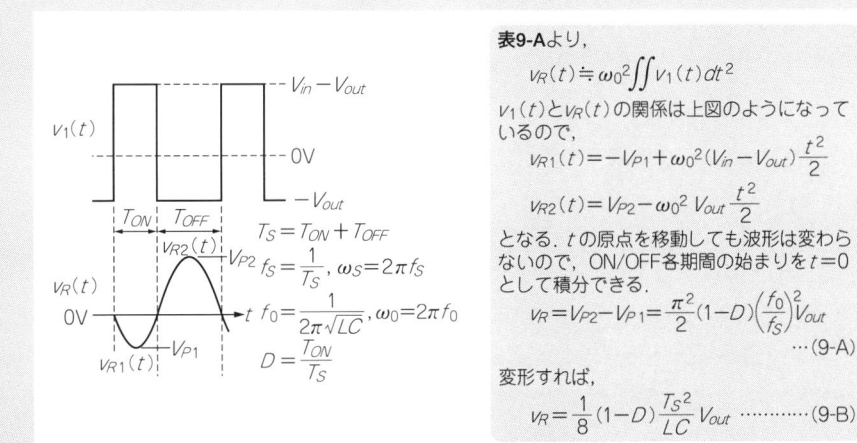

表9-Aより,

$$v_R(t) \fallingdotseq \omega_0^2 \iint v_1(t) \, dt^2$$

$v_1(t)$ と $v_R(t)$ の関係は上図のようになっているので,

$$v_{R1}(t) = -V_{P1} + \omega_0^2 (V_{in} - V_{out}) \dfrac{t^2}{2}$$

$$v_{R2}(t) = V_{P2} - \omega_0^2 V_{out} \dfrac{t^2}{2}$$

となる.t の原点を移動しても波形は変わらないので,ON/OFF各期間の始まりを $t=0$ として積分できる.

$$v_R = V_{P2} - V_{P1} = \dfrac{\pi^2}{2}(1-D)\left(\dfrac{f_0}{f_S}\right)^2 V_{out} \quad \cdots (9\text{-}A)$$

変形すれば,

$$v_R = \dfrac{1}{8}(1-D)\dfrac{T_S^2}{LC} V_{out} \quad \cdots\cdots (9\text{-}B)$$

図中:
$T_S = T_{ON} + T_{OFF}$
$f_S = \dfrac{1}{T_S}$, $\omega_S = 2\pi f_S$
$f_0 = \dfrac{1}{2\pi\sqrt{LC}}$, $\omega_0 = 2\pi f_0$
$D = \dfrac{T_{ON}}{T_S}$

[図9-B] リプル電圧の計算

● 実際の出力リプル電圧

　低ESRのコンデンサには，ESRの最大値が規定された機能性高分子固体アルミ電解コンデンサと，ESRの最大値が規定されていないセラミック・コンデンサなどがあります．コンデンサと配線パターンのESL（等価直列インダクタンス）と配線パターンの抵抗もあり，実際の出力リプル電圧はコンデンサ容量と配線も含めたESRとESLで決定されます．図中の式はコンデンサ容量が支配的な場合の目安であり，本当のところは負荷端で測定してみないとわかりません．

　ESRがあると，リプル波形の山が高くなり形が左右対称から崩れます．ESLがあるとゼロ・クロスにパルスが発生します．プリント基板も含めた寄生素子は定量化しにくいので，波形を実測して対策します．

● 出力リプル電圧の実測

　本文中のHA16114Pを使用した実験回路（**図9-11**）で，C_{10}を470μF電解コンデンサからセラミック・コンデンサ10μF/10V（GRM21B31A106K，村田製作所）5個で計50μFに変更して実測してみました．結果が**写真9-A**です．

　スパイク・ノイズを無視した出力リプル電圧の実測値は約22mV$_{p-p}$です．計算値の約6.6mV$_{p-p}$と比較すると大きすぎますが，この原因は高誘電率系セラミック・コンデンサの直流バイアス特性と呼ばれる直流電圧印加による容量減少（第18章参照）にあり，インダクタの線間容量やパターンの静電結合によるインダクタンス減少とパルス波形重畳です．波形から判断するとESLの影響は少なそうです．スイッチング周波数があまり高くないためでしょう．

　スイッチング周波数100kHz以下で出力平滑コンデンサをセラミック・コンデンサにすることはほとんどありません．もしセラミック・コンデンサを使う場合は，計算値と合わないので，出力リプル電圧を実測しながらコンデンサの値を決めます．

● NJU7630の出力リプル電圧

　最近の電源用ICとして紹介したNJU7630の700kHzスイッチング時における出力リプル電圧を**写真9-B**に示します．約20mV$_{p-p}$となりました．パラボラ波形の計算値は12.7mV$_{p-p}$で実測値の半分強です．これは，容量が直流バイアス特性で約半分になったためです．スイッチング周波数が高くなったため，ESLの影響が波形に現れています．

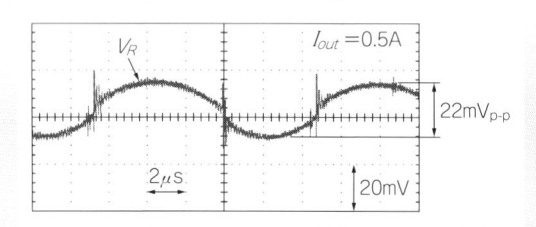

[写真9-A] 図9-11で50μFセラミック・コンデンサを使用したときの出力リプル波形

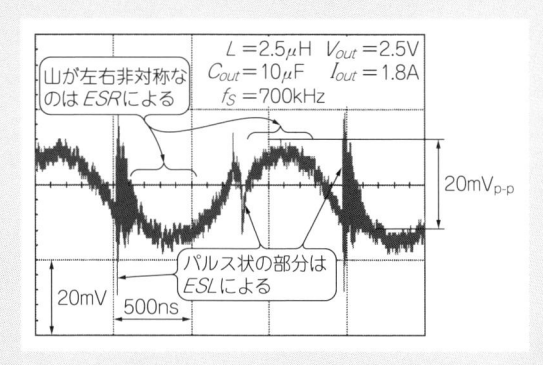

[写真9-B] 図9-15の出力リプル波形

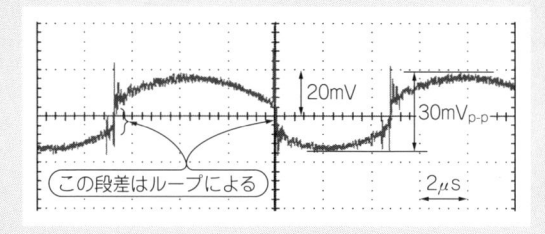

波形内注釈:
- $L = 2.5\mu H$, $V_{out} = 2.5V$
- $C_{out} = 10\mu F$, $I_{out} = 1.8A$
- $f_S = 700kHz$
- 山が左右非対称なのは ESR による
- パルス状の部分は ESL による
- 20mV
- 500ns
- 20mV$_{p-p}$

[写真9-C] プローブのグラウンド・リードで大きなループを作ってしまったときの観測波形

波形内注釈:
- この段差はループによる
- 20mV
- 30mV$_{p-p}$
- 2μs

● 実測時の注意

　出力リプル電圧の測定には，電磁誘導を受けないような注意が必要です．

　オシロスコープのプローブに付属のグラウンド・リードで大きなループを作らないようにします．スイッチ素子を含む入力回路側のループと，このプローブにできるループが磁気結合してトランスとなり，観測波形に入力回路側のパルス波形が重畳します．

　写真9-Cに，**写真9-A**と同じ測定条件でわざと大きなループを作ったときの波形を示します．

　正確に測定するにはプローブを使わず，出力端に同軸ケーブルを直接つけて測定します．インダクタから漏れる磁束の誘導を受けない配慮も必要です．

第10章

【成功のかぎ10】
昇圧型コンバータの実用設計
入力より高い電圧を出力する

　昇圧型コンバータは入力電圧よりも高い出力電圧が必要なときに使用する回路で，降圧型コンバータと違ってスイッチング・レギュレータを使わないと実現不可能です．昇圧型コンバータの用途は，直流安定化電源以外にもAC-DCコンバータの入力段PFC（Power Factor Collection circuit；力率改善回路），携帯機器のバックライト用LED点灯回路などがあります．
　ここでは，市販の電源用ICを使用した昇圧型コンバータの基本的な設計法を取り上げます．基本的な設計法を理解すれば，さまざまな応用回路も簡単に設計できます．

10-1　昇圧型コンバータの設計方法

　昇圧型コンバータの損失がないときの入出力電圧変換率Mは，第7章で説明したように，デューティ・サイクルDを用いて表現すると$M = 1/(1-D)$です．実際の設計はある程度の損失を仮定して行います．
　能動スイッチQ_1と受動スイッチD_1のオン電圧を与えた**図10-1**で考えると，Q_1のON/OFFにより各部の波形は図のようになります．ここで，直流出力電圧V_{out}は一定，出力電流I_{out}も一定として考えます．
　降圧型コンバータの設計方法と同様にインダクタ電流I_Lのリプル率kを与えて計算すると，昇圧型コンバータの基本的な関係は図中の式で表されるので，この関係を用いて設計計算を行います．

● 出力リプル電圧の推定のしかた

　降圧型コンバータと違って，出力平滑コンデンサC_1を充電する電流が連続的ではないので，**図10-2**に示すように出力リプル電圧の計算が少し面倒になります．図中の式(10-8)は，D_1が非導通のときの関係から求めています．D_1が導通のとき

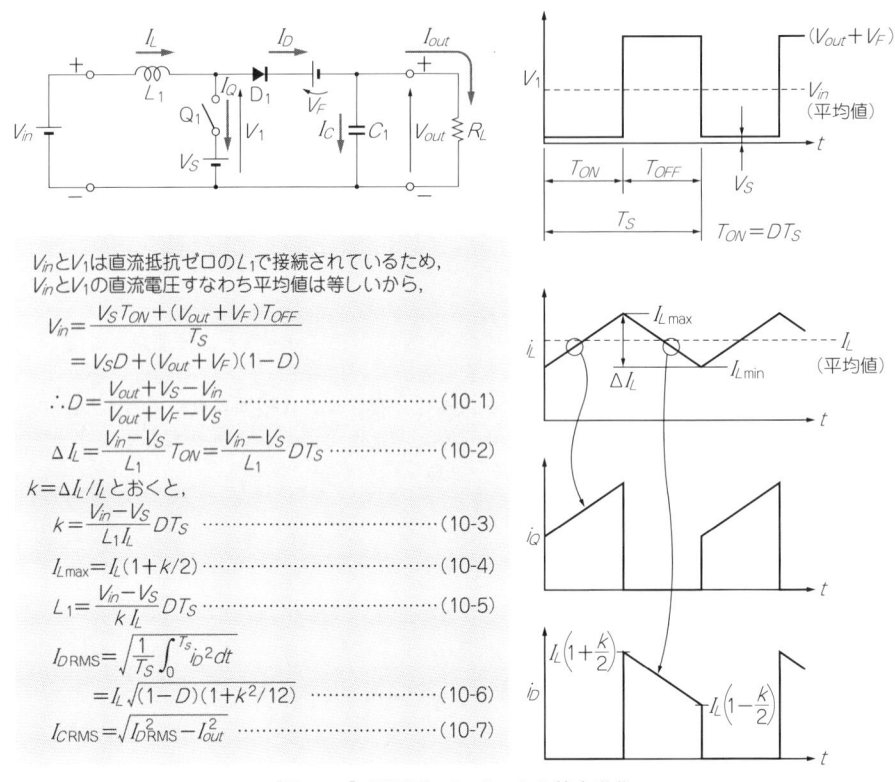

$$V_{in} = \frac{V_S T_{ON} + (V_{out} + V_F) T_{OFF}}{T_S}$$

$$= V_S D + (V_{out} + V_F)(1-D)$$

$$\therefore D = \frac{V_{out} + V_S - V_{in}}{V_{out} + V_F - V_S} \quad \cdots\cdots\cdots\cdots\cdots(10\text{-}1)$$

$$\Delta I_L = \frac{V_{in} - V_S}{L_1} T_{ON} = \frac{V_{in} - V_S}{L_1} D T_S \cdots\cdots(10\text{-}2)$$

$k = \Delta I_L / I_L$ とおくと,

$$k = \frac{V_{in} - V_S}{L_1 I_L} D T_S \quad \cdots\cdots\cdots\cdots\cdots\cdots(10\text{-}3)$$

$$I_{L\max} = I_L(1 + k/2) \quad \cdots\cdots\cdots\cdots\cdots\cdots(10\text{-}4)$$

$$L_1 = \frac{V_{in} - V_S}{k I_L} D T_S \quad \cdots\cdots\cdots\cdots\cdots\cdots(10\text{-}5)$$

$$I_{D\,RMS} = \sqrt{\frac{1}{T_S} \int_0^{T_S} i_D^2 dt}$$

$$= I_L \sqrt{(1-D)(1+k^2/12)} \quad \cdots\cdots(10\text{-}6)$$

$$I_{C\,RMS} = \sqrt{I_{D\,RMS}^2 - I_{out}^2} \quad \cdots\cdots\cdots\cdots\cdots(10\text{-}7)$$

[図10-1] 昇圧型コンバータの基本動作

は，リプル電流I_Cは直線的に下降するためリプル電圧はパラボラ（2次関数波形）状になり計算が面倒になります．リプル電圧の最大値と最小値は，定常状態ではD_1の導通/非導通で一致するので，計算の簡単なほうを採用します．

出力リプル電圧は，ESRが無視できるセラミック・コンデンサでは式(10-8)，それ以外のESRの大きなコンデンサでは式(10-9)を採用します．

● 設計の手順

上記では各部の損失は，スイッチ素子のオン電圧以外は無視して考えました．設計計算の精度を上げるため，無視した損失を概略では取り入れて，**表10-1**に従い下記の手順で設計します．

①仕様決定
②経験による条件仮定

R_Lの効果を無視すると，C_1によるリプル電圧 V_{rC} は，

$$I_{out} = C_1 \frac{dv_{rC}}{dt} \doteqdot C_1 \frac{V_{rC}}{DT_S}$$

$$\therefore V_{rC} = \frac{I_{out}}{C_1} DT_S \quad \cdots\cdots\cdots (10\text{-}8)$$

R_Cによるリプル電圧 $V_{r\,ESR}$ は，

$$V_{r\,ESR} = I_{D\max} R_C$$

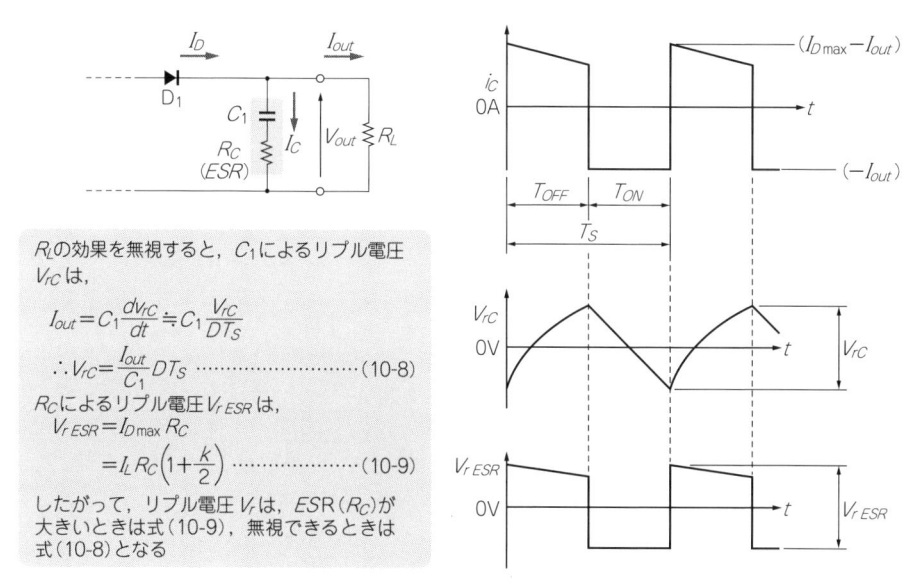

$$= I_L R_C \left(1 + \frac{k}{2}\right) \quad \cdots\cdots\cdots (10\text{-}9)$$

したがって，リプル電圧 V_r は，$ESR(R_C)$ が大きいときは式(10-9)，無視できるときは式(10-8)となる

[図10-2] 出力リプル電圧の解析

③基本パラメータの計算
④インダクタ電流の計算
⑤出力コンデンサの計算

なお，表中の数値は後述の実験で使用します．

以上で，パワー系の計算は終了し，使用部品が求まります．④で求まった入手可能な部品の値が計算値とかけ離れていたら，②に戻って再計算します．制御系については，使用ICのデータシート，技術資料などを参考にして設計します．

● 設計仕様を決める

設計するためには仕様が必要です．下記の仕様を与えます．
- 出力電圧：V_{out}
- 出力電流：I_{out}
- 入力電圧：V_{in}
- スイッチング周波数：f_S
- 出力リプル電圧：ΔV_{out}

V_{out}の精度は5%が一般的ですが，それ以上の場合には出力電圧設定部分に半固定抵抗器を使用します．ΔV_{out}はV_{out}の1%が一般的です．入力電圧は範囲が与え

10-1 昇圧型コンバータの設計方法

[表10-1] 設計手順

使用IC		NJM2374A	HA16121
①仕様決定			
出力電圧	V_{out}	24V ± 1.2V (5%)	
出力電流	I_{out}	0.4A	0.5A
入力電圧	V_{in}	12V ± 3V	
スイッチング周波数	f_S	80kHz	
出力リプル電圧	V_r	240mV$_{p-p}$ (V_{out} の1%)	
②経験による条件仮定			
効率	η	0.8	0.9
電流リプル率	k	0.3	
	再計算	0.334	0.313
④で選定したインダクタンス値が計算値と大幅に異なったときは式(10-3)によりkを求める．以下( )内は再計算値．			
③基本パラメータの計算			
T_S	$1/f_S$	12.5 μs	
V_S	Q$_1$ オン電圧	0.9V	0V
V_F	D$_1$ 順方向電圧	0.5V	0.5V
D	式(10-1)	0.53	0.51

使用IC		NJM2374A	HA16121
④インダクタ電流の計算			
$I_{L(ave)}$	$V_{out}I_{out}/(\eta V_{in})$	1.0A	1.11A
I_{Lmax}	式(10-4)	1.150A (1.167A)	1.278A (1.285A)
L_1	式(10-5)	245.3 μH (220 μH)	255.2 μH (220 μH)
$I_{Lmax}=I_{Qmax}=I_{Dmax}$ から，トランジスタ，パワーMOSFET，ダイオードを選択．選択したL_1 が計算値と異なるときは再度②へ			
⑤出力コンデンサの計算			
I_{DRMS}	式(10-6)	0.689A	0.781A
I_{CRMS}	式(10-7)	0.561A	0.600A
C + ESR	カタログより	330 μF + 0.12Ω	330 μF + 0.12Ω
V_{rC}	式(10-8)	8mV	10mV
V_{rESR}	式(10-9)	140mV	154mV
V_r	式(10-9)	140mV	154mV

られる場合もありますが，設計計算では最小値，中心値，最大値のいずれかを適宜採用します．f_Sは前章と同じ80kHzにします．

● 設計に必要ないくつかの条件を仮定する

　設計仕様では明示的に与えられない効率，インダクタのリプル電流を仮定します．
　効率η（イータ）は，スイッチ素子がバイポーラ・トランジスタなら80%，パワーMOSFETなら90%を仮定します．仮定した効率から，各部の電流（I_L，I_Q，I_D）を増加させて，設計精度を上げます．
　インダクタの電流リプル率$k = \Delta I_L/I_L$を大きくするとインダクタは小さくなりますが，スイッチ素子や平滑コンデンサにかかるストレスが大きくなります．バイポーラ・トランジスタの時代には，$k = 30\%(= \pm 15\%)$とするとバランスの良い設計ができるとされていたことから，ここでもその値とします．パワーMOSFETはゲート電圧でドライブされ，ベース電流ドライブのバイポーラ・トランジスタとは違うので，個別の電源では別の値が最適かもしれません．

● 基本パラメータを計算する

　与えられた条件から，デューティ・サイクルD，オン時間T_{ON}を求めます．このパラメータが以下の計算の元になります．

● インダクタ電流からインダクタの値を求める

　T_{ON}とkからインダクタ電流の最大値$I_{L\max}$，すなわちスイッチ素子に関係した電流(I_Q，I_D)の最大値を求めます．ディレーティングのため，この値の1.5倍以上の電流定格をもつインダクタと半導体を選択します．なお，過電流保護回路の設定値は安全を考えて$I_{L\max}$の1.25（＝1/0.8）倍以下に設定します．

　インダクタは計算結果の245 μH/255 μHを手持ちの関係で220 μH（2.3A$_{\max}$）としたため，上に戻って再計算しています．

● 出力コンデンサを求める

　簡単のためリプル電流は出力コンデンサだけに流れ(I_C)，I_{out}は一定と考えます．電解コンデンサの選択は定格電圧がV_{out}より高く，許容リプル電流がI_{CRMS}以上とします．ここでは許容リプル電流1.43A$_{RMS}$（105℃，100kHz）の35ZL330M（ルビコン）を選択しました．**表10-1**中のESRは－10℃のときの値で，20℃のときには38mΩです．

　昇圧型コンバータの場合にはI_{CRMS}が大きいため，許容リプル電流がI_{CRMS}以上の電解コンデンサを選択すれば，出力リプル電圧はほとんどの場合に仕様値を満足するはずですが，出力リプル電圧を計算して仕様値以上になったら，容量が大きくESRの小さなコンデンサを再選択します．

　実験は抵抗負荷で行っていますが，実際の負荷は変動して大きなリプル電流を発生する場合があります．コンデンサの許容リプル電流と容量は，必要な値の2倍以上の定格を目安にします．

　数百kHz以上のスイッチング周波数にした場合は，セラミック・コンデンサを採用します．セラミック・コンデンサのESRはほぼゼロと考えてよいので，式(10-8)を変形して出力リプル電圧を満足する容量を求めます．セラミック・コンデンサは容量の安定なB特性あるいはR（X7R）特性を使用しても，電圧が印加されると容量が減少するので，実装は計算値の2倍以上の容量とします．

　いずれにしろ，出力コンデンサの温度特性，基板上のパターン・レイアウトなどにより出力リプル電圧は大幅に変動しますから，実測によって確認することが重要です．

● 動作させて目標値とのずれを確認する

　以上で，パワー系の設計は終了です．実際の部品には計算値どおりの値がない場合が多く，かけ離れた値を採用することもあります．その場合は図中の式に従って再計算します．

　設計データを元に実装し動作させてみます．得られた実測データと設計データを比較して考察すれば，次の設計はさらに高精度にできるでしょう．

10-2　昇圧型コンバータを作ってみる

● パワー・トランジスタ内蔵の定番IC

　電源用ICを使用して昇圧型コンバータを作ってみます．使用するICは第9章と同じNJM2374ADです．データシートを参考に制御系の定数を決定した実験回路が図10-3です．

　入力電圧V_{in}を12V一定にし，出力電流I_{out}を変化させたときのV_{out}, P_D, η特性の実測結果は図10-4です．出力電流I_{out}を0.25A一定にし，入力電圧V_{in}を7V～18Vまで変化させたときのV_{out}, P_D, η特性の実測結果は図10-5です．ηは80％を予定したのですが，降圧型コンバータと異なり出力段のトランジスタがダーリントン接続ではないため85％と向上しています．他の損失(約0.2W)を差し引いても，ICの許容損失(0.875W)から，出力は12V入力時に0.3A以下に抑える必要があることが，P_D特性から言えます．つまり設計仕様のI_{out} = 0.4Aは，信頼性からみ

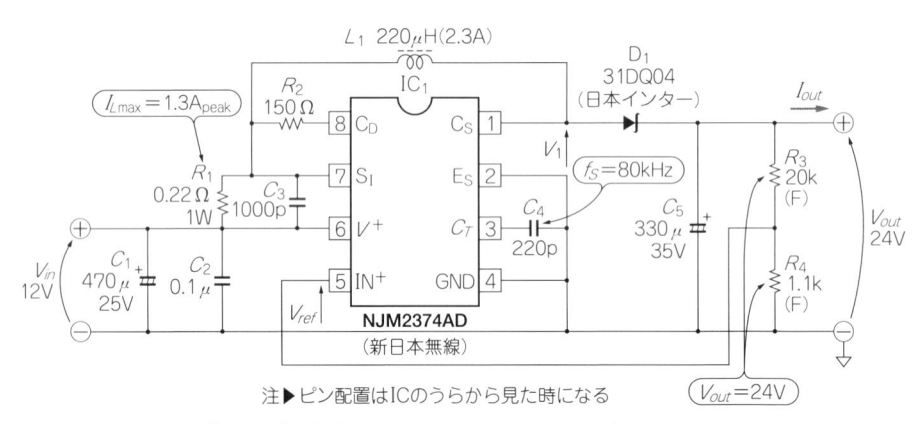

[図10-3] **定番IC NJM2374ADによる昇圧型コンバータ**
パワー系以外の定数設計はデータシートによる

て長時間は出力できない値です．

　V_1，V_r とスイッチ電流 I_Q，I_D の波形を**写真10-1**に示します．C_5 の ESR が仕様値（-10℃）の1/3以下であり実力値はさらに小さいため，V_r はスパイク・ノイズを無視すれば $20mV_{P-P}$ 程度になっています．その他の波形はスイッチング周波数が1割弱低めになっていることを除けば，設計時点で予測したとおりです．

　出力電圧の立ち上がり波形を**写真10-2**に示します．NJM2374ADは次のHA16121FPと異なりソフトスタート機能がないため，入力電圧約2Vで動作を始め，立ち上がり時に大電流が流れ，外部電源に大きな負担をかけます．**写真10-2**の立ち上がり部分で入力電圧波形が乱れているのはこの理由です．立ち上がりは非常に速く，入力電源投入後12msで定格電圧が出力されます．

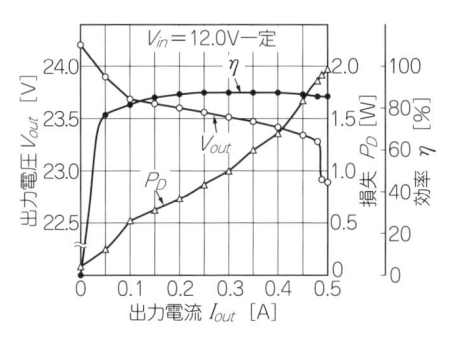

[図10-4] NJM2374ADによる昇圧型コンバータの出力電流特性（実測）

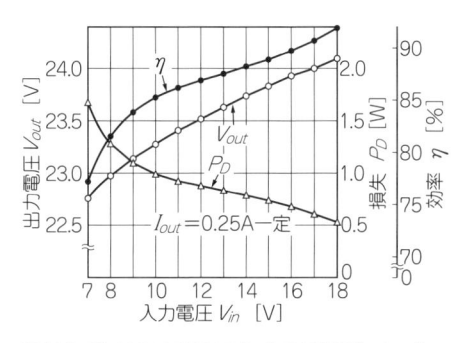

[図10-5] NJM2374ADによる昇圧型コンバータの入力電圧特性（実測）

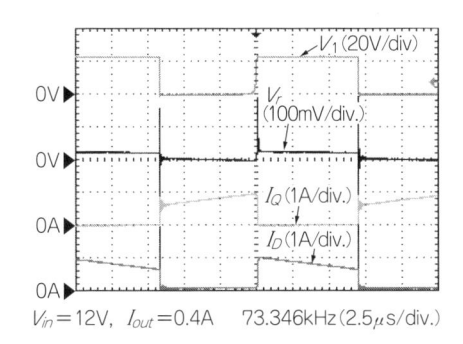

[写真10-1] NJM2374ADによる回路の各部波形
電流波形は第17章のAppendix Eで作成した治具を使用した

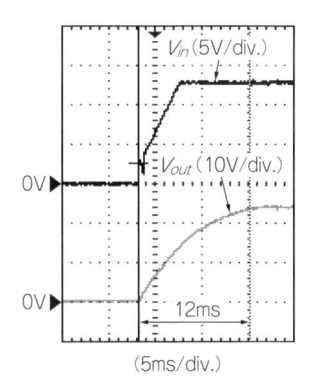

[写真10-2] NJM2374ADによる回路の立ち上がり特性

10-2　昇圧型コンバータを作ってみる

[表10-2] パワー MOSFET ドライバ内蔵の DC-DC コンバータ制御 IC（ルネサス テクノロジ）

チャネル	型　名	チャネル番号	制御機能			形　状	
			降圧	昇圧	反転	DIP	SOP
シングル	HA16114	−	○	−	○	○	○
	HA16120	−	−	○	−	−	○
デュアル	HA16116	Ch1	○	−	−	−	○
		Ch2	○	−	−		
	HA16121	Ch1	○	−	○	−	○
		Ch2	−	○	−		

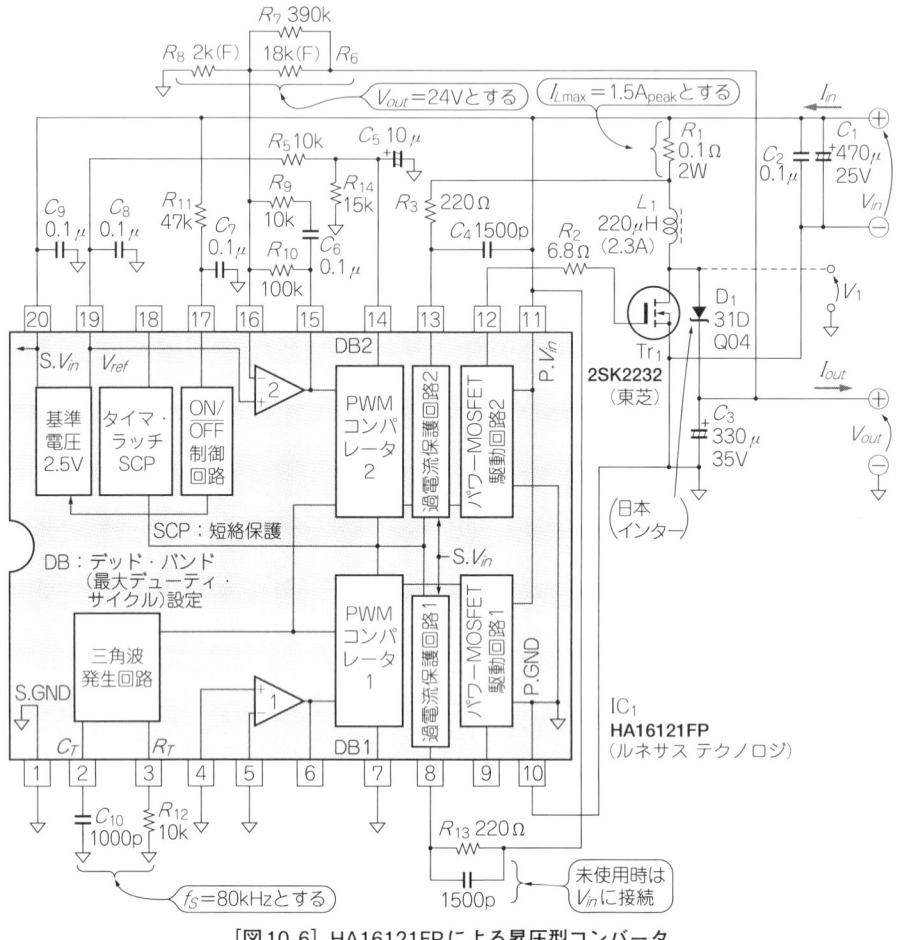

[図10-6] HA16121FPによる昇圧型コンバータ
パワー系以外の定数設計はデータシートによる

第10章　昇圧型コンバータの実用設計

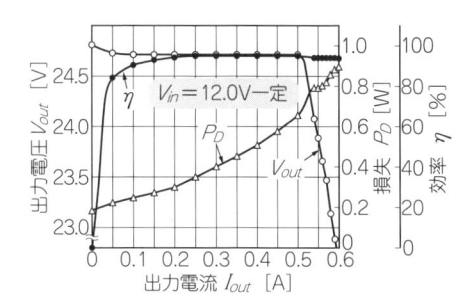

[図10-7] HA16121FPによる回路の出力電流特性(実測)

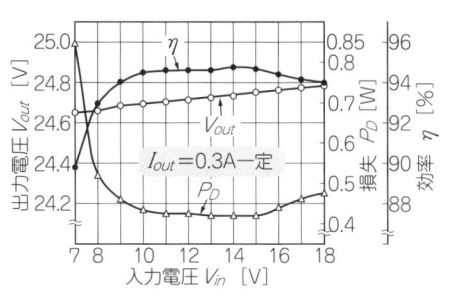

[図10-8] HA16121FPによる回路の入力電圧特性(実測)

● MOSFET外付けのIC

HA16121FPは前章で使用したHA16114Pのファミリ IC で，**表10-2**の製品系列になっています．表を見るとHA16120FPが昇圧型コンバータには適していますが，次章の実験を考えて降圧型コンバータ用制御チャネルも含んだHA16121FPを使用しました．この実験では降圧型コンバータ用制御チャネルは動作させていません．ICの特徴は前章のHA16114Pと同等です．

データシートを参考に制御系の定数を決定した実験回路が**図10-6**です．

入力電圧V_{in}を12V一定にし，出力電流I_{out}を変化させたときのV_{out}，P_D，η特性の結果は**図10-7**です．出力電流I_{out}を0.25A一定にし，入力電圧V_{in}を7V〜18Vまで変化させたときのV_{out}，P_D，η特性の結果は**図10-8**です．ηは90％を予定したのですが，こちらも95％と5％向上しています．制御ICに余分なチャネルが入っていて無負荷時消費電流が前章の6.7mAから15.3mAと8.6mAも増加していますが，効率にはほとんど悪影響がありません．効率に最も影響したのが手持ちの都合で使用したパワー MOSFET 2SK2232（東芝）のオン抵抗で，前章で使用した2SJ378の0.16Ωから0.036Ωと約1/4.5になっています．

V_1，V_rとスイッチ電流I_Q，I_Dの波形を**写真10-3**に示します．上記の理由でV_rが小さくなっていることと，スイッチング周波数が少し高めになっていることを除けば，各波形は設計時点で予測したとおりです．

出力電圧の立ち上がり波形を**写真10-4**に示します．ソフト・スタート機能により動作開始が遅れるため最初はV_{in}が出力に供給され，60ms後に動作開始して70msで定格電圧が出力されます．そのためこのような2段の波形になります．

10-2　昇圧型コンバータを作ってみる　**183**

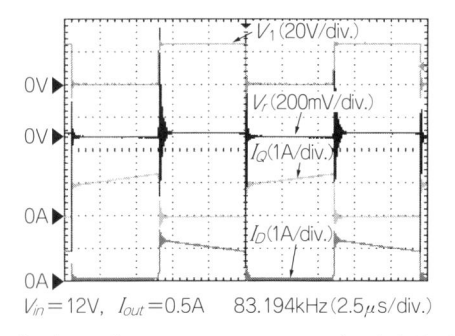

[写真 10-3] HA16121FPによる回路の各部波形
電流波形は第17章のAppendix Eで作成した治具を使用した

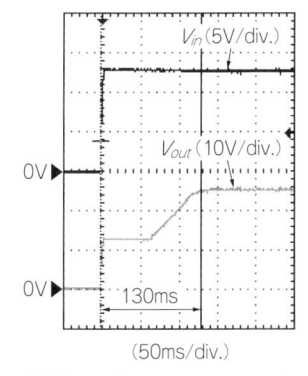

[写真 10-4] HA16121FPによる回路の立ち上がり特性

10-3　昇圧型コンバータの改良

● 負荷が短絡したときの過電流を防止する

　降圧型コンバータは電源入力と負荷の間に能動スイッチとインダクタが入り，昇圧型コンバータは電源入力と負荷の間にインダクタとダイオードが入っています．負荷が短絡した場合，降圧型コンバータでは能動スイッチをOFFにすれば過電流が流れません．

　図10-9のように，昇圧型コンバータでは能動スイッチをOFFにしても短絡電流を制限できません．これを改善するには，図のように電源入力側にスイッチ（ロード・スイッチと呼ぶ）を付けて過電流時にOFFにするか，直流カット用のコンデンサを入れて第12章で解説するSEPICコンバータにします．

　なお，効率改善のために同期整流回路を採用し，ダイオードをパワーMOSFETの能動スイッチに変更しても，パワーMOSFETにはダイオード（ボディ・ダイオード）が内蔵されているため過電流の防止はできません．

● 昇圧比を高く取る方法

　昇圧型コンバータは図10-5と図10-8を見るとわかるように，入力電圧が下がってデューティ・サイクルDが大きくなると効率が悪化します．Dの最大値は効率の点から80％以下に抑えるのが一般的ですが，Dが1に近い昇圧比が必要なときもあります．その場合には絶縁型コンバータを採用してDを0.5程度にしますが，イ

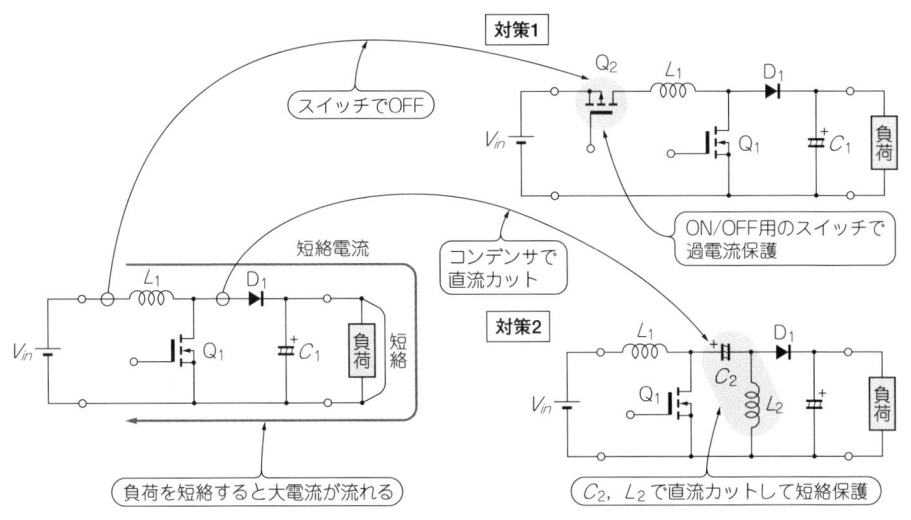

[図10-9]　昇圧型コンバータと負荷短絡
昇圧型コンバータでは短絡保護はできない

損失を無視すると，タップがないときのデューティ比 D_A は，

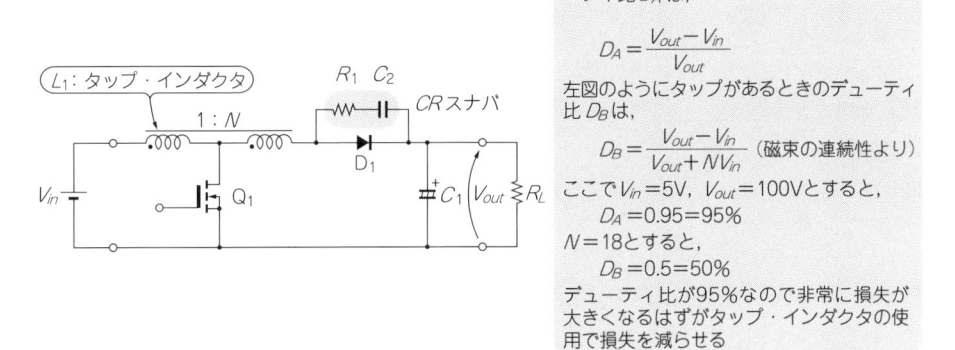

$$D_A = \frac{V_{out} - V_{in}}{V_{out}}$$

左図のようにタップがあるときのデューティ比 D_B は，

$$D_B = \frac{V_{out} - V_{in}}{V_{out} + NV_{in}} \quad \text{(磁束の連続性より)}$$

ここで V_{in} =5V，V_{out} =100Vとすると，
D_A =0.95=95％
N =18とすると，
D_B =0.5=50％
デューティ比が95％なので非常に損失が大きくなるはずがタップ・インダクタの使用で損失を減らせる

[図10-10]　タップ・インダクタで昇圧比を高くする
デューティ・サイクルが80％以上になるときはタップ・インダクタを検討する

ンダクタに出力電圧ぶんを巻き足したタップ・インダクタ（tapped inductor）を使用することもあります．

　タップ・インダクタを使用した回路例を**図10-10**に示します．実際に使用する場合の注意点としては，漏洩インダクタンスによりサージ電圧が発生するので，ダイオードは超高速型で出力電圧の3倍程度の耐圧のものにすることと，CRスナバ

10-3　昇圧型コンバータの改良

をダイオードに並列に入れてサージ電圧を抑えることです．

● **多種類の出力電圧を得る方法も使える**
　昇圧型コンバータには電源入力と能動スイッチの間にインダクタが入っています．インダクタの出口側にコンデンサ入力型整流回路を付加しても，コンデンサの充電電流はインダクタによって制限されるので大きなサージ電流は流れません．
　そこで昇圧回路の出力に各種の倍電圧整流回路を付加すれば，第12章（図12-17）で紹介するように種々の出力電圧を取り出すことができます．使用上の注意としては，フィードバックをかける基本出力は最低出力電流を規制してインダクタ電流が常に連続となるようにしないと，安定な電圧が取り出せない場合があることです．

第11章

【成功のかぎ11】
昇降圧型コンバータ
電圧を昇圧/降圧するには

　昇降圧型コンバータは，出力電圧が入力電圧変動範囲に含まれるときに使用します．出力電圧が入力電圧よりも高い場合は昇圧型コンバータとして動作し，出力電圧が入力電圧よりも低い場合は降圧型コンバータとして動作します．

　最近は太陽電池に代表される自然エネルギー源の利用が増えてきましたが，供給電圧は不安定であり，出力電圧が供給電圧変動範囲に含まれる場合の出力電圧安定化には昇降圧型コンバータが最適です．

　エネルギーの一時的貯蔵手段として，充放電回数に制約のない電気2重層コンデンサの使用も増えてきました．2次電池と異なり，電気2重層コンデンサは放電時の端子電圧が大幅に変動するため，昇降圧型コンバータを使用すると高効率で一定の出力電圧を取り出すことができます．ここに昇圧型コンバータを使用すると，端子電圧が低下したときの昇圧比が昇降圧型コンバータに比べて大きくなり，効率が大幅に低下します．

　昇降圧型コンバータは，基本的に降圧型コンバータと昇圧型コンバータを縦続接続して構成されていますが，次章で紹介するSEPICコンバータも機能的には昇降圧型コンバータです．

11-1　昇降圧型コンバータの設計

● 昇降圧型コンバータの基本構成

　昇降圧型コンバータは，降圧型コンバータと昇圧型コンバータを縦続接続すれば構成可能ですが，図11-1に示すように接続の仕方で必要となる部品点数が異なります．昇圧型コンバータから単独出力も取り出したい場合を除けば，必要な部品点数が少ない図11-1(c)の構成を採用します．

　制御の仕方は大きく分けて2種類あります(図11-2)．

　一つは，デューティ・サイクルDを降圧型コンバータと昇圧型コンバータで同一にします[制御方式Ⅰ，同図(a)]．

　もう一つは，入力電圧V_{in}と出力電圧V_{out}の関係で，降圧型コンバータと昇圧型

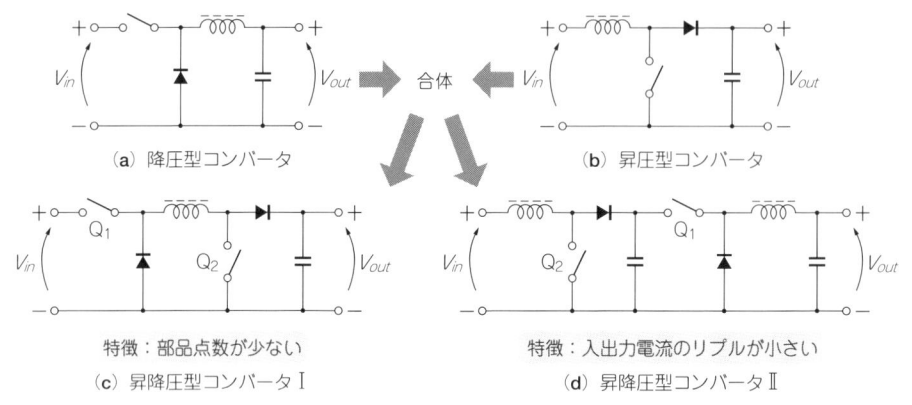

[図11-1] **昇降圧型コンバータの構成**

(a) 降圧型コンバータ
(b) 昇圧型コンバータ
特徴：部品点数が少ない
(c) 昇降圧型コンバータⅠ
特徴：入出力電流のリプルが小さい
(d) 昇降圧型コンバータⅡ

昇圧型と降圧型コンバータの組み合わせ方法で2種類の構成が考えられるが，部品点数の少ない昇降圧型コンバータⅠが採用されている

コンバータを順次動作させます［制御方式Ⅱ，同図(b)］．$V_{in} < V_{out}$のときには，降圧型コンバータはQ₁を常時ONにして動作を停止させ，昇圧型コンバータだけを動作させます．$V_{in} > V_{out}$のときには，昇圧型コンバータはQ₂を常時OFFにして動作を停止させ，降圧型コンバータだけを動作させます．

制御方式Ⅰは，両コンバータが常に動作していて，例えば入力電圧が12Vで出力電圧が12VとするとD = 50%となり，初段の降圧型コンバータでいったん6Vに降圧し，次段の昇圧型コンバータで再度12Vに昇圧するため，制御回路は簡単ですが効率は良くありません．

制御方式Ⅱは制御回路は複雑になりますが，前章までの結果からわかるように，両コンバータともV_{in}とV_{out}が接近すると効率が良くなるため，前者に比べて大幅な効率改善が望めます．

余談ですが，この回路を初めて見たのは『トランジスタ技術』誌1984年7月号p.480の「パテント・レビュー」に載った「一般化DC-DCコンバータ」です．特許公報(昭58 − 40913)によると横河電機の稲生清春氏を発明者として1978年11月16日に出願されています．オン・セミコンダクタ(旧モトローラ)の技術資料「AN954」が1985年ですから，この回路の考案者は稲生清春氏と思われます．

● **制御方式Ⅰの基本動作**

図11-2の制御方式Ⅰの昇降圧型コンバータの損失を無視した入出力電圧変換率Mは，第7章で説明したように，$M = D/(1 − D)$です．実際の設計ではある程度の

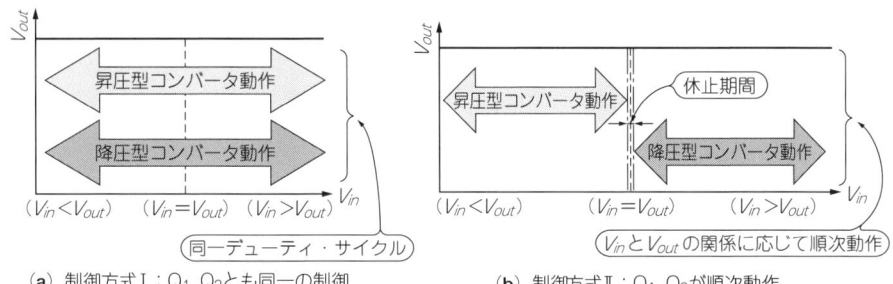

(a) 制御方式Ⅰ：Q_1, Q_2とも同一の制御

(b) 制御方式Ⅱ：Q_1, Q_2が順次動作

[図11-2] 昇降圧型コンバータの制御方式

Q_1とQ_2の制御を同一タイミングで行う制御Ⅰと，$V_{in} < V_{out}$のときはQ_1をONしてQ_2を制御（昇圧型コンバータとして動作），$V_{in} > V_{out}$のときはQ_2をOFFしてQ_1を制御（降圧型コンバータとして動作）する制御Ⅱの2種類の制御方式がある．制御Ⅰは簡単であるが，制御Ⅱに比べて効率が悪い．

損失を仮定して行います．

能動スイッチQ_1，Q_2と受動スイッチD_1，D_2のオン電圧を与えた**図11-3**で考えると，Q_1（Q_2）のON/OFFにより各部波形は図のようになります．ここで，インダクタ電流i_Lは連続，直流出力電圧V_{out}は一定，出力電流I_{out}も一定として考えます．降圧型コンバータの設計方法と同様にインダクタ電流のリプル率kを与えて計算すると，昇降圧型コンバータの基本的な関係は図中の式で表されるので，この関係を用いて設計計算を行います．

出力リプル電圧の計算は前章の昇圧型コンバータと同様に，図中の式(11-9)で概算します．この式はkが小さいときの単なる目安です．C_1の温度/電圧変動，ESRの温度変動を考えるとこの式で十分でしょう．ちなみに，採用した電解コンデンサのESRは，20℃から−10℃の温度低下で約3倍に上昇します．kが大きいときはこの式は採用できず，パラメータ変動の大きさから考えて，実測するのが確実です．

● 制御方式Ⅱの基本動作

図11-2の制御方式Ⅱの昇降圧型コンバータは，前章までに説明した降圧型コンバータと昇圧型コンバータがV_{in}とV_{out}の大小関係に応じてどちらかだけが動作し，同時に両方のコンバータは動作しません．$V_{in} \fallingdotseq V_{out}$では，両方のコンバータが動作しない休止期間があります．

設計は降圧型コンバータの設計と昇圧型コンバータの設計を個々に行います．前章までに説明していますから，ここでは省略します．

効率 η を仮定して I_{in} を求める。

$$I_{in} = \frac{V_{out} I_{out}}{\eta V_{in}} \quad \cdots\cdots\cdots\cdots\cdots\cdots\cdots\cdots\cdots\cdots\cdots (11\text{-}1)$$

$k = \Delta I_L / I_L$ を与えて ΔI_L を求める。

$$\Delta I_L = k I_L = \frac{V_{in} - (V_{Q1} + V_{Q2})}{L_1} T_{ON}$$

$$= \frac{V_{out} + (V_{D1} + V_{D2})}{L_1} T_{OFF}$$

$T_{ON} = DT_S$, $T_{OFF} = (1-D)T_S$ から、

$$D = \frac{V_{out} - (V_{D1} + V_{D2})}{V_{in} + V_{out} - (V_{Q1} + V_{Q2}) + (V_{D1} + V_{D2})} \cdots\cdots (11\text{-}2)$$

右図より $I_{in} = D I_L$, $I_{out} = (1-D) I_L$ であるが、$I_{out} = (1-D) I_L$ は効率を考慮してないため、I_L は下式により求める。

$$I_L = I_{in} / D \quad \cdots\cdots\cdots\cdots\cdots\cdots\cdots\cdots\cdots\cdots\cdots (11\text{-}3)$$

$$k = \frac{V_{in} - (V_{Q1} + V_{Q2})}{L_1 I_L} DT_S \quad \cdots\cdots\cdots\cdots\cdots\cdots (11\text{-}4)$$

$$\therefore L_1 = \frac{V_{in} - (V_{Q1} + V_{Q2})}{k I_L} DT_S \quad \cdots\cdots\cdots\cdots\cdots (11\text{-}5)$$

$I_{Lmax} = I_L (1 + k/2)$, $I_{Lmin} = I_L (1 - k/2)$ より、

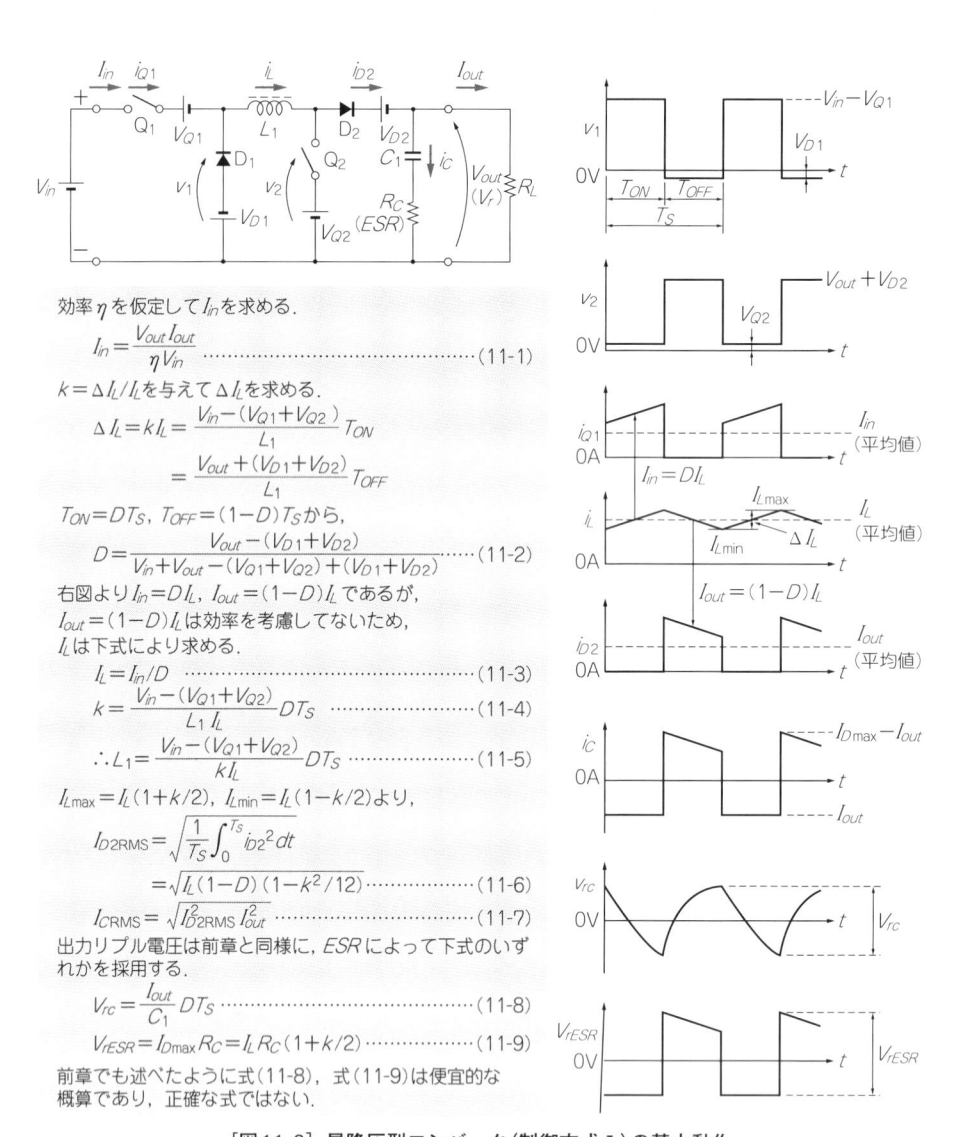

$$I_{D2RMS} = \sqrt{\frac{1}{T_S} \int_0^{T_S} i_{D2}^2 dt}$$

$$= \sqrt{I_L (1-D)(1 - k^2/12)} \quad \cdots\cdots\cdots\cdots (11\text{-}6)$$

$$I_{CRMS} = \sqrt{I_{D2RMS}^2 - I_{out}^2} \quad \cdots\cdots\cdots\cdots\cdots\cdots (11\text{-}7)$$

出力リプル電圧は前章と同様に、ESR によって下式のいずれかを採用する。

$$V_{rc} = \frac{I_{out}}{C_1} DT_S \quad \cdots\cdots\cdots\cdots\cdots\cdots\cdots\cdots\cdots\cdots (11\text{-}8)$$

$$V_{rESR} = I_{Dmax} R_C = I_L R_C (1 + k/2) \quad \cdots\cdots\cdots (11\text{-}9)$$

前章でも述べたように式(11-8)、式(11-9)は便宜的な概算であり、正確な式ではない。

[図11-3] 昇降圧型コンバータ（制御方式 I ）の基本動作

11-2 制御方式Ⅰの昇降圧型コンバータ

● NJM2374ADによる昇降圧型コンバータ

電源用ICを使用して昇降圧型コンバータを作ってみます．使用ICは前章と同じNJM2374ADです．

設計仕様は下記とします．

- 出力電圧：V_{out} = 12V ± 0.6V
- 出力電流：I_{out} = 0.3A
- 入力電圧：V_{in} = 12V ± 3V
- スイッチング周波数：f_S = 80kHz
- 出力リプル電圧：V_r = 120mV$_{P-P}$

ここで，I_{out} = 0.3Aとしたのは，前章の結果からICの内部損失を0.875W以下に抑えるためです．

● パワー系の設計

前章までと同様に，効率ηは80%を仮定し，インダクタ電流のリプル率kも30%として，**表11-1**に示す手順に従い設計します．

NJM2374ADの内蔵トランジスタはオン電圧が大きいため，ピーク電流を減らしたいところです．ピーク電流を減らすには，インダクタンスをできるだけ大きくします．ただし，飽和電流がI_{Lmax}に対して十分な余裕があることが条件です．ここでは，必要な値305μHに対し，560μHと大幅に大きくしました．

電解コンデンサの場合，出力リプル電圧はほぼESRで決定されます．ここでは，許容リプル電流1.25A$_{RMS}$（105℃，100kHz）の25ZL470M（ルビコン）を選択しました．**表11-1**中のESRは－10℃のときの値で，20℃のときには41mΩです．－10℃のときには出力リプル電圧の仕様値に対してほとんど余裕がないので，低温で使用する場合は要注意です．

● 実験結果

データシートを参考に制御系の定数を決定した実験回路が**図11-4**です．

出力電流I_{out}を0.3A一定として，入力電圧V_{in}を7～18Vに変化させたときの出力電圧V_{out}，損失P_D，効率η特性の結果が**図11-5**です．ηはV_{in} = 9V以上で80%以上と，予定よりも高効率です．

[表 11-1] 設計手順

① 仕様決定

出力電圧	V_{out}	12V ± 0.6V (5%)
出力電流	I_{out}	0.3A
入力電圧	V_{in}	12V ± 3 V
スイッチング周波数	$f_S V_r$	80kHz
出力リプル電圧	再計算	120mV$_{P-P}$ (V_{out} の 1%)

② 経験による条件仮定

効率	η	0.8
電流リプル率	k	0.3
	再計算	0.164

④で選定したインダクタンス値が計算値と大幅に異なったときは式(11-4)により k を求める．以下（　）内は再計算値．

③ 基本パラメータの計算

T_s	$1/f_S$	12.5 μs
V_{Q1}	Q$_1$ オン電圧	0.06V
V_{Q2}	Q$_2$ オン電圧	0.5V
V_{D1}	D$_1$ 順方向電圧	0.5V
V_{D2}	D$_2$ 順方向電圧	0.5V
D	式(11-2)	0.49

④ インダクタ電流の計算

I_{in}	式(11-1)	0.375A
I_L	式(11-3)	0.765A
I_{Lmax}	$I_L(1+k/2)$	0.880A (0.828A)
L_1	式(11-5)	305 μH (560 μH)

I_{Lmax} はすべての半導体の最大電流と等しいから，この値でトランジスタ，ダイオードを選択．選択した L_1 が計算値と異なるときは再度②へ

⑤ 出力コンデンサの計算

I_{D2RMS}	式(11-6)	0.629A
I_{cRMS}	式(11-7)	0.553A
$C + ESR$	カタログより	470 μF + 0.13 Ω
V_{rC}	式(11-8)	3.9mV
V_{rESR}	式(11-9)	108mV
V_r	式(11-9)を採用	108mV

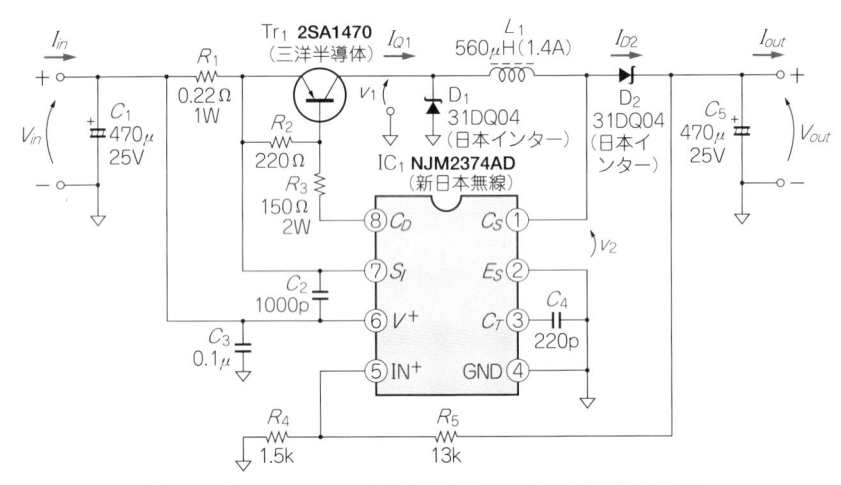

[図 11-4] **NJM2374 による昇降圧型コンバータ**（制御方式 I）
パワー系以外の定数設計はデータシートによる

第 11 章　昇降圧型コンバータ

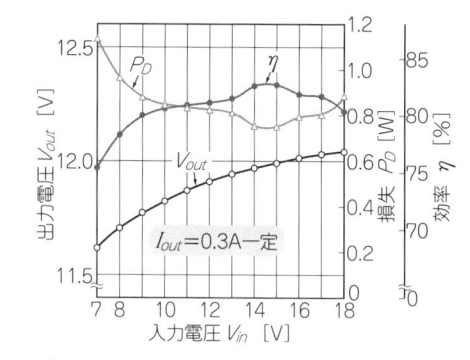

[図11-5] NJM2374ADの入出力特性（実測）

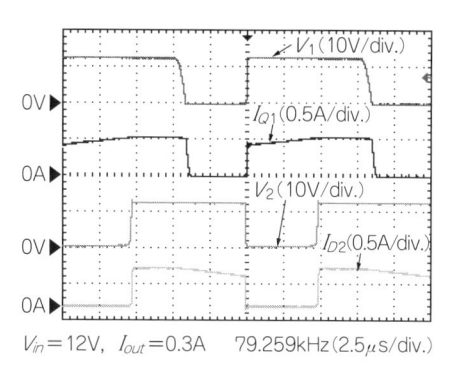

[写真11-1] 昇降圧型コンバータの動作波形（図11-4で実測）

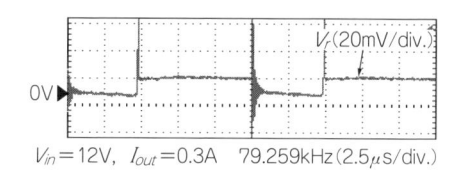

[写真11-2] 昇降圧型コンバータの出力リプル電圧（図11-4で実測）

V_1，V_2とスイッチ電流I_{Q1}，I_{D2}の波形は**写真11-1**です．Tr_1に使用したトランジスタ2SA1470の蓄積時間（オフ時間の遅れ）がV_1，V_2の波形から読み取ると3μs程度あり，V_1，V_2のデューティ・サイクルが大幅に異なっています．$V_{in} < V_{out}$のとき，Tr_1が長時間ONしますから，効率にとっては望ましいはずです．

写真11-2の出力リプル電圧V_rはスパイク・ノイズを無視すれば12mV$_{P-P}$程度になっています．これは実験時のC_5のESRが仕様値（-10℃）の1/3以下（室温が高いときの実力値はさらに小さい）であるためと，波形写真からわかるようにI_{D2}のピーク・ツー・ピーク値がTr_1の蓄積時間の影響で理論値より小さくなっているためです．

11-3　制御方式Ⅱの昇降圧型コンバータ

● HA16121FPによる昇降圧型コンバータ

HA16121FPは前章でも使用しましたが，ここでは前章で使用しなかった降圧型コンバータ制御部も使用します．設計については，前章までに説明していますからここでは省略します．

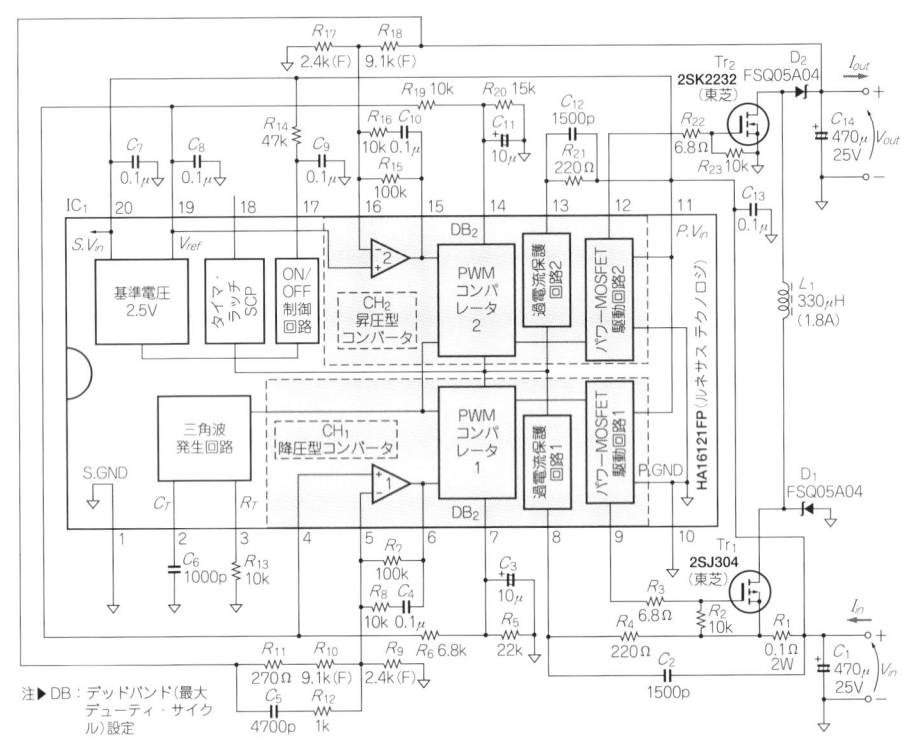

[図11-6] HA16121による昇降圧型コンバータ(制御方式Ⅱ)
パワー系以外の定数設計はデータシートによる

設計仕様は下記とします．

- 出力電圧：$V_{out} = 12V \pm 0.6V$
- 出力電流：$I_{out} = 0.5A$
- 入力電圧：$V_{in} = 12V \pm 3V$
- スイッチング周波数：$f_S = 80kHz$

実際に設計してみると，デューティ・サイクルが降圧型で100%近傍，昇圧型で0%近傍で動作しますから，インダクタ電流のリプル率kを小さくするためには大きなインダクタンスが必要になります．そこで，前章で使用した220μHよりも大きく，飽和電流もそこそこの330μH, 1.8Aにしました．出力リプル電圧については，後述の間欠動作(バースト・モード)のため考慮しません．データシートを参考に制御系の定数を決定した実験回路が**図11-6**です．降圧型と昇圧型の動作を分ける休止期間は，降圧型の出力電圧分圧回路にR_{11}(270Ω)を追加して行っています．

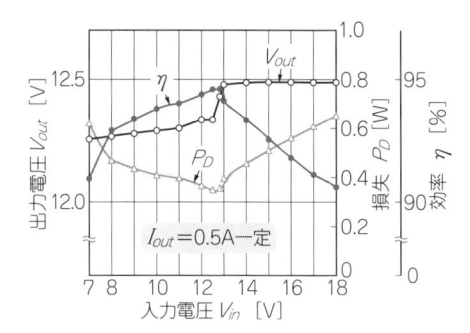

[図11-7] HA16121FPの入出力特性（実測）

　出力電流I_{out}を0.5A一定にし，入力電圧V_{in}を7～18Vに変化させたときのV_{out}，P_D，η特性の結果は**図11-7**です．休止期間はV_{in} = 12.5V～13.0Vの間にあり，このときのηが最も大きく94.6%になっています．

11-4　最近の昇降圧型コンバータ制御IC

　実験した制御方式Ⅱの昇降圧型コンバータは高効率ですが，$V_{in} \fallingdotseq V_{out}$のところで$V_{out}$が急変するという欠点があります．市販されている昇降圧型コンバータ制御ICでは，昇圧/降圧の切り替えは，実験したような休止期間はなく徐々に行われています．専用ICだからできることですが，制御方式Ⅰと制御方式Ⅱが巧妙に組み合わされ，$V_{in} > V_{out}$の降圧モードでも短時間は昇圧コンバータが動作し，$V_{in} < V_{out}$の昇圧モードでも短時間は降圧コンバータが動作していて，高効率でありながら出力電圧の変動はありません．

　また，高効率な同期整流（第13章参照）に対応して，パワーMOSFETを4個使用する「Hブリッジ」構成になっています．

　実際に昇降圧型コンバータを設計/製作するときは，出力電圧が安定で高効率な専用ICの使用を薦めます．

　ここでは実用的な，パワーMOSFETが外付けのものと内蔵しているものの2種類の昇降圧型コンバータ制御ICを紹介します．

● 大出力の小型電源を作れるLTC3780

　LTC3780（リニアテクノロジー）は車載も可能な大電力昇降圧型コンバータ制御ICです．**図11-8**に応用回路例，**図11-9**に効率特性，**写真11-3**に基板実装例を示します．

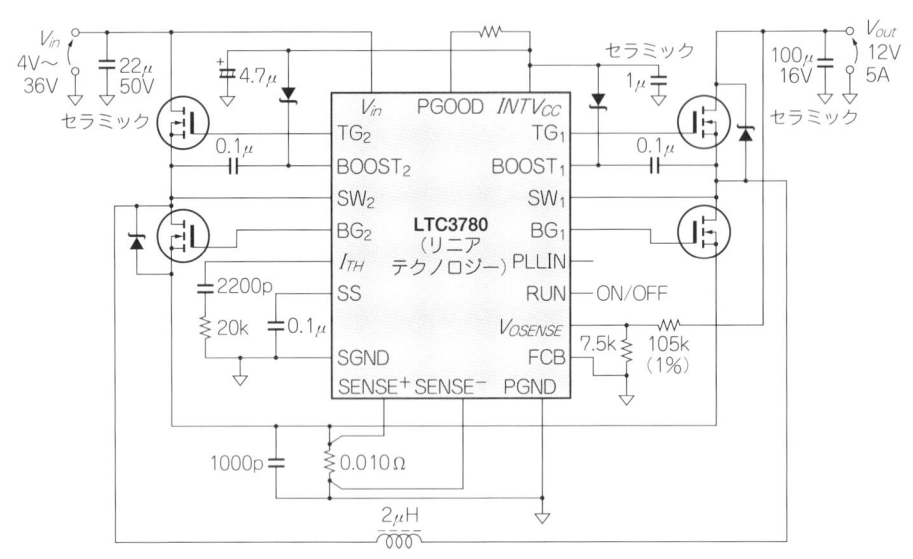

[図11-8(55)] LTC3780の評価基板の回路

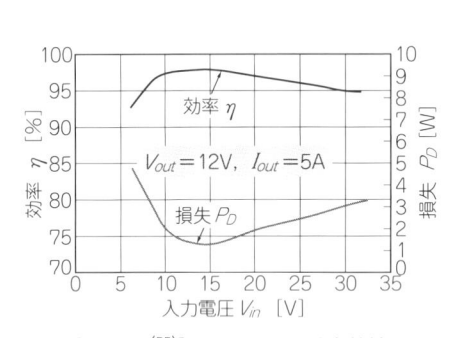

[図11-9(55)] LTC3780の効率特性

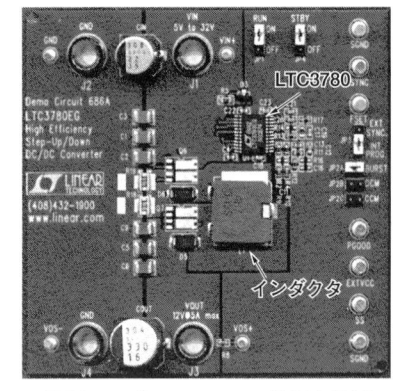

[写真11-3] LTC3780の基板実装例

　回路仕様は，入力電圧4～36V，出力12V，5A（60W）です．特徴は大電力出力でありながら小形低背なことです．
　AMラジオに妨害を与えないように，車載用ではスイッチング周波数の変更が必要ですが，LTC3780はPLLIN端子に同期信号を与えて行います．

▶ MOSFETを4個外付けでも体積は小さい
　降圧型，昇圧型とも高効率の同期整流回路を採用しているため，4個の外付けパ

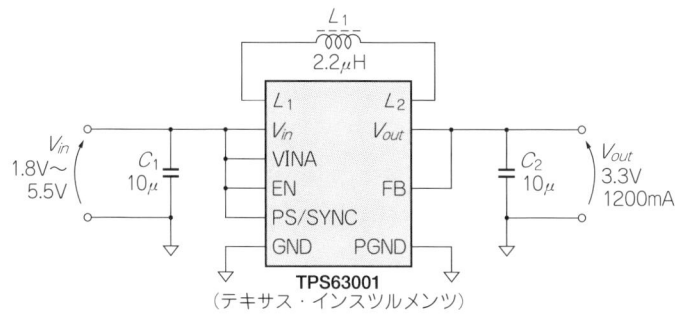

[図11-10$^{(43)}$] TPS63001の評価基板の回路

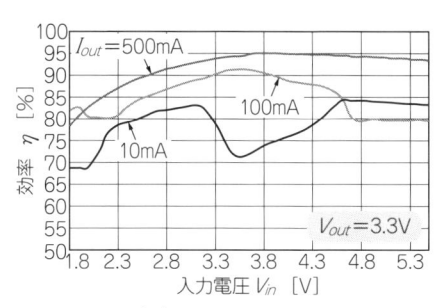

[図11-11$^{(43)}$] TPS63001の効率特性

[写真11-4] TPS63001の基板実装例

ワーMOSFETが必要ですが，最近のパワーMOSFETは大電流，低損失，超小形になっていて，最も大きな部品はインダクタです．同一出力の場合を比べると，半導体部品の使用個数は次章で紹介するSEPICコンバータのほうが少ないのですが，実装面積と必要体積はLTC3780による昇降圧型コンバータのほうが小さくなります．

● 外付け部品の少ない小型のTPS63001

　TPS63001(テキサス・インスツルメンツ)は，ディジタル家電，携帯機器用の昇降圧型コンバータICです．**図11-10**に応用回路例，**図11-11**に効率特性，**写真11-4**に基板実装例を示します．

　回路仕様は，入力電圧1.8〜5.5V，出力3.3V，1.2Aです．特徴はパワーMOSFETを内蔵しているため，わずかな外付け部品で超小型の昇降圧型コンバータが構成可能なことです．

11-4　最近の昇降圧型コンバータ制御IC

▶入出力電位差が小さいときも安定動作

　昇降圧型コンバータには，V_{in}とV_{out}の関係により，昇圧モード($V_{in} < V_{out}$)，昇圧/降圧モード($V_{in} ≒ V_{out}$，休止期間)，降圧モード($V_{in} > V_{out}$)と三つのモードがあります．

　問題は昇圧/降圧モードで，この間に休止か休止に近い状態になると，負荷の急激な変動に対する出力電圧の動的な変動が大きくなります．LTC3780と同様にTPS63001はこの間も休止することなく動作しているため，出力電圧の動的な変動が抑えられています．

第12章

【成功のかぎ12】
反転型コンバータと新型コンバータ
電圧を反転/昇降圧する

> 反転型コンバータは，負極性の出力電圧が必要なときに使用します．
> 　ここで言う「新型コンバータ」とは，Cuk, Zeta, SEPICコンバータの総称で，今までに説明したコンバータと異なり，内部にコンデンサを直列に入れて入出力間を直流的に遮断しています．機能的には，Cukコンバータは反転，ZetaコンバータとSEPICコンバータは昇降圧です．
> 　いずれのコンバータも降圧型と昇圧型に比べれば使用頻度は圧倒的に少ないのですが，用途によっては最適な解決策となる場合もあります．
> 　ここでは，一般には詳しく取り上げられることの少ない新型コンバータについても，反転型コンバータと同様の手法で動作を解析し設計します．

12-1　動作原理と特徴

● 各コンバータの動作原理

　図12-1に示すように，反転型コンバータと新型コンバータ(3種類)の，内部損失を無視した入力電圧V_{in}と出力電圧V_{out}の電圧変換率Mは，

$$M = \frac{|V_{out}|}{V_{in}} = \frac{D}{1-D}$$

です．言い換えると，入力電圧変動範囲に$V_{in\min} < |V_{out}| < V_{in\max}$と，出力電圧絶対値が含まれる昇降圧型コンバータにすべて分類されます．

　新型コンバータは，昇圧型コンバータや反転型コンバータの中間にコンデンサを入れて入出力の直流的接続を遮断し，出力電圧極性や出力電圧範囲を変更した形になっています．

　SEPIC (Single Ended Primary Inductance Converter；セピック) コンバータは，昇圧型コンバータの中間にコンデンサを入れて，出力電圧範囲を変更することで降圧も可能にしています．

　Cuk (チューク) コンバータは，昇圧型コンバータの中間にコンデンサを入れて，

コンバータ名称	機能	電圧変換率	スイッチ素子印加電圧	C_C 充電電圧
反転型	反転	$D/(1-D)$	$V_{in}+V_{out}$	―
Cuk				$V_{in}+V_{out}$
SEPIC	昇降圧			V_{in}
Zeta				V_{out}

(a) 反転型コンバータ
(b) SEPICコンバータ
(c) Cukコンバータ
(d) Zetaコンバータ

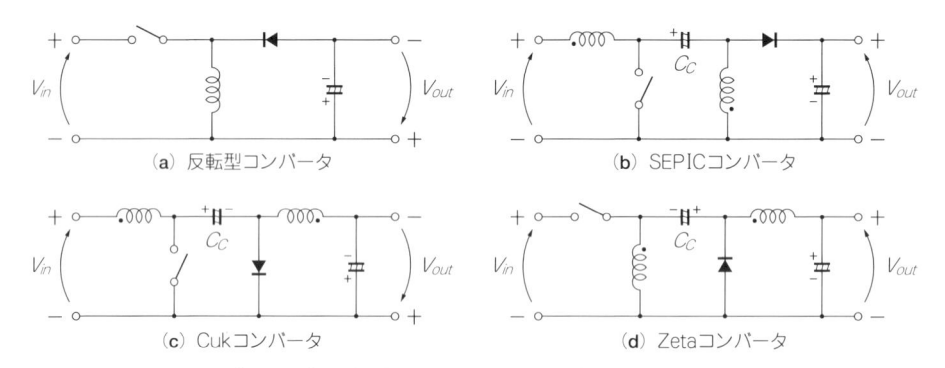

[図12-1] 反転型コンバータと三つの新型コンバータ
インダクタの極性は2巻き線インダクタを使用するとき．コンデンサの極性は有極性コンデンサを使用するとき

出力電圧極性を変更しています．

　Zeta（ジータ）コンバータは，「Inverse（反転）SEPIC」とも呼ばれ，SEPICコンバータの入出力を逆にして，能動/受動スイッチを入れ替えた形です．回路は，反転型コンバータの中間にコンデンサを入れて，出力電圧極性を変更しています．

　なお出力極性の表しかたですが，入力電圧の低電圧側（グラウンド）を基準として，反転型では「$-V_{out}$」とするのが一般的です．ここでは個々の回路で考えていて誤解の恐れがないので，入力側の基準と出力側の基準電位が異なっていますが，式にいちいちマイナス符号を付ける必要のない図の表しかたにしています．

● 各コンバータの特徴

　反転型コンバータは図12-1からわかるように，スイッチ素子が入出力に直接接続されていますから，入出力のリプル電流がパルス波形となり，入出力平滑コンデンサの負担が大きくなります．

　前章で紹介した昇降圧型コンバータも入出力リプル電流は同様に大きくなっています．平滑コンデンサが負担しきれなかったリプル電流は，入力電源と負荷側で負担する必要があるので実際の使用では要注意です．

　新型コンバータはコンデンサとインダクタが余分に必要ですが，入力ないし出力

側のリプル電流が少なく，Cukコンバータは入出力リプル電流とも少なくなっています．

● 新型コンバータのメリット

　最近のコンバータはスイッチング周波数が高くなって，コンデンサには小さなセラミック・チップ・コンデンサ(MLCC)が使用され，パワーMOSFETも技術開発が進んで大幅に小さくなっています．コンデンサや半導体の小型化に比較すると，インダクタは小さくなったとはいえまだ大きく，個々の部品の大きさを比べるとインダクタが最も大きくなっています．

　出力電力10W以上で小型化を最優先する場合は，前章で紹介した昇降圧型コンバータか反転型コンバータを使用します．出力が数W以下の場合は2巻き線インダクタも小さく，新型コンバータで小型にまとめることができます．

　中出力以上の場合に，回路の実装サイズが大きくなるにもかかわらずあえて新型コンバータを使用するメリットは何かと言えば，入出力がコンデンサにより直流的に分離されているということです．従来型コンバータで，半導体の破壊などの故障時の安全性に問題があるときには，新型コンバータの使用を検討してみます．

12-2　反転型コンバータの設計と実験

● 反転型コンバータの用途

　反転型コンバータは，正極性の電源しかないところで負極性の出力電圧が必要なときに使用する回路です．この回路もまた，リニア・レギュレータでは実現不可能です．

　負極性の出力電圧が必要なときには，トランスを使用して実現することも可能ですが，どうしても回路が複雑になってしまいます．

　非絶縁反転型コンバータは，インダクタ電流が連続であるという物理的特性を巧妙に用いて，負極性の出力電圧を得ています．

　負極性での大出力が必要な場合は少なくて，降圧型や昇圧型に比べれば反転型コンバータの使用頻度は圧倒的に少ないです．反転型コンバータが多用されているのは，2巻き線インダクタを使って絶縁したフライバック・コンバータとしてです．非絶縁反転型コンバータは，フライバック・コンバータの基本であり，用途によっては最適な解決策となる場合もありますから，覚えておいて損はありません．

● 反転型コンバータの基本動作

能動スイッチQ_1と受動スイッチD_1のオン電圧を与えた**図12-2**で考えると，Q_1のON/OFFにより各部の波形は図のようになります．ここで，インダクタ電流i_L

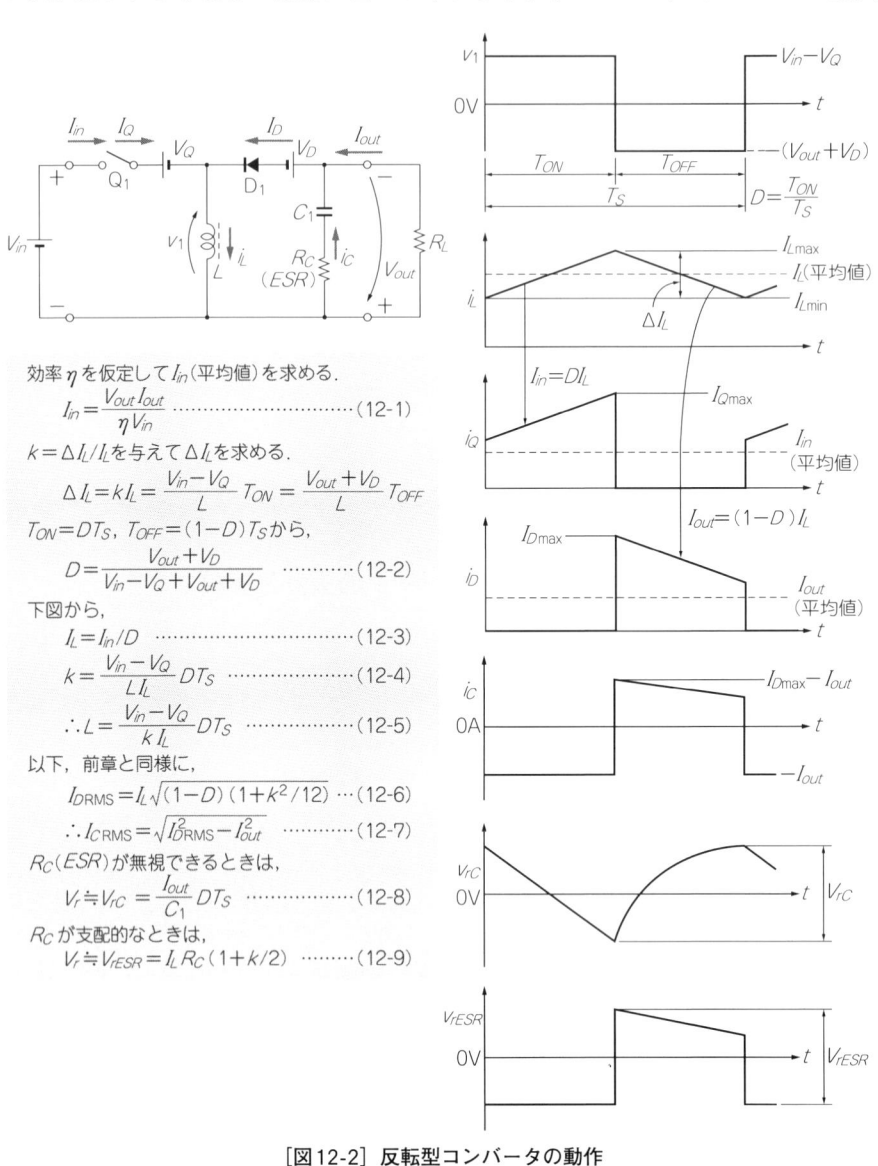

効率ηを仮定してI_{in}(平均値)を求める．
$$I_{in} = \frac{V_{out}I_{out}}{\eta V_{in}} \quad \cdots\cdots\cdots\cdots (12\text{-}1)$$

$k = \Delta I_L / I_L$を与えてΔI_Lを求める．
$$\Delta I_L = kI_L = \frac{V_{in}-V_Q}{L}T_{ON} = \frac{V_{out}+V_D}{L}T_{OFF}$$

$T_{ON} = DT_S$, $T_{OFF} = (1-D)T_S$から，
$$D = \frac{V_{out}+V_D}{V_{in}-V_Q+V_{out}+V_D} \quad \cdots\cdots (12\text{-}2)$$

下図から，
$$I_L = I_{in}/D \quad \cdots\cdots\cdots\cdots\cdots\cdots (12\text{-}3)$$
$$k = \frac{V_{in}-V_Q}{LI_L}DT_S \quad \cdots\cdots\cdots\cdots (12\text{-}4)$$
$$\therefore L = \frac{V_{in}-V_Q}{kI_L}DT_S \quad \cdots\cdots\cdots\cdots (12\text{-}5)$$

以下，前章と同様に，
$$I_{DRMS} = I_L\sqrt{(1-D)(1+k^2/12)} \cdots (12\text{-}6)$$
$$\therefore I_{CRMS} = \sqrt{I_{DRMS}^2 - I_{out}^2} \quad \cdots\cdots\cdots (12\text{-}7)$$

R_C(ESR)が無視できるときは，
$$V_r \simeq V_{rC} = \frac{I_{out}}{C_1}DT_S \quad \cdots\cdots\cdots (12\text{-}8)$$

R_Cが支配的なときは，
$$V_r \simeq V_{rESR} = I_LR_C(1+k/2) \quad \cdots\cdots (12\text{-}9)$$

[図12-2] 反転型コンバータの動作
V_{out}, I_{out}の方向に注意

は連続，直流出力電圧V_{out}は一定，出力電流I_{out}も一定として考えます．

降圧型コンバータの設計方法と同様にインダクタ電流のリプル率kを与えて計算すると，反転型コンバータの基本的な関係は図中の式で表されます．この関係を用いて設計計算を行います．

出力平滑コンデンサC_1は，許容リプル電流が図中の式(12-7)よりも大きくて，出力リプル電圧におけるC_1の等価直列抵抗ESRが無視できるときは図中の式(12-8)，電解コンデンサのようにESRが大きいときは式(12-9)で概算して，仕様値以下になるものを選択します．

● 定番ICによる反転型コンバータ

電源用ICを使用して昇降圧の動作が可能な反転型コンバータを作ってみます．使用するICは前章と同じNJM2374ADですが，メインのスイッチ素子は外付けのPchパワーMOSFETとします．こうする理由は，NJM2374ADは単体で反転型コンバータに使用すると，-6Vまでしか出力できないからです．

出力を-12V/1Aとした設計仕様を**表12-1**に示します．

[表12-1] 反転型コンバータの設計手順

①仕様決定

出力電圧	V_{out}	12V ± 0.6V (5%)
出力電流	I_{out}	1.0A
入力電圧	V_{in}	12V ± 3V
スイッチング周波数	f_S	80kHz
出力リプル電圧	V_r	120mV_{P-P} (V_{out}の1%)

②経験による条件仮定

効率	η	0.9
電流リプル率	k	0.3
	再計算	0.293

④で選定したインダクタンス値が計算値と大幅に異なったときは式(12-4)によりkを求める．以下( )内は再計算値．

③基本パラメータの計算

T_S	$1/f_S$	12.5μs
V_{Q1}	Q_1オン電圧	0V
V_{D1}	D_1順方向電圧	0.5V
D	式(12-2)	0.51

④インダクタ電流の計算

I_{in}	式(12-1)	1.111A
I_L	式(12-3)	2.178A
I_{Lmax}	$I_L(1+k/2)$	2.505A (2.497A)
L_1	式(12-5)	117μH (120μH)

選択したL_1が計算値と異なるときは再度②へ．I_{Lmax}はすべての半導体の最大電流と等しいから，この値でパワーMOSFET，ダイオードを選択．

⑤出力コンデンサの計算

I_{DRMS}	式(12-6)	1.530A
I_{CRMS}	式(12-7)	1.158A
$C + ESR$	カタログより	1500μF + 45mΩ
V_{rC}	式(12-8)	4.3mV
V_{rESR}	式(12-9)	112mV
V_r	式(12-9)	112mV

● パワー系の設計

パワー MOSFET を採用するので前章までと同様に，効率 η は 90%，$V_Q = 0V$ でインダクタ電流のリプル率 k も 30% として，表12-1に従い設計します．

電解コンデンサは，許容リプル電流 2.77A_{RMS}（105℃，100kHz）の 25ZL1500M（ルビコン）を選択しました．表12-1中の ESR は - 10℃のときの値で，20℃のときには 18mΩ です．- 10℃のときには，出力リプル電圧の仕様値に対してほとんど余裕がありませんから，低温で使用する場合は要注意です．

● 実験回路

データシートに載っている回路例を参考に，Pchパワー MOSFET と NJM2904 による反転増幅器を外付けして変更した実験回路が図12-3です．出力電圧を - 12V にしたかったのでこのようにしました．

ドライブ段に追加したエミッタ・フォロワ Tr_2 は OFF にするときのスピードアップ用です．エミッタ・フォロワのオン電圧は V_{BE} 以上になるため，ダイオード D_3，D_4 により約 $2V_{BE}$ ぶんのバイアス電圧を与えて，OFF を容易にしています．

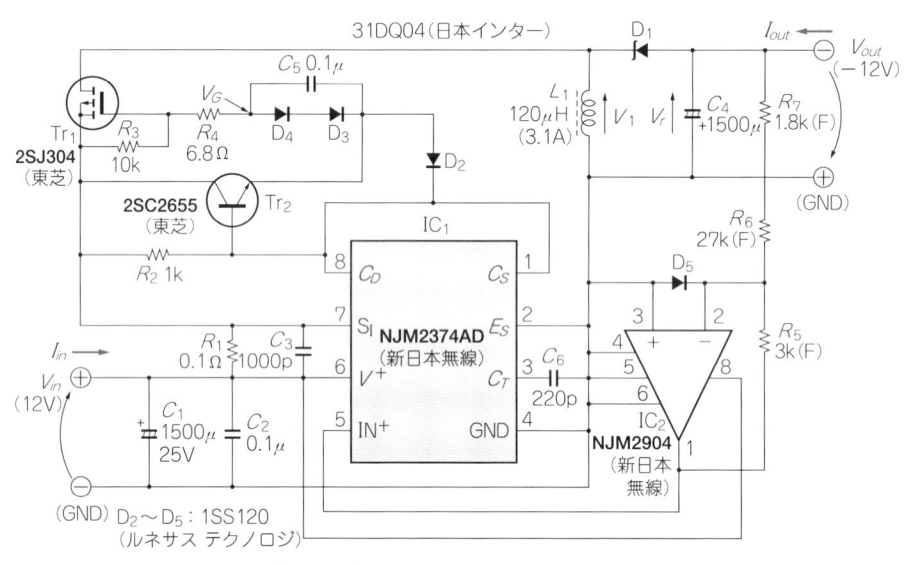

[図12-3] 反転型コンバータの実験回路

[図12-4] 反転型コンバータの入力電圧特性　　[写真12-1] 反転型コンバータの動作波形

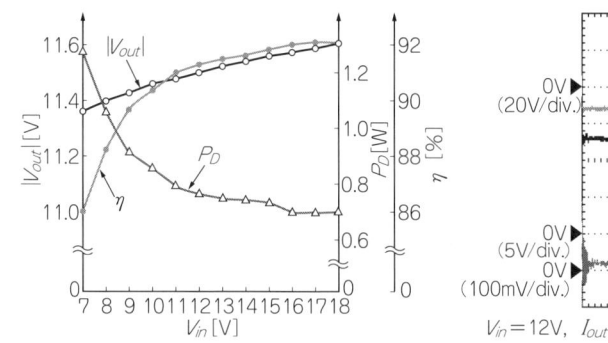

● 実験結果

　出力電流I_{out}を0.7A一定として，入力電圧V_{in}を7〜18Vまで変化させたときのV_{out}, P_D, η特性の結果は図12-4です．90％と仮定したηの値には制御回路，ドライブ回路の損失を含みませんが，ηの実測値はV_{in} = 10V以上で90％以上と予想よりも高効率です．

　データ取得時の出力電流I_{out}を1Aにしなかったのは，入力電圧10V以下で$I_{Q{\max}}$の増加により保護回路が動作したためです．V_{in} = 9V以下で効率が急激に低下しているのは，パルス状の入力電流が増加してR_1の損失が増加するためと思われます．

　写真12-1はV_1, V_rとドライブ電圧V_Gの波形です．V_GはOFF時にV_{in}より約1V高く，ON時にはGNDより約3V高い電圧まで変化しています．

　データシートによれば，ONするときの$V_{GS{\min}}$ = 4Vですから，最低入力電圧は$V_{in{\min}} ≒ 3 + 4 = 7$Vになります．

　出力リプル電圧V_rはスパイク・ノイズを無視すれば10mV_{P-P}以下になっています．これはC_5のESRが仕様値（−10℃）の1/3以下であり室温が高いときの実力値はさらに小さいためと，I_{out} = 0.7Aのためで，1Aにすれば約3割増しになります．

12-3　新型コンバータの設計と実験

● 新型コンバータの基本動作

　基本動作の考えかたは反転型コンバータと同様です．能動スイッチQ_1と受動スイッチD_1のオン電圧を与えた図12-5（SEPICコンバータ），図12-6（Zetaコンバータ），図12-7（Cukコンバータ）で考えると，Q_1のON/OFFにより各部波形は図

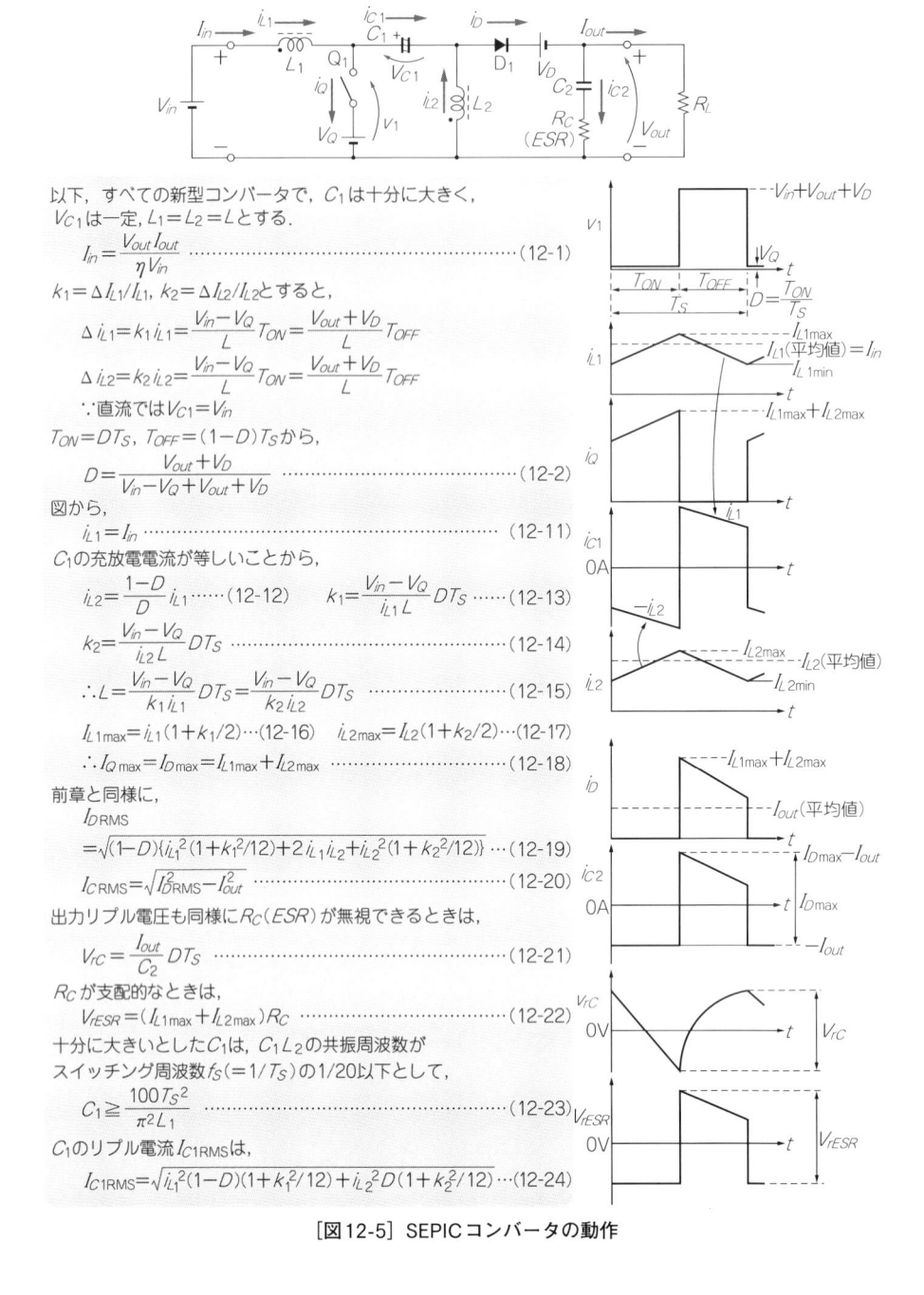

以下，すべての新型コンバータで，C_1 は十分に大きく，V_{C1} は一定，$L_1=L_2=L$ とする。

$$I_{in} = \frac{V_{out}I_{out}}{\eta V_{in}} \quad \cdots (12\text{-}1)$$

$k_1 = \Delta i_{L1}/i_{L1}$, $k_2 = \Delta i_{L2}/i_{L2}$ とすると，

$$\Delta i_{L1} = k_1 i_{L1} = \frac{V_{in}-V_Q}{L}T_{ON} = \frac{V_{out}+V_D}{L}T_{OFF}$$

$$\Delta i_{L2} = k_2 i_{L2} = \frac{V_{in}-V_Q}{L}T_{ON} = \frac{V_{out}+V_D}{L}T_{OFF}$$

∴ 直流では $V_{C1}=V_{in}$

$T_{ON}=DT_S$, $T_{OFF}=(1-D)T_S$ から，

$$D = \frac{V_{out}+V_D}{V_{in}-V_Q+V_{out}+V_D} \quad \cdots (12\text{-}2)$$

図から，

$$i_{L1} = I_{in} \quad \cdots (12\text{-}11)$$

C_1 の充放電電流が等しいことから，

$$i_{L2} = \frac{1-D}{D}i_{L1} \quad \cdots (12\text{-}12) \qquad k_1 = \frac{V_{in}-V_Q}{i_{L1}L}DT_S \quad \cdots (12\text{-}13)$$

$$k_2 = \frac{V_{in}-V_Q}{i_{L2}L}DT_S \quad \cdots (12\text{-}14)$$

$$\therefore L = \frac{V_{in}-V_Q}{k_1 i_{L1}}DT_S = \frac{V_{in}-V_Q}{k_2 i_{L2}}DT_S \quad \cdots (12\text{-}15)$$

$I_{L1\max} = i_{L1}(1+k_1/2) \cdots (12\text{-}16) \qquad I_{L2\max} = i_{L2}(1+k_2/2) \cdots (12\text{-}17)$

$$\therefore I_{Q\max} = I_{D\max} = I_{L1\max} + I_{L2\max} \quad \cdots (12\text{-}18)$$

前章と同様に，

$$I_{DRMS} = \sqrt{(1-D)\{i_{L1}^2(1+k_1^2/12) + 2i_{L1}i_{L2} + i_{L2}^2(1+k_2^2/12)\}} \quad \cdots (12\text{-}19)$$

$$I_{CRMS} = \sqrt{I_{DRMS}^2 - I_{out}^2} \quad \cdots (12\text{-}20)$$

出力リプル電圧も同様に $R_C(ESR)$ が無視できるときは，

$$V_{rC} = \frac{I_{out}}{C_2}DT_S \quad \cdots (12\text{-}21)$$

R_C が支配的なときは，

$$V_{rESR} = (I_{L1\max}+I_{L2\max})R_C \quad \cdots (12\text{-}22)$$

十分に大きいとした C_1 は，C_1L_2 の共振周波数がスイッチング周波数 $f_S(=1/T_S)$ の 1/20 以下として，

$$C_1 \geq \frac{100T_S^2}{\pi^2 L_1} \quad \cdots (12\text{-}23)$$

C_1 のリプル電流 I_{C1RMS} は，

$$I_{C1RMS} = \sqrt{i_{L1}^2(1-D)(1+k_1^2/12) + i_{L2}^2 D(1+k_2^2/12)} \cdots (12\text{-}24)$$

[図12-5] SEPIC コンバータの動作

SEPICコンバータと同様に、C_1 は十分に大きく、V_{C1} は一定、$L_1 = L_2 = L$ とする。

$$I_{in} = \frac{V_{out} I_{out}}{\eta V_{in}} \quad \cdots (12\text{-}1)$$

$$\Delta i_{L1} = k_1 i_{L1} = \frac{V_{in} - V_Q}{L} T_{ON} = \frac{V_{out} + V_D}{L} T_{OFF}$$

$$\Delta i_{L2} = k_2 i_{L2} = \frac{V_{in} - V_Q}{L} T_{ON} = \frac{V_{out} + V_D}{L} T_{OFF}$$

∴ 直流では $V_{C1} = V_{out}$

$$D = \frac{V_{out} + V_D}{V_{in} - V_Q + V_{out} + V_D} \quad \cdots (12\text{-}2)$$

図から、
$$I_{in} = D(i_{L1} + i_{L2})$$

C_1 の充放電電流が等しいことから、

$$i_{L2} = \frac{1-D}{D} i_{L1} \quad \cdots (12\text{-}12)$$

$$\therefore i_{L1} = I_{in} \quad \cdots (12\text{-}11)$$

$$k_1 = \frac{V_{in} - V_Q}{i_{L1} L} D T_S \quad \cdots (12\text{-}13)$$

$$k_2 = \frac{V_{in} - V_Q}{i_{L2} L} D T_S \quad \cdots (12\text{-}14)$$

$$\therefore L = \frac{V_{in} - V_Q}{k_1 i_{L1}} D T_S = \frac{V_{in} - V_Q}{k_2 i_{L2}} D T_S \quad \cdots (12\text{-}15)$$

$$I_{L1max} = i_{L1}(1 + k_1/2) \quad \cdots (12\text{-}16)$$

$$I_{L2max} = i_{L2}(1 + k_2/2) \quad \cdots (12\text{-}17)$$

$$I_{Qmax} = I_{Dmax} = I_{L1max} + I_{L2max} \quad \cdots (12\text{-}18)$$

C_2 のリプル電流は ΔI_{L2} に等しいので、

$$I_{C2RMS} = \Delta i_{L2}/(2\sqrt{3}) = k_2 i_{L2}/(2\sqrt{3}) \quad \cdots (12\text{-}25)$$

出力リプル電圧 V_r は降圧型コンバータと同様に $R_C(ESR)$ が無視できるときは、

$$V_{rC} = \frac{\pi^2}{2}(1-D)(f_O T_S)^2 V_{out} \quad \cdots (12\text{-}26)$$

ここで、$f_O = 1/(2\pi\sqrt{LC_2})$

R_C が支配的なときは、

$$V_{rESR} = \Delta i_{L2} R_C = k_2 i_{L2} R_C \quad \cdots (12\text{-}27)$$

C_1 は SEPIC コンバータと同様に、

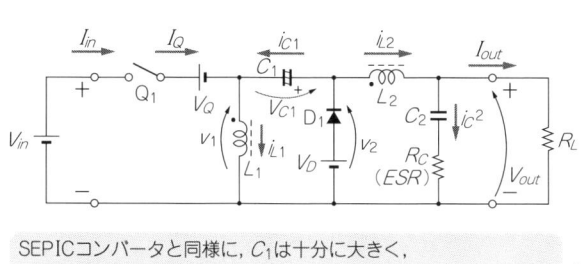

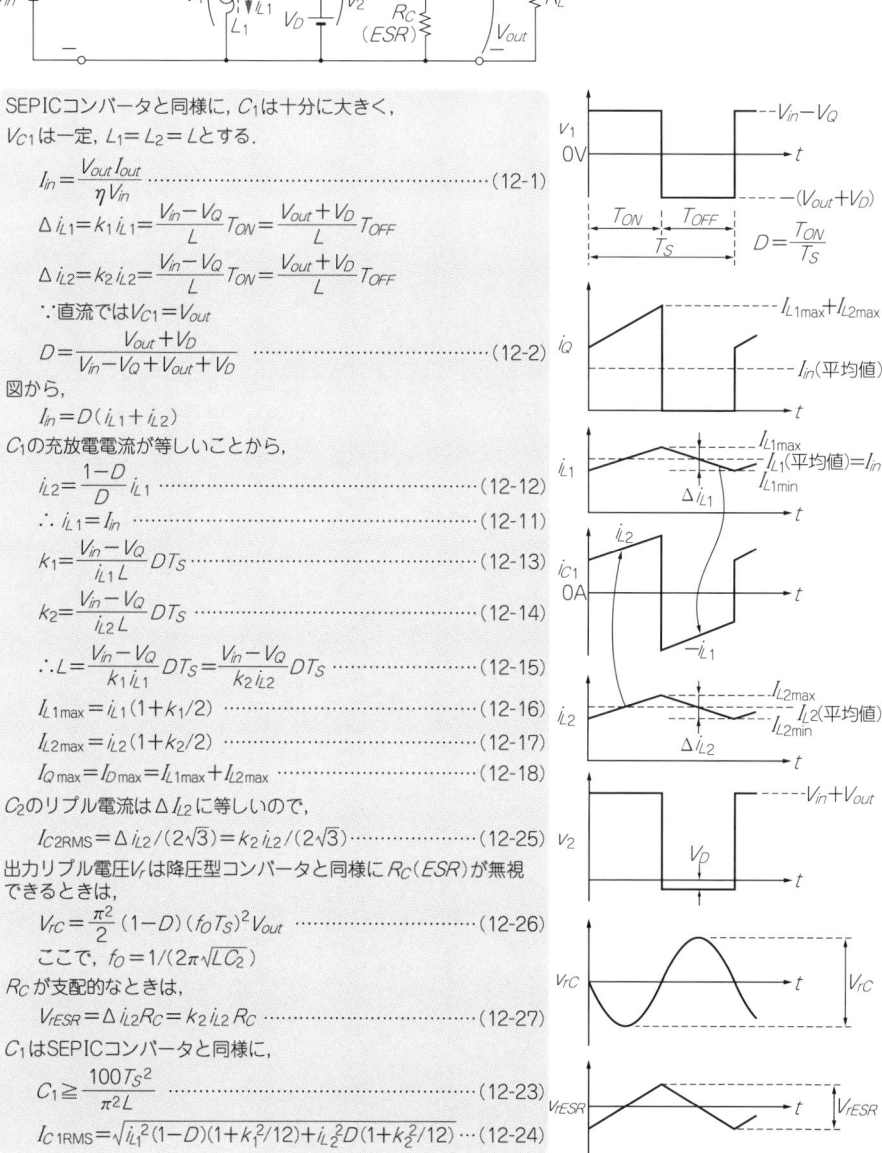

$$C_1 \geq \frac{100 T_S^2}{\pi^2 L} \quad \cdots (12\text{-}23)$$

$$I_{C1RMS} = \sqrt{i_{L1}^2(1-D)(1 + k_1^2/12) + i_{L2}^2 D(1 + k_2^2/12)} \cdots (12\text{-}24)$$

[図 12-6] Zeta コンバータの動作

SEPIC, Zetaコンバータと同様にして,

$$I_{in} = \frac{V_{out} I_{out}}{\eta V_{in}} \qquad \text{(12-1)}$$

$$\Delta i_{L1} = k_1 i_{L1} = \frac{V_{in} - V_Q}{L} DT_S = \frac{V_{out} + V_D}{L}(1-D)T_S$$

$$\Delta i_{L2} = k_2 i_{L2} = \frac{V_{in} - V_Q}{L} DT_S = \frac{V_{out} + V_D}{L}(1-D)T_S$$

∴ 直流では $V_{C1} = V_{in} + V_{out}$

$$D = \frac{V_{out} + V_D}{V_{in} - V_Q + V_{out} + V_D} \qquad \text{(12-2)}$$

$$i_{L1} = I_{in} \qquad \text{(12-11)}$$

C_1の充放電電流が等しいことから,

$$i_{L2} = \frac{1-D}{D} i_{L1} \qquad \text{(12-12)}$$

$$k_1 = \frac{V_{in} - V_Q}{i_{L1} L} DT_S \qquad \text{(12-13)}$$

$$k_2 = \frac{V_{in} - V_Q}{i_{L2} L} DT_S \qquad \text{(12-14)}$$

$$\therefore L = \frac{V_{in} - V_Q}{k_1 i_{L1}} DT_S = \frac{V_{in} - V_Q}{k_2 i_{L2}} DT_S \qquad \text{(12-15)}$$

$$I_{L1max} = i_{L1}(1 + k_1/2) \qquad \text{(12-16)}$$

$$I_{L2max} = i_{L2}(1 + k_2/2) \qquad \text{(12-17)}$$

$$I_{Qmax} = I_{Dmax} = I_{L1max} + I_{L2max} \qquad \text{(12-18)}$$

C_2のリプル電流は Δi_{L2} に等しいから,

$$I_{C2RMS} = k_2 i_{L2}/(2\sqrt{2}) \qquad \text{(12-25)}$$

出力リプル電圧 V_r は, Zetaコンバータと同様に, $R_C (ESR)$ が無視できるときは,

$$V_{rC} = \frac{\pi^2}{2}(1-D)(f_O T_S)^2 V_{out} \qquad \text{(12-26)}$$

R_C が支配的なときは,

$$V_{rESR} = k_2 i_{L2} R_C \qquad \text{(12-27)}$$

C_1 はSEPICコンバータと同様に,

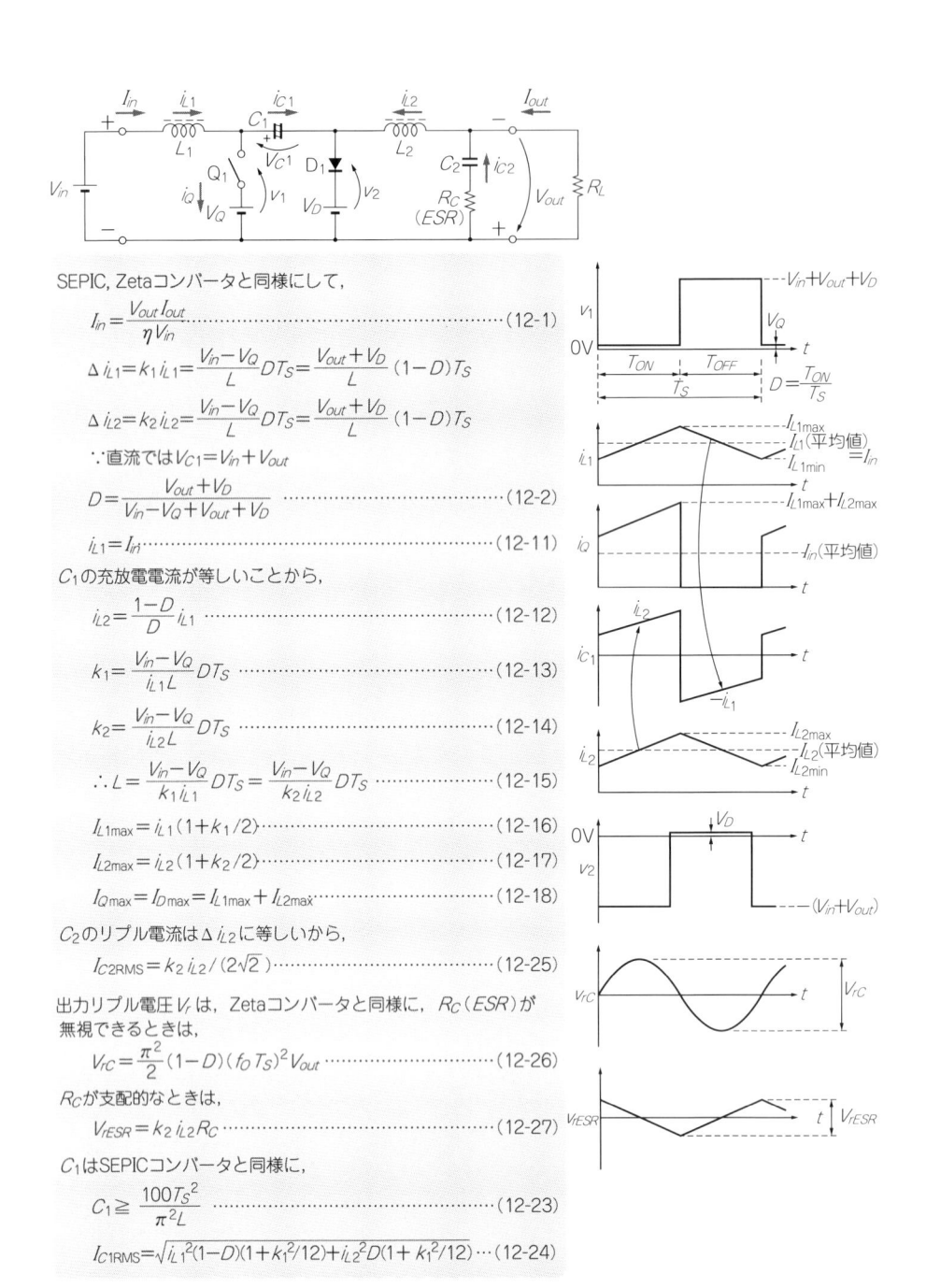

$$C_1 \geq \frac{100 T_S^2}{\pi^2 L} \qquad \text{(12-23)}$$

$$I_{C1RMS} = \sqrt{i_{L1}^2(1-D)(1+k_1^2/12) + i_{L2}^2 D(1+k_1^2/12)} \qquad \text{(12-24)}$$

[図12-7] Cukコンバータの動作

のようになります．ここで，インダクタ電流i_{L1}，i_{L2}は連続，直流出力電圧V_{out}は一定，出力電流I_{out}も一定として考えます．

インダクタL_1，L_2は電流リプル率k_1，k_2が等しくなるように，異なった値にしてもかまいませんが，実際に製作する場合には同一インダクタンスの2巻き線インダクタを使用することがほとんどですから，$L_1 = L_2 = L$としています．

反転型コンバータの設計方法と同様にk_1を与えて計算すると，新型コンバータの基本的な関係は図中の式で表されるから，この関係を用いて設計計算を行います．

直流遮断用コンデンサC_1は，L_2C_1の共振周波数をスイッチング周波数の1/20以下として決定していますが，この値に確たる根拠はありません．1/10程度にしても動作しますが，C_1のリプル電圧が大きくなって計算が複雑になるので，1/20以下とC_1を大きくしています．

出力リプル電圧は，出力側にダイオードが接続されるSEPICコンバータは反転型コンバータと同様に図中の式(12-21)または式(12-22)で概算します．出力側にインダクタが接続されるZeta，Cukコンバータは降圧型コンバータと同様に，平滑コンデンサのESRにより図中の式(12-26)または式(12-27)で概算します．

● パワー系の設計

前述の反転型コンバータと同様の条件で，新型コンバータ3種を設計します．出力を±12V/1Aとした設計仕様を**表12-2**に示します．設計計算も**表12-2**に従います．

直流遮断用コンデンサC_1は，**図12-5**，**図12-6**，**図12-7**に示したように，各コンバータによって印加電圧が異なるので要注意です．このC_1は，耐圧と許容リプル電流に余裕のある470μF電解コンデンサと1μFフィルム・コンデンサの並列としました．出力平滑用コンデンサC_2は，耐圧と許容リプル電流に余裕のあるESRが小さな電解コンデンサを選択しました．**表12-2**中のESRは反転型コンバータのときと同様に－10℃のときの値です．

インダクタL_1，L_2は，専用の2巻き線インダクタを使用するのが一般的ですが，ここでは入手の容易な個別のインダクタを2個使用します．

入力電圧V_{in}と出力電圧V_{out}が等しいとして，L_1とL_2を同一の値Lとしましたが，常用のV_{in}がV_{out}と大きく異なるときは，設計計算式を求め直してL_1とL_2を異なった値にしたほうが動作上望ましいです．

ただし，L_1とL_2に2巻き線インダクタを使用する場合は，L_1とL_2の端子電圧が等しいので，同一巻き数(同一インダクタンス)とします．

[表12-2] 新型コンバータの設計手順

①仕様決定

コンバータ名称		SEPIC	Zeta	Cuk
機能		昇降圧	昇降圧	反転
出力電圧	$\|V_{out}\|$	12V ± 0.6V (5%)		
出力電流	I_{out}	1A		
入力電圧	V_{in}	12V ± 3V		
スイッチング周波数	f_S	80kHz		
出力リプル電圧	V_r	120mV$_{P-P}$ (V_{out}の1%)		

②経験による条件仮定

効率	η	0.9
L_1電流リプル率	k_1	0.3
	再計算	0.313
L_2電流リプル率	k_2	0.3
	再計算	0.293

④で選定したインダクタンス値が計算値と大幅に異なったときは，式(12-13)，(12-14)によりk_1, k_2を求める．以下( )内は再計算値

③基本パラメータの計算

T_S	$1/f_S$	12.5μs
V_{D1}	D_1順方向電圧	0.5V
D	$\dfrac{V_{in} + V_D}{V_{in} + V_{out} + V_D}$	0.51

④インダクタ電流の計算

I_{in}	$V_{out}I_{out}/(\eta V_{in})$	1.111A
I_{L1}	I_{in}	1.111A
I_{L2}	$I_{L1}(1-D)/D$	1.068A
I_{L1max}	$I_L(1+k/2)$	1.278A (1.304A)
I_{L2max}	$I_L(1+k/2)$	1.228A (1.224A)
L	式(12-15)	229.5μH (220μH)

選択したL_1が計算値と異なるときは再度②へ．$I_{L1max} + I_{L2max} = 2.53A_{max}$はすべての半導体の最大電流と等しいから，この値でパワーMOSFET，ダイオードを選択する

⑤結合コンデンサC_1の計算

C_1	耐圧	15V (V_{inmax})	12V (V_{out})	27V ($V_{inmax} + V_{out}$)
	式(12-23)		7.20μF	
I_{C1RMS}	式(12-24)		1.093A	
C_1決定	カタログより		470μF・35V (許容リプル電流：1.43A)	

⑥出力コンデンサの計算

		SEPIC	Zeta/Cuk
I_{DRMS}	式(12-19)	1.528A	–
I_{C2RMS}	式(12-20)	1.335A	–
I_{C2RMS}	式(12-25)	–	90mA
$C_2 + ESR$	カタログより	1500μF + 45mΩ	470μF + 130mΩ
V_{rC}	式(12-21)	4.3mV	–
	式(12-26)	–	1.1mV
V_{rESR}	式(12-22)	114mV	–
	式(12-27)	–	44.1mV

● パワーMOSFETのドライブ回路

使用したドライブ回路の動作を**図12-8**で考えてみます．

使用したパワーMOSFETをONするのは，NJM2374AD内部のパワー・トランジスタです．OFFするのは，ICのドライブ端子とパワーMOSFETのソース間に入れた抵抗です．しかし，パワーMOSFETの入力容量C_{GS}は非常に大きく，この抵抗だけでは急速にOFFできません．そこで，図に示すようにエミッタ・フォロワを入れて急速にOFFします．エミッタ・フォロワのオン電圧は約0.7Vで，パワ

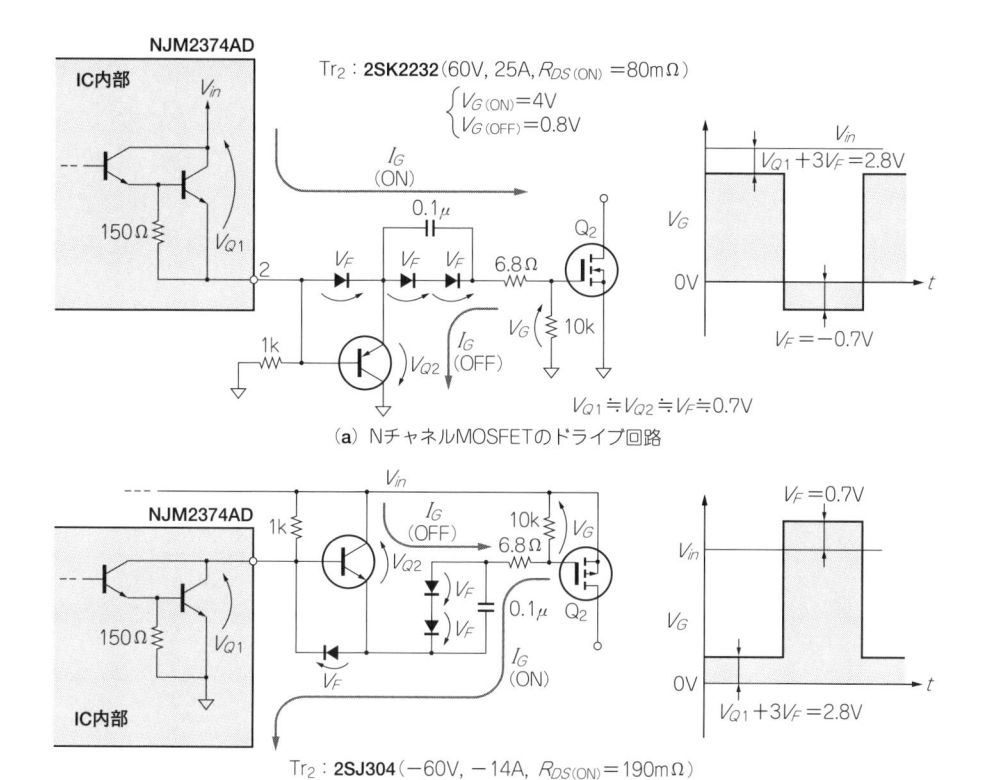

[図12-8] パワーMOSFETのドライブ回路

パワーMOSFETをドライブするには入力容量$C_{GS}(\gg C_{iss})$を急速に充放電する必要がある．特にOFFにする場合では，$|V_{G(OFF)}|=0.8$Vと低電圧になるため，ダイオード2個とコンデンサの並列回路を直列に入れて，OFF電圧を余裕をもって確保している

— MOSFETがOFFするときのゲート電圧は0.8Vですから，余裕が0.1Vしかありません．図に示すようにダイオード2個ぶんのバイアス電圧を与えると，OFF時ゲート電圧の余裕は1.5Vになります．

よくC_{GS}をC_{iss}と同じと誤解する人がいますが，C_{iss}はOFF時の値であり，スイッチングの過渡時やON時の値に比べて大幅に小さくなっています．半導体メーカとしては，測定しやすく値も小さいことからデータシートに載せるのにちょうど良いと考えたと思われますが，ドライブ回路の設計には無関係のデータです．

詳しくは第19章で説明しますが，C_{GS}はOFF時，スイッチングの過渡時，ON時

で大幅に変動し，特にスイッチングの過渡時で非常に大きくなります．

● 定番ICによる新型コンバータ

NJM2374ADを使用して3種の新型コンバータを作ってみます．

極性に応じたパワーMOSFETとドライブ回路を使用し，データシートを参考に反転型コンバータと同様の条件で，制御系の定数を決定した実験回路が，**図12-9**

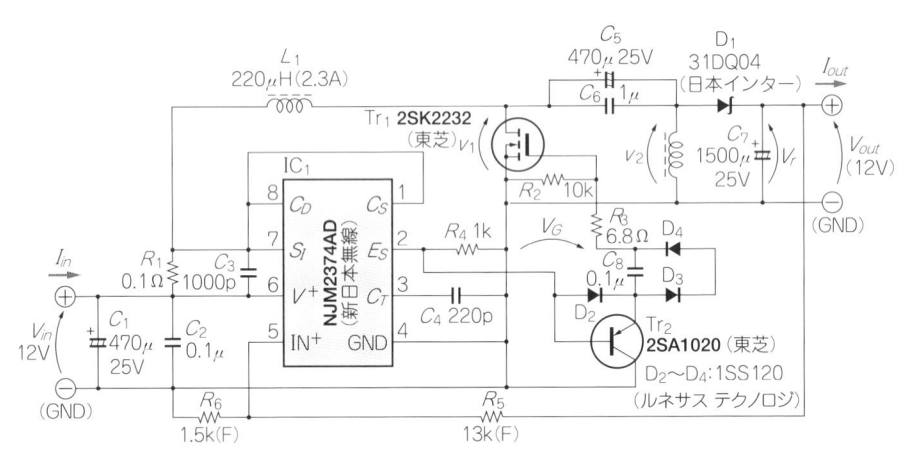

[図12-9] SEPICコンバータの実験回路

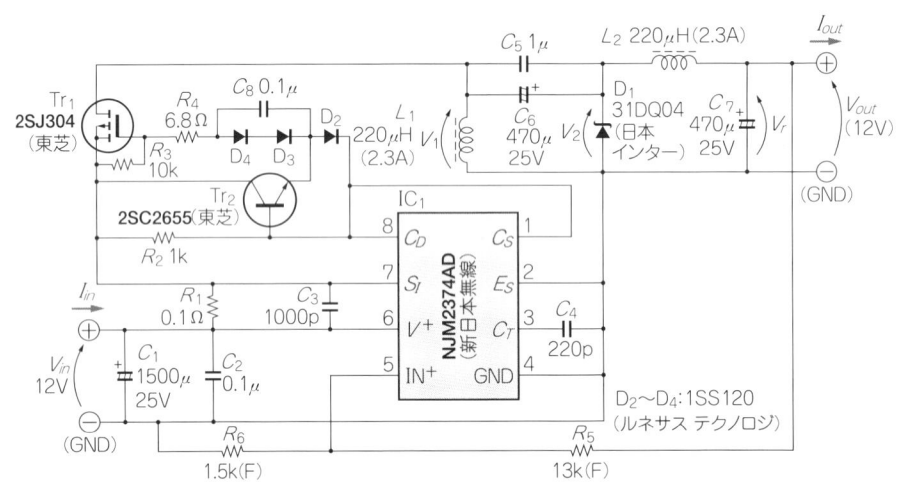

[図12-10] Zetaコンバータの実験回路

第12章 反転型コンバータと新型コンバータ

(SEPICコンバータ），**図12-10**（Zetaコンバータ），**図12-11**（Cukコンバータ）です．

● 実験結果

　出力電流I_{out}を0.7A一定として，入力電圧V_{in}を7～18Vまで変化させたときの出力電圧V_{out}，内部損失P_D，効率η特性の結果は，**図12-12**（SEPICコンバータ），

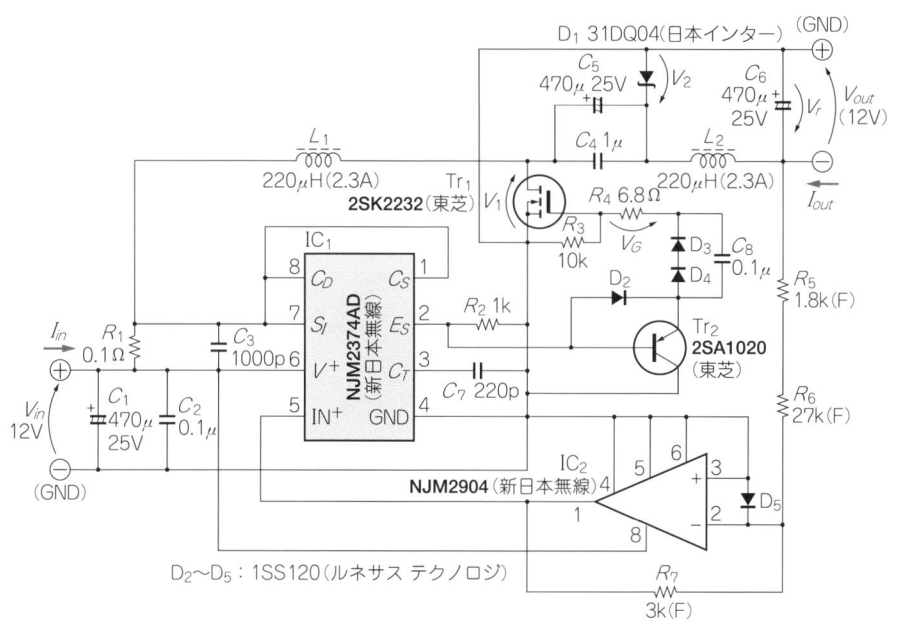

[図12-11] Cukコンバータの実験回路

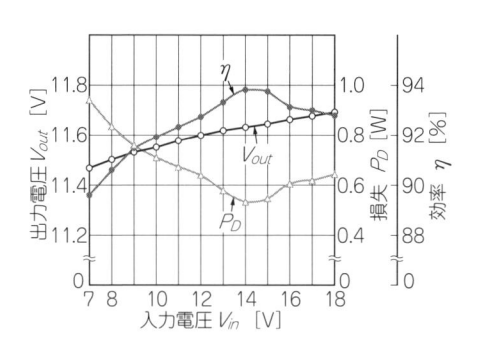

[図12-12] SEPICコンバータの入力電圧特性 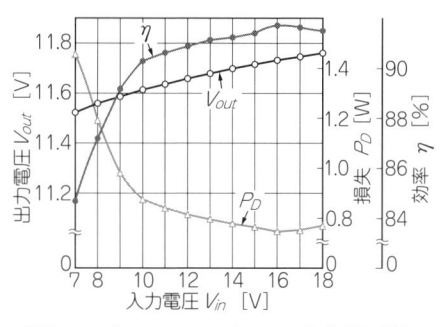　　[図12-13] Zetaコンバータの入力電圧特性

12-3　新型コンバータの設計と実験　213

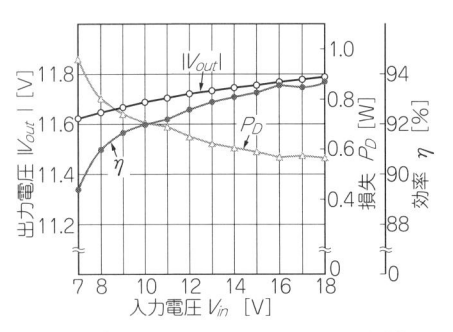

[図12-14] Cukコンバータの入力電圧特性

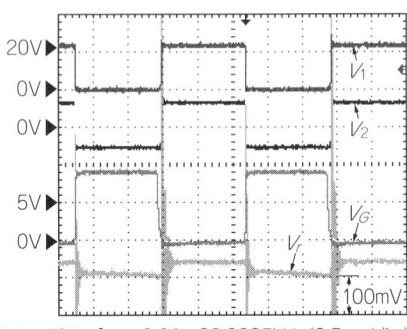

$V_{in} = 12V$, $I_{out} = 0.3A$, 82.0235kHz (2.5μs/div.)

[写真12-3] Zetaコンバータの動作波形
($V_{in} = 12V$, $I_{out} = 0.3A$)

$V_{in} = 12V$, $I_{out} = 0.3A$, 77.4866kHz (2.5μs/div.)

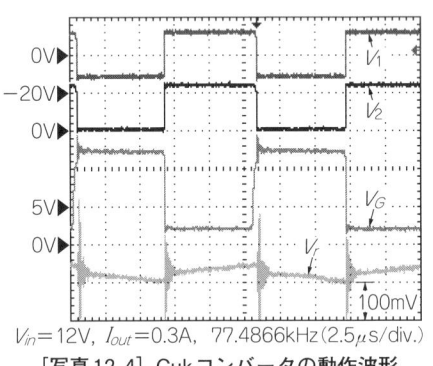

[写真12-4] Cukコンバータの動作波形
($V_{in} = 12V$, $I_{out} = 0.7A$)

$V_{in} = 12V$, $I_{out} = 0.3A$, 81.7106kHz (2.5μs/div.)

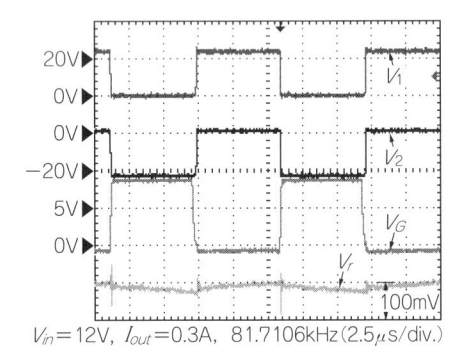

[写真12-2] SEPICコンバータの動作波形
($V_{in} = 12V$, $I_{out} = 0.3A$)

図12-13 (Zetaコンバータ), 図12-14 (Cukコンバータ)です.

設計のときはドライブ損失を含まないηを90％と仮定しましたが，ドライブ損失を含むηの実測値はV_{in} = 9V以上で90％以上と予想よりも高効率です．入力側にインダクタが接続されるSEPICとCukコンバータは，Zetaコンバータに比べて入力電流ピーク値が約半分ですから，V_{in}が9V以下でも高効率です．

V_1, V_2, V_rとV_Gの波形が，写真12-2 (SEPICコンバータ), 写真12-3 (Zetaコンバータ), 写真12-4 (Cukコンバータ)です．V_Gの波形から余裕をもって高速にパワーMOSFETがドライブされていることがわかります．同様にV_Gの波形から，保証できる最小入力電圧は7Vになります．

出力リプル電圧は，表12-2の設計時点で明らかなように，ZetaコンバータとCukコンバータが小さくなっています．面白いのは出力側にインダクタが接続され

[表12-3] 各方式に適合する制御IC

コンバータ名称	適合制御IC	備考
反転型	降圧型	(注)
Cuk	昇圧型	(注)
SEPIC	昇圧型	—
Zeta	降圧型	—

注▶右図のように，制御ICから基準電圧 V_{ref}，誤差増幅器の反転・非反転入力が外部に引き出されていることが望ましい．
引き出されていないときは実験回路のように外部に反転増幅器が必要となる．
右図のダイオードは電源OFF時の保護用．

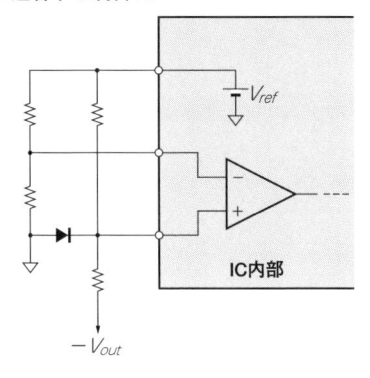

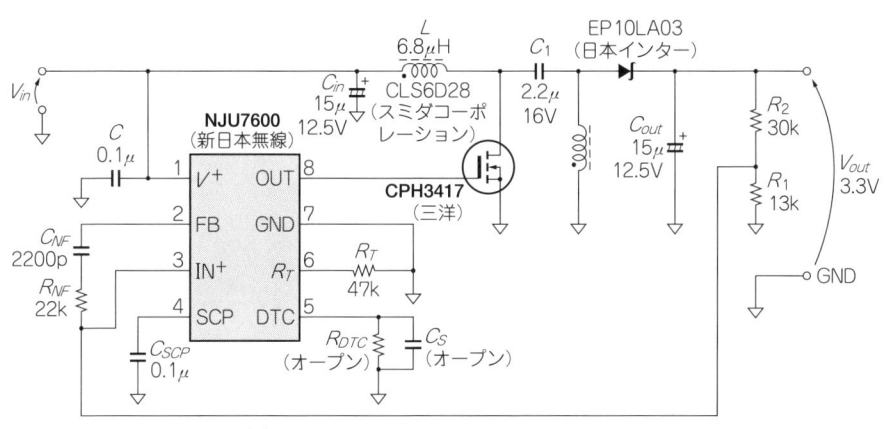

[図12-15(38)] 昇圧型制御ICによるSEPICコンバータの回路例
インダクタはSEPICコンバータ用として市販されている2巻き線インダクタ

るZeta，Cukコンバータのスパイク・ノイズは，出力リプル電圧の差以上にSEPICコンバータよりも小さくなっていることです．

12-4 反転型/昇降圧型/新型コンバータの実用回路

● 制御IC

新型コンバータと反転型コンバータを，最も一般的な電源用IC，つまり降圧型コンバータ用ICと昇圧型コンバータ用ICを使用して製作するには，**表12-3**に従

[図12-16^(38)] SEPICコンバータの効率特性例

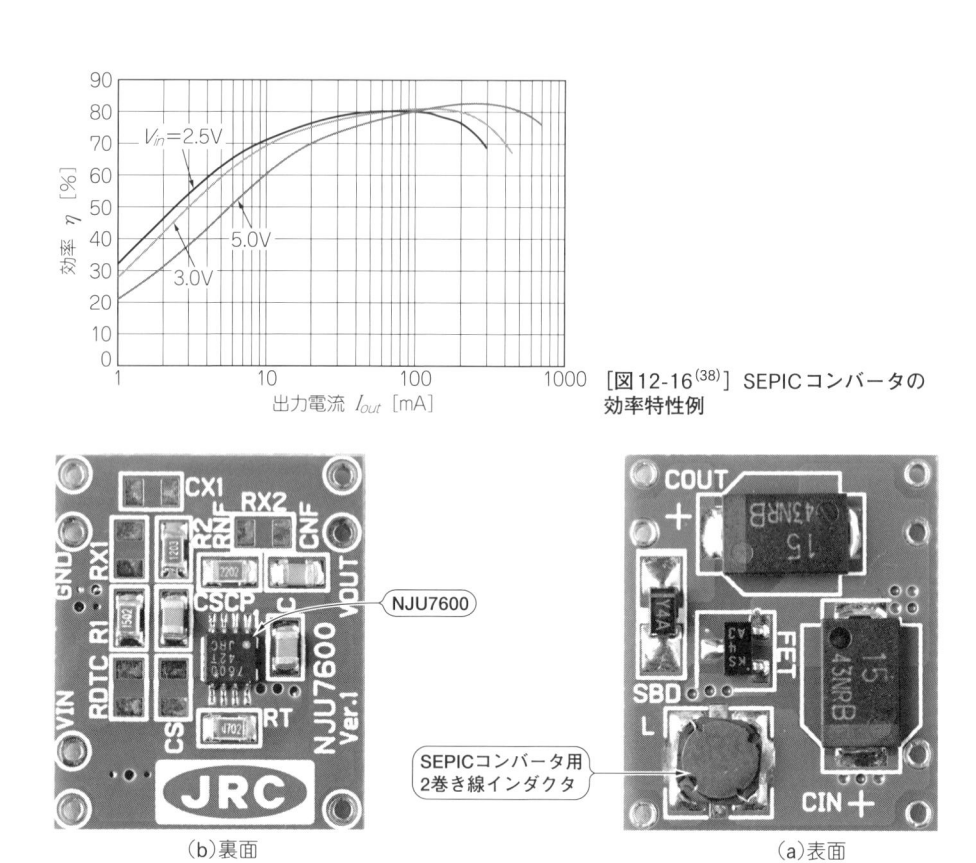

[写真12-5] SEPICコンバータの基板実装例
基板サイズ：20×18mm，部品実装サイズ：18×15mm

います．

　反転型コンバータとCukコンバータに使用する降圧型コンバータ用ICは，基準電圧と誤差増幅器の反転(−)/非反転(+)入力端子が外部に引き出されていることが必要です．最近のICは外部接続が簡略化されているため，適用できるICは少ないです．その場合は実験回路のように，反転増幅器の付加が必要になります．

　ZetaコンバータとSEPICコンバータの使い分けは，使いやすくて入手しやすいICにより決めます．

● 昇圧型ICで作るSEPICコンバータ

　昇圧型コンバータ用IC NJU7600（新日本無線）とSEPICコンバータ用の2巻き線

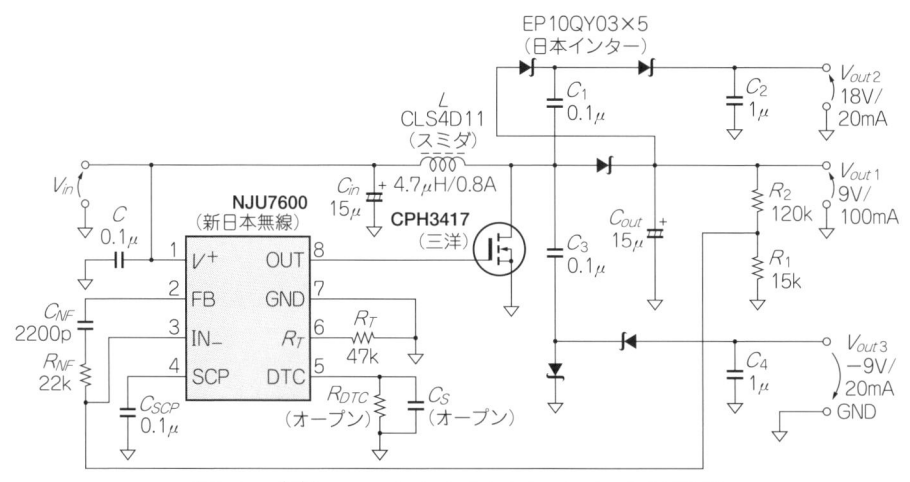

[図12-17(38)] NJU7600による多出力コンバータの回路例

インダクタを使用した，小出力SEPICコンバータを紹介します．
　回路例が**図12-15**，効率特性が**図12-16**，基板実装例が**写真12-5**です．部品実装部分は18×15mmと小さくなっています．

● 昇圧型ICで作る多出力コンバータ
　昇圧型コンバータ用IC NJU7600を使用した，反転出力を含むコンバータを紹介します．
　回路例を**図12-17**に示します．一般に負極性出力は小さいので，図のように主出力用コンバータに負極性の倍電圧整流回路を追加して必要出力を得ることができます．

● 専用ICで作るCukコンバータと反転型コンバータ
　昇圧型コンバータ用ICを負極性出力専用に改良したICも出されています．パワー・トランジスタを内蔵したLT1617（リニアテクノロジー）によるCukコンバータの回路例と特性例を**図12-18**に示します．
　NJU7600と同様に負極性倍電圧整流回路を使用した回路例や，正極性の倍電圧整流回路と合わせて±出力にした回路例が文献(45)に紹介されています．LT1617がNJU7600と大きく異なる点は，負出力を安定化する負帰還がかけられることで，逆に正出力は安定化されていません．

12-4　反転型/昇降圧型/新型コンバータの実用回路

(a) 回路 (b) 特性

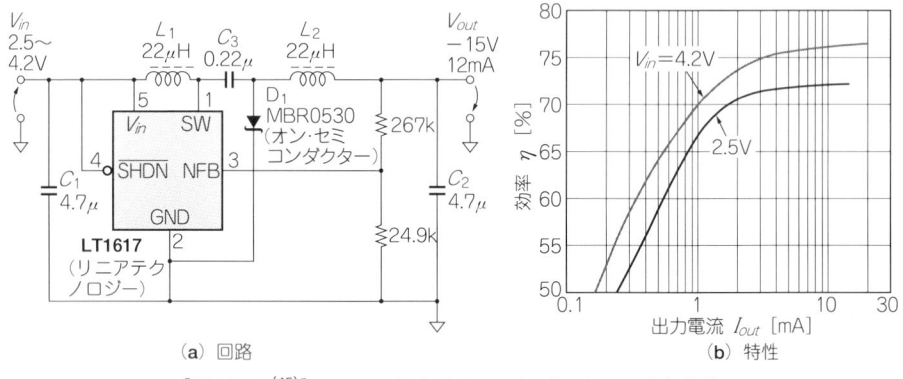

[図12-18[(45)]] LT1617によるCukコンバータの回路と特性

● **実用的な昇降圧型コンバータ**

入出力電圧が同一極性の昇降圧型コンバータとしては，第11章で紹介したインダクタが1個の降圧型コンバータと昇圧型コンバータの複合タイプと，ここで紹介したSEPICコンバータ，Zetaコンバータがあります．実際に製作する場合には，どちらを選択すべきでしょうか．

数W以下の小出力用途では，2巻き線インダクタを使用したSEPICコンバータかZetaコンバータを選択します．SEPICコンバータとZetaコンバータの違いは，入力リプル電流と出力リプル電流の大小ですから，どちら側のリプル電流を大きくしても許されるかで選択します．

10W以上の中～大出力用途では，インダクタが1個の降圧型コンバータと昇圧型コンバータの複合タイプが，インダクタ部分の占有体積，実装面積が最も少ないため第一候補です．最近の技術開発でパワーMOSFETもコンデンサも小さくなっていて，中～大出力用途ではインダクタをどうするのかが，最も頭の痛い問題です．

筐体が大きくて大きなインダクタが許されれば，入出力がコンデンサで直流的に絶縁されるSEPICコンバータかZetaコンバータも選択可能です．

● **実用的な反転型コンバータ**

入出力電圧が逆極性の反転型コンバータを実際に製作する場合には，反転型コンバータとCukコンバータのどちらを選択すべきでしょうか．

Cukコンバータは入出力リプル電流が少なくて高効率です．反転型コンバータは部品点数も少なく，中～大出力用途では，2巻き線インダクタを使用するCukコ

ンバータよりも小さく安くなります．ただし，中〜大出力用途で逆極性出力の必要性はほとんどありません．数W以下の小出力用途では使用部品が小さいため，低ノイズ/高効率のCukコンバータが第一候補です．

第13章

【成功のかぎ13】
DC-DCコンバータと効率
降圧型コンバータの効率を上げる方法

　スイッチングを利用したDC-DCコンバータは，リニア・レギュレータと比べて非常に高効率ですが，各部の損失とその発生理由を子細に検討すると，損失を低減しさらに効率を上げることができます．ここでは，降圧型コンバータを例にとって効率向上の方法を検討します．

　最近の電源用ICには効率向上のさまざまな手法が取り入れられており，ICを購入してICメーカの技術資料どおりに組み立てれば，だれでも容易に高効率の電源が製作できます．電源の内部動作をわざわざ検証する意味は何かといえば，トラブル対策に役立つからです．順調に動作していれば問題ないのですが，トラブルがあったときには電源の内部動作を理解していると対策が短時間で済みます．

13-1　効率の計算方法

● 効率を向上させるには内部損失を減らすことが重要

　電源回路の効率 η（イータ）は，次式で定義されます．

$$\eta = \frac{P_{out}}{P_{in}}$$

　P_{out}：出力電力 [W]，P_{in}：入力電力 [W]

　入力電力 P_{in} は，

　$P_{in} = P_{out} + P_D$

　P_D：内部損失 [W]

ですから，効率を向上させるには，内部損失を減らすことが重要です．

　内部損失は熱として外部に放散されますから，内部損失を減らすと放熱器を小さくしたり省略したりできて，電源の占有体積も小さくなります．コストダウンになるばかりでなく，ランニング・コストも減らすことができます．

● 内部損失を計算する

　内部損失には，パワー段の損失と制御回路の損失があります．

　図13-1に示すように，パワー段の損失を5V × 2A = 10W出力の降圧型コンバータで考えてみます．図の定数は後述の実験で使用する値で，S_1のオン抵抗r_{ON}には電流検出抵抗(50mΩ)を加算しています．デューティ・サイクルDや電流値は，第9章の計算方法によっています．

　制御回路の損失は，使用IC NJM2374ADの仕様から12V × 4mA = 0.048W，ドライブ損失は0.028Wとなります（Appendix D参照）．

　したがって，パワー段，ドライブ段と制御回路の全損失は1.254Wになります．

● スイッチング損失について

　上記の計算では定常損失だけでスイッチング損失を考慮していませんが，スイッチング周波数が高くなるとスイッチング損失を無視できません．実験で採用しているスイッチング周波数80kHzでも，電源電圧が100V以上の高圧スイッチングではスイッチング損失が支配的になります．

　スイッチング損失を設計時点で理論的に予測することは難しく，実験結果から改

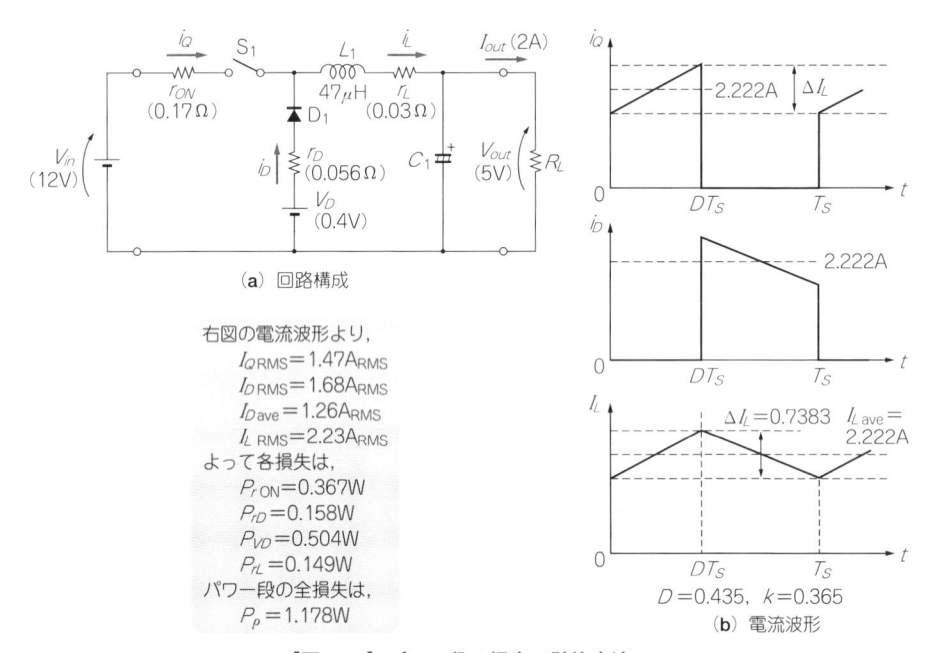

(a) 回路構成

右図の電流波形より，
　　$I_{Q\,RMS}$ = 1.47A_{RMS}
　　$I_{D\,RMS}$ = 1.68A_{RMS}
　　$I_{D\,ave}$ = 1.26A_{RMS}
　　$I_{L\,RMS}$ = 2.23A_{RMS}
よって各損失は，
　　P_{rON} = 0.367W
　　P_{rD} = 0.158W
　　P_{VD} = 0.504W
　　P_{rL} = 0.149W
パワー段の全損失は，
　　P_p = 1.178W

(b) 電流波形

D = 0.435，k = 0.365

[図13-1] パワー段の損失の計算方法

善の手法を探るのが一般的です．大まかに言えばスイッチング損失は，スイッチング回路の寄生/浮遊容量Cと動作電圧Vから決定され，寄生/浮遊容量に比例し，動作電圧の自乗に比例し，スイッチング周波数f_Sに比例すると考えられます．式で表せば，

$$CV^2 f_S$$

です．

　容積やプリント基板上の搭載面積からスイッチング周波数が決まるので，スイッチング周波数は任意に設定できません．入出力動作電圧も設計仕様で決定されています．したがって，スイッチング損失を減少させるには寄生/浮遊容量を減少させます．電源電圧が高い場合には，容量を共振回路に取り込むソフト・スイッチングの手法も有効です．

13-2　同期整流回路を使用する

● 同期整流回路とは

　降圧型コンバータの損失を**図13-1**で検討しました．ダイオードD_1の順方向電圧V_Dによる損失P_{VD}は0.504Wと最も大きくなっています．デューティ・サイクルDが小さくなると，P_{VD}はさらに増加します．受動スイッチD_1をパワーMOSFETによる能動スイッチに置き換えたのが，同期整流回路です．

　パワーMOSFETにはオン電圧はなく，オン抵抗r_{ON}だけがあります．**図13-2**に示すようにオン抵抗が低いパワーMOSFETを使用すると，SBD（ショットキー・バリア・ダイオード）のV_Fに対し，$i_D r_{ON}$は低くなって低損失になります．図は25℃の値であり，温度が上がるとパワーMOSFETのr_{ON}は上がり，SBDのV_Fは下がって，損失の差は小さくなります．

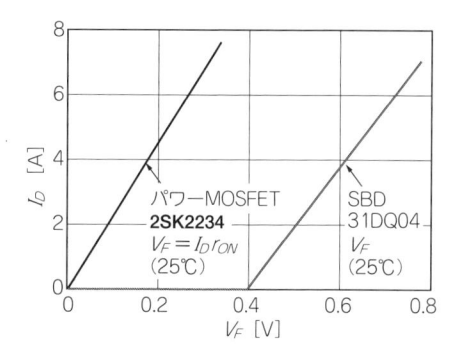

［図13-2］ 同期整流のほうがショットキー・バリア・ダイオード整流より電圧降下が小さい

実験で採用したオン抵抗46mΩ（25℃）の2SK2232では$I_{DRMS} = 1.68A_{RMS}$の条件で0.13Wと，SBDを使用したときの0.662Wに対して1/5弱になり，低損失化が図れます．

効率改善のため，他形式のコンバータにおいてもダイオードによる受動スイッチをパワーMOSFETによる能動スイッチに置き換えた同期整流回路が使用されています．

ただし，パワーMOSFETのオン抵抗は耐圧（V_{DSmax}）の約2.5乗に比例して大きくなるため，効率改善のための同期整流回路は数十V以下でしか使用されていません．

● 同期整流回路の問題点

図13-3に示すように，同期整流回路は入力電源V_{in}に対してTr_1とTr_2が直列に入っています．Tr_1とTr_2が同時にONすると大きな貫通電流が流れます．それを防止するため，Tr_1とTr_2のドライブ信号にはデッド・タイム（dead time）と呼ぶ休止期間を設けます．デッド・タイムはゲート・ドライブ信号が入ってから，ドレイン‐ソース間がON/OFFするまでの時間に対して，ある程度の余裕を見て設定します．

パワーMOSFETには製造上の理由により，ボディ・ダイオードと呼ばれる寄生ダイオードがドレイン‐ソース間に付加されています．このダイオードは一般整流ダイオードと同じ特性で，高速スイッチングには使用できません．

中／大出力電源用ICではパワーMOSFETを外付けしますが，デッド・タイム中でもインダクタ電流は流れますから，このときボディ・ダイオードが導通しないようにするため，V_Fの小さなSBDをドレイン‐ソース間に並列接続してインダクタ

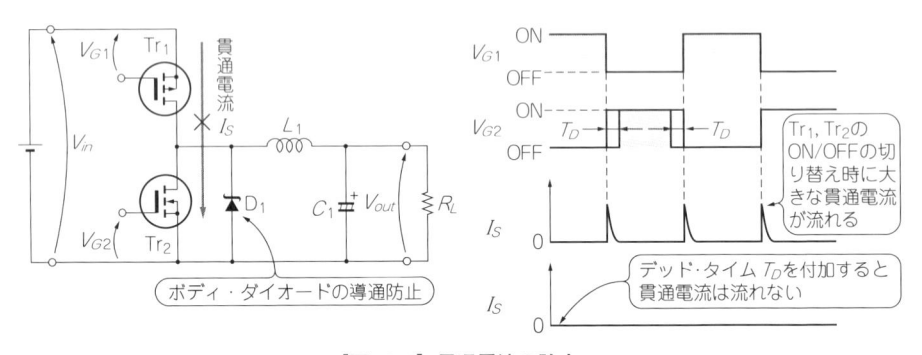

[図13-3] 貫通電流の防止

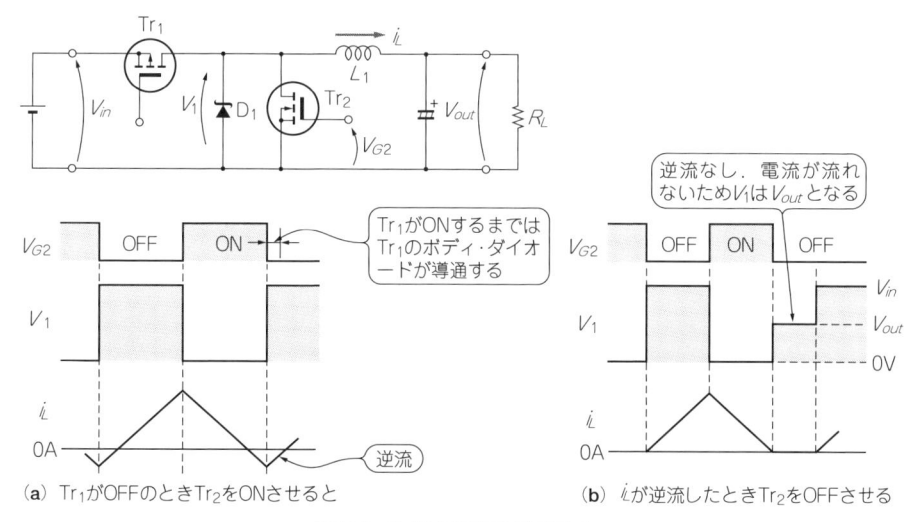

[図13-4] 軽負荷時の逆流防止

(a) Tr_1がOFFのときTr_2をONさせると
(b) i_Lが逆流したときTr_2をOFFさせる

電流を流します(**図13-3**).

パワーMOSFET内蔵の小/中出力電源用ICでは,動作タイミングを精密に制御することで,SBDなしでボディ・ダイオードを導通させないようにしています.

● 軽負荷時の問題点

図13-4において,同期整流回路のTr_2はTr_1がOFFのときにONするようにドライブしますが,インダクタ電流i_Lが不連続になると,i_Lは出力からTr_2へと逆流します.この逆流電流により,インダクタの抵抗ぶんr_Lとr_{ON}で損失を発生し,軽負荷時の効率低下を招きます.

これを防止するには,i_Lの方向を検出するのが簡単です.i_Lが逆流したらTr_2をOFFします.初期の同期整流用制御ICでは,i_Lの方向を検出するのにインダクタと直列に電流検出抵抗を入れて過電流保護と兼用していました.最近では,電流検出抵抗を不要にする種々の工夫が施された制御ICも出ています.

13-3　同期整流回路の実験

● 実験回路

12V入力,5V×2A＝10W出力の降圧型コンバータ実験回路を**図13-5**に示しま

す．パワー段の設計は第9章に従って行い，同期整流回路を追加しました．

追加する同期整流回路は，Tr_1とTr_2のドライブ信号にデッド・タイムを設けることと，逆流防止が必要です．

逆流防止付き同期整流器Tr_2のドライブ信号は，Tr_2とSBDの電流を巻き数比が1回(1次側)：150回(2次側)のCT (Current Transformer；変流器)で検出し，制御ICから出力されるメイン・スイッチTr_1のドライブ信号の反転とANDを取って作ったところ，Tr_1のOFFドライブ信号に対してTr_2のONドライブ信号は400ns遅

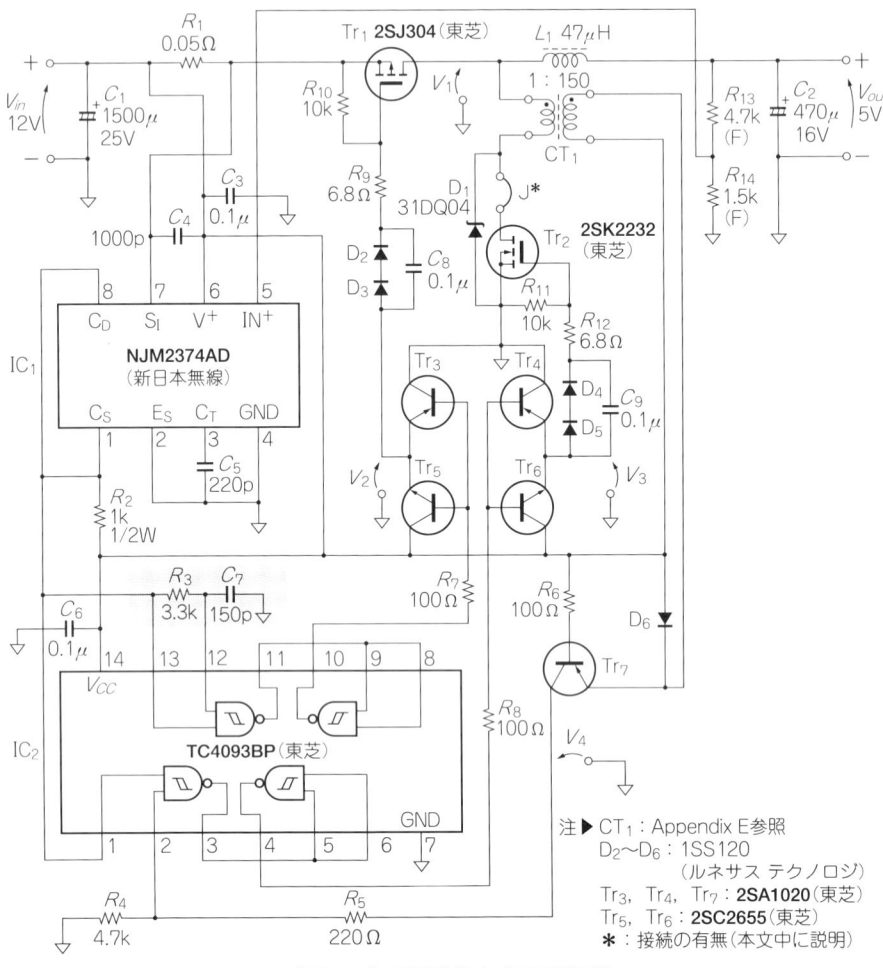

[図13-5] 同期整流方式の実験回路

れました.

そこで，Tr_2のOFFドライブ信号に対してTr_1のONドライブ信号を同じ程度に遅らせるよう，R_3とC_7をAND回路に付加したところ，600nsのデッド・タイムが確保できました．使用したTC4093BPでは，安定して遅らせられる時間はこの程度でした．

● 効率を比較する

図13-5の実験回路で同期整流回路の動作を見ます．図中のJ点の接続をはずして同期整流なしにしたときと，接続して同期整流ありにしたときの内部損失と効率の比較を行いました．

入力電圧を12V一定にして，出力電流を0～2Aまで変えたときの内部損失対出力電流特性が図13-6，効率対出力電流特性が図13-7です．出力電流を2A一定にして，入力電圧を7～18Vまで変えたときの内部損失対出力電流特性が図13-8，効率対出力電流特性が図13-9です．

図13-6を見ると，同期整流なしのSBD整流の損失は計算値の1.254Wに対して実測が1.22Wと，SBDの温度上昇を考慮すればほぼ一致すると言えます．SBD整流に対して同期整流は計算値で0.532Wの損失低下が期待できますが，実測値では0.344Wの低下になりました．この理由はTr_2のチャネル温度上昇によるオン抵抗上昇，ドライブ損失とデッド・タイム期間のSBD整流が考えられます．

図13-8を見ると，同期整流の最低損失は入力電圧9Vのときです．この理由は，入力電圧が低くなるとドライブ電圧も低くなってTr_2のオン損失が増加し，入力電圧が高くなるほどスイッチング損失が増加することから，実験回路では入力電圧

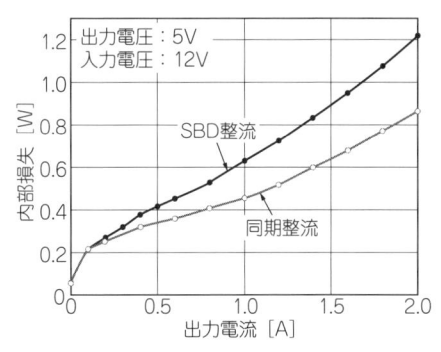

[図13-6] 出力電流による内部損失の変化

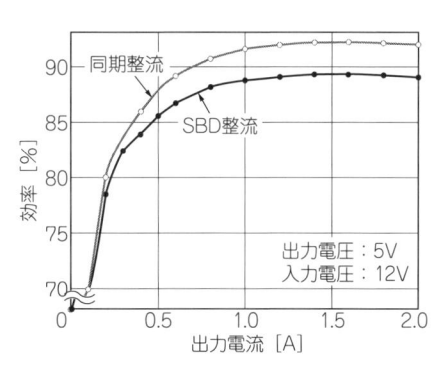

[図13-7] 出力電流による効率の変化

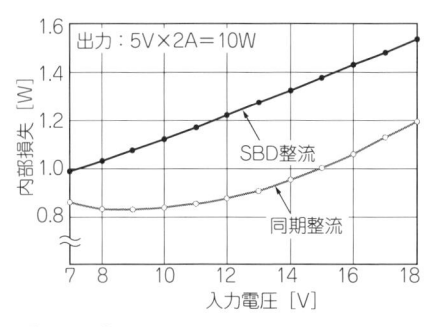

[図13-8] 入力電圧による内部損失の変化

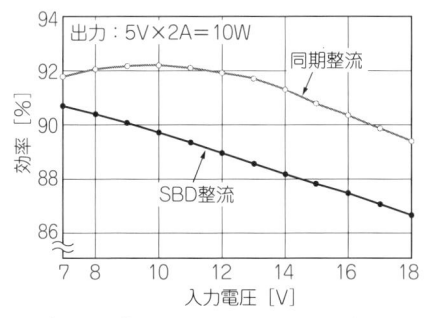

[図13-9] 入力電圧による効率の変化

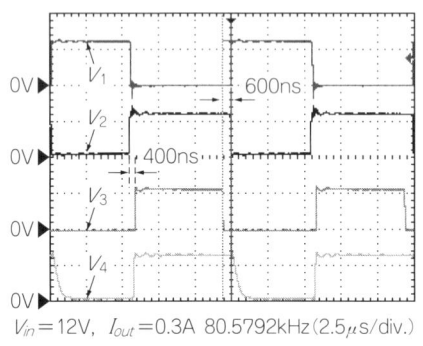

[写真13-1] ショットキー・バリア・ダイオード整流の動作波形（10V/div）

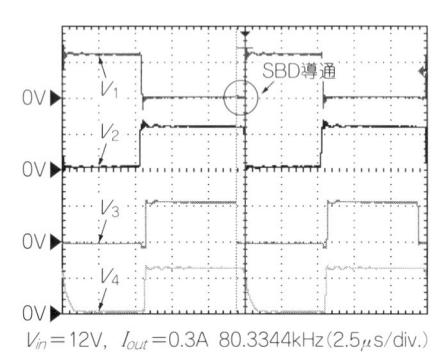

[写真13-2] 同期整流の動作波形（10V/div）

9Vのときに最低損失になると思われます．

　SBD整流のときの動作波形を**写真13-1**に示します．$V_1 \sim V_4$の電圧記号は**図13-5**のとおりです．デッド・タイムの確認はJを接続しないSBD整流のときに行いましたが，写真から400nsと600nsが確保できていることがわかります．

　同期整流のときの動作波形を**写真13-2**に示します．SBD整流の波形写真との区別は，デッド・タイムのときにV_1がSBDのV_Fぶんマイナスになることからわかります．

第13章
Appendix D
電源各部の損失の計算方法

　損失を計算するには，DC-DCコンバータを構成する部品一つ一つの消費電力を計算する必要があります．DC-DCコンバータ内部の電圧/電流には，直流成分にリプルとして交流成分が加算されていてわかりにくくなっています．ここでは，DC-DCコンバータで出てくる波形の平均値，実効値と電力を計算してみます．

● 平均値の計算方法
　電圧/電流信号の交流成分は，平均値がゼロの信号として定義されています．信号の平均値を求めると，それが直流成分です．定常状態のDC-DCコンバータでは，1スイッチング周期の平均値で表されます[**図D-1**の式(D-1)]．

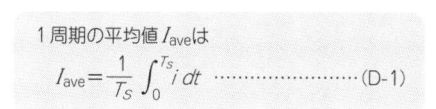

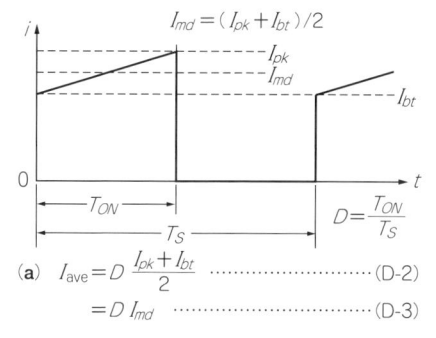

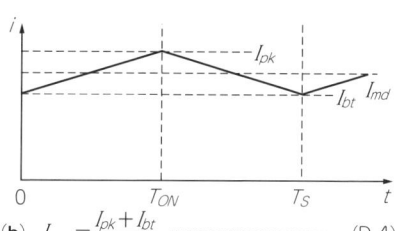

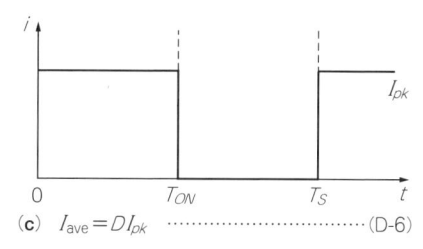

1周期の平均値 I_{ave} は

$$I_{ave} = \frac{1}{T_S} \int_0^{T_S} i\, dt \quad \cdots\cdots (D\text{-}1)$$

(a) $I_{ave} = D\dfrac{I_{pk}+I_{bt}}{2}$ $\cdots\cdots$ (D-2)

$\quad\quad = D\, I_{md}$ $\cdots\cdots$ (D-3)

$I_{md} = (I_{pk}+I_{bt})/2$

$D = \dfrac{T_{ON}}{T_S}$

(b) $I_{ave} = \dfrac{I_{pk}+I_{bt}}{2}$ $\cdots\cdots$ (D-4)

$\quad\quad = I_{md}$ $\cdots\cdots$ (D-5)

(c) $I_{ave} = D\, I_{pk}$ $\cdots\cdots$ (D-6)

[図D-1] いろいろな波形の平均値
平均値は定義より式(D-1)から求める

1周期の実効値 I_{RMS} は，

$$I_{RMS} = \sqrt{\frac{1}{T_S} \int_0^{T_S} i^2 \, dt} \quad \cdots\cdots (D\text{-}7)$$

(a) $I_{RMS} = I_{md}\sqrt{D\left(1+\dfrac{k^2}{12}\right)}$ ……(D-8)

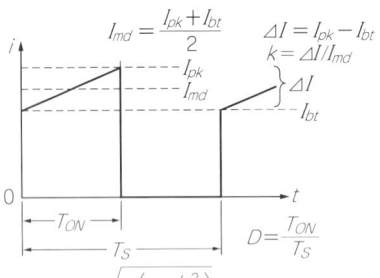

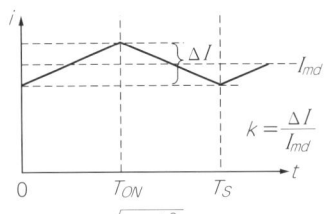

$I_{md} = \dfrac{I_{pk}+I_{bt}}{2}$
$\Delta I = I_{pk} - I_{bt}$
$k = \Delta I / I_{md}$
$D = \dfrac{T_{ON}}{T_S}$

(b) $I_{RMS} = I_{md}\sqrt{1+\dfrac{k^2}{12}}$ ……(D-9)

$k = \dfrac{\Delta I}{I_{md}}$

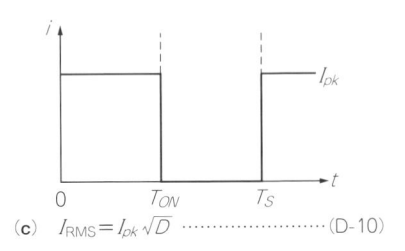

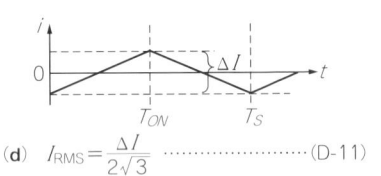

(c) $I_{RMS} = I_{pk}\sqrt{D}$ ……(D-10)

(d) $I_{RMS} = \dfrac{\Delta I}{2\sqrt{3}}$ ……(D-11)

(e) (b) と (d) より，直流ぶん I_{DC} と交流ぶん I_{AC} が加わった信号の実効値 I_{RMS} は，

$$I_{RMS} = \sqrt{I_{DC}^2 + I_{AC}^2} \quad \cdots\cdots (D\text{-}12)$$

[図D-2] いろいろな波形の実効値の計算式
実効値は定義より式(D-7)から求める

図D-1に，DC-DCコンバータで出てくる波形での平均値を示します．後述するように，平均値は直流電圧源の電力損失に関係します．

なお，振幅±1の正弦波信号の平均値は「$2/\pi \fallingdotseq 0.6366$」と言われますが，これは真の平均値（ゼロ）ではなく信号の絶対値を取ったときの平均値です．混乱する場合は「絶対平均値」と呼んで区別します．

● 実効値の計算方法

直流成分に交流成分が加算された信号は，平均値だけでは評価できず実効値も考える必要があります．実効値は，抵抗成分の電力損失に関係します．

定常状態のDC-DCコンバータでは1スイッチング周期で計算すれば実効値は求まりますから，**図D-2**の式(D-7)で計算します．

図D-2に，DC-DCコンバータで出てくる波形の実効値を示します．図(**b**)，(**d**)

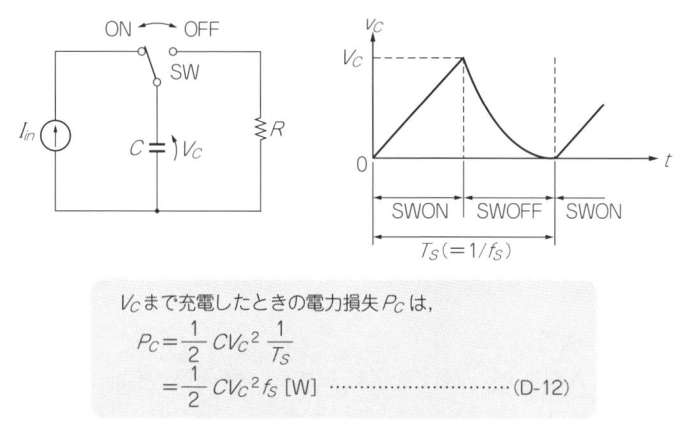

V_C まで充電したときの電力損失 P_C は,

$$P_C = \frac{1}{2} CV_C^2 \frac{1}{T_S}$$
$$= \frac{1}{2} CV_C^2 f_S \text{ [W]} \quad \cdots\cdots\cdots\cdots\cdots\cdots\cdots (\text{D-12})$$

(a) 定電流充電のとき

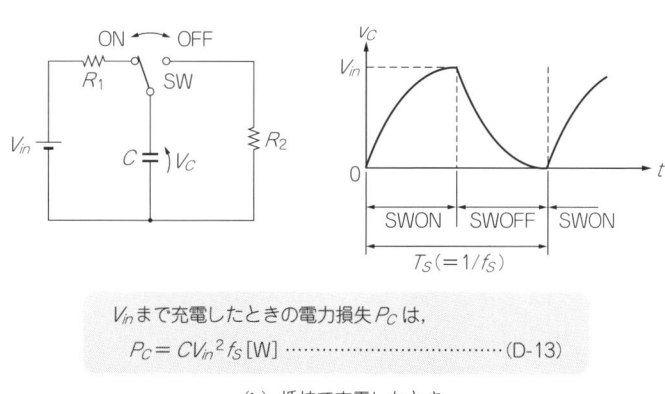

V_{in} まで充電したときの電力損失 P_C は,

$$P_C = CV_{in}^2 f_S \text{ [W]} \quad \cdots\cdots\cdots\cdots\cdots\cdots\cdots (\text{D-13})$$

(b) 抵抗で充電したとき

[図D-3] **容量の電力損失**
抵抗だけで充電すると定電流源で充電したときの2倍になる

のように信号が連続の場合,実効値は D によりません.このとき D で変わるのは信号に含まれる高調波成分です.

● **寄生容量の電力損失の計算**

寄生容量や浮遊容量の電力損失を**図D-3**に示します.定電流源に近似できるインダクタによって充電する場合は,抵抗によって充電するときの半分になります.

電力損失は,容量,コンデンサ端子電圧の変化ぶんとスイッチング周波数だけで決定され,抵抗値によりません.

● 電圧源の電力損失の計算

バイポーラ・トランジスタのオン電圧や整流ダイオードの順方向電圧のように，電圧源で近似される場合の電力損失は，図D-4の式(D-15)で表されます．式を見るとわかるように，電圧と1周期の電流平均値の積，すなわち(直流電圧)×(直流電流)となります．この値は直流電力そのもので，直流電源の入力電力と出力電力も同様です．交流成分(リプル)は抵抗損失だけに関係し，交流電力で言う無効電力と同様になります．

● ダイオードの等価回路

ダイオードの順方向等価回路は電圧源と抵抗の直列接続になります．図D-5に実験で使用しているショットキー・バリア・ダイオード31DQ04の順方向特性から得た等価回路を示します．

データシートでは，ダイオードの順方向特性は両対数グラフで示されていますが，これを直線軸に書き直して，0Aとの交点から電圧源の電圧を求め，電流-電圧特性の傾きから抵抗値を求めます．

この等価回路は25℃の特性であり，実使用時には温度上昇があって電圧源の電圧，抵抗値とも低下し損失も低下しますが，設計計算値に余裕を与えますから，25℃の特性を採用します．

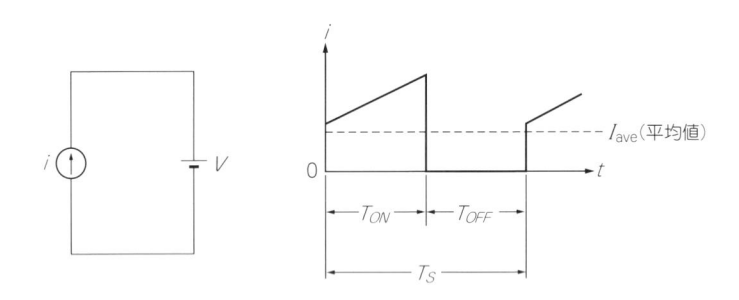

上右図のような波形の電流を電圧源に印加したときの電力損失 P_V は，

$$P_V = \frac{1}{T_S} \int_0^{T_S} iV\,dt \quad\cdots\cdots\cdots\cdots\text{(D-14)}$$

$$= V\left(\frac{1}{T_S} \int_0^{T_S} i\,dt\right)$$

$$= V I_{\text{ave}} \text{ [W]} \quad\cdots\cdots\cdots\cdots\text{(D-15)}$$

[図D-4] 電圧源の電力損失
定義式から求める

第19章(図19-3)で説明するように，使用しているショットキー・バリア・ダイオードには逆方向漏れ電流による逆方向損失があります．ここでは入力電圧が低く同期整流回路でも使用されているため計算は省略していますが，入力電圧が高い場合は，第19章を参考に計算する必要があります．

● パワーMOSFETの等価回路

ONしたときの等価回路はオン抵抗$R_{DS(ON)}$だけと考えます．

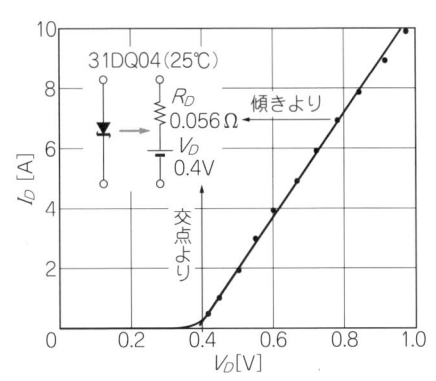

[図D-5] 31DQ04の順方向特性
データシートから順方向の等価回路を求める

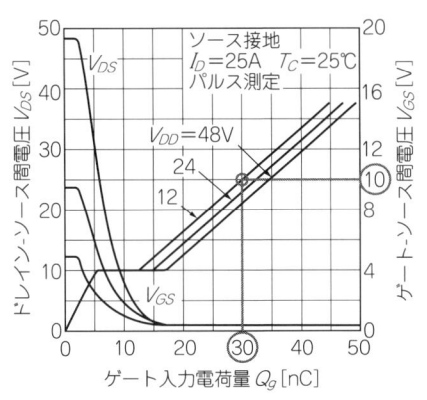

[図D-6$^{(73)}$] 2SK2232の入力電荷量
データシートのダイナミック入出力特性から求める

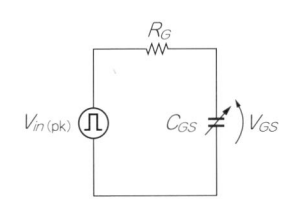

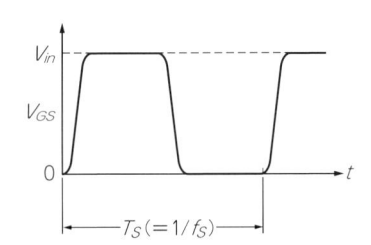

ドライブ損失P_Gは，
$$P_G = C_{GS}\ V_{in}^2/T_S\ (\because V_{GS}=V_{in})$$
$$= Q_g\ V_{in}\ f_S\quad [W]\ (\because Q_g=C_{GS}V_{GS}) \cdots\cdots (D-16)$$
2SK2232で$V_{in}=10V_{pk}$, $f_S=80kHz$のときは，
$P_G = 30nC \times 10V \times 80kHz = 0.024W$
2SJ304のときは，同様に，
$P_G = 35.5nC \times 10V \times 80kHz = 0.028W$

[図D-7] パワーMOSFETのドライブ損失
容量C_{GS}が変動して計算できないときは電荷を用いて損失を計算する

オン抵抗には温度特性があり，チャネル温度が150℃になるとデータシートの値（25℃のとき）の約2倍になります．設計では2倍の値を採用するのが一般的ですが，本文中では実験値との相関を見るため，データシートの最大値を採用しています．

● パワー MOSFET のドライブ損失の計算

パワー MOSFET のゲート入力部分はコンデンサ C_{GS} と考えられますが，C_{GS} の値は第19章で説明するように，大幅に変動して，損失の計算には適用できません．そこで，データシートの「ダイナミック入出力特性」から，**図D-6**に示すようにゲート入力電荷量 Q_g を求め，**図D-7**のように Q_g を用いてドライブ損失を求めます．

第14章

【成功のかぎ14】
高効率DC-DCコンバータ用IC
実用的な同期整流回路を実現できる

前章ではMOSFETによる同期整流回路の実験を行い，ダイオードを使用する場合に比べて高効率になることを確認しました．ここでは，簡単に設計/製作できる実用的な同期整流回路を紹介します．

取り上げるコンバータは降圧型，昇圧型と昇降圧型ですが，いずれも高効率であり，低損失の特長を生かしてコンパクトなサイズにまとめられています．紹介する昇圧型コンバータは，起動入力電圧が0.5V，動作入力電圧が0.3Vとダイオードの順方向電圧にマスクされてしまうような低電圧動作が可能となっています．

前章の実験では動作を見るため，基本的なDC-DCコンバータ制御ICに多量の外付け部品で同期整流回路を構成しました．最近の電源用ICは，外部に数点の外付け部品を追加してICメーカの技術資料どおりに組み立てれば，だれでも容易に電源の製作ができます．

ただし，最近の電源用ICはメーカも品種も多すぎて，最適な選択は専門家以外では不可能に近いと思われます．また，ほとんどが裏面に放熱パッドの付いた超小型面実装外形ですから，簡単に実験できません．実際の機器設計においては各メーカと相談のうえ，評価基板で実験して決定するのがよいでしょう．

14-1 最高スイッチング周波数4MHzの同期整流降圧型コンバータLTC3561

● LTC3561の特徴

　LTC3561はリニアテクノロジー製の同期整流降圧型コンバータICで，メイン・スイッチとしてPチャネル・パワーMOSFET（オン抵抗0.11Ω），同期整流器としてNチャネル・パワーMOSFET（オン抵抗0.11Ω）を内蔵し，ピーク電流定格は両者とも$1.4A_{pk}$です．

　スイッチング周波数は外部同期が可能で，最大4MHzまで設定できます．外付け部品は，出力電圧を設定する抵抗，小型で安価なインダクタとセラミック・チップ・コンデンサ(MLCC；Multi-Layer Ceramic Capacitor)だけで，小型/高性能な電

源が簡単に製作できます.

入力電圧範囲は2.63〜5.5V, 出力電圧は0.8〜5Vの範囲で調整可能です.

入力電圧が低下したときにPチャネル・パワーMOSFETが連続的にONします.

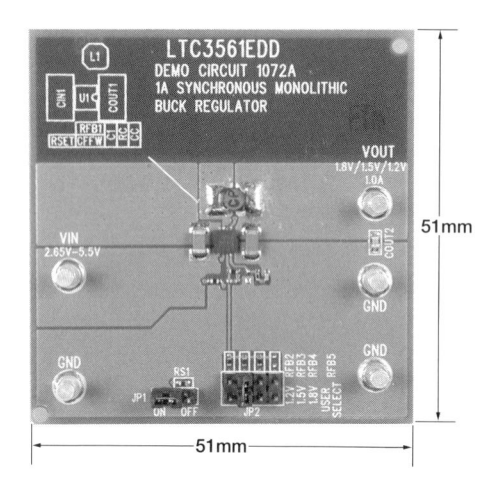

[写真14-1] LTC3561評価基板の外観
(LTC3561EDD, リニアテクノロジー)

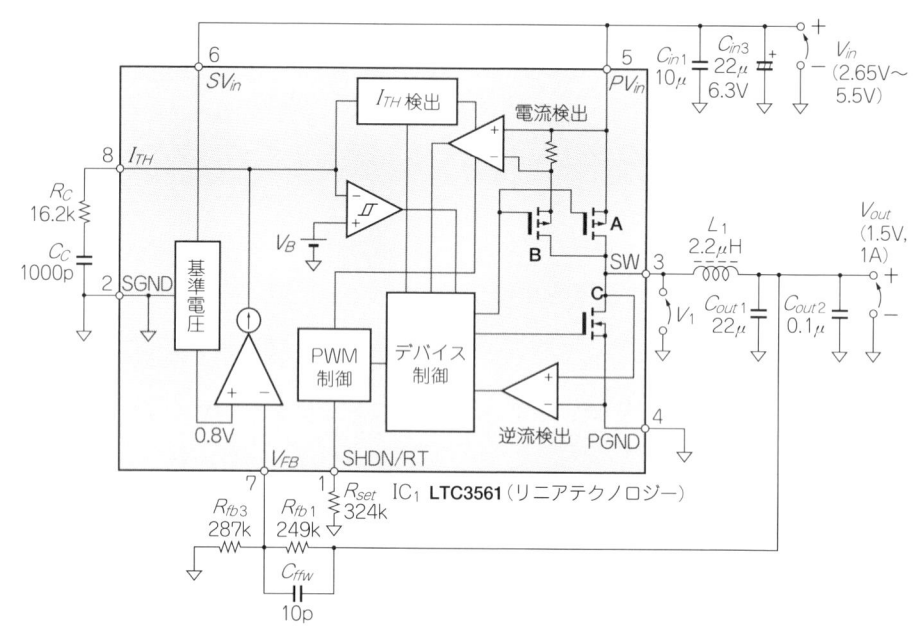

[図14-1[(54)]] LT3561の実験回路

(100％デューティ・サイクル)．無負荷時の消費電流はわずか240μAで，シャットダウン時の消費電流は1μA以下です．

● **実験回路**

実験は，評価基板「LTC3561EDD」を用いて行いました．LTC3561は，3×3mmの8ピンDFNパッケージ(裏面放熱パッド付き)に収められているため，専用基板がないと動作チェックができません．評価基板は**写真14-1**に示すように，51×51mmと大きくなっていますが，部品実装部分は10×13mmと小さくなっています．

図14-1に出力電圧1.5Vの降圧型コンバータ回路を示します．出力電圧はR_{fb1}，R_{fb3}により設定可能で，スイッチング周波数はR_{set}により設定可能です．

● **特性**

メーカ発表のデータシートより，特性例を**図14-2**に抜粋します．実際に動作させたときの波形を，**写真14-2**，**写真14-3**に示します．

写真14-2は入力電圧3V，出力電圧1.5V，出力電流1Aのときの動作波形で，動作スイッチング周波数は約1MHzになっています．写真から内部Pチャネル・パワーMOSFETがOFFからONに切り替わる直前に，同期整流器(Nチャネル・パワーMOSFET)がOFFし，これのボディ・ダイオードが導通しているのがわかりますが，波形からはダイオードの逆回復による悪影響はほとんどないようです．

写真14-3は負荷以外は同じ条件で，負荷電流を0A⇔1Aと500Hzでスイッチングしたときの波形です．出力変動は＋40mV，－60mVとなっています．

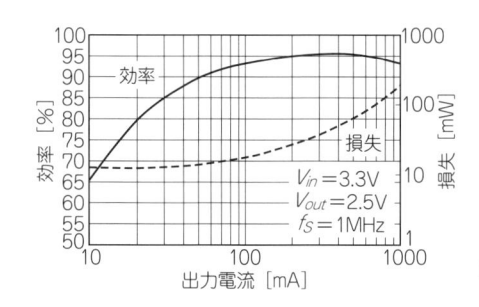

[図14-2[53]] LTC3561の効率・損失特性

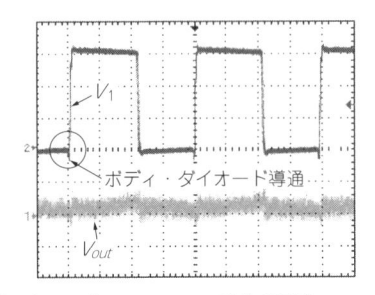

[写真14-2] LTC3561の動作波形（V_1：1V/div, V_{out}：20mV/div, 250ns/div）
V_{in} = 3V, V_{out} = 1.5V, I_{out} = 1A

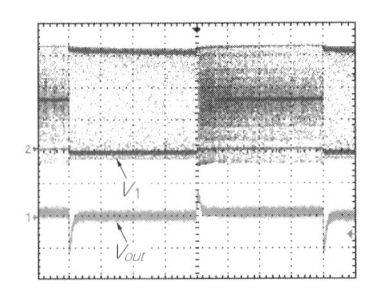

[写真14-3] LTC3561で負荷が変化したときの動作波形（V_1：1V/div, V_{out}：50mV/div, 250μs/div）
V_{in} = 3V, V_{out} = 1.5V, I_{out} = 0A⇔1Aスイッチング

14-2　0.3Vから動作する同期整流昇圧型コンバータTPS61200

● TPS61200の特徴

　TPS61200はテキサス・インスツルメンツ製の同期整流昇圧型コンバータICで，メイン・スイッチとしてNチャネル・パワーMOSFET（オン抵抗0.15Ω），同期整流器としてNチャネル・パワーMOSFET（オン抵抗0.18Ω）を内蔵しています．動作周波数は1.4MHz固定ですが，低電力出力時のパワー・セーブ（PS）・モードでは間欠動作により高効率を維持します．外付け部品は，出力電圧を設定する抵抗，小型で安価なインダクタとセラミック・チップ・コンデンサだけで，小型/高性能な電源が簡単に製作できます．

　TPS61200が想定している入力電源は，1～3セルのアルカリ乾電池，ニカド/ニッケル水素蓄電池，または1セルのリチウム・イオン/リチウム・ポリマ蓄電池です．また，動作最低入力電圧が0.3Vですから，低入力電圧での処理能力が重要となる燃料電池および太陽電池で駆動される機器でも使用できます．

　出力可能な電流は入力と出力の電圧比に依存しますが，1セルのリチウム・イオン/リチウム・ポリマ蓄電池使用時には，電池電圧が2.5Vに低下するまで5V・600mAの出力を負荷に供給することができます．

　TPS61200の簡単な内部ブロック図を，実験回路の**図14-3**中に示します．これを見ると，同期整流器Cにスイッチ Bが直列に入っていて，異常時に従来の昇圧型コンバータでは不可能な入出力の遮断が行えます．また，スイッチBは入力電圧が出力電圧よりも高いときには，リニア・レギュレータの直列制御トランジスタとし

[図14-3^(42)] TPS61200の実験回路

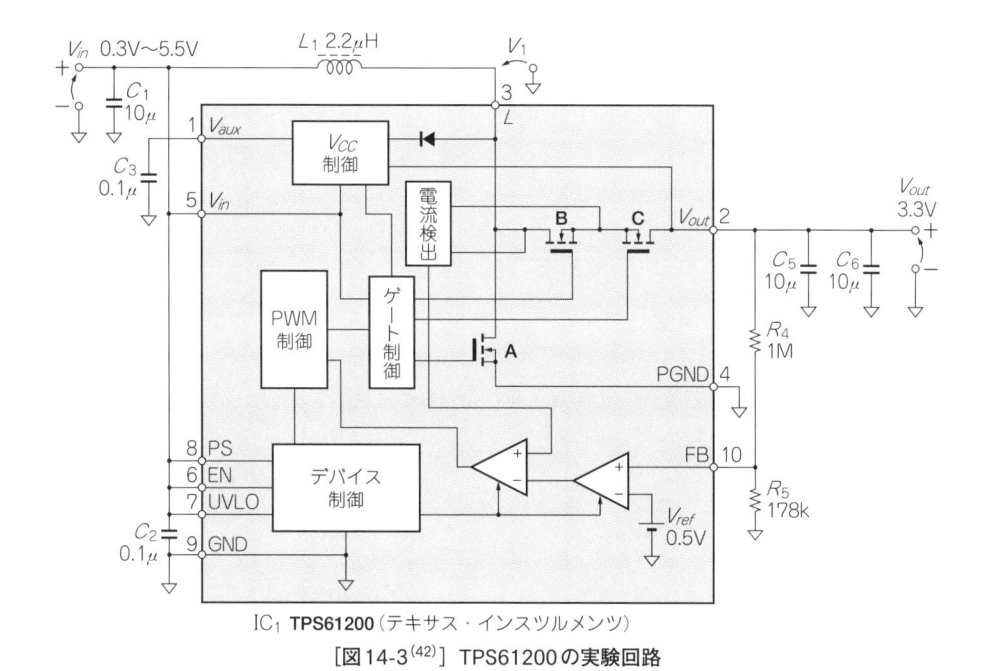

[写真14-4] TPS61200評価基板の外観
（TPS61200EVM-179，テキサス・インスツルメンツ）

て動作します（ただし損失に注意）．

● 実験回路

　実験は，評価基板「TPS61200EVM - 179」を使用して行いました．TPS61200は，3×3mmの10ピンQFNパッケージ（裏面放熱パッド付き）に収められています．評価基板は**写真14-4**に示すように29×33mmと小さく，部品実装部分は13

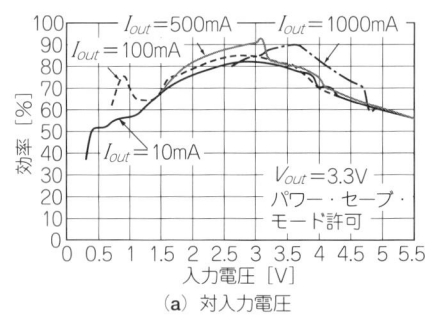

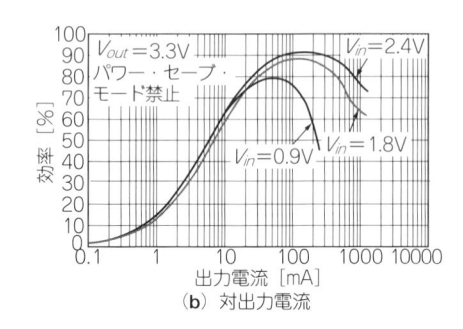

[図14-4(41)] TPS61200の効率特性
(a) 対入力電圧
(b) 対出力電流

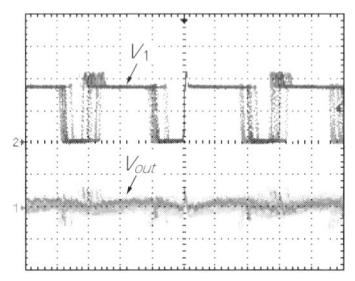

[写真14-5] TPS61200の昇圧時の動作波形
(V_1：2V/div, V_{out}：50mV/div, 250ns/div)
V_{in} = 2.5V, V_{out} = 3.3V, I_{out} = 0.5A

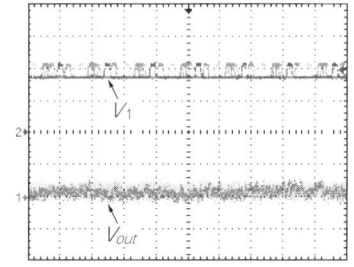

[写真14-6] TPS61200の降圧時の動作波形
(V_1：2V/div, V_{out}：20mV/div, 500ns/div)
V_{in} = 3.5V, V_{out} = 3.3V, I_{out} = 0.5A

×19mmとさらに小さくなっています．

　実験回路を図14-3に示します．出力電圧はR_4, R_5により設定可能で，6ピン（EN）をグラウンドに接続すれば動作停止して，漏洩電流は2.5μA以下になり，スイッチBがOFFして入出力は切り離されます．8ピン（PS）をグラウンドに接続すればパワー・セーブ・モードになります．実験ではこれらの特殊機能は使用していません．

● 特性

　メーカ発表のデータシートより，特性例を図14-4に抜粋します．出力電圧3.3V，出力電流0.5Aの条件で実際に動作させたときの波形を写真14-5，写真14-6に示します．

　写真14-5は入力電圧2.5Vのときの波形で，動作スイッチング周波数は約1.3MHzになっています．写真14-6は入力電圧3.5Vのときの波形です．

　写真14-6では昇圧ではなく降圧させるため，リニア・レギュレータとして動作

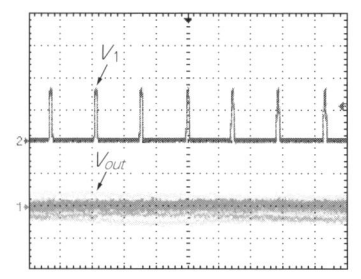

[写真14-7] TPS61200の低電圧入力時の動作波形（V_1：2V/div, V_{out}：20mV/div, 500ns/div）
V_{in} = 0.3V, V_{out} = 3.3V, I_{out} = 20mA

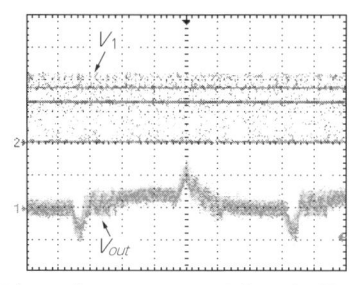

[写真14-8] TPS61200の出力リプル電圧の変動（V_1：2V/div, V_{out}：50mV/div, 2.5ms/div）
V_{in} = 0.3V, V_{out} = 3.3V, I_{out} = 20mA

していて，出力リプル電圧は小さくなっています．面白いのはV_1の波形で，スイッチBを直列制御トランジスタとして動作させるゲート駆動電圧を確保するため，スイッチングしています．

　写真14-5のジッタが見える波形はインダクタ電流が不連続になって，動作が間欠的になっていることを示しています．

　写真14-7，写真14-8は入力電圧0.3V，出力電圧3.3V，出力電流20mAのときの波形です．写真14-7で出力リプル電圧が低周波で変動しているため，写真14-8のように水平掃引周波数を遅く（2.5ms/div）したところ，リプル周波数はAC電源周波数になっていました．これは試験用の電源が原因で，0V近傍で動作させるには両極性の出力が可能なバイポーラ電源が望ましいと言えます．電池動作ではこのようなことはありません．

14-3　最大効率96%の同期整流昇降圧型コンバータTPS63000

● TPS63000の特徴

　TPS63000はテキサス・インスツルメンツ製の同期整流昇降圧型コンバータICで，動作周波数は1.5MHz固定ですが，低電力出力時のパワー・セーブ・モードでは間欠動作により高効率を維持します．外付け部品は，出力電圧を設定する抵抗，小型で安価なインダクタとセラミック・チップ・コンデンサだけで，小型/高性能な電源が簡単に製作できます．

　TPS63000が想定している入力電源は，複数セルのアルカリ乾電池，ニカド/ニッケル水素蓄電池，または1セルのリチウム・イオン/リチウム・ポリマ蓄電池です．

　出力可能な電流はやはり入力と出力の電圧比に依存しますが，1セルのリチウム・

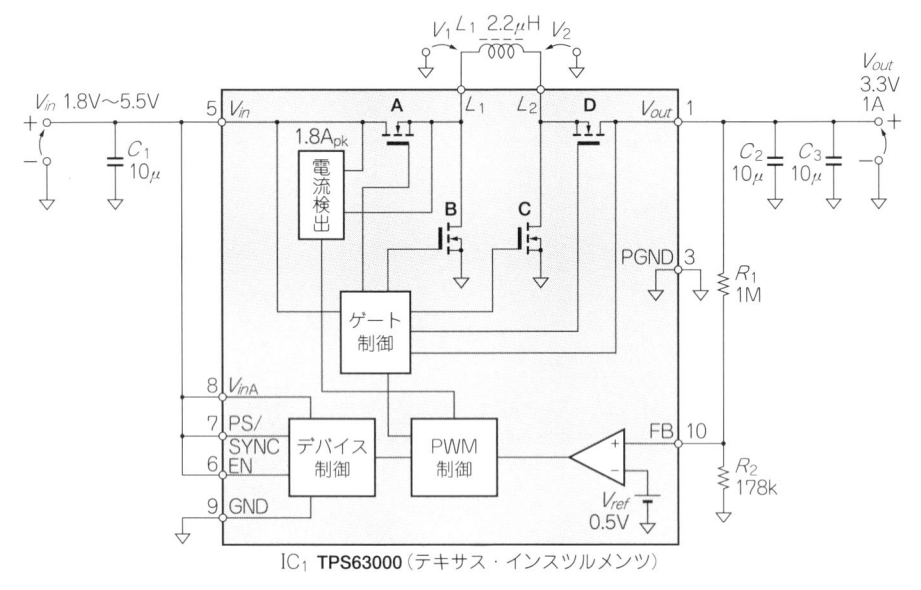

[図14-5(44)] TPS63000の実験回路

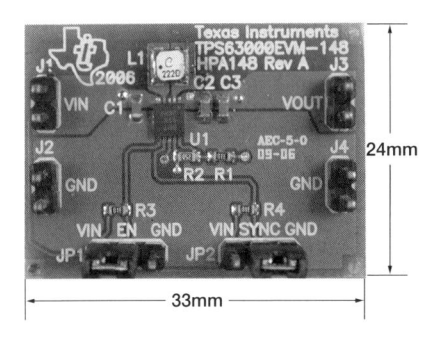

[写真14-9] TPS63000評価基板の外観
（TPS63000EVM-148，テキサス・インスツルメンツ）

　イオン／リチウム・ポリマ蓄電池使用時には，電池電圧が2.5V以下に低下するまで，3.3V・800mAの出力を負荷に供給することができます．

　TPS63000の簡単な内部ブロック図を実験回路の**図14-5**中に示します．内部のスイッチ素子としてNチャネル・パワーMOSFET（オン抵抗0.1Ω）を4個，いわゆる「Hブリッジ接続」としています．左側レッグは降圧型コンバータ用で，メイン・スイッチAに同期整流器Bが接続されています．右側レッグは昇圧型コンバータ用で，メイン・スイッチCに同期整流器Dが接続されています．

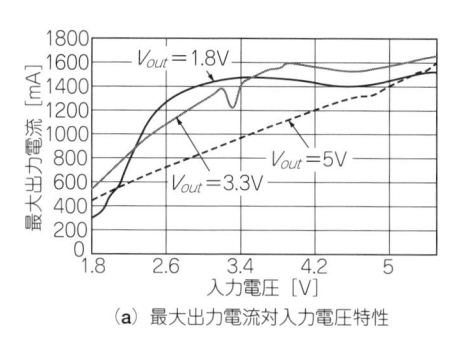

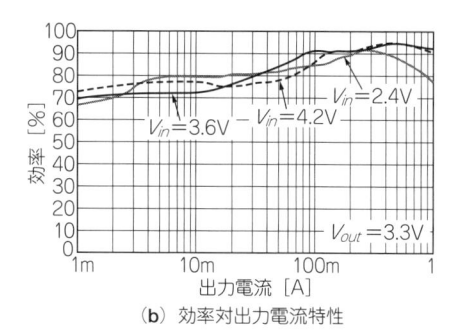

[図14-6⁽⁴³⁾] TPS63000の出力電流・効率特性

(a) 最大出力電流対入力電圧特性
(b) 効率対出力電流特性

● 実験回路

　実験は，評価基板「TPS63000EVM-148」を使用して行いました．TPS63000は3×3mmの10ピンQFNパッケージ（裏面放熱パッド付き）に収められています．評価基板は**写真14-9**に示すように24×33mmと小さく，部品実装部分は10×11mmとさらに小さくなっています．

　実験回路を**図14-5**に示します．出力電圧はR_1，R_2により設定可能で，ENピンをグラウンドに接続すれば動作停止して，消費電流は50μA以下になります．PS/SYNCピンをグラウンドに接続すればパワー・セーブ・モードになり，クロック信号を与えれば外部同期動作に移行します．実験ではこのような特殊機能は使用していません．

● 特性

　メーカ発表のデータシートより，特性例を**図14-6**に抜粋します．出力電圧3.3V，出力電流0.8Aの条件で実際に動作させたときの波形を**写真14-10**，**写真14-11**，**写真14-12**に示します．波形写真でV_1は降圧型コンバータ部分のスイッチング波形，V_2は昇圧型コンバータ部分のスイッチング波形です．

　写真14-10は入力電圧3Vのときの波形で，動作スイッチング周波数は約1.33MHzになっています．**写真14-11**は入力電圧3.4Vのときの波形で，**写真14-12**は入力電圧4Vのときの波形です．入力電圧の上昇に伴い昇圧型コンバータと降圧型コンバータが必要に応じて動作し，$V_{in} \fallingdotseq V_{out}$のときは両者が交互に動作していることがわかります．

　写真14-13は，入力電圧3.4Vのときに負荷電流を0A⇔0.8Aとスイッチしたときの波形で，出力変動は600mV$_{\text{P-P}}$と大きくなっています．

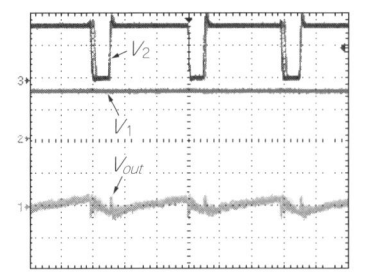

[写真14-10] TPS63000の昇圧時の動作波形
(V_1, V_2：2V/div, V_{out}：50mV/div, 250ns/div)
V_{in} = 3V, V_{out} = 3.3V, I_{out} = 0.8A

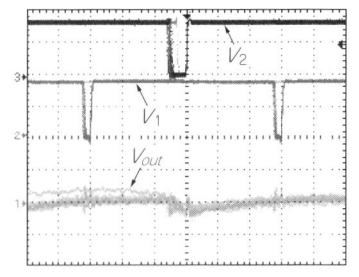

[写真14-11] TPS63000で昇圧/降圧の交互動作時の波形(V_1, V_2：2V/div, V_{out}：50mV/div, 250ns/div)
V_{in} = 3.4V, V_{out} = 3.3V, I_{out} = 0.8A

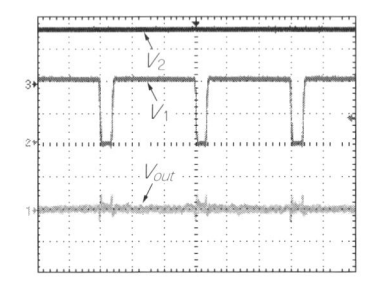

[写真14-12] TPS63000の降圧時の動作波形
(V_1, V_2：2V/div, V_{out}：50mV/div, 250ns/div)
V_{in} = 4V, V_{out} = 3.3V, I_{out} = 0.8A

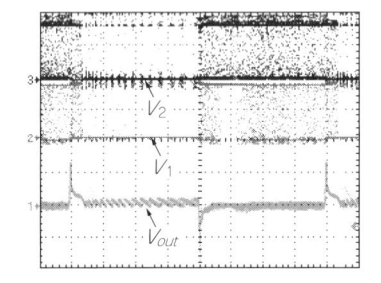

[写真14-13] TPS63000で負荷が変化したときの動作波形(V_1, V_2：2V/div, V_{out}：200mV/div, 250μs/div)
V_{in} = 3.3V, V_{out} = 3.4V, I_{out} = 0A⇔0.8Aスイッチング

14-4 2A連続出力/広入力電圧範囲の同期整流昇降圧型コンバータLTC3533

● LTC3533の特徴

　LTC3533はリニアテクノロジー製の同期整流昇降圧型コンバータICで，動作周波数は2MHzまで設定可能であり，低電力出力時には間欠動作のバースト・モードにより高効率を維持します．外付け部品は，出力電圧を設定する抵抗，小型で安価なインダクタとセラミック・チップ・コンデンサだけで，小型/高性能な電源が簡単に製作できます．

　LTC3533は降圧，昇降圧，昇圧の3モード間をなめらかに移行するため，出力電圧は入力電圧の広い範囲で変動がほとんどありません．

　LTC3533は1.8～5.5Vの入力電圧範囲をもち，複数セルのアルカリ乾電池，ニ

カド/ニッケル水素蓄電池，または1セルのリチウム・イオン/リチウム・ポリマ蓄電池で動作する携帯用電子機器の電源に最適です．

　出力可能な電流は入力と出力の電圧比に依存しますが，1セルのリチウム・イオン/リチウム・ポリマ蓄電池使用時には，電池電圧が2.5V以下に低下するまで，3.3V・800mAの出力を負荷に供給することができます．

　LTC3533の内部ブロック図を実験回路の図14-7中に示します．内部のスイッチ素子としてNチャネル・パワーMOSFET（オン抵抗60mΩ）2個を下側に，Pチャネル・パワーMOSFET（オン抵抗80mΩ）2個を上側にしてHブリッジ接続しています．左側レッグは降圧型コンバータ用で，メイン・スイッチAに同期整流器Bが接続されています．右側レッグは昇圧型コンバータ用で，メイン・スイッチCに同期整流器Dが接続されています．

　N-MOSだけで構成したTPS63000と違って，N-MOSとP-MOSでHブリッジを構成した理由は不明ですが，一般的には，N-MOSに対してP-MOSはキャリア移動度が約1/3ですから，同一のオン抵抗を実現するにはP-MOSはN-MOSの3倍の面積が必要で，コストアップを招きます．利点は，P-MOSのゲート駆動電圧は電源ないし出力電圧以下になることです．

　上側N-MOSのゲート駆動電圧は電源ないし出力電圧よりも高くなり，この電圧を発生させるためには，TPS612000の降圧リニア・レギュレータ動作と同様な無駄なスイッチングが必要です．入力電源や負荷の過渡的変動や動作停止からの起動特性を考えると，どちらが優れているかはアプリケーションを特定して評価する以外にありません．

● 実験回路

　実験は，評価基板「LTC3533EDE」を使用して行いました．LTC3533は3×4mmの14ピンDFNパッケージ（裏面放熱パッド付き）に収められています．評価基板は写真14-14に示すように，63×63mmと大きくなっていますが，部品実装部分は12×16mmと小さくなっています．

　図14-7に出力電圧3.3Vの昇降圧型コンバータ回路を示します．スイッチング周波数を約1MHzに設定してあります．出力電圧はR_2，R_3により設定可能で，ここでは3.3Vにしてあります．ソフト・スタートは設定可能ですが，多機能なバースト・モードとともに評価基板の初期設定の状態で使用しています．

　評価基板には，データシートの標準回路例にないスナバ（C_1，R_1）とボディ・ダイオードを導通させないためのショットキー・バリア・ダイオード（D_1，D_2，D_3）

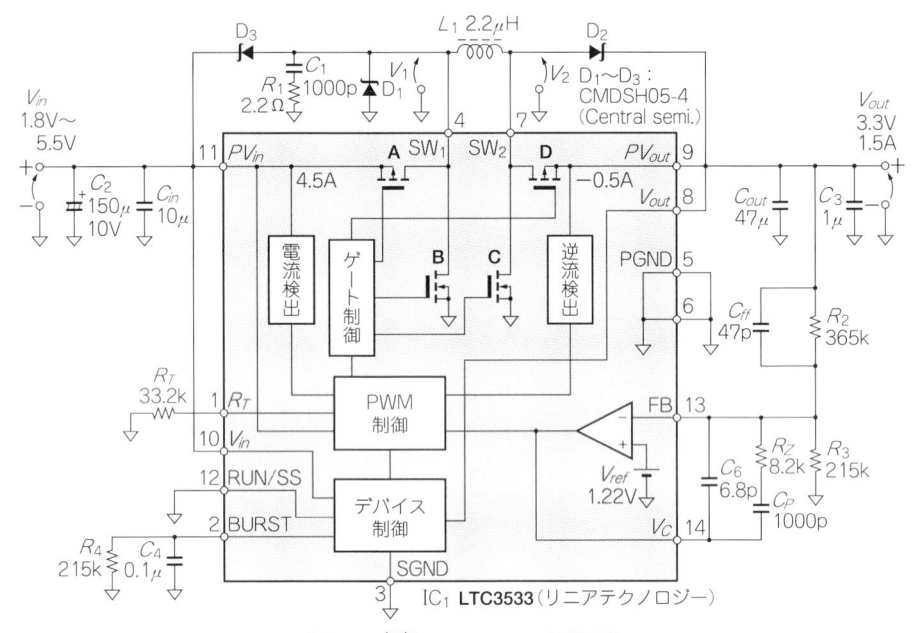

[図14-7(52)] LTC3533の実験回路

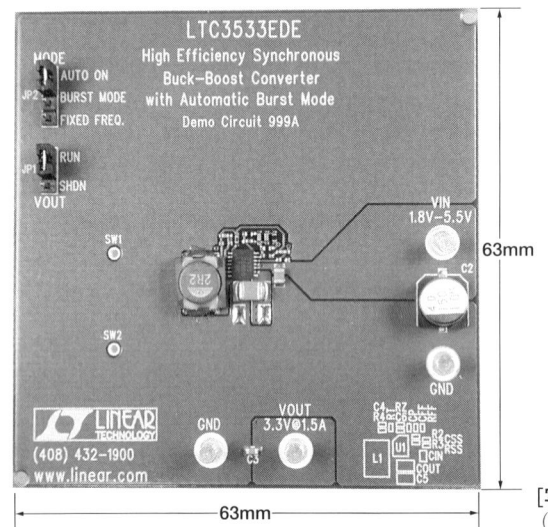

[写真14-14] LTC3533評価基板の外観
（LTC3533EDE，リニアテクノロジー）

が付いています．これらはなくても動作するはずですが，付けたままで実験しました．

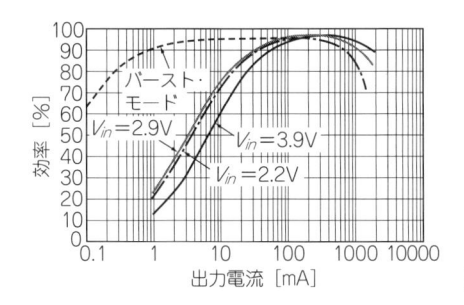

[図14-8$^{(51)}$] LTC3533の効率特性

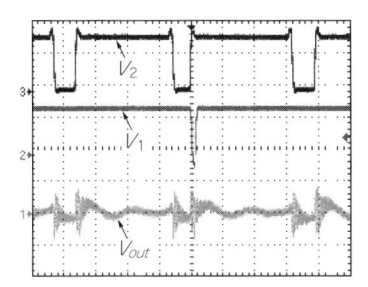

[写真14-15] LTC3533の昇圧時の動作波形
(V_1, V_2：2V/div，V_{out}：50mV/div，250ns/div)
V_{in} = 3V，V_{out} = 3.3V，I_{out} = 0.8A

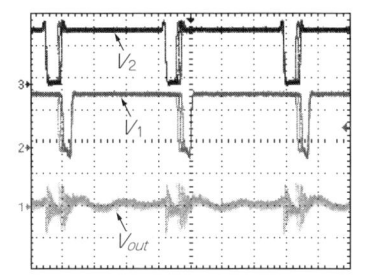

[写真14-16] LTC3533で昇圧/降圧の交互動作時の波形(V_1, V_2：2V/div，V_{out}：50mV/div，250ns/div)
V_{in} = 3.4V，V_{out} = 3.3V，I_{out} = 0.8A

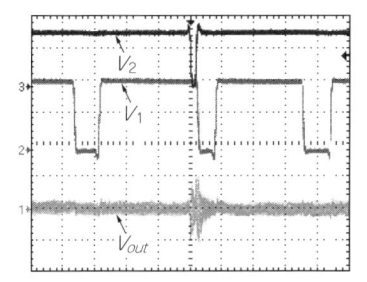

[写真14-17] LTC3533の降圧時の動作波形
(V_1, V_2：2V/div，V_{out}：50mV/div，250ns/div)
V_{in} = 4V，V_{out} = 3.3V，I_{out} = 0.8A

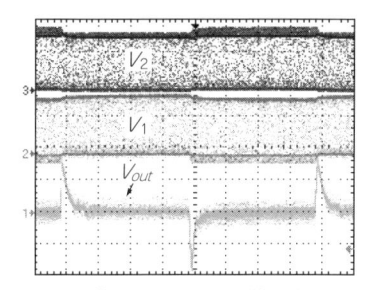

[写真14-18] LTC3533で負荷が変化したときの動作波形(V_1, V_2：2V/div，V_{out}：100mV/div，250μs/div)
V_{in} = 3.4V，V_{out} = 3.3V，I_{out} = 0.A⇔0.8Aスイッチング

● 特性

　メーカ発表のデータシートより，特性例を**図14-8**に抜粋します．出力電圧3.3V，出力電流0.8Aの条件で実際に動作させたときの波形を**写真14-15**，**写真14-16**，**写真14-17**に示します．

　写真14-15は入力電圧3Vのときの波形です．**写真14-16**は入力電圧3.4Vのと

きの波形で，動作スイッチング周波数は約1MHzになっています．**写真14-17**は入力電圧4Vのときの波形です．入力電圧の上昇に伴い昇圧型コンバータと降圧型コンバータの動作の割合が変化し，$V_{in} \fallingdotseq V_{out}$のときは両者が同じ割合で動作していることがわかります．

写真14-18は，入力電圧3.4Vのときに負荷電流を0A⇔0.8Aとスイッチしたときの波形で，出力変動は336mV_{P-P}とTPS63000の約半分になっています．これは，昇圧と降圧モードの動作範囲を広くした影響と思われます．

● TPS63000とLTC3533

TPS63000と比べるとLTC3533は大出力可能になっていますが，そのほかの仕様はよく似ています．しかし，昇圧，昇降圧，降圧のモード切り替え，内蔵のMOSFETなど，設計は異なっています．また，バースト（パワー・セーブ）モードの出力電流対効率特性はLTC3533が優れています．いずれにしろ，どちらが優れているかはアプリケーションを特定して評価する以外にありません．

第15章

【成功のかぎ15】
DC-DCコンバータを安定に動作させる
負帰還安定度の考察と位相補償の方法

　直流定電圧電源の目的は，負荷となる電子回路に安定な直流電圧を供給することです．出力電圧を安定化するには負帰還をかけます．DC-DCコンバータ（スイッチング・レギュレータ）の場合，内部にインダクタ L をもち，出力にはコンデンサ C が付加されます．1段 LC フィルタの場合，位相は最大180°遅れます．そのほかの遅れ要素もありますから，負帰還ループの位相補償が不十分な場合には不安定になることもあります．ここでは降圧型コンバータを例に，どうすれば安定な直流電圧を出力できるのかを考察します．

15-1　発振してしまう理由

　発振の条件については第5章で取り上げましたが，重要なのでDC-DCコンバータに即して再度確認します．

● 発振の条件…$A\beta = -1$

　直流定電圧電源は図15-1(a)に示すように，三角形のパワーOPアンプで表せるゲイン A の電力制御回路と基準電圧 V_{ref}，帰還率 β の帰還回路で構成されます．パワーOPアンプの内部回路が，リニア・レギュレータはリニア・アンプ，スイッチング・レギュレータはD級アンプになっていると考えられます．

　負帰還によりゲインは V_{out}/V_{ref} と適切に設定され，発振の原因は一般の増幅回路と同じです．

　増幅回路の発振原因は，ループ・ゲインと呼ぶ負帰還ループを1巡したゲインの周波数特性で考察します．発振は交流で起きますから，直流基準電圧 V_{ref} は交流では短絡されていると考えます．

　図15-1(a)でX点を切り離し，帰還回路に出力電圧 V_{out} の代わりに V_{out1} を与えて，ループ・ゲインを求めます．図で示すように，帰還ループを1巡した出力信号

[図15-1] の図注：

(a) ブロック図
- 交流ではショートと同じ
- 切り離して考える
- パワーOPアンプ
- 帰還回路
- 仮に与える V_{out1}

上図のX点を切り離して考えると，
$V_{out} = \beta V_{out1}(-A)$

∴ $\dfrac{V_{out}}{V_{out1}} = -A\beta$

$-A\beta$ は1巡伝達関数でありループ・ゲインと呼ぶ．
発振するときは，

$\dfrac{V_{out}}{V_{out1}} = 1$

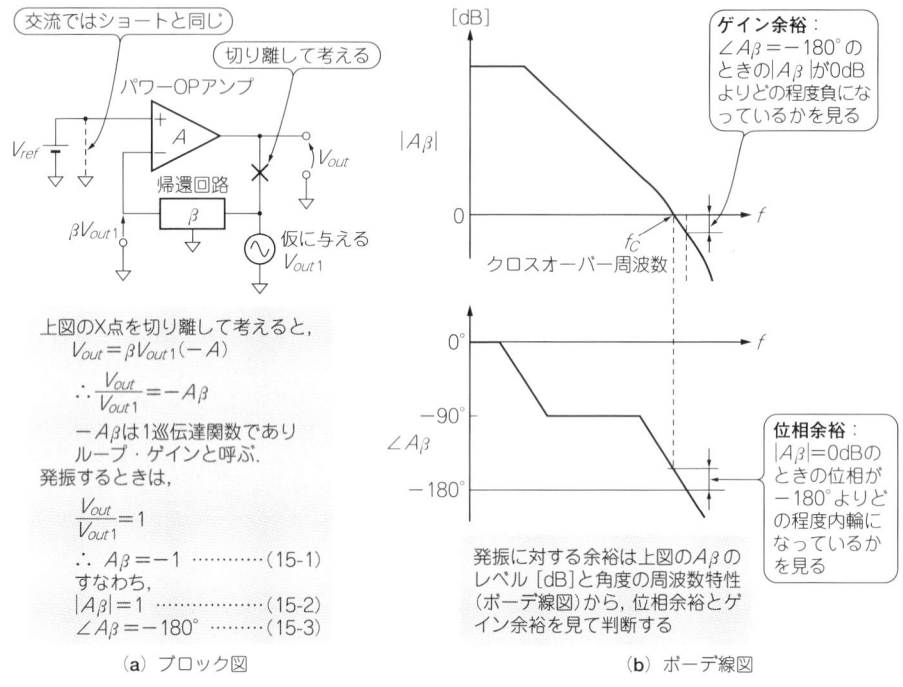

∴ $A\beta = -1$ ………… (15-1)

すなわち，
$|A\beta| = 1$ ………… (15-2)
$\angle A\beta = -180°$ ………… (15-3)

(b) ボーデ線図
- ゲイン余裕：$\angle A\beta = -180°$ のときの $|A\beta|$ が0dBよりどの程度負になっているかを見る
- クロスオーバー周波数 f_C
- 位相余裕：$|A\beta| = 0$dB のときの位相が $-180°$ よりどの程度内輪になっているかを見る
- 発振に対する余裕は上図の $A\beta$ のレベル [dB] と角度の周波数特性（ボーデ線図）から，位相余裕とゲイン余裕を見て判断する

[図15-1] 直流定電圧電源の発振安定度

V_{out} が，元の信号 V_{out1} とレベルが等しく位相が同じときに定電圧電源は発振します．元の信号は帰還回路で分圧され，パワーOPアンプの反転入力端子に戻されていますから，正常であれば出力信号は元の信号に対して，位相が180°回っているはずです．

ところが，出力信号の位相がさらに180°余分に回り，元の信号と同じ位相，同じレベルになると発振します．このとき，V_{out1} と V_{out} はレベルと位相が等しくなるので，切り離した帰還回路を再接続すれば，外部から V_{out1} を注入しなくても V_{out} は出力され続けます．これが発振です．

図中の式では，

$A\beta = -1$ ……………………………………………………………… (15-1)

となります．式(15-1)は，ループ・ゲインのレベル $|A\beta|$ が1（=0dB）で，位相が $-180°$ 回転したときに発振することを意味しています．$|A\beta| = 1$ になる周波数をクロスオーバー周波数 f_C と呼びます．

● 位相とゲインの周波数特性

　ループ・ゲインの周波数特性のグラフはボーデ線図と呼ばれ，発振安定度が直感的にわかります．ボーデ線図の例を**図15-1(b)**に示します．

　ボーデ線図は第5章で説明したように簡単に描けますが，その理由はレベルの下降特性－6dB/octでは位相が90°まで遅れ，－12dB/octでは180°まで遅れるというように，レベルと位相の関係が1：1に対応しているためです．慣れてくれば，レベルの周波数特性だけ描くと，位相の周波数特性は描かなくても直感的に理解できるようになります．

　レベルと位相が1：1に対応している回路を「最小位相推移回路」と呼びます．レベルと位相が1：1に対応していない回路を「過剰位相推移回路」と呼び，後述するように，DC-DCコンバータで降圧型以外の回路は，過剰位相推移回路になっています．過剰位相推移回路の発振安定度は要注意です．

● 位相余裕とゲイン余裕

　電源回路が発振に対してどのくらい余裕をもっているかを判断するには，ボーデ線図を見ます．**図15-1(b)**のボーデ線図で示すように発振に対する余裕は，ゲイン余裕と位相余裕で判断します．

　ゲイン余裕は，位相$\angle A\beta$が－180°回っている周波数において，ループ・ゲイン$|A\beta|$が0dB(1倍)よりもどのくらい負になっているかを見ます．この負の値をゲイン余裕と言います．

　位相余裕は，ループ・ゲイン$|A\beta|$が0dBになる周波数f_Cにおいて，位相$\angle A\beta$が－180°よりもどのくらい内輪になっているかを見ます．この位相と－180°との差を位相余裕と言います．

　一般的な増幅回路では位相余裕60°以上を目安にしますが，応答速度を重視する電源回路においては位相余裕が45°以上，つまりf_Cでの位相が－180°＋45°＝－135°以内になるように設定します．

● 位相補償とゲイン補償

　発振させないために，位相余裕とゲイン余裕を増加させる手法を位相補償と言います．不要なゲインを削るためのポールを与え，元の下降特性－6dB/octに加えて－12dB/octとして不要なゲインを削り，f_C近傍で位相余裕を確保するためにゼロを与えて－6dB/octの下降特性に戻すのが一般的です．

　図15-2の破線で位相補償の一例を示します．無補償ではクロスオーバー周波数

f_{C1} で位相が180°遅れるループ・ゲイン特性に，f_{P3} を与えて下降特性を $-12\mathrm{dB/oct}$ とし，十分に減衰したところで f_{Z1} を与えて f_{C2} 付近の位相遅れを90°に戻します．

不要なゲインを，位相変化と無関係に直流から削る手法をゲイン補償と呼びます．**図15-2**の一点鎖線でゲイン補償の一例を示します．f_{C3} での位相余裕が確保できるように，無補償時の直流ループ・ゲイン G_0 から G_0' と減衰させます．位相特性は無補償時と同じですが，下降特性が $-6\mathrm{dB/oct}$ のところまでクロスオーバー周波数を低下させて，位相余裕を確保します．

今まで実験に使用してきたNJM2374ADのようにゲイン補償を行うと，位相補償はほぼ不要になりますが，直流的な出力変動（ロード・レギュレーション）が悪化します．HA16114Pの推奨補償は，位相補償とゲイン補償を組み合わせて行うようになっています．クロスオーバー周波数を等しくした場合，ゲイン補償を付加すると位相余裕が確保しやすく，静的（直流）安定度は劣りますが，動的安定度は向上するので，採用するかどうかは電源の要求仕様によります．

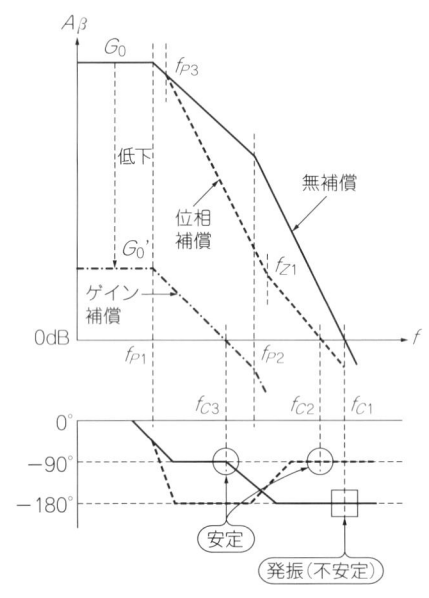

［図15-2］位相補償とゲイン補償
位相補償は，ループ・ゲイン $A\beta$ のレベルと位相の周波数特性を変更し，クロスオーバー周波数での位相余裕を確保する．
ゲイン補償は，位相特性はそのままで，位相余裕が確保できるように $A\beta$ のレベルだけを低下させる

15-2　降圧型コンバータの負帰還安定度

● 降圧型コンバータの制御ブロック図

降圧型コンバータの負帰還安定度を考察するには，図15-1中の出力制御回路がどのようになっているのかを知ることが重要です．一般的な降圧型コンバータを，定電圧制御ブロック図に書き直すと図15-3になります．

図15-3のループ・ゲインは，各ブロックのゲインの積で表され，図中の式(15-4)となります．

● 各ブロックのゲイン

各ブロックのゲインを計算してみます．図15-3からわかることは，定電圧制御回路の入力は，V_{in}とV_{ref}の二つあることです．ここでは簡単のためV_{in}は一定とし

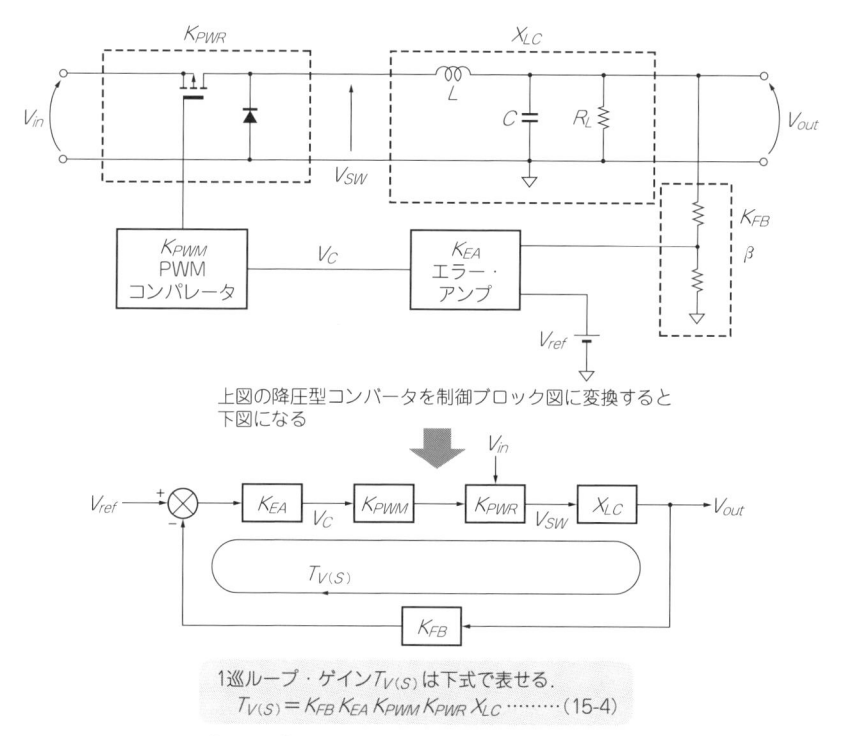

上図の降圧型コンバータを制御ブロック図に変換すると下図になる

1巡ループ・ゲイン$T_{V(S)}$は下式で表せる．
$$T_{V(S)} = K_{FB} K_{EA} K_{PWM} K_{PWR} X_{LC} \cdots\cdots (15\text{-}4)$$

[図15-3] 降圧型コンバータの制御ブロック図

(a) 内部回路

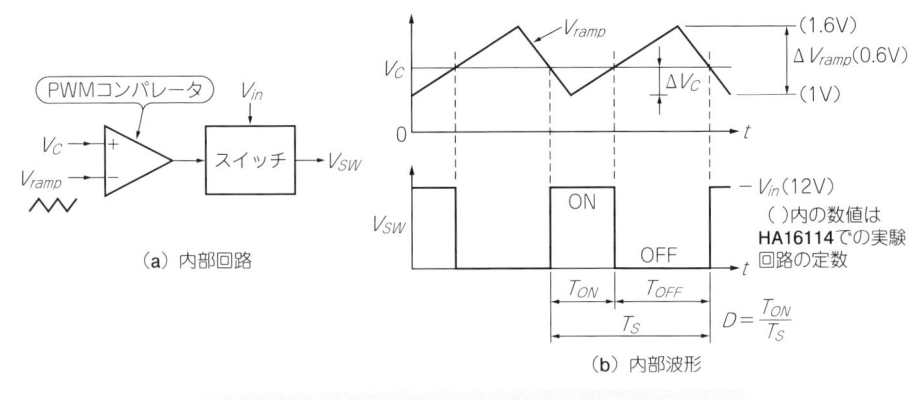

(b) 内部波形

( )内の数値は HA16114での実験回路の定数

上図より，

$$K_{PWM} = D = \frac{\Delta V_C}{\Delta V_{ramp}} \quad \cdots\cdots(15\text{-}5)$$

$$K_{PWR} = DV_{in} \quad \cdots\cdots(15\text{-}6)$$

$$\therefore K_{PWM} K_{PWR} = \frac{V_{SW}}{\Delta V_C} = \frac{V_{in}}{\Delta V_{ramp}} \quad (=20=26\text{dB})\cdots(15\text{-}7)$$

[図15-4] K_{PWM}とK_{PWR}を求める

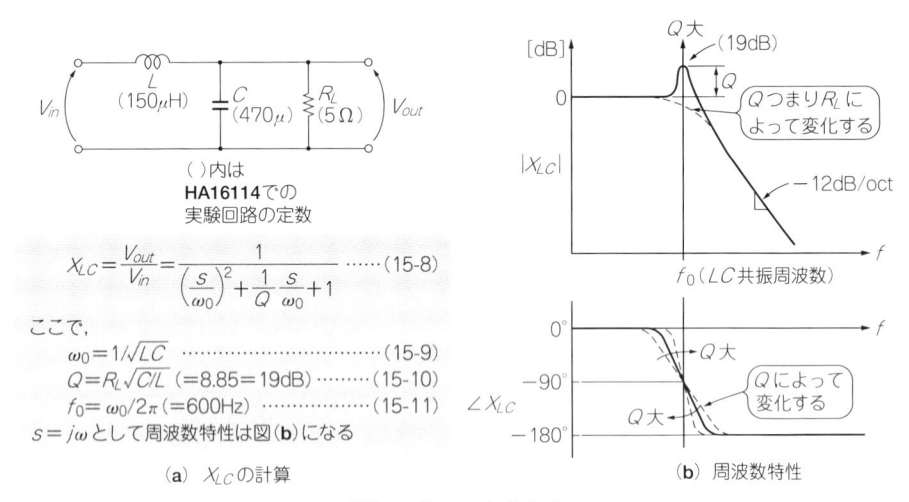

( )内は HA16114での実験回路の定数

$$X_{LC} = \frac{V_{out}}{V_{in}} = \frac{1}{\left(\frac{s}{\omega_0}\right)^2 + \frac{1}{Q}\frac{s}{\omega_0} + 1} \quad \cdots\cdots(15\text{-}8)$$

ここで，

$\omega_0 = 1/\sqrt{LC}$ $\cdots\cdots(15\text{-}9)$
$Q = R_L\sqrt{C/L}$ $(=8.85=19\text{dB})\cdots(15\text{-}10)$
$f_0 = \omega_0/2\pi$ $(=600\text{Hz})$ $\cdots\cdots(15\text{-}11)$
$s = j\omega$として周波数特性は図(b)になる

(a) X_{LC}の計算

(b) 周波数特性

[図15-5] X_{LC}を求める

ます．また，各部の損失は無視し，回路は理想的に動作するとします．図中の( )内の値は，HA16114（ルネサス テクノロジ）を使用した後述の実験で使用します．

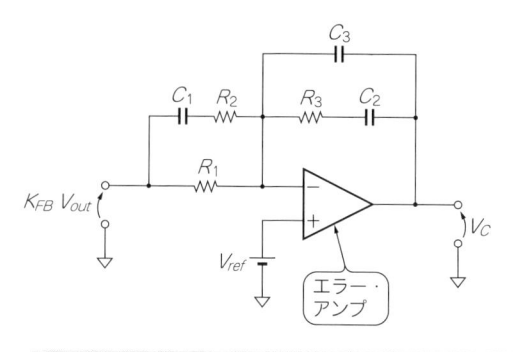

$$K_{EA} = \frac{V_C}{K_{FB}V_{out}} = \frac{(1+sR_3C_2)\{1+s(R_1+R_2)C_1\}}{sR_1(C_2+C_3)(1+sR_2C_1)\{1+sR_3C_2C_3/(C_2+C_3)\}}$$

一般に $R_1 \gg R_2$, $C_2 \gg C_3$ に設定する．

$$\therefore K_{EA} \fallingdotseq \frac{\overbrace{(1+sR_3C_2)}^{Z_1}\overbrace{(1+sR_1C_1)}^{Z_2}}{sR_1C_2\underbrace{(1+sR_2C_1)}_{P_1}\underbrace{(1+sR_3C_3)}_{P_2}} \quad \cdots\cdots (15\text{-}12)$$

一般にゼロ Z_1, Z_2 とポール P_1, P_2 はおのおの等しくする．

$$Z = Z_1 = Z_2 \rightarrow R_3C_2 = R_1C_1 = \frac{1}{2\pi f_Z} \quad \cdots\cdots (15\text{-}13)$$

$$P = P_1 = P_2 \rightarrow R_2C_1 = R_3C_3 = \frac{1}{2\pi f_P} \quad \cdots\cdots (15\text{-}14)$$

$|K_{EA}|$ の周波数特性は，$s = j\omega$ として図(**b**)になる．
+6dB/octの領域でループ・ゲインを0dBにする

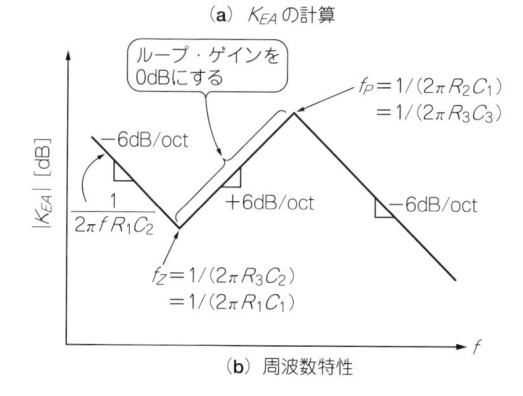

(**a**) K_{EA} の計算

(**b**) 周波数特性

[図15-6] K_{EA} を求める

▶ K_{PWM} と K_{PWR}

　K_{PWM} と K_{PWR} は，**図15-4**に示すように，電源電圧と三角波(ランプ波)の振幅の比で表されます[式(15-7)]．K_{PWM} と K_{PWR} はまとめて一つにしてもよいのですが，後述の昇圧型，反転型コンバータと合わせるために分割しています．

Column

PWM信号の周波数スペクトル

負帰還ループの上限クロスオーバー周波数は，周波数スペクトルと呼ばれるPWM信号に含まれる周波数成分に制約されます．

● フーリエ級数展開

信号に含まれる周波数成分は，フーリエ級数に展開することで得られます．図15-AにPWM信号のフーリエ級数を示します[3]．PWM信号の振幅を1，時間原点をT_{ON}の中点に取っているのは，計算を簡単にするためです．

● PWM信号の周波数スペクトル

周波数スペクトルのエンベロープ（包絡線）は，サンプリング信号を扱うときに出てくるsinc（シンク）関数$\mathrm{sinc}(x) = (\sin x)/x$になっています．

右図のPWM波$v(t)$をフーリエ級数に展開すると，

$$v(t) = \underbrace{D}_{\text{直流出力}} + \underbrace{\sum_{n=1}^{\infty}\left\{\left(2D\frac{\sin(n\pi D)}{n\pi D}\right)\cos(2\pi Dt)\right\}}_{\text{リプル}} \cdots (15\text{-A})$$

したがって，周波数スペクトルは下図となる

$$D = \frac{T_{ON}}{T_S}$$
$$f_S = \frac{1}{T_S}$$

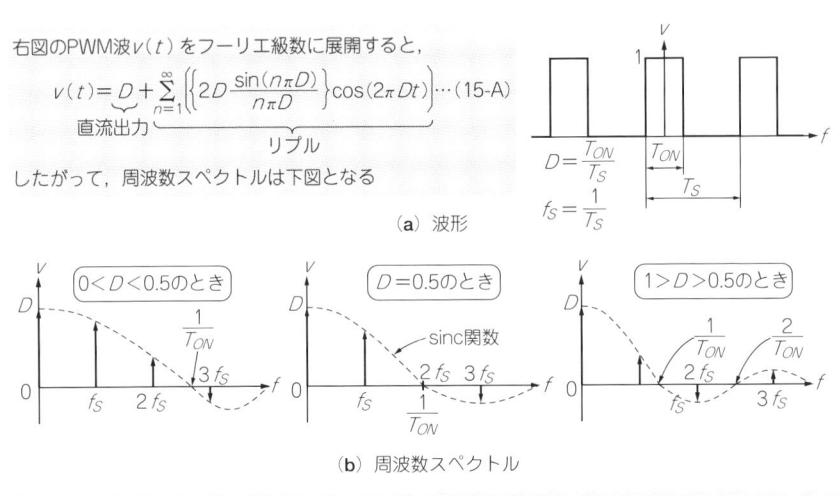

（a）波形

（b）周波数スペクトル

[図15-A] PWM波と周波数スペクトル

▶ X_{LC}

図15-5に伝達関数を示しますが，負荷抵抗により共振周波数近傍の応答が変化します．LCフィルタの共振周波数f_0は出力リプル電圧仕様により決定されます（コラム参照）．制御系の伝達関数では，制動係数ζ（ジータ）を使用しますが，ここでは電子回路で使われるQを使用しました．

位相は共振周波数f_0（ω_0）近傍で180°回り，負荷抵抗によってQが大幅に変動します．この位相変化を補償して安定な負帰還をかけるには，K_{EA}の設計が重要です．

図15-Aより，PWM信号の周波数スペクトルは，スイッチング周波数f_Sを間隔として，直流ぶんがデューティ・サイクルD，以降リプルぶんがf_S, $2f_S$, $3f_S$, …にあります．Dが小さいほど，低次のスペクトルは大きくなります．f_S/Dの倍数のところではスペクトルはゼロになります．

● 負帰還ループの上限クロスオーバー周波数

図15-Bに，スイッチング周波数f_S，LCフィルタ共振周波数f_0，ループ・ゲイン・クロスオーバー周波数f_Cの関係を示します．f_0は出力リプル電圧の仕様により決定されます．

f_Cを決定するときに考慮すべき点は，定常状態では負帰還させる信号は直流ぶんで，f_S以上はリプルぶんですから，f_S以上でゲインをもたないこと，f_Cにより出力応答速度が決定されることです．

f_Cはf_S未満でできるだけ高くしたいところですが，負帰還安定性から，f_C付近の位相回転は90°に近づけたいところです．位相回転を90°に近づけるには，減衰傾度を−6dB/octにする必要があり，f_S近くで急激な減衰はできません．また，f_Cの変動も考えないといけません．

出力応答性と負帰還安定性を考えると，上限クロスオーバー周波数はf_Sの1/5以下が現実的で，1/10程度にしておけば安心です．

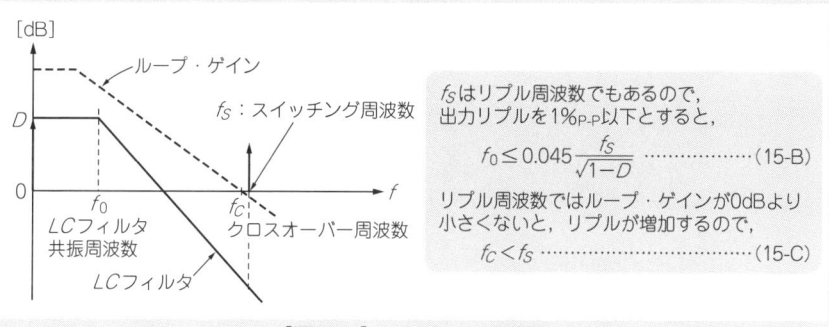

f_Sはリプル周波数でもあるので，出力リプルを1%P-P以下とすると，

$$f_0 \leq 0.045 \frac{f_S}{\sqrt{1-D}} \quad \cdots\cdots\cdots\cdots (15\text{-}B)$$

リプル周波数ではループ・ゲインが0dBより小さくないと，リプルが増加するので，

$$f_C < f_S \quad \cdots\cdots\cdots\cdots\cdots\cdots\cdots\cdots (15\text{-}C)$$

[図15-B] f_Sとf_0とf_Cの関係

▶ K_{FB}

これはβそのもので，抵抗の分圧比です．

▶ K_{EA}

X_{LC}のところで，すでに位相が180°回っています．安定な負帰還のためには位相回転を戻さないといけません．その役目を果たすのが，エラー・アンプの伝達特性K_{EA}です．図15-6に示すように，R_1とC_2でゲインを十分に低下させ，ゼロを与えて位相を戻し，X_{LC}で180°遅れた位相を最大90°遅れにします．その後のポー

(HA16114使用時の例)

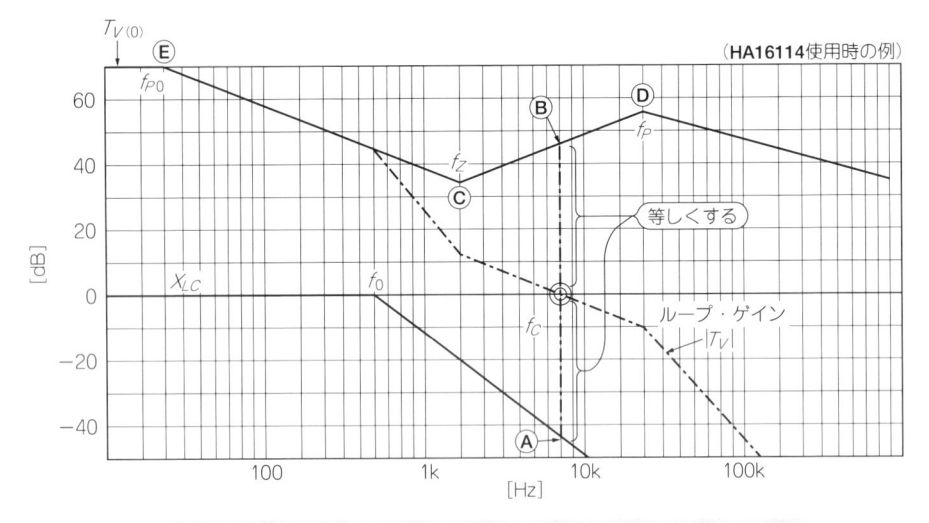

ループ・ゲイン設計の手順
① 直流ゲイン $T_{V(0)}$ を求める

$$T_{V(0)} = K_{FB} K_{EA(0)} K_{PWM} K_{PWR} X_{LC(0)} \quad \cdots\cdots\cdots\cdots (15\text{-}15)$$

$$= -6 + 50 + 26 = 70 \text{dB}$$

$V_{out} = 5\text{V}$
$V_{ref} = 2.5\text{V}$　　HA16114の仕様

② X_{LC} を図示し，f_C を与える (8kHz)
③ f_C より垂線を引き，Ⓐ点を求めて，絶対値が等しく符号が+のⒷ点を求める
④ Ⓑ点を通る+6dB/octの直線を引きⒸ，Ⓓ点を与える．
　Ⓒ，Ⓓ点はⒷ点の周波数に対し1/5～1/3以下，3～5倍以上にする
⑤ Ⓒ点から-6dB/octの直線を引き $T_{V(0)}$ との交点Ⓔを求める
⑥ 図より f_{P0}, f_Z, f_P を読み，R, C を求める．

図15-5 の式(15-13)より，

$$R_3 C_2 = R_1 C_1 = \frac{1}{2\pi f_Z} = \frac{1}{2\pi \times 2000 \text{Hz}}$$

式(15-14)より，

$$R_3 C_3 = R_2 C_1 = \frac{1}{2\pi f_P} = \frac{1}{2\pi \times 30000 \text{Hz}}$$

f_{P0} では $|K_{EA}| = K_{EA(0)}$ だから，

$$R_1 C_2 = \frac{1}{2\pi f_{P(0)} K_{EA(0)}} = \frac{1}{2\pi \times 300 \text{Hz} \times 316} \quad \cdots\cdots\cdots\cdots (15\text{-}16)$$

未知数6個に対して式が五つだから，一つの値を与えて R, C を求める．
例えば $R_1 = 1.2 \text{k}\Omega$ とすると，

$R_1 = 1.2 \text{k}\Omega$, 　$C_1 = 0.066 \mu\text{F}$
$R_2 = 80 \Omega$, 　　$C_2 = 0.014 \mu\text{F}$
$R_3 = 5.7 \text{k}\Omega$, 　$C_3 = 932 \text{pF}$

[図15-7] ループ・ゲインの設計
HA16114による降圧型コンバータの例

ルから位相がまた遅れはじめますから，ループ・ゲインが0dBになる周波数は，ゼロ(f_Z)とポール(f_P)の間に設定します．

図中で一般的な例として紹介しているのは，DC-DCコンバータではこのように設定することが多いというだけで，ほかの設定も可能です．

● 位相補償

ループ・ゲインのクロスオーバー周波数f_Cをスイッチング周波数f_Sの1/10程度とします(コラム参照)．

図15-7に示すように，求めたX_{LC}をボーデ線図に描き，それを出発点として，ループ・ゲインをボーデ線図に描き，位相余裕が45°以上になるようにK_{EA}を設定します．直流ゲインの計算で，$X_{LC(0)}$は1 (0dB)とし，他はHA16114を使用した入力12V，出力5V・1Aの降圧型コンバータの値です．

煩雑なので位相特性は図示しませんが，f_Cに対してf_Zは1/5以下，f_Pは5倍以上にすると，位相回転が11.3°以下まで戻り設計しやすくなります．これが1/3ないし3倍だと，位相回転は18.4°までしか戻りません．

以上で位相補償ができましたが，種々の誤差要因を無視した理想的な設計ですから，実験で確認/修正します．

● 現実の素子/回路では

上述の議論は，回路素子が理想的として行っています．現実の素子には種々の寄生ぶんがあります．これらの寄生ぶんの影響を考えてみます．

▶コンデンサのESR

非固体(乾式)電解コンデンサには大きなESR(等価直列抵抗)と，構造上から封止ゴムがあってこの部分を通過するリード線のインダクタンス(およそ十数nH)がESL(等価直列インダクタンス)として存在します．低周波スイッチングではESLは無視できますが，ESRは無視できません．

ESRのX_{LC}に与える影響を図15-8に示しますが，新たに発生するゼロ(f_{CZ})が図15-6のf_Z以下になると，$f_Z \sim f_P$間のゲイン低下が目標の−6dB/octにはならず，ループ・ゲインのクロスオーバー周波数がf_P以上となり，上記のK_{EA}では安定な負帰還がかけられない可能性があります．その場合には図15-6のf_{Z1}を取り去って，f_{CZ}を使用するなどの手法を採用します．

ESRはばらつきがあり，温度によっても変化します．特に，低温になると急増しますから，f_{CZ}がf_Zに近いときは，実回路での確認が必要です．

$$X_{LC} = \frac{V_{out}}{V_{SW}} = \frac{\frac{s}{\omega_{CZ}}+1}{\left(\frac{s}{\omega_0}\right)^2 + \frac{1}{Q}\frac{s}{\omega_0}+1} \quad \cdots\cdots (15\text{-}17)$$

ここで，

$$\omega_{CZ} = \frac{1}{CR_C} \quad \cdots\cdots (15\text{-}18)$$

$$\omega_0 = \sqrt{\frac{R_L}{LC(R_L+R_C)}} \fallingdotseq \frac{1}{\sqrt{LC}} \quad \cdots\cdots (15\text{-}9)と同じ$$

$$Q = \frac{\sqrt{LCR_L(R_L+R_C)}}{L+CR_LR_C} \fallingdotseq R_L\sqrt{\frac{C}{L}} \quad \cdots\cdots (15\text{-}10)と同じ$$

[図15-8] ESRの影響
$R_L \gg R_C$のためX_{LC}はESRがないときに比べてゼロ(ω_{CZ})が付加されている

▶エラー・アンプの周波数特性

C_3は，K_{EA}を求めるときに説明しませんでしたが，エラー・アンプ自体の周波数特性を考慮して与えます．エラー・アンプの周波数特性が悪すぎるときは，K_{EA}を再設計します．

▶スイッチ素子の損失

スイッチ素子に損失があると，電圧変換率が低下しK_{PWR}が低下します．また，ロード・レギュレーションが悪化するので，直流のループ・ゲインを増加させる必要があるかもしれません．

(a) インダクタ電流に応じて各期間の等価回路を書く

(b)[8] 両等価回路を統合する

インダクタ電流が断続すると，出力段の等価回路はRCの1次回路となる

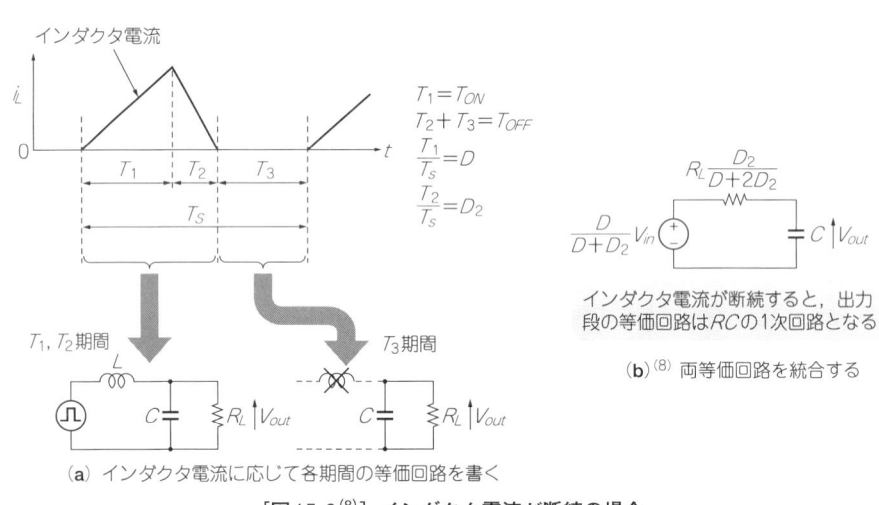

[図15-9[8]] インダクタ電流が断続の場合

▶負荷の影響

電源回路の負荷は変動する場合がほとんどです．ループ・ゲインも負荷により変動します．特に問題なのは，インダクタ電流が不連続になることです．不連続になると，文献(8)から引用して結果だけ示しますが，X_{LC}は図15-9に示すように，RCの1次回路になります．このとき，f_0は低下するので，上記K_{EA}で安定かどうか実回路での確認が必要です．

▶電源電圧の変動

図15-4の式(15-7)からわかるように，電源電圧が変動すると，ループ・ゲインも変動します．電源電圧が高くなるほどループ・ゲインは大きくなるので，電源電圧が大きく変動する場合は，発振安定度は最大電源電圧で確認します．

15-3 安定度をシミュレーションで予想

設計した位相補償についてシミュレーションを行い，無視していたESRなどのパラメータを考慮して再設計します．

● 設計値をシミュレーションで確認する

使用したICの内蔵エラー・アンプの出力駆動能力が±$40\mu A$のため，前述の設計値のインピーダンスを約4倍とし，入手容易な定数に変更して，シミュレーション用に書き直した回路が図15-10です．R_1，R_2，C_1は$K_{FB}(=\beta)$が1/2ですから，それに合わせて図のように変更しています．エラー・アンプとPWMコンパレータ，スイッチング部はゲインを与えた電圧源にしました．R_5，R_6はシミュレーションの発散防止と，後述の寄生パラメータが入れられるようにしました．

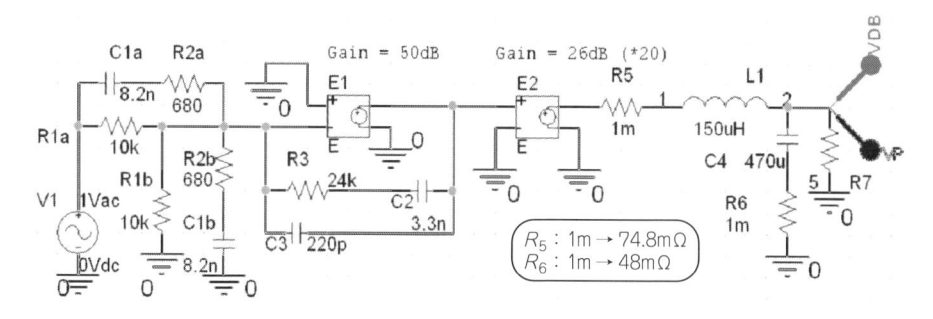

[図15-10] 前節の設計値における安定度をシミュレーションする回路
R_5，R_6は発散防止と寄生パラメータ挿入用

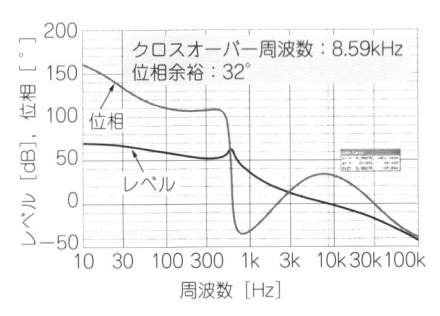

[図15-11] 前節の設計値のシミュレーション結果①
寄生パラメータなし($R_5 = 1mΩ$, $R_6 = 1mΩ$)

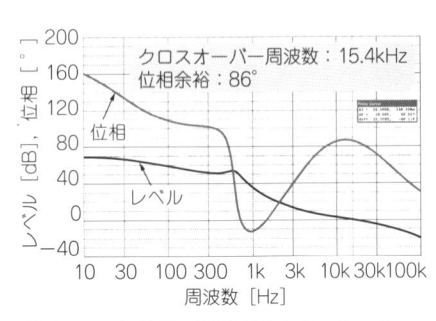

[図15-12] 前節の設計値のシミュレーション結果②
寄生パラメータあり($R_5 = 74.8mΩ$, $R_6 = 48mΩ$)

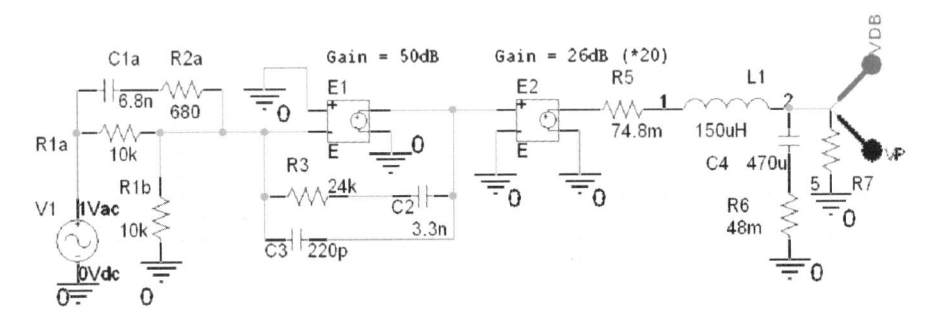

[図15-13] 位相補償実験回路

図15-10で$R_5 = R_6 = 1mΩ$として，文献(13)に収録されているPSpice(OrCAD Family Release 9.2 Lite Edition)でシミュレーションした結果が図15-11です．クロスオーバー周波数f_Cは設計値に近い8.6kHzですが，位相余裕が約32°と少し小さくなっています．

● 無視していたパラメータを入れる

位相余裕を増加させるためには，ループ・ゲインを低下させる必要があります．そのためにf_Cを低下させて，前述と同一の手法で再設計することも可能ですが，そのまえに無視した寄生パラメータであるインダクタの巻き線抵抗($R_5 = 74.8mΩ$)とコンデンサのESR ($R_6 = 48mΩ$)の実測値(図15-10中に注記)を入れてシミュレーションした結果が図15-12です．ESRがゼロ(位相戻り)を与えるため，f_Cが約15kHzと高くなり，位相余裕は約86°と大きくなっています．

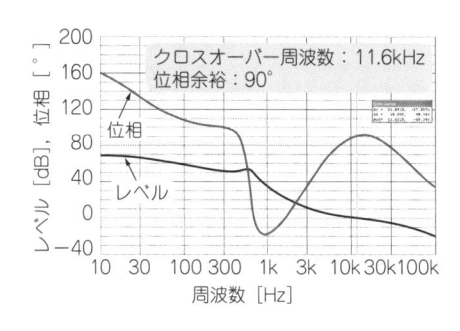

[図15-14] 位相補償実験回路のシミュレーション結果

● 実験しやすいように再設計

再設計しなくてもこの定数なら十分に使用できますが，R_2，C_1を2個ずつ使用するのは面倒ですから，**図15-13**のように1個ずつだけにし，さらに入手しやすい定数としてコンデンサはE6系列，抵抗はE12系列にして，シミュレーションした結果が**図15-14**です．約90°と十分すぎる位相余裕が確保できたので，この定数で製作してみます．

15-4　ループ・ゲインの測定方法

負帰還ループを切らずにループ・ゲインを測定する方法を検討してみます．

● ループ・ゲイン測定の原理

ループ・ゲインは，負帰還ループを1巡したゲインです．負帰還ループを切って測定しようとしても，大きすぎる直流ゲインが時間や温度により変動し，出力がすぐ飽和するため測定するのは困難です．

負帰還ループを切らずに出力電圧を一定にして測定するには，**図15-15**に示すように負帰還ループに測定信号V_Gを注入して行います．注入する測定信号の内部インピーダンスをゼロにすれば，被測定回路である電源回路への影響はありません．

● ループ・ゲインの簡単な測定回路

図15-15の回路で測定する場合，絶縁された低インピーダンスの測定信号源を用意する必要があります．トランスを使用すれば回路は簡単になりますが，広帯域のトランスは高価で入手が難しいので，トランスを使わない**図15-16**の回路を考えました．使用OPアンプの特性は，図中の式(15-19)からわかるように，被測定ループ・ゲインには影響しませんが，負帰還ループに新たな遅れ要素を付加すること

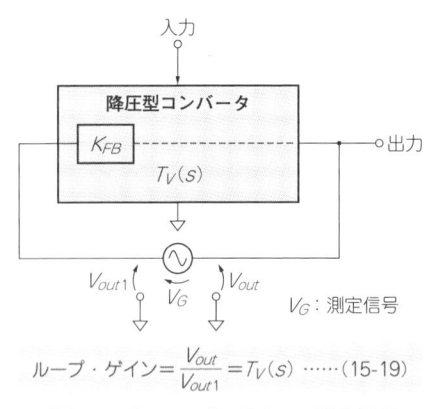

[図15-15] ループ・ゲインの測定原理
負帰還ループを切らずに測定する

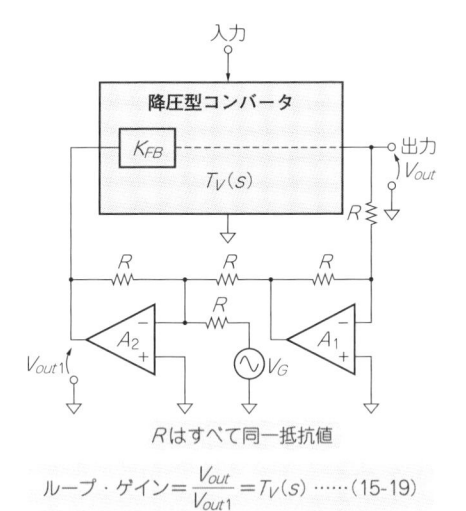

$$\text{ループ・ゲイン} = \frac{V_{out}}{V_{out1}} = T_V(s) \quad \cdots\cdots (15\text{-}19)$$

[図15-16] ループ・ゲインの簡単な測定
OPアンプを2個使用すれば簡単に測定できる

$$\text{ループ・ゲイン} = \frac{V_{out}}{V_{out1}} = T_V(s) \quad \cdots\cdots (15\text{-}19)$$

Rはすべて同一抵抗値

になるので，安定に測定するためにはできるだけ周波数特性が良いOPアンプが望ましいです．

この回路は十分に実用的で，低ノイズのリニア・レギュレータ回路やリニア・アンプ回路では，根気さえあれば発振器とオシロスコープとV_{out1}用の増幅器を使用するだけでループ・ゲインを測定できます．

● スイッチング電源特有の問題点

DC-DCコンバータなどのスイッチング電源では，内部に大振幅のスイッチング回路を含んでいます．図15-16の回路を，降圧型コンバータに接続したf_C付近の波形が写真15-1です．スイッチング・ノイズが大きくて，測定できません．オシロスコープの平均化機能を利用した64回の平均が写真15-2です．だいぶ観測しやすくなっていますが，後述するインダクタ電流が断続する軽負荷時には測定できません．

観測しやすくするため，カットオフ周波数が約18kHzの5次ロー・パス・フィルタを入れたのが写真15-3です．これでf_C付近の特性は十分に測定可能となりました．ただし，ダイナミック・レンジが足りないため，直流～超低域の$T_{V(0)}$は測定できません．

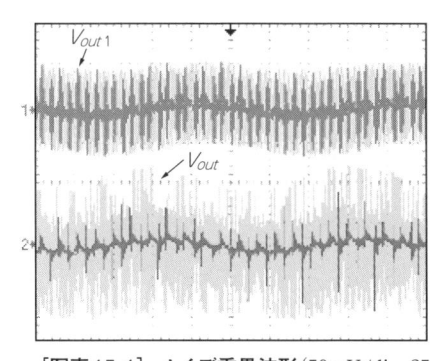

[写真15-1] ノイズ重畳波形（50mV/div, 25μs/div）
ノイズが大きすぎて測定不可

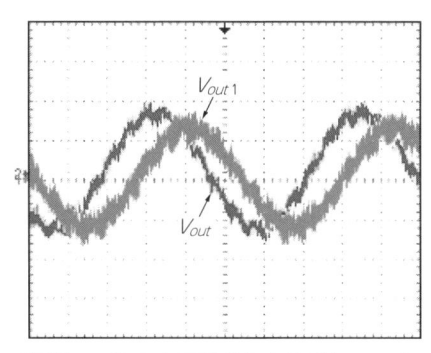

[写真15-2] 64回平均化した波形（5mV/, 25μs/div）
ノイズが減少して測定できそう？

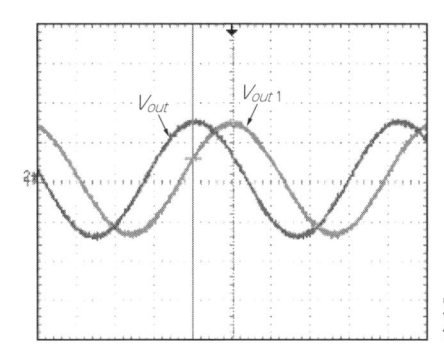

[写真15-3] ロー・パス・フィルタを追加すれば安定度を確認できる（5mV/div, 25μs/div）
位相補償時，負荷：5Ω，f_C = 7.61kHz，位相余裕：71°

● 簡易ループ・ゲイン測定回路

　上記を測定用アダプタとして製作した回路が図15-17です．電源は24Vのスイッチング・アダプタを使用し，厳重なノイズ対策を施して，アクティブ・グラウンド（rail splitter）により，±電源としました［（　）内の電圧は実測値］．信号系のOPアンプは広帯域のNJM4580を使用し，負帰還ループに付加されるポールを1MHz以上としました．部品を節約するため，ロー・パス・フィルタは同一コンデンサによるOPアンプ1個の正帰還型としました．抵抗は±1%品を使用し，フィルタ用コンデンサだけはポリエステル（マイラ）・フィルム・コンデンサを選別して±1%以内としました．

　V_{out}のモニタ出力は反転していますが，使用するときにオシロスコープで反転して元に戻します．組み立て後のチェックは，V_{out}信号入力に発振器を接続し，100Hz～20kHzの信号を入力して，V_{out}（オシロスコープで反転）とV_{out1}のモニタ

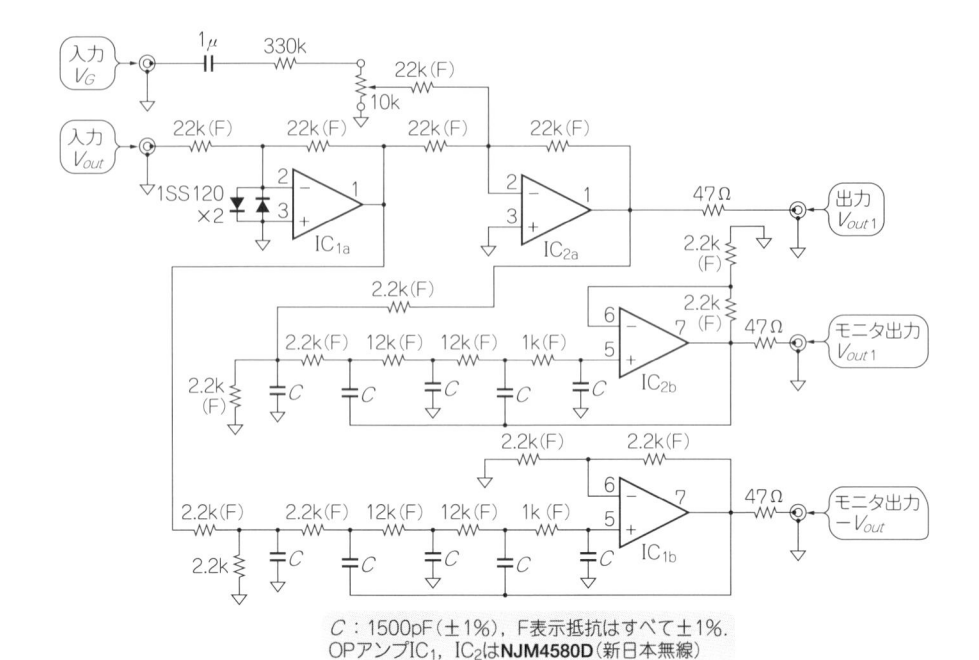

(a) 信号処理部

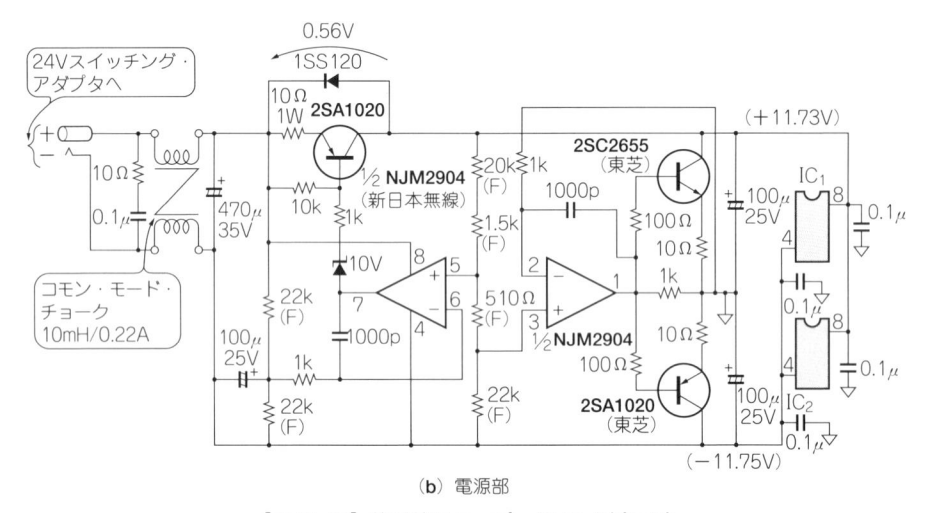

(b) 電源部

[図15-17] 簡易的なループ・ゲイン測定回路

266　第15章　DC-DCコンバータを安定に動作させる

(a) 接続方法

(b) 測定方法

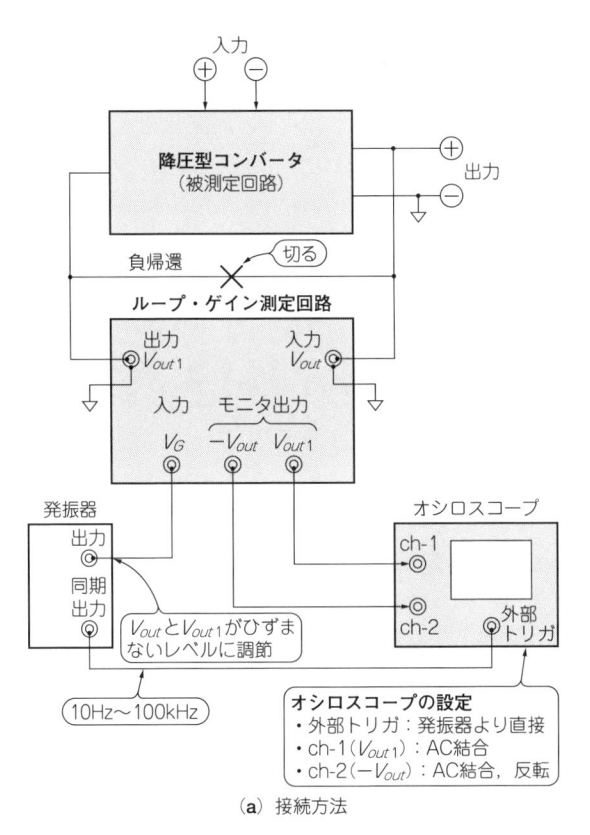

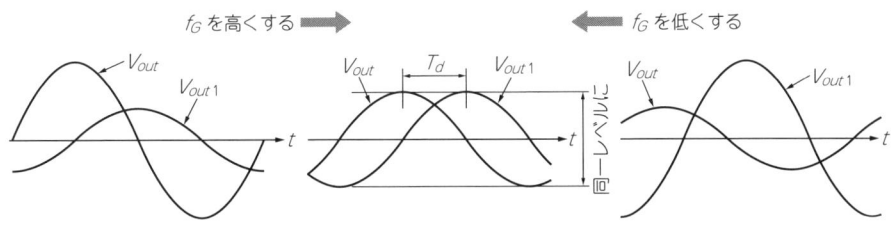

f_C ではループ・ゲインが0dBになる．
すなわち V_{out} と V_{out1} が同一レベルになる．
　　(位相余裕) = T_d[s]　f_G[Hz]×360[°]……(15-20)
ただし f_G は測定信号 V_G の周波数

[図15-18] **位相余裕の測定方法**

出力の波形が同レベル，同位相になっていることを確認します．また，V_{out1}信号出力が，V_{out}信号入力と同レベル，同位相になっていることも確認します．

位相余裕の測定方法が図15-18です．図15-18(a)の接続で，V_{out}（オシロスコープで反転）とV_{out1}が等しい振幅になるように周波数を変え，等振幅になったときの位相差が位相余裕です［図15-18(b)］．測定信号は，波形がひずまないレベルとします．写真15-4は測定レベルが大きすぎるため波形がひずんでいます．レベルを調整すると，ほかの波形写真のようにひずまなくなります．波形がひずむ状態では内部の動作が非線形になって，正しい測定ができにくくなります．

本回路を実用的にするには，ロー・パス・フィルタを追加してスイッチング周波数成分をさらに減衰させることと，インダクタ電流が断続する軽負荷時でも測定しやすくするため，モニタ出力に10倍以上の交流増幅器を追加したほうがよいでしょう．

● ループ・ゲインの実用的な測定器

注入する測定信号に対して内部ノイズが数百倍以上もあるような負帰還ループの特性を正確に測定するには，測定系がノイズで飽和しない広いダイナミック・レンジと，測定信号だけを検出する超狭帯域のバンド・パス・フィルタが必要です．それを実現した測定器がFRA（Frequency Response Analyzer；周波数特性分析器）です．

FRAは，測定信号用のスイープ発振回路と入力2信号のレベルの比と位相差の測定回路で構成され，出力端子と2個の入力端子はすべて絶縁されています．

写真15-5がFRAの一例です（FRA5097，エヌエフ回路設計ブロック）．

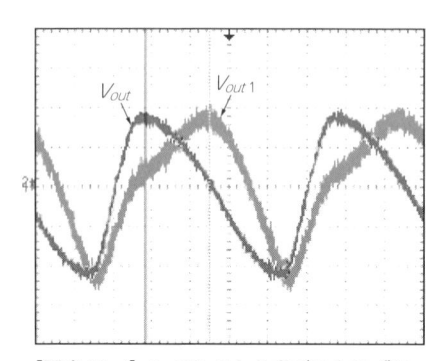

［写真15-4］ レベルが大きすぎるとひずむ
(2mV/div, 250μs/div)

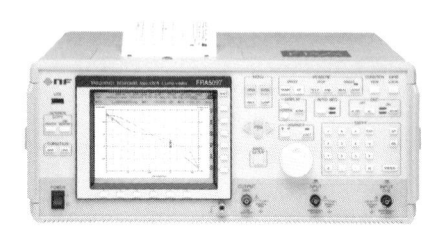

［写真15-5］ FRA5097の外観（エヌエフ回路設計ブロック）

FRA5097は，測定周波数0.1mHz～15MHz，レベル測定精度±0.05dB，位相測定精度±0.3°，ダイナミック・レンジ140dB，アイソレーション電圧250V_{RMS}で，インピーダンス表示機能を備えています．

FRAは高ノイズ環境においても，2信号のレベルの比と位相差を正確に測定できますから，ループ・ゲインだけではなく，電圧信号と電流信号を入力すればインピーダンス測定も行えます．スイッチング電源(DC-DCコンバータ)の出力インピーダンスも簡単に測定できます．

15-5　負帰還安定度を実験で確認

設計したループ特性が適当かどうかを実機で確認します．

● 位相余裕の確認

設計完了した図15-13の位相補償を組み込んだ降圧型コンバータ(図15-19)に，上記の簡易型ループ・ゲイン測定回路(図15-17)を接続して，位相余裕を確認しました．回路は下記のゲイン補償と共用していて，使用した定数は図15-19中に「位相補償のとき」と書いてある部分です．負荷5Ω(5V・1A)のときが，先に示した写真15-3で，f_C = 7.61kHz，位相余裕は71°でした．負荷100Ω(5V・50mA)のときが写真15-6で，f_C = 891Hz，位相余裕は61°でした．負荷100Ωのときにはインダクタ電流が断続して，前述したようにf_Cが大幅に低下します．写真だけでは見にくいので，表15-1に結果をまとめました．後述の結果も追記してあります．

負荷5Ωのとき，シミュレーションではf_C = 11.6kHz，位相余裕は90°，実測ではf_C = 7.61kHz，位相余裕が71°とだいぶ違っています．すべての寄生パラメータを入れてシミュレーションしていないので違いがあるのは当然ですが，後述するゲイン補償のf_C差から見て，最も大きな要因はIC内蔵エラー・アンプの特性と思われます．

● 負帰還安定度の簡易確認法

リニア・アンプ回路では，方形波を入力して負帰還安定度の確認を行います．リニア・レギュレータ回路では負荷をON/OFFして負帰還安定度の確認を行いました．この手法は，DC-DCコンバータなどのスイッチング電源でも有効な手法です．

写真15-7が，負荷抵抗を5Ω⇔100Ωとスイッチングしたときの波形です．切り替え時のスパイクは大きいのですが，安定な波形と思われます．直流ループ・ゲイ

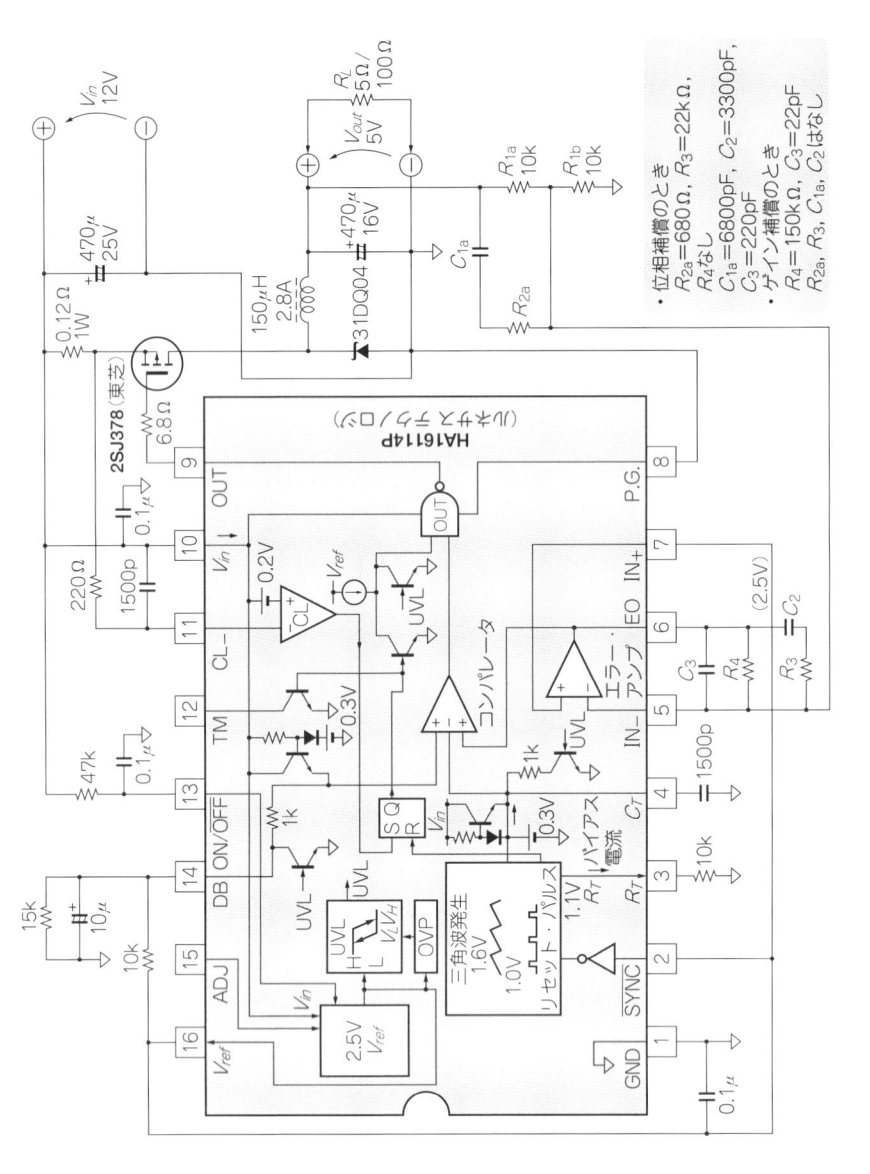

[図15-19] HA16114による降圧型コンバータの回路

・位相補償のとき
　$R_{2a}=680Ω$, $R_3=22kΩ$,
　R_4なし
　$C_{1a}=6800pF$, $C_2=3300pF$,
　$C_3=220pF$
・ゲイン補償のとき
　$R_4=150kΩ$, $C_{1a}=22pF$
　R_{2a}, R_3, C_{1a}, C_2はなし

　ンを大きく取っているため，静的な安定度は高く，負荷変動による定常的な電圧変動は無視できるほど小さくなっています．応答は遅くても持続するリンギングは小さく，安定な電源であることがわかります．

　OPアンプ回路のループ・ゲインを実測したことがある読者は少ないと思います

[表15-1] 位相補償とゲイン補償

種別	シミュレーション		実 測				負荷スイッチング		
	クロスオーバー周波数	位相余裕	クロスオーバー周波数		位相余裕		ΔV_{out}	スパイク	
	負荷5Ω		5Ω/10Ω	100Ω	5Ω/10Ω	100Ω		+	−
位相補償	11.6kHz	90°	7.61kHz	891Hz	71°	61°	2mV$_{P-P}$	50mV$_{pk}$	60mV$_{pk}$
ゲイン補償	14.7kHz	51°	12.2kHz	4.02kHz	40°	148°	12mV$_{P-P}$	40mV$_{pk}$	45mV$_{pk}$

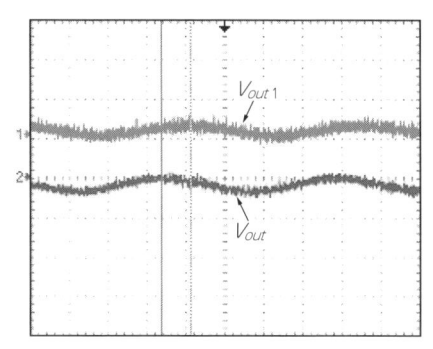

[写真15-6] 負荷100Ω時の安定度も確認 (2mV/div, 250μs/div)
位相補償時, f_C = 891Hz, 位相余裕：61°

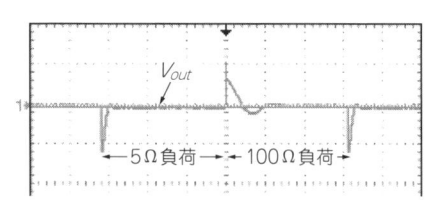

[写真15-7] 安定度を確認するために負荷5Ω⇔100Ωでスイッチング(50mV/div, 1ms/div)
位相補償時. ΔV_{out} = 2mV以下である

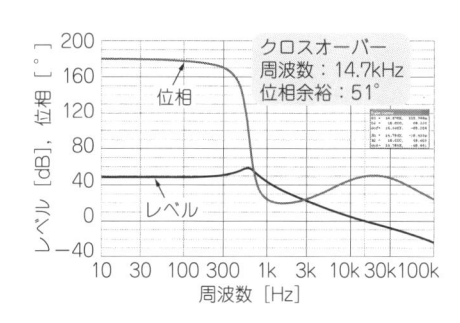

[図15-20] ゲイン補償実験回路のシミュレーション結果

 が，電源回路においてもこのようにループ・ゲインを実測することなしに，位相余裕測定と負荷スイッチングで，負帰還安定度がわかります．

15-6 安定度を確保するもう一つの方法

● 全体にゲインを低下させるゲイン補償

　位相余裕を確保するためには，ループ・ゲインを低下させる必要があります．上

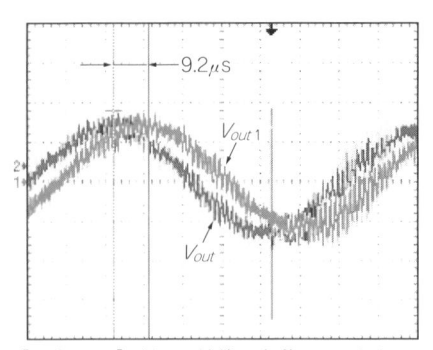

[写真15-8] ゲイン補償で負荷5ΩのときのVout1
安定度を見る(2mV/div, 10μs/div)
f_C = 12.2kHz, 位相余裕:40°(t_d = 9.2μs, f_G = 12.21kHz)

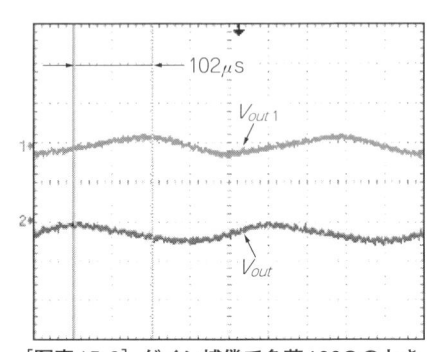

[写真15-9] ゲイン補償で負荷100Ωのとき
の安定度を見る(2mV/div, 50μs/div)
f_C = 4.02kHz, 位相余裕:148°(t_d = 102μs, f_G = 4.024kHz)

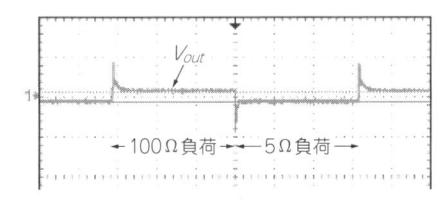

[写真15-10] ゲイン補償時に負荷を急変させたときの波
形(負荷5Ω⇔100Ωスイッチング, 50mV/div, 1ms/div)
⊿V_{out} = 12mVと直流変動は大きくなっているが応答は速い

記の位相補償手法では，ループ・ゲインに適当な周波数特性を与えて行いますが，直流から周波数によらずにループ・ゲインを低下させて行うゲイン補償もあります．すぐわかる欠点は，直流ループ・ゲインの低下により静的変動が大きくなることです．どのような利点があるのか，実験してみます．

HA16114のデータシートでは，回路例としてゲイン補償が載っています．データシートを参考に，**図15-19**で，定数を「ゲイン補償のとき」と書いてある値にして，シミュレーションした結果が**図15-20**です．f_Cが14.7kHzと高くなり，位相余裕は51°と小さくなっていますが，安定に動作しそうです．

実際に動作させて，位相余裕の測定と，負荷を5Ω⇔100Ωとスイッチングして過渡応答を見ました．位相余裕の確認が**写真15-8**(負荷5Ω)と**写真15-9**(負荷100Ω)です．負荷100Ωのとき，オシロスコープの感度からV_Gをこれ以下にできなくて，V_Gの波形がひずんだまま測定しました．このときのf_Cと位相余裕は目安です．f_C = 12.2kHz, 位相余裕が40°(負荷5Ω)と，f_C = 4.02kHz, 位相余裕が148°(負荷100Ω)です．

負荷をスイッチングしたときの波形が**写真15-10**です．スイッチング波形からは，位相補償だけのときよりも負荷切り替え時のスパイクも小さく，リンギングも見られず安定で応答は速くなることがわかります．負荷が5Ω⇔100Ωと変化しても直流レベルの変動はわずか12mVで，問題なく使用可能な値です．

● ゲイン補償の利点…負荷応答が速くなる

波形写真と**表15-1**から，負荷がディジタル回路のように変動する場合に，安定で速い応答が得られ，ゲイン補償が使用される理由が理解できます．ただし，出力平滑コンデンサにセラミック・コンデンサを使用する場合は，ESRによるゼロ（位相戻り）が期待できないので，進み補償（C_{1a}，R_{2a}）は必須です．

15-7　降圧型コンバータの高周波スイッチング

今まで何回か紹介したように，最近では小型化と応答速度改善のため，1MHz以上のスイッチング周波数が採用されることが多くなりました．ここで，高周波スイッチング特有の問題について触れておきます．

高周波スイッチング対応の制御ICは超小型面実装外形になっていて，半導体メーカから評価基板が出されています．要求仕様にあった評価基板を選択し，実際の設計にあたっては，部品定数とパターン・レイアウトは評価基板を参考にして行います．

● 遅れ時間

PWMコンパレータからスイッチ素子までの遅れ時間は，位相遅れになります．例えば，スイッチング周波数1MHz，ループ・ゲインのクロスオーバー周波数200kHzで200ns遅れると，位相遅れは200kHz × 200ns × 360° = 14.4°となります．位相余裕は14.4° + 45° = 59.4°以上が必要になり，位相補償にかかる負担は大きくなります．

詳しくは後述しますが，このため本質的に安定な「電流モード制御」が高周波スイッチングでは採用されることが多いです．

● 平滑コンデンサのESL

高周波スイッチングでは，平滑コンデンサとしてセラミック・チップ・コンデンサ（MLCC）や導電性高分子を用いた固体電解チップ・コンデンサが使用されます．リード線タイプの電解コンデンサに比べれば無視できる程度のESL（等価直列イン

ダクタンス)ですが，周波数が高いため無視できない場合がほとんどです．パターン・レイアウトを工夫するか，数個以上並列に接続するなどの手法で出力リプル電圧を仕様に収めます．

● エラー・アンプの周波数特性

位相補償を設計どおりに行うためには，エラー・アンプの帯域(f_T)は，最高スイッチング周波数の3倍以上で，f_Tまでは－6dB/octの下降特性が欲しいところです．

これが低いと，高いのはスイッチング周波数だけで，ループ・ゲインのクロスオーバー周波数が低くなり，応答速度が改善されません．

15-8　他形式のDC-DCコンバータ

● DC-DCコンバータの伝達関数

他形式のDC-DCコンバータには，昇圧型/反転型コンバータなどがありますが，負帰還安定度の考えかたは降圧型コンバータと同じです．

問題は，インダクタと出力コンデンサが単なるLCフィルタになっていないことです．インダクタと出力コンデンサの間にスイッチ素子を含むときの等価的な伝達関数(K_{PWR}とX_{LC})が求められれば，降圧型コンバータと同様に負帰還安定度を考えることができます．

● 伝達関数の求めかた

DC-DCコンバータは，スイッチング周波数に比べて十分に低い周波数で応答し，直流を出力します．回路の応答を求めるには，瞬時値ではなく，スイッチのON/OFF時間に応じた平均値が使用できます．この平均値を使用する手法を「状態平均化法」と呼びます．ここでは詳細には立ち入りませんが，文献(6),(7),(8)を参照してください．文献(6)は，記述に飛躍がなく，独学でも十分に理解できるように書かれています．文献(7)は，PWMスイッチを直流トランスと信号源に置き換える手法で伝達関数を求めており，非常に実践的です．

ここでは，**図15-21**に昇圧型コンバータと反転型コンバータの結果だけを文献(8)から引用して示します．

ほかの形式のDC-DCコンバータについても，同様に伝達関数を求めることができます．

(a) 回路構成

昇圧型コンバータ / 反転型コンバータ

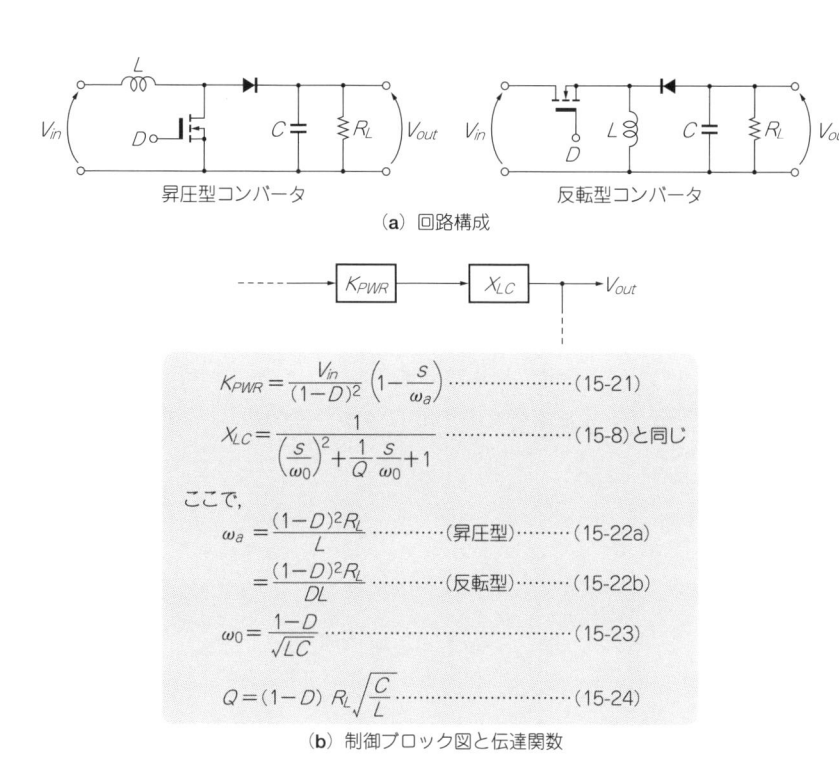

$$K_{PWR} = \frac{V_{in}}{(1-D)^2}\left(1 - \frac{s}{\omega_a}\right) \quad \cdots\cdots (15\text{-}21)$$

$$X_{LC} = \frac{1}{\left(\dfrac{s}{\omega_0}\right)^2 + \dfrac{1}{Q}\dfrac{s}{\omega_0} + 1} \quad \cdots\cdots (15\text{-}8)と同じ$$

ここで,

$$\omega_a = \frac{(1-D)^2 R_L}{L} \quad \cdots\cdots (昇圧型) \cdots\cdots (15\text{-}22a)$$

$$\quad = \frac{(1-D)^2 R_L}{DL} \quad \cdots\cdots (反転型) \cdots\cdots (15\text{-}22b)$$

$$\omega_0 = \frac{1-D}{\sqrt{LC}} \quad \cdots\cdots (15\text{-}23)$$

$$Q = (1-D)\, R_L \sqrt{\frac{C}{L}} \quad \cdots\cdots (15\text{-}24)$$

(b) 制御ブロック図と伝達関数

[図15-21[(8)]] 昇圧型/反転型コンバータの伝達関数

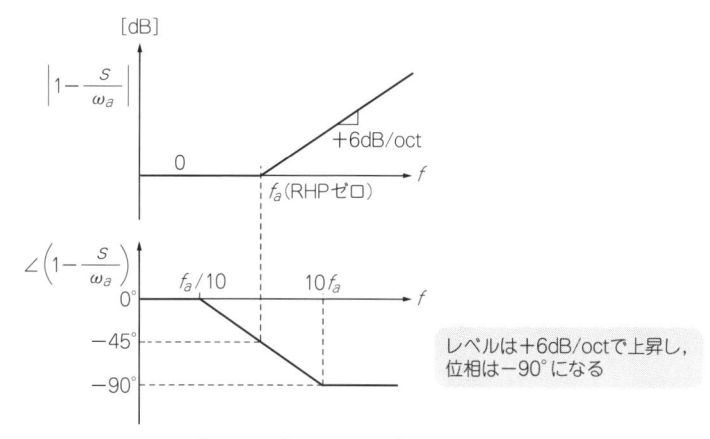

[図15-22] $1 - (s/\omega_a)$ の周波数特性
RHPゼロがあると安定な負帰還がかけられない

レベルは+6dB/octで上昇し,位相は−90°になる

15-8 他形式のDC-DCコンバータ

● RHPゼロ

図15-21の式(15-21)で，$1 - (s/\omega_a)$の根(ゼロ)は$s = \omega_a$です．つまり，s平面上で右半平面(Right Half Plane；RHP)にあります．これをRHP(アール・エイチ・ピー)ゼロと呼びます．

図15-22に$s = j\omega$ ($\omega = 2\pi f$)とした$1 - (s/\omega_a)$の周波数特性を示します．レベルは+6dB/octで上昇し，位相は90°まで遅れます．位相補償は不要なゲインを削って位相を戻しますが，RHPゼロの特性は逆効果で，位相補償できません．ループ・ゲインのクロスオーバー周波数をRHPゼロ以下にしないと不安定になります．

RHPゼロを含む回路が「過剰位相推移回路」です．レベルと位相が1：1に対応していませんから，発振安定度を考えるときには要注意です．

第16章

【成功のかぎ16】
DC-DCコンバータの高速制御
電流モード制御とON/OFF制御による高速化

　本章では，DC-DCコンバータの出力電圧が変動したときに，高速に安定化する手法を紹介します．

　前章までのDC-DCコンバータは電圧モード制御と呼ばれ，入力電圧や負荷の変動により出力電圧が変動すると，変動ぶんをエラー・アンプで検出し，しっかりと位相補償された帰還ループで補正します．そのため出力変動に対する応答速度が犠牲になっています．

　ここで紹介する電流モード制御は，出力電流変動に等しいインダクタ電流変動を高速に帰還して電圧帰還に対する安定度を高め，高い周波数まで安定に電圧帰還を掛けて応答速度を速めています．

　最後に，最速のON/OFF制御を紹介します．

16-1　電流モード制御による高速化

● クロスオーバー周波数を高く設定できる

　DC-DCコンバータの応答速度は，スイッチング周波数f_Sと平滑(へいかつ)インダクタンス，制御ループの応答速度などで決定されます．制御ループの応答速度は主にクロスオーバー周波数f_Cで決定されます．電圧モードと電流モードで同じf_Cに設定すれば，応答速度に大きな違いはありません．

　ところが文献では，電流モードは出力電圧変動に対して高速に応答して安定化すると書かれています．それでは，電流モードはなぜ高速なのでしょうか？

　高速応答のためにf_Sを高くしたとき，電流モードのほうがより高くf_Cを設定できるのがその理由です．

　f_Sを高くした場合，電解コンデンサは大きいだけでなくESRにより等価的に抵抗になってしまうため，小形でかつESRがほとんどないセラミック・コンデンサが使用されます．

　前章で解説したように，電圧モードでは出力コンデンサのESRを0Ωとすると，

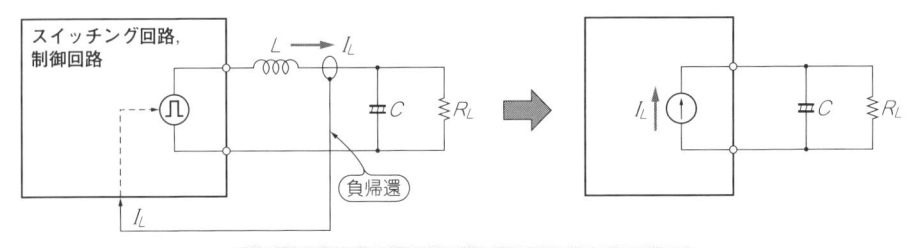

[図16-1] 電流モードでは出力段をRC回路と考えることができる

インダクタ電流を負帰還すると，出力段のLCR回路は単純なRC回路になる

f_Cをf_Sの1/10以下にしないと十分な位相余裕の確保が難しくなります．電流モードでは，ESRが0Ωのままf_Cをf_Sの1/5まで高くしても安定動作できます．

● 動作原理

電圧だけを負帰還する電圧モードに対して，定電圧制御のための電圧帰還に電流帰還を併用した制御を電流モードと呼びます．

降圧型コンバータで出力段インダクタの電流を検出して，負帰還するとどうなるでしょうか？ **図16-1**で考えてみると，インダクタまでの出力部分は定電流源に近似できますから，出力段はRC回路となります．電圧モードの場合は，出力部分のLCフィルタの2次遅れ回路により位相が180°回り，それを補償するために複雑な位相補償が必要でした．

しかし，電流モードではRCの1次遅れ回路になり，複雑な位相補償を行わずに，簡単に電圧帰還がかけられます．

● 実用回路

インダクタ電流を負帰還して，定電圧制御を行う手法の一例を**図16-2**に示します．これはピーク電流モードと呼ばれ，必要なインダクタ電流の情報はピーク値だけです．インダクタ電流I_Lのピーク値とスイッチ電流I_{S1}のピーク値は等しくなりますから，**図16-2**のようにスイッチ電流を検出しています．

ピーク電流モードは，各スイッチング周期ごとに電流のピーク値を取り込むため，平均値を取り込む場合に比べて応答は高速になります．また，V_Eを一定値以下に抑えれば，電流のピーク値はこの値以下になることから過電流保護もできます．

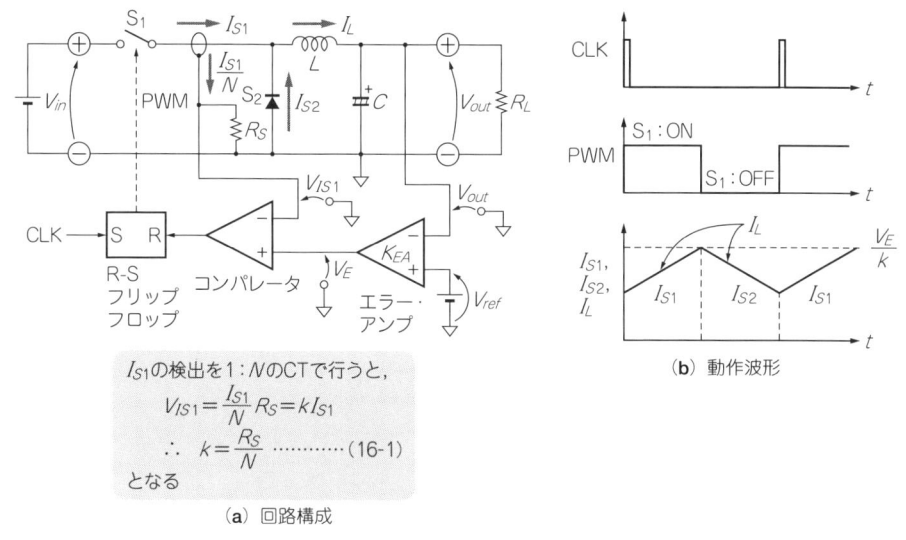

I_{S1}の検出を1:NのCTで行うと,
$$V_{IS1} = \frac{I_{S1}}{N} R_S = kI_{S1}$$
$$\therefore k = \frac{R_S}{N} \quad \cdots\cdots\cdots (16\text{-}1)$$
となる

(a) 回路構成

(b) 動作波形

[図16-2] ピーク電流モードの降圧型コンバータ

● 安定動作のためにスロープ補償が必要

インダクタ電流連続(CCM)のピーク電流モードは不安定になることがあります. デューティ・サイクルDが50％以下のときは,図16-3(a)のように安定ですが,Dが50％を越えると図16-3(b)のようにインダクタ電流が不安定になり低調波で発振を起こします. この発振は定電圧制御のための負帰還とは無関係です.

図16-3(c)のように,補償ランプ波を加えると安定になります. これをスロープ補償と呼びます. 図16-4に示すように,補償ランプ波の傾きm_3は,大きくすると低調波発振に対しては安定ですが,大きくしすぎてスイッチ電流が無視できるほどになると,図16-2中のコンパレータはただのPWMコンパレータになり,電圧モードの動作になります.

m_3の範囲は図16-4中の式(16-4)に示すように,

$$\frac{1}{2}m_2 \leq m_3 \leq m_2$$

に設定します.

● 制御等価回路

第15章で紹介した「状態平均化法」を用いて,電流モードの制御等価回路を求

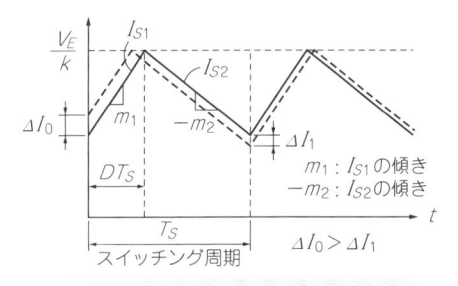

(a) $D \leq 0.5$ のとき…安定

定常状態(実線)に対し，ΔI_0 の変動を与えても(破線)，インダクタ電流は定常状態に戻る

$m_1 : I_{S1}$ の傾き
$-m_2 : I_{S2}$ の傾き
$\Delta I_0 > \Delta I_1$

(b) $D > 0.5$ のとき…低調波発振

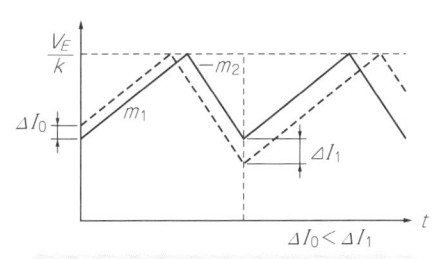

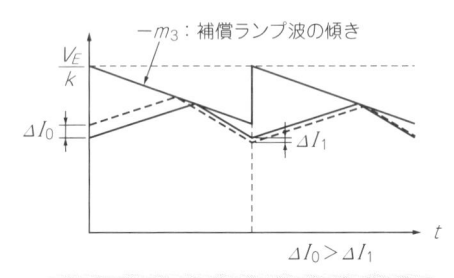

ΔI_0 の変動を与えると，インダクタ電流はスイッチング周期ごとに変動し，安定しない

$\Delta I_0 < \Delta I_1$

(c) スロープ補償された $D > 0.5$ のとき…安定

$-m_3$：補償ランプ波の傾き

補償ランプ波を加えると，インダクタ電流は安定状態に戻る

$\Delta I_0 > \Delta I_1$

[図16-3] 低調波発振はスロープ補償により防げる

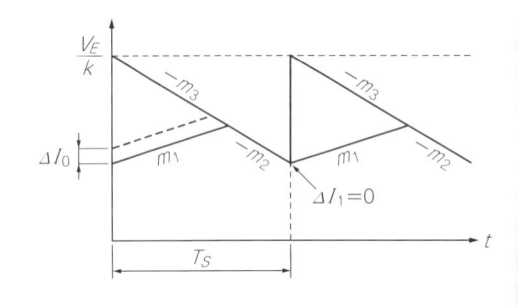

① $m_3 = m_2$ とすると，インダクタ電流は左図より1スイッチング周期で安定になる
② 図16-3(c) では，
$$\Delta I_1 = \Delta I_0 \left(-\frac{m_2 - m_3}{m_1 + m_3} \right) \cdots\cdots (16\text{-}2)$$
スイッチング周期ごとの変動を ΔI_0, ΔI_1, $\cdots$, ΔI_n, $\cdots$ とし，$D \to 1 (100\%)$，$\Delta I_n \to 0$ の条件を求めると，
$$m_3 \geq \frac{1}{2} m_2 \cdots\cdots\cdots\cdots (16\text{-}3)$$
③ $m_3 \gg m_1$, m_2 では電圧モードになる
①，②，③より m_3 の値は，
$$\frac{1}{2} m_2 \leq m_3 \leq m_2 \cdots\cdots\cdots\cdots (16\text{-}4)$$
が適当である

[図16-4] 補償ランプ波の傾き m_3 には適切な範囲がある

$$T_V(s) = K_{EA}(s) \cdot \frac{2f_S\gamma}{kC(1-D)} \cdot \frac{1}{\left(s+\frac{2f_S\gamma}{1-D}\right)\left(s+\frac{1}{R_LC}\right)}$$

1巡ループ・ゲイン $T_V(s)$ は，

$$= \frac{K_{EA}(s)\,\omega_{P2}}{kC} \cdot \frac{1}{(s+\omega_{P2})(s+\omega_{P1})} \quad\cdots\cdots\cdots (16\text{-}5)$$

$$\fallingdotseq \frac{K_{EA}(s)}{kC} \cdot \frac{1}{s+\omega_{P1}} \quad (\because \omega_{P2} \gg \omega_{P1}) \quad\cdots\cdots (16\text{-}6)$$

ここで，$k = \dfrac{R_S}{N}$, $\gamma = \dfrac{m_1}{m_1+2m_3} = \dfrac{(1-D)m_2}{(1-D)m_2+2Dm_3}$

f_S：スイッチング周波数
$\omega_{P1} = 1/(R_LC)$, $\omega_{P2} = 2f_S\gamma/(1-D)$

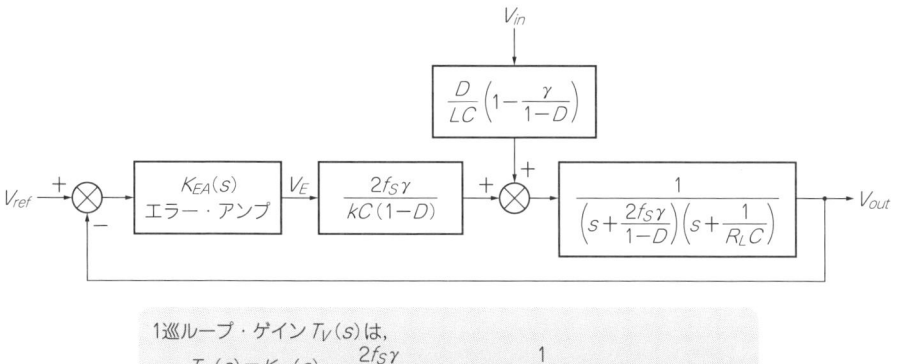

[図16-5[19]] ピーク電流モードの制御ブロック図

めることができます．ここでは詳細には立ち入らず，**図16-5**に結果だけを示します．詳細は，文献(6)，(7)，(19)を参照してください．

図16-5を見ると，電圧モードの2次のポールであるLC共振周波数ω_0が，それよりも大幅に低いω_{p1}と，スイッチング周波数近傍のω_{p2}の二つに分離されています．ループ・ゲインが1（= 0dB）になるクロスオーバー周波数f_Cは，リプルを低減し，安定に動作させるために電圧モードと同様にf_Sの1/5～1/10以下に設定する必要があります．電流モードのf_Cをf_Sの1/5～1/10以下に設定すると，ループ・ゲインは-6dB/octで低減し，位相は90°回っている領域にf_Cがくるので非常に安定になります．問題は平滑コンデンサのESR（R_C）によるゼロです．位相補償はゼロを打ち消すように設定します．

図16-5で興味深いのは，ループ・ゲインに入力電圧が直接影響しないことと，$\gamma = (1-D)$すなわち$m_3 = m_2/2$に設定すると入力電圧変動が出力に影響しないことです．

$m_3 = m_2$に設定しても，$\gamma = (1-D)/(1+D) < 1$ですから，入力電圧が直接ループ・ゲインに影響する電圧モードよりも入力電圧変動の影響を大幅に受けにくく

なっていることがわかります.

● **位相補償は電圧モードと異なる**

求めたループ・ゲインを図16-6(a)に示します.図中の数値は電圧モードと同様に,$f_S = 80\text{kHz}$,5V・1A出力の降圧型コンバータに適用したときの値です.クロスオーバー周波数f_Cはスイッチング周波数f_Sの1/5にします.

図16-6(a)から,図16-6(b)のエラー・アンプの位相補償を図中の手順に従っ

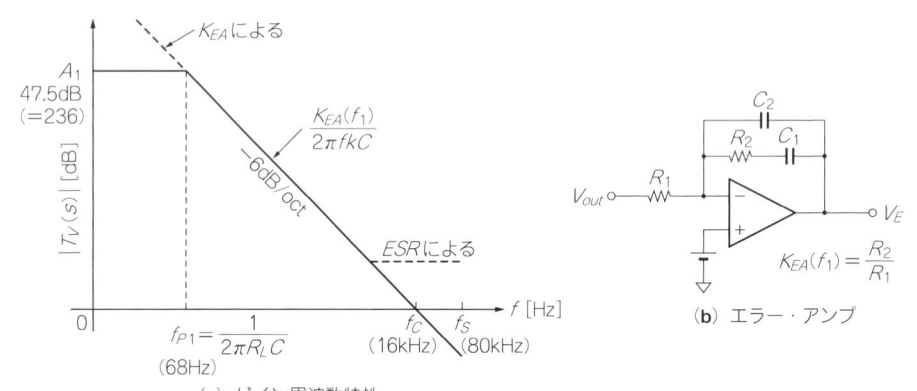

K_{EA}による
A_1 47.5dB (=236)
$\dfrac{K_{EA}(f_1)}{2\pi fkC}$
-6dB/oct
$|T_V(s)|$ [dB]
ESRによる
$f_{P1} = \dfrac{1}{2\pi R_L C}$ (68Hz)
f_C (16kHz)
f_S (80kHz)
f [Hz]

(b) エラー・アンプ
$K_{EA}(f_1) = \dfrac{R_2}{R_1}$

(a) ゲイン周波数特性

① V_{IS1}が適当な値になるようにkを決定する
$V_{IS1} = kI_L = \dfrac{R_S}{N} I_L = 0.5\text{V}$
$I_L = 1\text{A}$より,$k = 0.5$ $N = 150$より,$R_S = 75 ≒ 68\Omega$ → $k = 0.45$

② クロスオーバー周波数f_Cを決定する
$f_C = f_S \times \dfrac{1}{5} \sim \dfrac{1}{10}$
$f_S = 80\text{kHz}$ → $f_C = 16\text{kHz}$

③ f_Cで$|T_V(s)| = 0\text{dB}$になるようにR_1,R_2を決定する
$A_1 = \dfrac{R_2/R_1}{2\pi f_{P1} kC} = \dfrac{f_C}{f_{P1}} = 236$ → $R_2/R_1 = 21.24$
$R_1 = 10\text{k}\Omega$として → $R_2 ≒ 220\text{k}\Omega$

④ 直流ゲイン増加のためC_1を決定する
$\dfrac{1}{R_2 C_1} = \dfrac{1}{R_L C}$ → $C_1 = 0.01\mu\text{F}$

⑤ ESRによるゼロを相殺するためC_2を決定する
$\dfrac{1}{R_2 C_2} = \dfrac{1}{R_C C}$ → $C_2 = 100\text{pF}$

注▶数値は実験回路(図16-7)の値
ただし,$R_L = 5\Omega$,ESR:$R_C = 48\text{m}\Omega$, $f_S = 80\text{kHz}$, $I_L = 1\text{A}$, $N = 150$

[図16-6[19]] ピーク電流モードの位相補償

て決定します．出力コンデンサのESR（実測値：48mΩ）によるゼロを打ち消さないと，f_Cが設計どおりにならず発振します．電圧モードで行った進み補償は，電流モードでは適用できません．

以上で簡単に位相補償ができましたが，種々の誤差要因を無視した理想的な設計ですから，実験で確認/修正します．

● ピーク電流モード以外の電流モード

電流モードには，ピーク電流モード以外にインダクタ電流の平均値を帰還する平均電流モードがあります．平均電流モードはピーク電流モードに比べて，上述のスロープ補償が不要であり，雑音に強いという特徴をもっていますが，ピーク過電流保護の機能を付加する必要があります．

また，電流モードは高速応答のために使用される場合が多いため，平均化による遅れが嫌われ，対応する制御ICも少なくて，使用されているのは電流連続型のPFC（力率改善）回路がほとんどです．PFC回路には昇圧型コンバータが使用され，インダクタ電流連続型が平均電流モード，臨界動作型（CRM）がピーク電流モードで，どちらもスロープ補償を不要としています．

Column

電流モードの特徴

電流モードには，電圧モードと比較すると，下記の特徴があります．
(1) 帰還ループが二つあり，特に電流帰還ループの設計が面倒である
(2) 電流モードの電圧帰還ループは1次ポールが一つであり，位相補償の設計は簡単である
(3) 出力コンデンサのESRが小さくても安定である
(4) PWMランプ波のレベルが一定の電圧モードと異なり，ランプ波のレベルは電流に比例するため，小電流では検出された電流信号のノイズによる誤動作の危険が増す
(5) インダクタ電流が不連続になる軽負荷でもf_Cの低下はあまりなく，高速応答が期待できる
(6) 電流検出のため，高周波スイッチングでは最小オン時間が制限される

万能な回路はありませんから，要求仕様により電流モードか電圧モードかを選択します

16-2　電流モード制御の実験

● 実験回路

　実験回路のパワー系は第9章の電圧モードと同様に，スイッチング周波数80kHz，5V/1A出力としました．

　制御系のICは，初期型のAC-DCコンバータ用電流モード制御IC FA13843（富士電機）を使用しました．FA13843は，オリジナルのバイポーラIC UC3843（現TI，

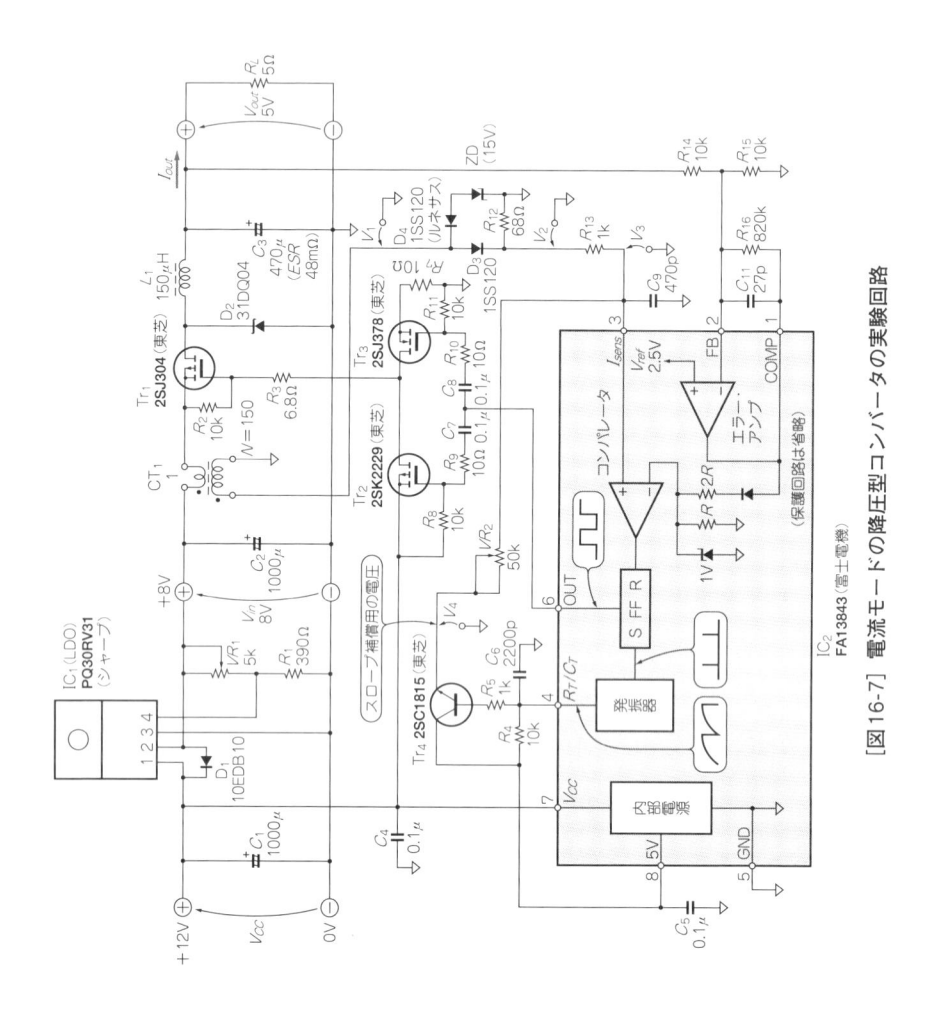

[図16-7] 電流モードの降圧型コンバータの実験回路

旧ユニトロード）をCMOSに変更したICです．

　FA13843はAC-DCコンバータ用のため，電源電圧V_{in}（10 ～ 25V）と電流検出に制約があります．Dを50％以上にするためパワー系の電源には3A出力のLDOレギュレータを追加して9V以下とし，電流検出は巻き線比が1：150のCT（Current Transformer；変流器）で行いました（Appendix E参照）．

　設計した実験回路が図16-7です．トランスは直流を伝送できませんから，CTの磁束を1次電流が流れていない期間にリセットする必要があり，D_4とZDをリセット用に追加しました．

　各部の損失を無視した図16-6の定数による位相補償ではf_C = 4.5kHzと低すぎたので，ゲイン補償も入れ，図16-6(b)のC_1は削除（短絡），R_2は820kΩに変更しました．スロープ補償は可変抵抗VR_2で調整します．

　前章の実験は入力電圧V_{in} = 12Vで行いましたが，今回はLDOレギュレータでV_{in} = 8Vとしました．

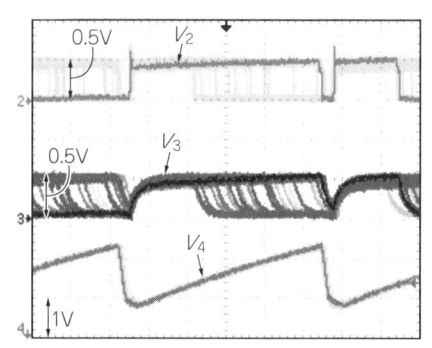

［写真16-1］スロープ補償なしだと発生する低調波発振の波形（2.5 μs/div）

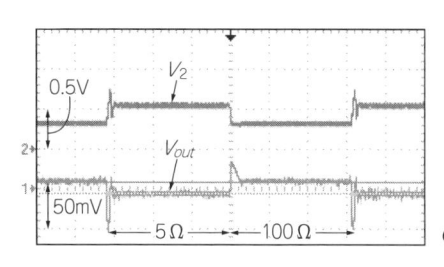

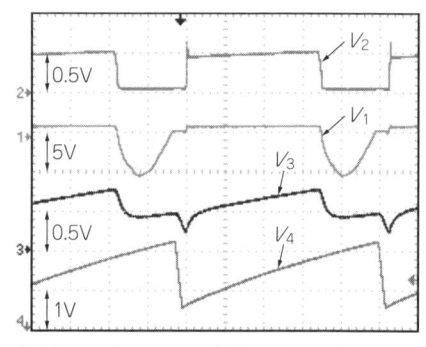

［写真16-2］スロープ補償を行った電流検出波形（2.5 μs/div）
f_S = 76kHz，D = 70％，V_{in} = 8V，V_{out} = 5V，I_{out} = 1A

［写真16-3］負荷を100Ωと5Ωで切り替えたときの波形（1ms/div）

16-2　電流モード制御の実験

● 実験結果

写真16-1がスロープ補償なしの波形で，低調波発振が観測されます．スロープ補償を行う（$VR_2 = 4\text{k}\Omega$）と写真16-2のように安定になります．V_1はCTの2次側波形で，1次電流が流れていない期間に磁束のリセットが行われています．

f_Sは76kHz，f_Cは10kHz（負荷5Ω）で位相余裕107°，7.3kHz（負荷100Ω）で94°でした．前章の電圧モードと異なり，軽負荷でも低下の割合が大幅に小さくなっています．

写真16-3が負荷を100Ω⇔5Ωと切り替えたときの波形です．変動は定常偏差で14mV$_{\text{P-P}}$，最大値で90mV$_{\text{P-P}}$でした．スイッチ電流I_{S1}を示すV_2は，切り替え時に高速に応答していますが，負荷5Ωのときのf_Cが前章の電圧モードと大差ないため全体の応答は大差ありません．

16-3　実用的な電流モードDC-DCコンバータ

前節では，動作のわかりやすいAC-DCコンバータ用の制御ICを使用した実験を紹介しました．実際の電流モードDC-DCコンバータでは，電流検出に高価で大きなCTは使用しません．また，スロープ補償もIC内部で行われ，ユーザが面倒な設定をする必要はありません．

ここでは，実用的な電流モードの制御ICと，高周波スイッチングに適したエミュレーテッド電流モード制御ICを紹介します．

ピーク電流モードは電流検出信号に載ったスパイク・ノイズに弱く，ノイズ処理に時間を取られ，スイッチング周波数を高くできない場合もあります．エミュレーテッド電流モードはスパイク・ノイズに強く，高周波スイッチング向きです．

実用的な同期整流型電流モード制御ICを図16-8に例示して紹介します．

● 従来型電流モード

図16-8(a)が従来型の電流モード降圧型コンバータです．電流検出はインダクタと直列に入れた抵抗によって行っています．抵抗により電流の方向も検出して同期整流時の逆流を防止しています．

図16-8(a)は電流検出抵抗R_Sが最も低ノイズの部分にあるため，ノイズの影響をほとんど受けずに電流検出できますが，R_Sの損失があります．例えば，LTC3835を使用した降圧型コンバータの回路例（図16-9）で，図(b)にR_Sの損失を追記しましたが，R_Sによる効率の悪化は1.数％と90％以上を目標にすると無視で

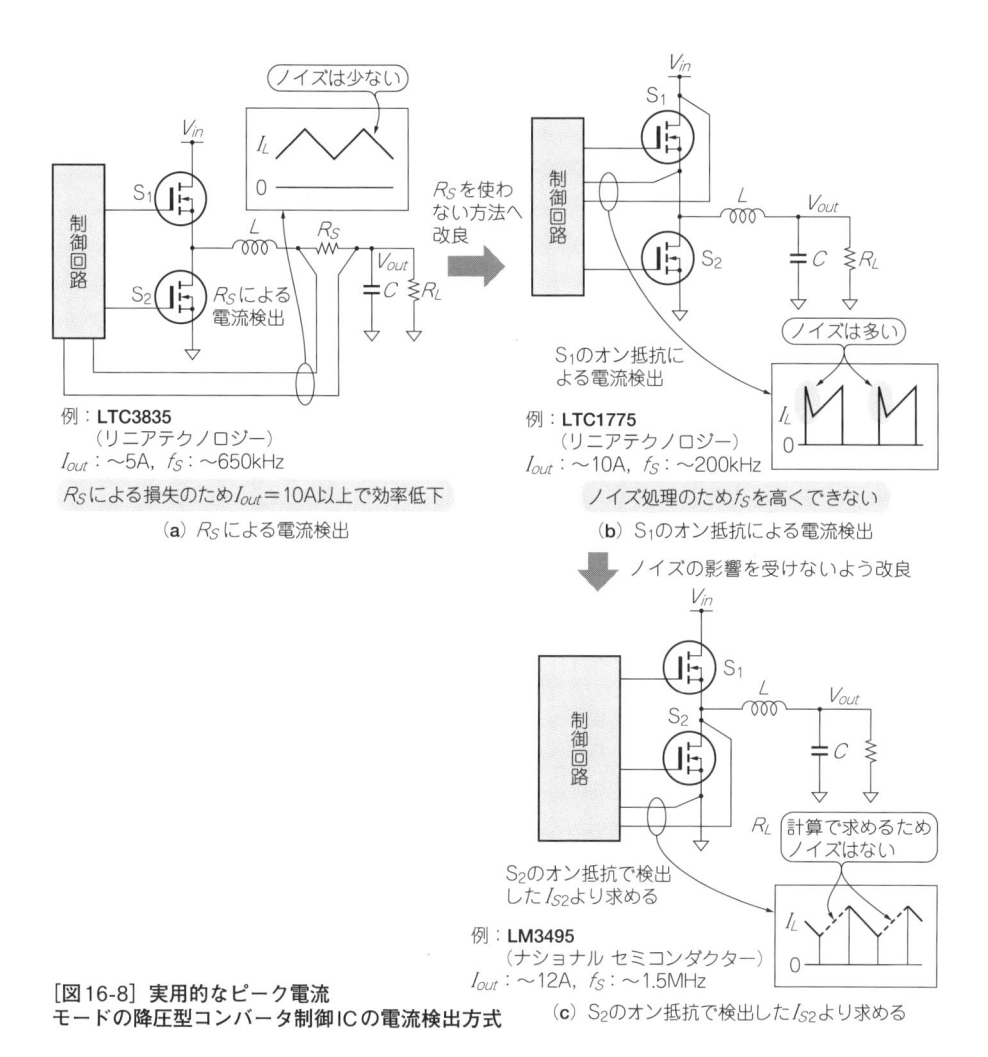

[図16-8] 実用的なピーク電流モードの降圧型コンバータ制御ICの電流検出方式

(a) R_S による電流検出
例：**LTC3835**（リニアテクノロジー）
I_{out}：〜5A，f_S：〜650kHz
R_S による損失のためI_{out}＝10A以上で効率低下

(b) S_1のオン抵抗による電流検出
例：**LTC1775**（リニアテクノロジー）
I_{out}：〜10A，f_S：〜200kHz
ノイズ処理のためf_Sを高くできない

(c) S_2のオン抵抗で検出したI_{S2}より求める
例：**LM3495**（ナショナル セミコンダクター）
I_{out}：〜12A，f_S：〜1.5MHz

きません．

　回路例での効率は，f_S＝400kHzで3.3V/5A（16.5W）出力時に90％以上です．これをさらに上げるためには，R_Sでの損失を低減する必要があります．

● 高効率電流モード
　図16-8(a)の欠点は，R_Sの損失が大電流では無視できないことです．そこで，図16-8(b)のようにパワーMOSFET（S_1）のオン抵抗を電流検出抵抗にした改良型

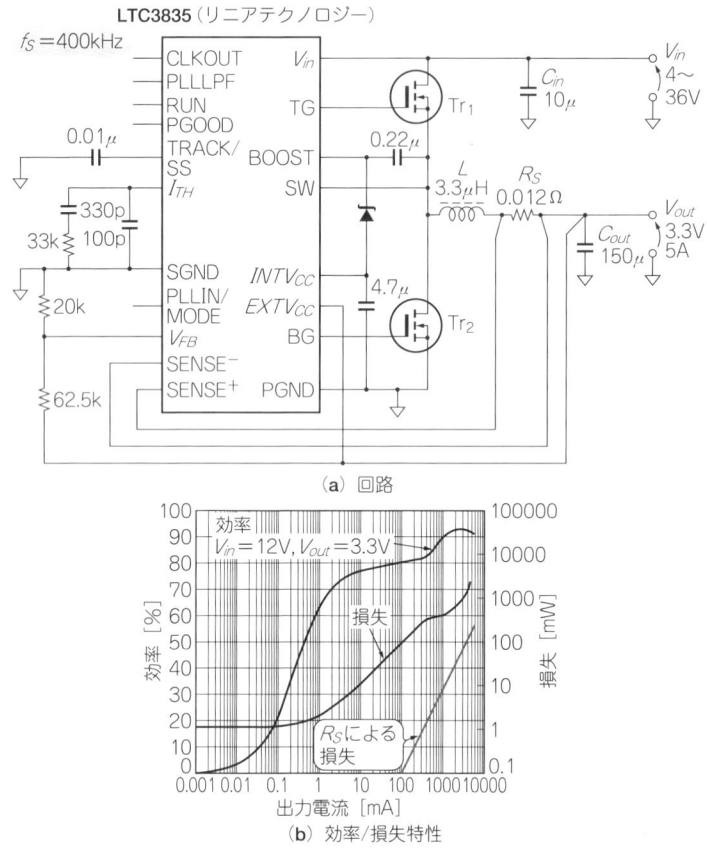

[図16-9]$^{(56)}$ 電流モード降圧型コンバータLTC3835の評価回路と特性

(a) 回路

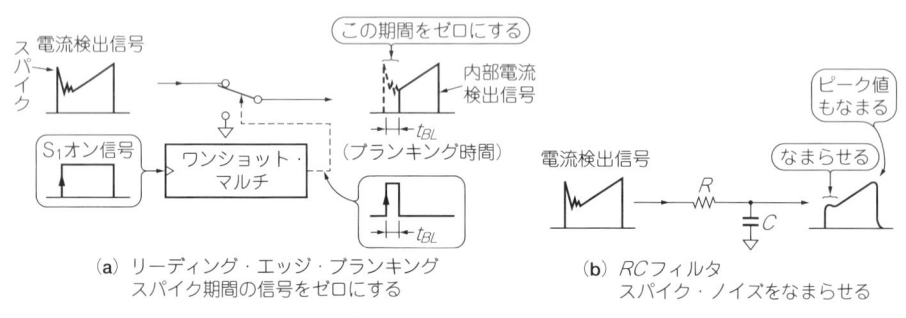

(b) 効率/損失特性

[図16-10] スパイク・ノイズの処理方法

(a) リーディング・エッジ・ブランキング
スパイク期間の信号をゼロにする

(b) RCフィルタ
スパイク・ノイズをなまらせる

が出されました.

図16-8(b)は，S_1をONした瞬間に回路素子の寄生容量を充電するため，スパイク状のサージ電流が流れます．これを検出すると，スパイクが最大インダクタ電流検出値よりも大きくなり，ピーク電流モードは誤動作します．

誤動作防止のため**図16-10**に示すように，S_1をONした瞬間のスパイク期間(数十ns)をブランキングしたり，RCフィルタを入れてスパイクを除去します．入出力電圧比が大きくてデューティ比Dの小さな高周波スイッチングでは，S_1のオン時間が短かすぎてブランキング時間のほうが長くなる可能性があります．そうなると，定電圧制御も電流検出もできず，出力電圧は変動し負荷短絡時の過電流保護ができません．小型化と高速応答のため，スイッチング周波数を上げたくとも限度があります．**図16-8(a)**は電流検出のノイズが小さくて，ほとんど問題になりません．

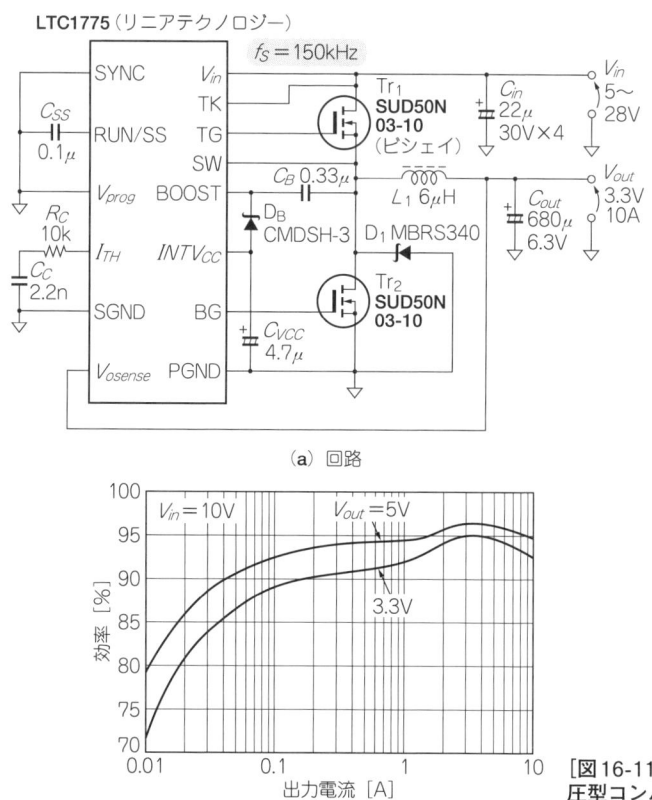

[図16-11[(48)]] 高効率電流モード降圧型コンバータLTC1775の評価回路と特性

16-3 実用的な電流モードDC-DCコンバータ

電流検出抵抗を使用せず，上側 Tr_1 のパワー MOSFET のオン抵抗で電流を検出する LTC1775 を使用した降圧型コンバータの回路例を**図16-11**に示します．上記の理由により $f_S = 150kHz$ と低く抑えられていますが，効率は f_S に反比例しますから，その影響もあって5V/1.5～8.5A出力時の効率は95％以上と非常に高くなっています．出力電流の上限はICがドライブ可能なパワー MOSFET で決定されているため，データシートやアプリケーション・ノートを参照して，必要な出力電流からパワー MOSFET を選択します．

(a) 回路

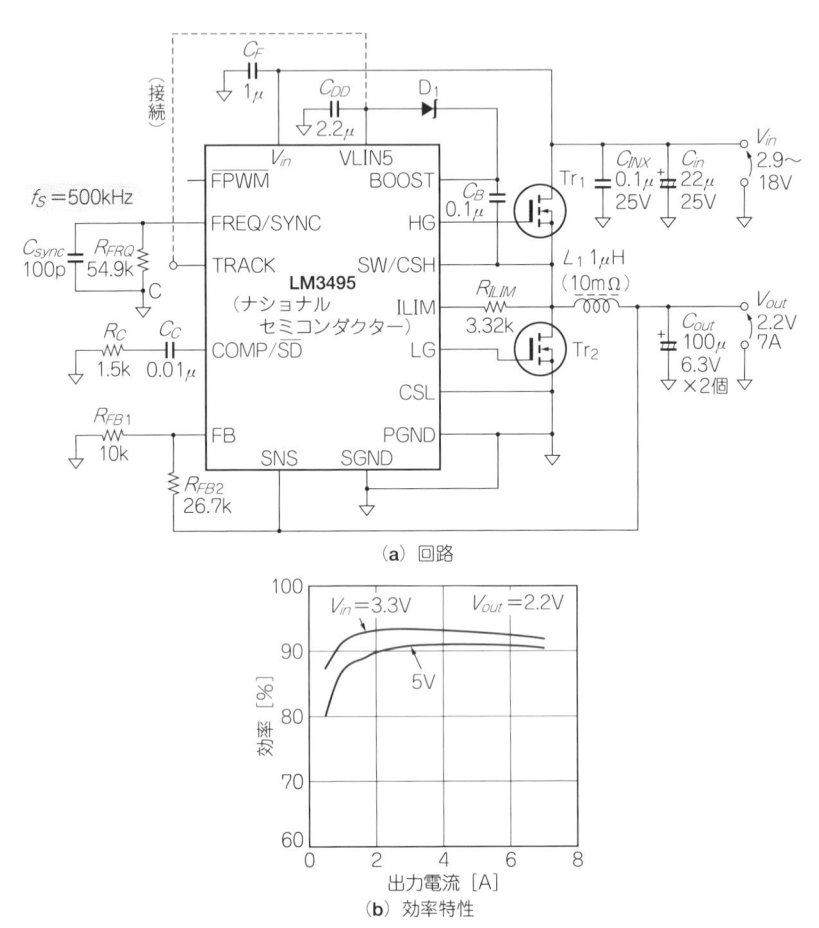

(b) 効率特性

[図16-12[(62)]] エミュレーテッド電流モード降圧型コンバータ LM3495 の評価回路と特性

● エミュレーテッド電流モード

効率改善のためにR_Sを取り去り，高速応答のためにスイッチング周波数を上げたいという，図16-8(a), (b)の欠点を解消したのが，エミュレーテッド電流モード降圧型コンバータです．

エミュレーテッド(emulated；模倣された)電流モードは，図16-8(c)に示すように，サージ電流が含まれたS_1オン期間のスイッチ電流を直接検出せずに，ノイズの少ないS_1オフ期間(S_2オン期間)の電流だけを検出し，制御IC内部でアナログ演算してS_1オン期間のスイッチ電流を模擬的に発生させます．S_1オン時間が短くても過電流を防止できます．

下側Tr_2のパワーMOSFETのオン抵抗で電流を検出して，Tr_1の電流を模擬するLM3495を使用した降圧型コンバータの回路例を図16-12に示します．f_S = 500kHzと高いのに，効率はV_{in} = 5Vで2.2V/2〜7A出力時に90％以上，V_{in} = 3.3Vで2.2V/1〜7A出力時に92％以上と非常に良くなっています．

● LM25576…エミュレーテッド電流モード制御IC

LM25576エミュレーテッド電流モード制御ICを評価基板を使用して，V_{in} = 12V，V_{out} = 5V，I_{out} = 3Aで実験しました(図16-13)．図16-13に示すIC内部ブロック図でトラッキング・サンプル・ホールドがS_1オフ期間(S_2オン期間)の電流検出です．S_2オン期間中は電流信号に追随(トラッキング)しながら電流検出(サンプル)し，S_1オン期間中その値を保持(ホールド)します．保持された電圧に図中の計算式で示すランプ波を加算し，S_1オン期間の電流波形を模擬します．S_2には同期整流ではなくショットキー・バリア・ダイオードを使用しています．

出力リプル波形が写真16-4です．これからスイッチング周波数は291kHz，スパイクを無視したリプル電圧は10mV_{P-P}でした．

写真16-5が負荷を100Ω(I_{out} = 50mA)⇔1.6Ω(3.1A)と切り替えたときの波形で，定常偏差が12mV_{P-P}，最大値は±180mV_{pk}と少し大きくなっています．波形にはリンギングなどの振動が見られず，非常に安定なことがわかります．

● 電流モード制御ICの使いかた

DC-DCコンバータ用電流モード制御ICは，スロープ補償がIC内部で行われているため，ユーザが面倒な設定をする必要はありません．しかし，前述したように，電流モードのスロープ補償は，インダクタ電流のダウン・スロープの傾きを基準にしています．ダウン・スロープの傾きは，出力電圧V_{out}とインダクタンスLからほ

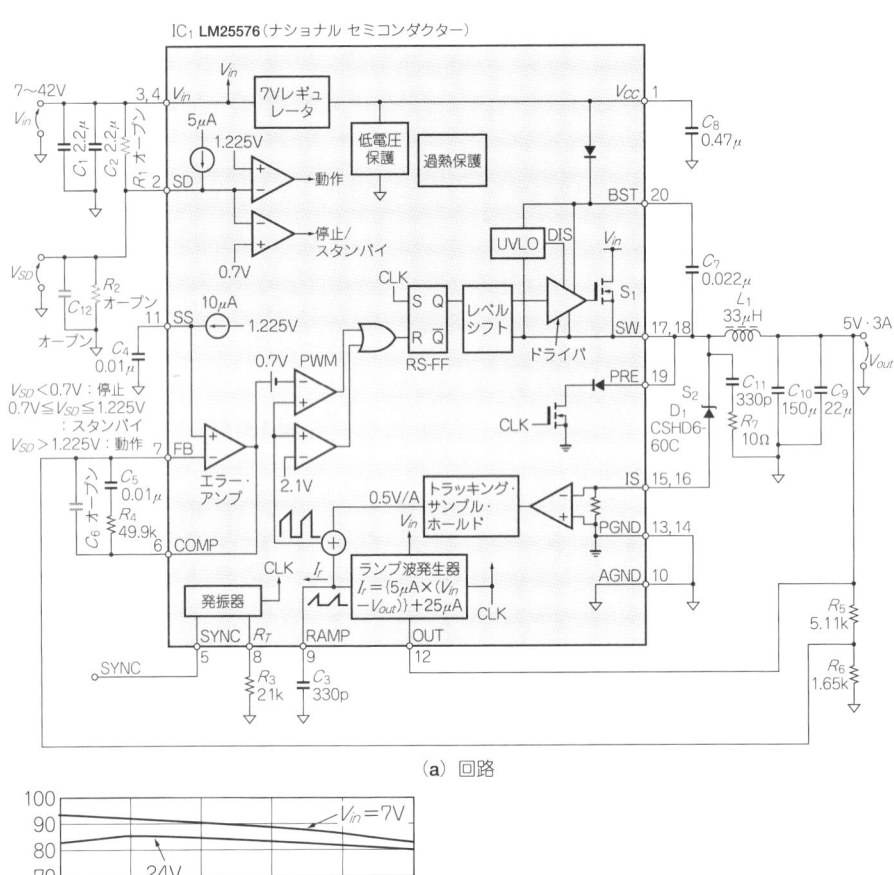

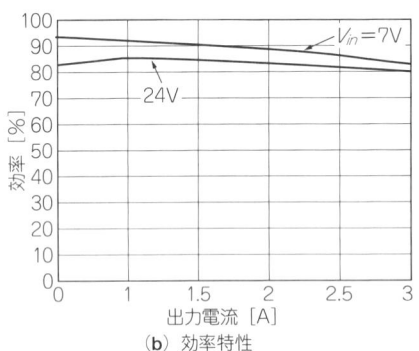

[図16-13][(63), (64)] **エミュレーテッド電流モード降圧型コンバータLM25576の評価回路と特性**

(a) 回路

(b) 効率特性

ほ$-V_{out}/L$になります．電流モード制御ICを使用する場合は，データシートやアプリケーション・ノートを参照して，V_{out}から決定される推奨インダクタLを使用する必要があります．

パワーMOSFETのオン抵抗を電流検出に使用する場合は，制御ICのデータシ

[写真16-4] 出力リプル電圧(5mV/div, 500 ns/div)
$I_{out}=3A$, $f_S=291kHz$

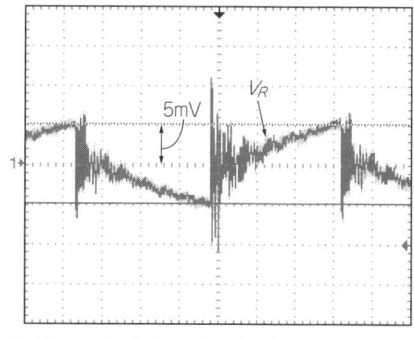

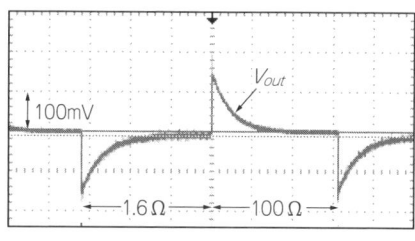

[写真16-5] 負荷を100Ωと1.6Ωで切り替えたときの出力波形(100mV/div, 1ms/div)
定常偏差 $\Delta V_{out}=12mV_{P-P}$

ートやアプリケーション・ノートを参照して，パワーMOSFETを選択する必要があります．制御ICの選択にあたっては，各制御ICの特徴を把握することが必要です．

例えば，Dが100％まで大きくなるときは，エミュレーテッド電流モードは使用できませんし，上側スイッチS_1にはPチャネル・パワーMOSFETを選択します．Dが大きくても100％にはならないときは，高効率電流モードが適しています．Dが小さいときは，エミュレーテッド電流モードが適しています．

出力電流が5A以下のときは，従来型電流モードが適しています．入力電圧が低いときは，パワーMOSFET内蔵型が適しています．

このように，動作条件によって最適な制御ICを選択し，メーカの技術資料を参考に設計します．

16-4　ON/OFF制御による超高速DC-DCコンバータ

最近の高速ディジタルICは，1V程度の低電源電圧で動作する場合が多く，許される電源電圧変動も小さくなっています．そのような場合に使用されるのが超高速DC-DCコンバータです．

DC-DCコンバータの応答速度は，スイッチング周波数と出力インダクタンス，制御ループの応答速度などで決定されます．最近の高速DC-DCコンバータ制御ICは，スイッチング周波数を高くして，出力インダクタンスを小さくしています．制御ループの応答速度を速くするために，上述の電流モードを採用してスイッチング周波数を高くしたICもありますが限度があります．

さらなる高速化を目的に，空調機器などで使用されているON/OFF制御を採用

したICがあり，現時点では最速のDC-DCコンバータ制御ICです．ただし，リプルとノイズが大きいためアナログ回路には使用できません．

● なぜ高速応答が必要なのか？

図16-14で，応答速度によるDC-DCコンバータの特性を比較しました．超高速

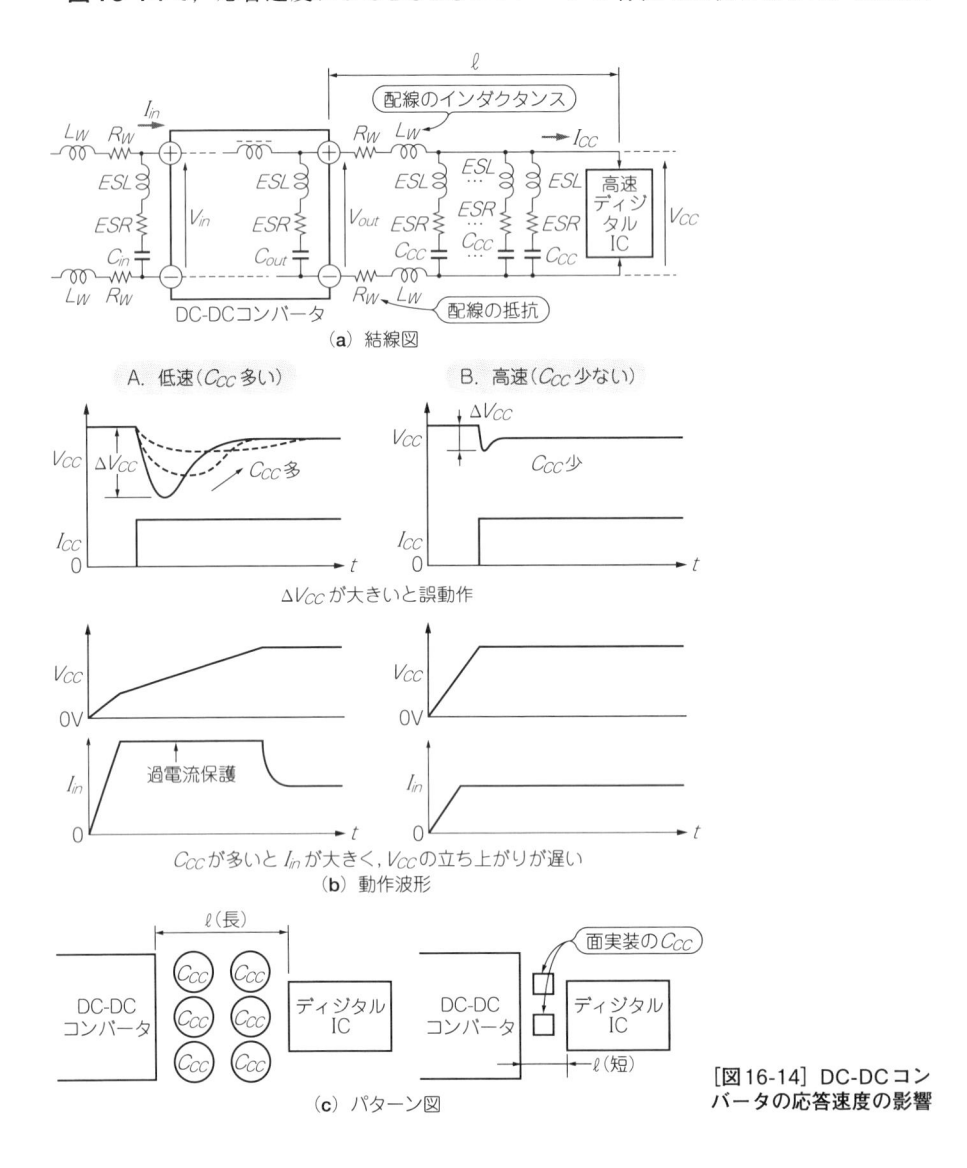

[図16-14] DC-DCコンバータの応答速度の影響

ディジタル回路の電源特性を考える場合は，アナログ回路や低速ディジタル回路では無視した，配線のインダクタンスL_W，コンデンサの等価直列インダクタンスESLを，配線の抵抗R_W，コンデンサの等価直列抵抗ESRと合わせて考える必要があります．

遅いDC-DCコンバータを使用する場合は，過渡的電源変動ΔV_{CC}を仕様内に収めるため，ディジタルICの電源デカップリング・コンデンサC_{CC}を大きくします．ただし，少数の大容量コンデンサを使用してもESLが低減されないため，適当な容量のコンデンサを多数並列に使用します．C_{CC}が大容量になると**図16-14**のように，電源投入時にC_{CC}を大電流で充電する必要があり，DC-DCコンバータの過電流保護が動作して，起動時間が長くなります．場合によってはICが動作を開始しません．また，プリント基板上でも実装面積が大きくなり，配線が長くなってL_WとR_Wが大きくなり，さらなるデカップリング・コンデンサが必要になります．

これに対して，速いDC-DCコンバータを使用すると，面実装の電源デカップリング・コンデンサを少量使用するだけで優れた電源特性が得られます．

高速ディジタル回路の電源に限れば，以下に紹介する超高速DC-DCコンバータ

[図16-15] ヒステリシス制御コンバータの動作
ヒステリシス幅が出力リプル電圧を決定する．言い換えると，出力リプルがなければ動作しない

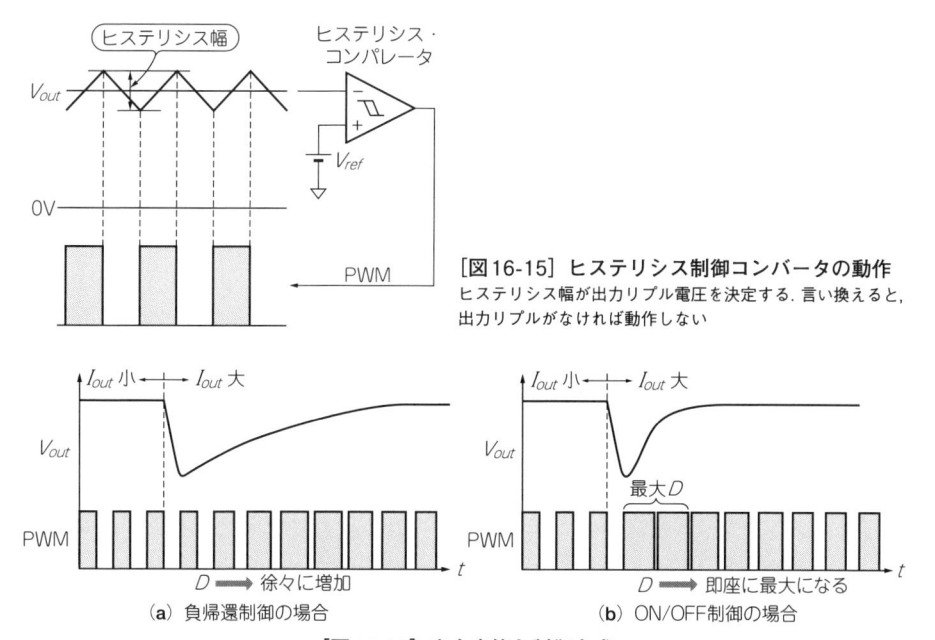

(a) 負帰還制御の場合
(b) ON/OFF制御の場合

[図16-16] 出力応答と制御方式

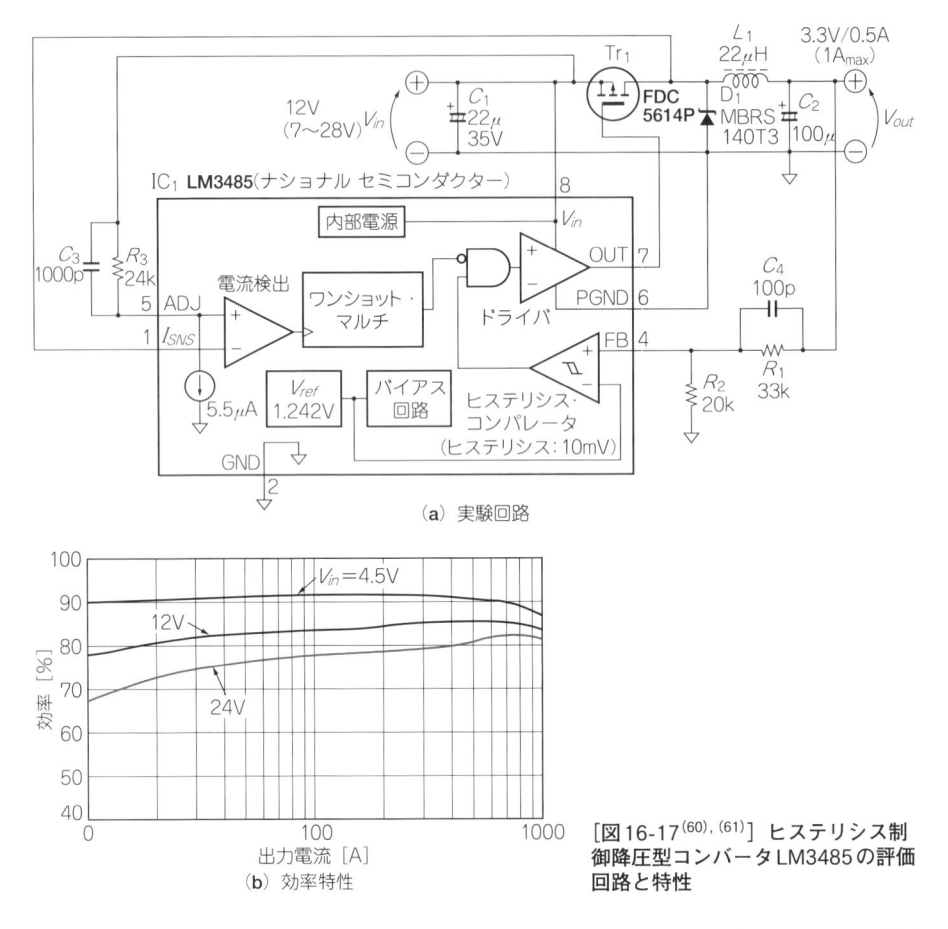

[図16-17(60), (61)] ヒステリシス制御降圧型コンバータLM3485の評価回路と特性

(a) 実験回路

(b) 効率特性

は，優れた特性を少ない部品，省スペース，低コストで得られます．ただし，電源に対する要求が異なりますから，LDOレギュレータなどを後置しないとアナログ回路には使用できません．

● ヒステリシス制御

高速応答を目的にON/OFF制御を取り入れたのが，**図16-15**に示すヒステリシス制御です．欠点は，ヒステリシス幅で決定される出力リプル電圧があり，スイッチング周波数が入力電圧や負荷によって変わることです．

なぜ高速化できるのか，負荷が重くなったとき(**図16-16**)について考えてみます．負帰還制御では制御系の応答速度に従ってDが徐々に増加[**図(a)**]しますが，

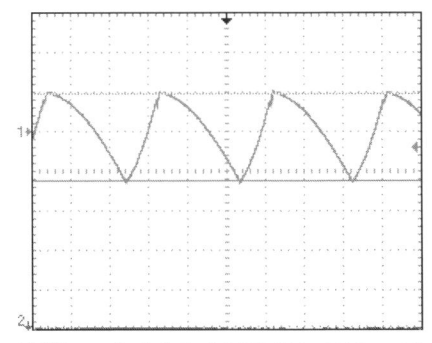

[写真16-6] 出力リプル電圧(10mV/div, 2.5μs/div)
I_{out} = 0.5A, f_S = 138kHz

[写真16-7] 負荷を100Ωと6.6Ωで切り替えたときの出力波形(10mV/div, 1ms/div)
定常偏差ΔV_{out} = 13.2mV$_{P-P}$

ON/OFF制御ではDは即座に最大[図(b)]になります．

ヒステリシス制御には大きな出力リプルが必要ですから，出力平滑コンデンサにESRの小さなコンデンサを使用すると，出力リプルが小さくなって安定に動作しません．その場合には，出力平滑コンデンサに抵抗を直列接続するか，**図16-18**で紹介する技法を採用します．

● LM3485…ヒステリシス制御IC

LM3485ヒステリシス制御ICを評価基板を使用して，V_{in} = 12V，V_{out} = 3.3V，I_{out} = 0.5Aで実験しました(**図16-17**)．出力リプル波形が**写真16-6**です．これからスイッチング周波数は138kHz，スパイクを無視したリプル電圧は22mV$_{P-P}$と，当初の予想どおり大きくなっています．

写真16-7が負荷を100Ω(I_{out} = 33mA)⇔6.6Ω(0.5A)と切り替えたときの波形です．今までの負帰還制御による降圧型コンバータと同じ時間軸で見ると，ほとんど瞬時に出力電圧が応答しています．定常偏差は13.2mV$_{P-P}$と小さくなっています．

● LM2695…一定オン時間制御IC

スイッチング周波数が大きく変動するヒステリシス制御の欠点を改善したのが，一定オン時間制御です．ヒステリシス制御の一種ですが，オン時間T_{ON}を入力電圧に反比例させることによりスイッチング周波数f_Sをほぼ一定に保ちます．f_Sを一定にすると，ノイズ除去のための後置フィルタが簡単になります．

LM2695一定オン時間制御ICを評価基板を使用して，V_{in} = 24V，V_{out} = 10V，I_{out} = 1Aで実験しました(**図16-18**)．出力リプル波形が**写真16-8**です．**写真**

$$T_{ON} = \frac{1.3 \times 10^{-10} \times R_1}{V_{in}}$$
$$f_S = \frac{V_{out}}{1.3 \times 10^{-10} \times R_1}$$

[図16-18[58], [59]] 一定オン時間制御降圧型コンバータLM2695の評価回路と特性

(a) 回路

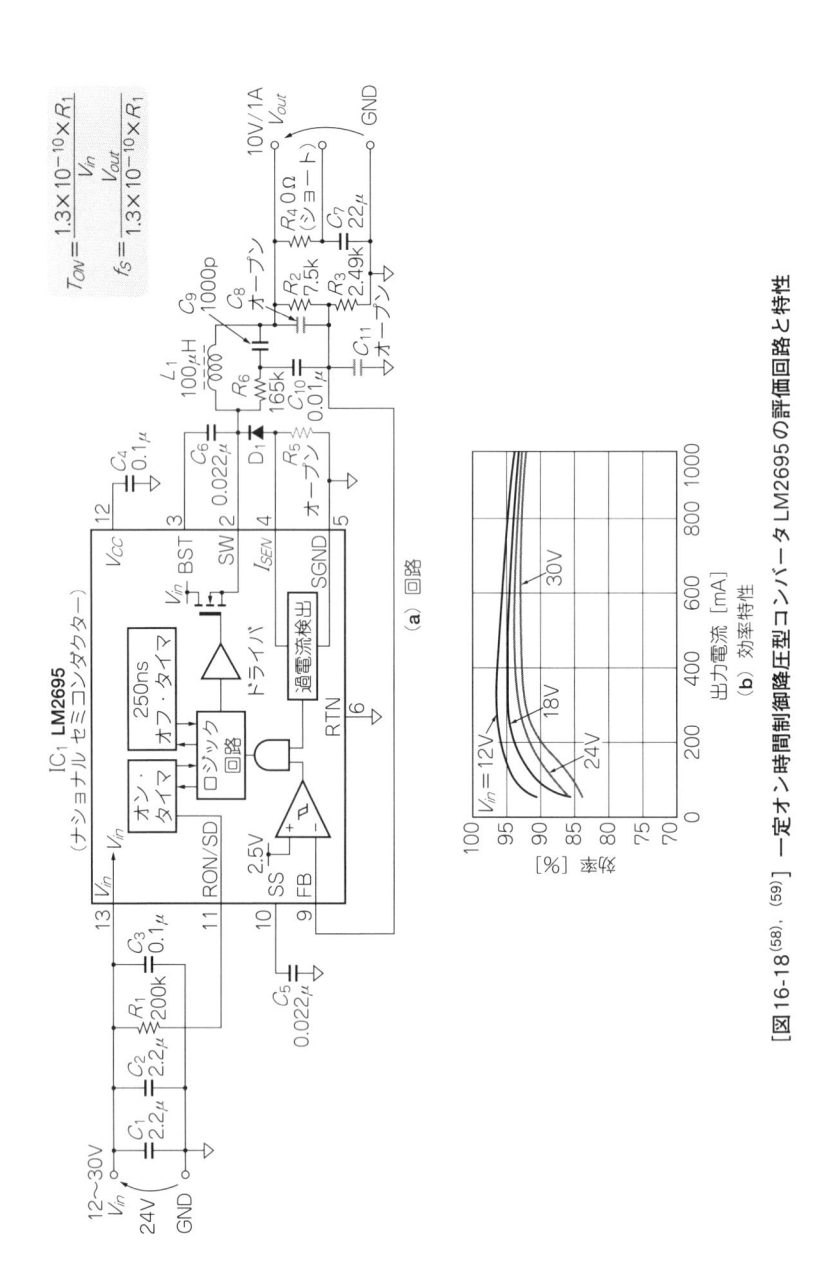

(b) 効率特性

16-8からf_S = 403kHz，T_{ON} = 1.1μsとなっています．**図16-18**中の計算式から求めると，f_S = 385kHz，T_{ON} = 1.1μsとなって，ほぼ計算どおりです．

　写真16-8からスパイクを無視したリプル電圧は6.16mV$_{P-P}$と，10V出力であり

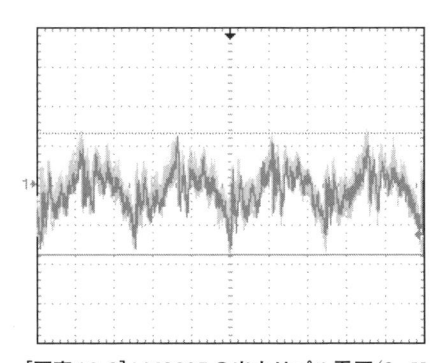

[写真16-8] LM2695の出力リプル電圧(2mV/div, 1μs/div)
I_{out} = 1A, f_S = 403kHz

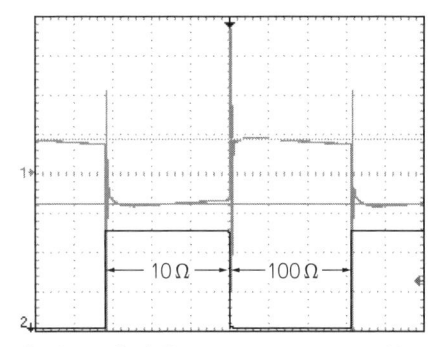

[写真16-9] 負荷を100Ωと10Ωで切り替えたときの出力波形(20mV/div, 1ms/div)
定常偏差 ΔV_{out} = 32.8mV$_{P-P}$

ながら上記のヒステリシス制御よりも小さくなっています．これは図16-18のR_6, C_9, C_{10}により，出力リプルぶんではなく，スイッチング波形を分圧・積分してヒステリシス・コンパレータ入力(ピン9，FB)に加えているからです．このようにすると出力リプル電圧が不要になり，ESRの小さなコンデンサが使用可能になります．この技法は上記LM3485にも適用可能です．

写真16-9が負荷を100Ω(I_{out} = 0.1A)⇔10Ω(1A)と切り替えたときの波形です．一定オン時間制御はヒステリシス制御の改良型ですから，ほとんど瞬時に出力電圧が応答しています．定常偏差は32.8mV$_{P-P}$で写真では大きく見えますが，V_{out} = 10Vに対して0.328％と十分に小さくなっています．

16-4 ON/OFF制御による超高速DC-DCコンバータ | 299

第17章

【成功のかぎ17】
インダクタとトランス
磁気学の基礎

　電子回路のIC化という流れのなかで，抵抗とコンデンサに比べてICにマッチしないインダクタとトランスを使う場面は減ってきました．
　ところが，電源回路においてはインダクタとトランスは必要不可欠な部品であり，それらを使いこなすことは，小型で高効率な電源を設計/製作するのに必須の条件です．
　本章では，理解されにくいインダクタとトランスの基本と実践的な事柄に限って説明します．

17-1　電気学と磁気学

　基本的なインピーダンス素子は，
　　(1) R：抵抗（レジスタンス；resistance）
　　(2) C：コンデンサ（キャパシタンス；capacitance）
　　(3) L：インダクタ（自己インダクタンス；self inductance）
　　(4) M：トランス（相互インダクタンス；mutual inductance）
の四つです．
　インダクタとトランスを理解するには，電磁気学の基本法則，
　　(1) アンペアの法則
　　(2) ファラデーの法則
を理解する必要があります．
　教科書に書いてある電磁気の基本と，回路設計で必要な実践的な知識の間には大きな乖離があります．ここでは，基本と実践的な事柄に限って取り上げ，理論的な根拠は電磁気学の教科書［巻末に挙げた文献(4), (5)など］に譲ります．

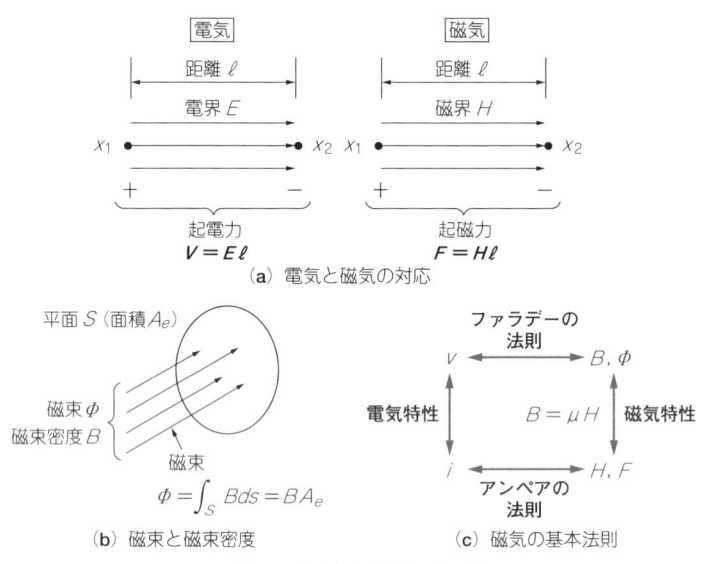

[図17-1] 磁気と電気の関係

(a) 電気と磁気の対応
(b) 磁束と磁束密度
(c) 磁気の基本法則

● 電気と磁気の関係

磁気学は，電気学の理論から類推すれば理解しやすくなります．

図17-1に，磁気の基本をまとめました．

図17-1(a)は，電気と磁気の対応関係です．電界中の2点間に発生する起電力は電界と距離の積になります．同様に，磁界中の2点間に発生する起磁力は，磁界と磁路長と呼ばれる距離の積になります．電気学の本質的な議論において，電界も重要な基本量ですが，応用では電圧(起電力)を使用します．磁気学でも本質的な議論では磁界，応用では起磁力を重視します．

図17-1(b)は，磁気のもう一つの重要な量である磁束密度と磁束の関係です．磁束は閉じられた平面を貫通する磁束の総和です．電気学においても同様に，電束密度と電束の関係が成立します．

図17-1(c)は，磁気学の基本法則「アンペアの法則」と「ファラデーの法則」の役割を図示したものです．この二つの法則は，インダクタとトランスに関する端子電圧と端子電流の電気特性と，磁気の重要な量である磁界・起磁力と磁束密度・磁束による磁気特性を関連づけています．

● 磁気用語と電気用語の対応

表17-1に，電気用語に磁気用語を対応させてまとめました．

[表17-1] 磁気学用語一覧

磁気量					電気量
名 称	記号	単位	単位の分解	概要[3]	
磁荷	M	Wb		磁極の強さ	電荷
磁束	Φ	Wb	Vs	いわば磁力線の束	電束
電流	I	A			電圧
磁位	U	A[1]		電位に対応した磁気的な量	電位
起磁力	F	A[1]		磁気回路で使用	起電力
磁界	H	A/m		電流が空間に与えるひずみ	電界
磁束密度	B	T	Wb/m^2 = Vs/m^2	Φの単位面積当たりの密度	電束密度
磁気抵抗[2]	R_m	1/H	A/Wb	磁気回路のオームの法則で使用	抵抗
インダクタンス	L	H	Wb/A = Ωs	ΦとIの比例定数．$\Phi = LI$	静電容量
透磁率	μ	H/m	Wb/Am = Ωs/m	BとHの比例定数．$B = \mu H$	誘電率

注▶(1) AT（アンペア・ターン）と表す場合もある．(2)電気抵抗と異なり，電力損失はない．
(3)詳細は文献(4)を参照のこと

　表に示す磁気用語のなかでも，実用的に重要なパラメータは，前述のように起磁力と磁束密度の二つです．

　電磁気学の教科書に載っている磁力線は，電界を可視化した電気力線と同様に磁界を可視するための仮想的な線です．磁力線は元が磁界ですから，ここで重視している磁束とは単位が違う程度です．

　応用で使える磁気量は，測定や設計が簡単で実用性が高く，本質的に重要な磁気量との関係が明白である必要があります．

　磁界は本質的に重要なパラメータですが，測定や設計が容易ではありません．起磁力は測定や設計が簡単で実用性が高く，磁界と起磁力の関係が明白です．

　磁束密度は本質的に重要であり，測定や設計が容易で実用性が高いため，本質的にも実用的にも重要な量です．

　電気学で重要視されるのは電荷と電界です．磁気学で電荷と電界に対応するのは磁束と磁界です．前述のように磁束は具体的な個々の面積に関係するため，一般的な考察では単位面積当たりの磁束，つまり磁束密度を重要な量とします．

　目的としている実用面では，電気量としては電圧と電流が重要であり，磁気では起磁力と磁束密度です．

● 電気と磁気のエネルギーに対する捕らえかたの違い

　電流Iと電圧Vの図を描くと，その面積は電力IVになります．電力の単位は［W］（＝［A］×［V］）です．この電力には，時間パラメータが含まれていません．

Column

磁界の単位は「テスラ」？

● 磁界の単位は［A/m］のはずだが？

電磁気の専門分野以外のところでよく見かけるのは，磁界の単位を表すのが［T（テスラ）］となっていることです．専門家がチェックしているはずの電気系企業のウェブ・サイトでも同様です．なぜこのようなことになっているのでしょうか？

これを理解するには，単位の変遷を知る必要があります．現在使用されているSI単位のまえは，CGS単位が長く使われてきました．CGS単位では真空の透磁率は1でした．つまり，真空中では$B = H$で，空気中でも両者はほぼ等しくなります．CGS単位では，磁界の単位は［エルステッド(Oersted, 記号：Oe)］，磁束密度の単位は［ガウス(Gauss, 記号：G)］です．磁束密度はSI単位に変更しても，

$1T = 10^4 G$, $1G = 10^{-4} T$

と乗数の変更のみで簡単に変換できます．

磁界はSI単位の真空の透磁率が$\mu_0 = 4\pi \times 10^{-7}$と定義されたため，単位の変換は，1Oe ≒ 79.577A/mと面倒で，値を見ても旧単位に慣れた人には直感的に理解できません．

そこで，旧単位に慣れた人にも直感的に磁気量が理解できるように，あえて磁界を磁束密度で表し，単位に［T（テスラ）］を使っているわけです．

● 磁場か磁界か？

文献を読むと「電界」，「磁界」と表記されている場合と，「電場」，「磁場」と表記されている場合があります．工学分野では「電界」，「磁界」と表記し，理学分野では「電場」，「磁場」と表記することが多いようです．

どちらも英語では"electric field"，"magnetic field"となって同じ意味ですが，商取引に関わる業務では「電界」と「磁界」の使用を薦めます．なぜかと言えば，「計量法」で単位が決められているのは，「電界」と「磁界」で，「電場」と「磁場」には法令に基づく単位がないからです．

設計，製造，販売などの商取引に関わる業務で法令に定められた用語／単位を使うことは，コンプライアンス(法令遵守)の面からも望ましいと言えます．

ところが，電流 - 電圧特性に相当する磁束密度Bと磁界Hの特性，つまり後述のB-Hカーブが作る面積BHは，単位体積当たりのエネルギーを表します．磁気エネルギーBHの単位は次のように表されます．

$$[T] \times [A/m] = [V \cdot s/m^2] \times [A/m]$$
$$= [W \cdot s/m^3] = [J/m^3]$$

この式からわかるように，BHの単位は時間パラメータsを含むため，B-Hカーブ

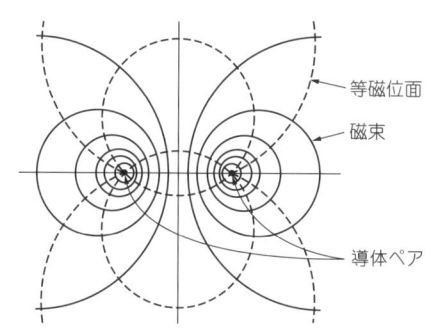

[図17-2⁽¹⁷⁾] 導体ペアの周囲に発生する磁界のようす

は電流‐電圧特性と異なり，変化に時間が必要です．

● **磁気量の単位**

表17-1に示す単位はSI単位系ですが，文献によってはCGS単位系になっていることもあります．その場合は，SI単位に変換すると計算が簡単になります．

起磁力の単位は［A］と書かずに，［AT］（アンペア・ターンと読む）と書く場合もありますが，巻き線の巻き回数Tは無次元ですから，どちらも同じです．ここでは，［T］（テスラと読む）と混同しないように，［A］とします．

● **磁気現象の基本**

図17-2に，大きさの等しい電流を逆方向に流れる導線，例えば電源と負荷を接続する一対の導線を取り巻く磁界のようすを示します．実線は磁束，破線は等磁位面の断面です．

各導線は対称で，導体からの距離に反比例して減少する磁界を発生させます．二つの磁界は同じ大きさですが，電流が互いに逆方向のため，極性は反対です．したがって，図のように導線の間の領域では互いに強め合いますが，ほかの部分では互いに打ち消し合って弱くなります．

図17-2を描くときに留意した重要な項目を次にまとめます⁽¹⁷⁾．
- 起磁力の等磁位は面であって線ではない
- 起磁力は等磁位面に垂直な線(ベクトル)である
- 等磁位面は磁界を生成する電流によって終端される．等電位面のように閉じた面ではない
- 磁束もまた等磁位面に垂直な線(ベクトル)である
- 磁束は始まりも終わりもない閉じた線(閉ループ)である

これらを理解するだけでも，インダクタやトランスの設計ばかりでなく，回路の配線やプリント基板のパターン設計において，寄生インピーダンスの減少，ほかの回路ブロックとの間で起きる干渉の低減に役立ちます．

例えば，図の導線を密着させると周辺磁界は打ち消し合って弱くなり，導線を撚れば，さらに弱くなることが理解できると思います．

17-2　アンペアの法則とファラデーの法則

● アンペアの法則

電流が磁界を作る現象は，1820年にエルステッドによって発見され，その直後，アンペアによって磁気学の基礎法則が発見されました．

図17-3に，磁性体のコア（鉄心）に巻いた巻き線に対する実用的なアンペアの法則を示します[4]．

意味は，「巻き線に流れる電流Iは磁界Hを発生させる」ということです．

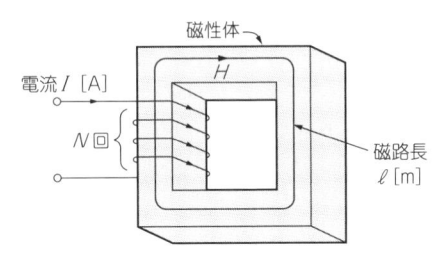

起磁力をF [A]とすると，アンペアの法則から，
$$F = \oint_\ell H d\ell = NI \fallingdotseq H\ell$$
$$\therefore H = \frac{NI}{\ell} \text{ [A/m]}$$

[図17-3] アンペアの法則

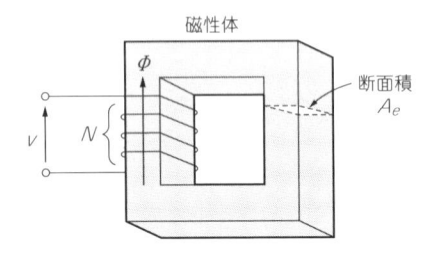

次式が示すように，磁束の時間変化を防げる向きに逆起電力vが発生する．
$$v = \frac{d\Phi}{dt} \quad \text{（ファラデーの法則）}$$
$$\therefore \Delta\Phi = \int v \, dt$$

$\Delta\Phi$は磁束の変化分を表す．一方，
$$\Phi = A_e BN$$
が成立する．よって，
$$\Delta B = \frac{1}{A_e N} \int v \, dt$$

[図17-4] ファラデーの法則

● ファラデーの法則

1831年，電磁気学最大の発見といわれる電磁誘導がファラデーによって発見されました．

図17-4に磁性体のコアに巻いた巻き線におけるファラデーの法則を示します．

意味は「巻き線を貫く磁束の時間変化は，その変化を妨げる向きに逆起電力vを発生する」ということです．図中の式に符号は付いていませんが，必要に応じて符号を付けます．

17-3　磁性体のふるまい

磁気学をわかりにくくしている元凶の一つに，透磁率の非線形性があります．透磁率に対する正しい認識をもつことが，インダクタとトランスを理解するこつです．

● 透磁率

磁束密度B[T]と磁界H[A/m]は，透磁率μにより，

$B = \mu H$

と関係づけられています

μ[H/m]は次式で表されます．

$\mu = \mu_r \mu_0$ ·· (17-1)

μ_rは比透磁率と言います．μ_0は真空中の透磁率で，

$\mu_0 = 4\pi \times 10^{-7}$ ·· (17-2)

です．μ_rが一定ならば，BとHは比例しますが，磁性体ではμ_rは大きく変動するため，BとHは比例しません．

反磁性体を含む磁性体以外の導体と，絶縁体の透磁率は近似的にμ_0に等しく$\mu_r \fallingdotseq 1$です．$\mu_r \fallingdotseq 1$の材料を非磁性体と言い，$\mu_r \gg 1$の材料を磁性体と言います．

電流が磁界を発生させるという磁気の本質から，電気的に言うと磁性体は絶縁体ではなく導体です．

磁気には電気の絶縁体に相当するもの，つまり$\mu \fallingdotseq 0$の材料は存在しませんから，磁気絶縁はできません．逆に，透磁率の高い材料はあり，その磁性体で巻き線を覆えば，磁束は短絡されて磁性体内部に留まり，不完全ながら磁気シールドできます．

磁性体を磁化していくと，図17-5(a)のような磁化曲線が描かれます．透磁率は磁化曲線の傾きです．原点近傍の傾きを初透磁率μ_iと言い，原点から描いた直線が磁化曲線と接するときの傾きを最大透磁率μ_mと言います．

μ_j：初透磁率
μ_m：最大透磁率

(a) B-H 特性

$\mu = \dfrac{dB}{dH}$

μ：微分透磁率

(b) μ-Hと B-H特性

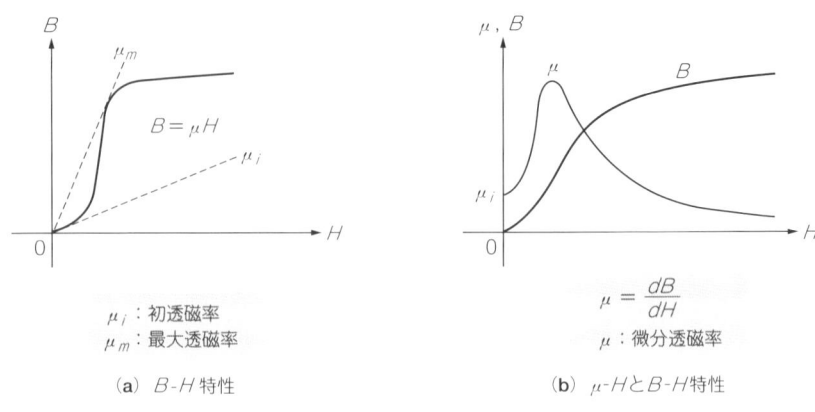

[図17-5] 磁界，透磁率，磁束密度の関係

(a) 非磁性体のB-Hカーブ

(b) 磁性体のB-Hカーブ

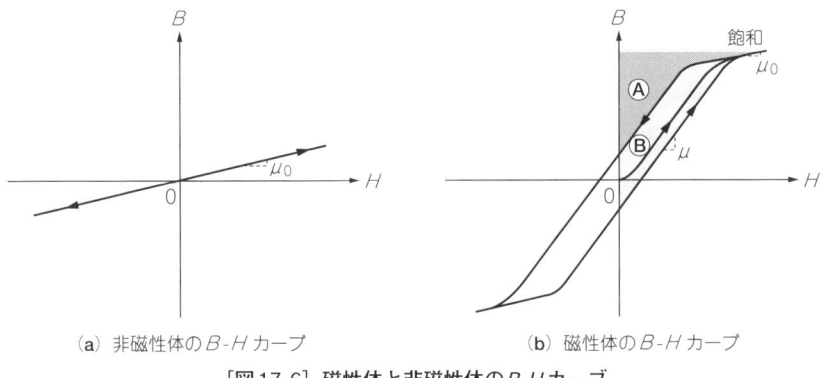

[図17-6] 磁性体と非磁性体のB-Hカーブ

図17-5(b)に示すのは，磁界と透磁率の関係です．インダクタやトランスを構成する材料である磁性体の透磁率は一定ではなく，常に変化しています．この関係は非常に重要で，「透磁率は大きく変動するものである」という認識をもつことが大切です．しかも，温度によっても変動します．

● B-Hカーブ

非磁性体に導線を巻き，巻き線を作って電流を流すと，磁界Hと磁束密度Bは図17-6(a)のように傾きμ_0の直線になります．

その巻き線の中に磁性体を入れると，磁界Hと磁束密度Bは原点から出発し，図17-6(b)のような軌跡を描き，原点には戻りません．この外側の軌跡をB-Hカーブ

またはヒステリシス・ループと言います．

この曲線の傾きが透磁率 μ です．B が飽和磁束密度と呼ばれる値以上になると，傾きは μ_0 になります．

磁気のエネルギー密度 $w\,[\mathrm{J/m^3}]$ は，

$$w=\int HdB \fallingdotseq \frac{HB}{2} \quad\cdots\cdots\cdots\cdots\cdots\cdots\cdots\cdots\cdots\cdots\cdots\cdots\cdots\cdots\cdots\cdots\cdots\cdots\cdots\cdots\cdots\cdots \text{(17-3)}$$

になります．磁性体の体積を $V_e\,[\mathrm{m^3}]$ とすると，エネルギー $W\,[\mathrm{J}]$ は，

$$W=\int V_e HdB \fallingdotseq \int ivdt \quad\cdots\cdots\cdots\cdots\cdots\cdots\cdots\cdots\cdots\cdots\cdots\cdots\cdots\cdots\cdots\cdots\cdots \text{(17-4)}$$

ただし，i：巻き線に流れる電流［A］，v：巻き線の端子電圧［V］になります．

図17-6(a) では，曲線上を反時計方向に上がっていくとき蓄えられたエネルギーは，下がるとき放出されて差し引きゼロになります．一方**図17-6(b)** では，曲線上を上がっていくとき蓄えられたエネルギー（Ⓐ＋Ⓑの部分）と下がるとき放出されるエネルギー（Ⓐの部分）が等しくなりません．このエネルギーは磁性体の内部損失になります．これをヒステリシス損と呼びます．

巻き線に交流信号を加えると，1周期で1回，このループを回りますから，ヒステリシス損は周波数に比例します．

図17-7 は，コアに空隙（ギャップ）を付与したときの特性です．飽和磁束密度はほぼ同じですが，透磁率が小さくなり，B を飽和磁束密度にする磁界，言い換えると起磁力は大きくできます．

● コア材

理想のコア材には，次のような特性が望まれますが，残念ながらそのようなものは存在しません．

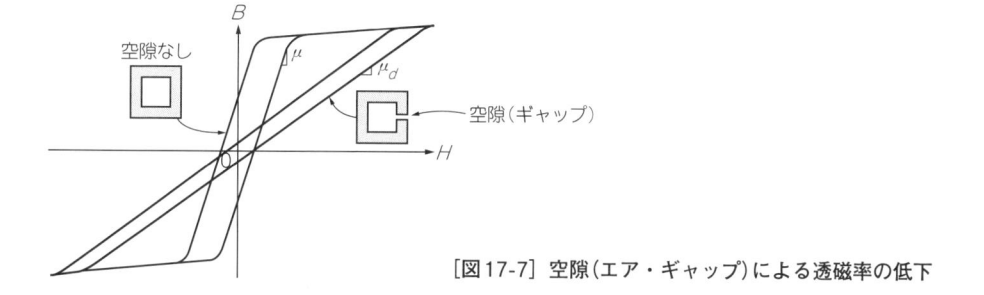

［図17-7］空隙（エア・ギャップ）による透磁率の低下

[表17-2[83]] 磁性材料一覧

品　名		飽和磁束密度 B_S [T]	直流初比透磁率 μ_i(DC)	抵抗率 [$\mu\Omega\cdot$cm]	キュリー点 [℃][注]	磁歪定数 λ [$\times 10^{-6}$]
純鉄		2.15	300	11	770	15
珪素鋼板	1% Si-Fe	2.10	400	25	770	10
	3% Si-Fe	2.00	1000	45	750	～2
	6.5% Si-Fe	1.80	3000	82	690	0.2
パーマロイ	PB (45% Ni-Fe)	1.50	2500～4500	45	450	20
	PE (50% Ni-Fe)	1.55	10000	40	500	10
	PC (78% Ni-Fe)	0.70～0.80	10000～100000	60	350～400	～0
アモルファス	鉄系	1.30～1.80	2000～8000	135～140	300～420 (480～550)	20～30
	ニッケル系	0.90	10000～70000	138	350 (410)	12
	コバルト系	0.60～1.00	10000～1000000	136～142	200～370 (520～550)	～0
センダスト		1.10	30000	80	500	～0
鉄系ナノ結晶		1.23	20000～100000	120	570	0～2.3
Mn-Zn フェライト		0.35～0.40	1500～5000	10^3	130～250	～0
Ni-Zn フェライト		0.20～0.30	20～1000	10^6	110～350	～0

注▶数値はすべて代表値. アモルファス材料の( )内温度は結晶化温度. キュリー点は比透磁率が1になる温度

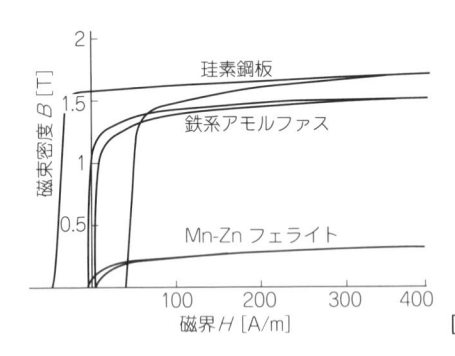

[図17-8[83]] 磁性材料によるB-Hカーブの違い

- 透磁率が大きくて一定
- 飽和磁束密度が大きい
- B-Hカーブの囲む面積(ヒステリシス損)が小さい
- 抵抗率が大きい

そこで，必要に応じて最も影響の大きい一部のパラメータが改善されたコア材を使用します.

表17-2にコアとしてよく使われる材料をまとめました．また，図17-8に各材料の B-H カーブを示します．B-H カーブの囲む面積が狭いとヒステリシス損は小さく，後述のように抵抗率が大きいと渦電流損は小さいので，周波数が高くなるとフェライトが使われます．

17-4　渦電流による損失

トランスやインダクタに生じる損失には，前述のヒステリシス損以外に，渦電流による損失があり，周波数の高いところではこれが問題になります．製作したインダクタやトランスが異常に発熱した場合，設計や製作のミス以外の原因は，渦電流による損失です．

● 渦電流とは

導体中を通過する磁束が変化すると，ファラデーの法則によって逆起電力が発生し，導体に電流が流れます．この電流を渦電流と言います．渦電流は，磁性体の渦電流損と巻き線の表皮効果や近接効果の原因になります．

磁性体を通過する磁束が変化すると，図17-9(a)のように渦電流損が発生します．渦電流損は，ヒステリシス損と異なり，周波数の2乗に比例します．

ファラデーの法則から渦電流損を低減するには，次の三つの方法があります．

- 磁性体の磁束と垂直な断面積を小さくする

(a) 磁性体を通過する磁束と渦電流

$$W_{ed} \propto \rho i_{ed}^2 \propto \frac{f^2 B^2}{\rho}$$

ただし，W_{ed}：渦電流損，ρ：磁性体の抵抗率，i_{ed}：渦電流，f：ϕの変化周波数

(b) 渦電流損の低減対策①

磁束の方向に平行な面をもつ薄板とする

(c) 渦電流損の低減対策②

絶縁された磁性体の粒子

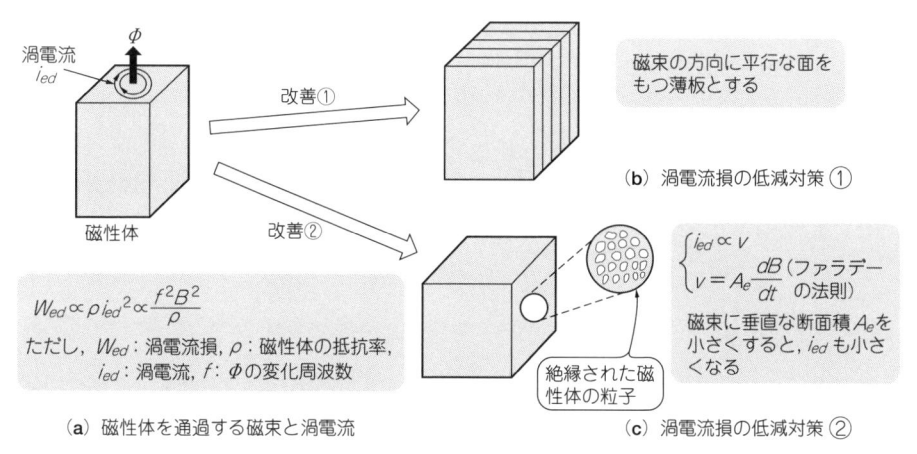

$$\begin{cases} i_{ed} \propto v \\ v = A_e \dfrac{dB}{dt} \text{（ファラデーの法則）} \end{cases}$$

磁束に垂直な断面積 A_e を小さくすると，i_{ed} も小さくなる

[図17-9] 渦電流損

[図17-10] 表皮効果

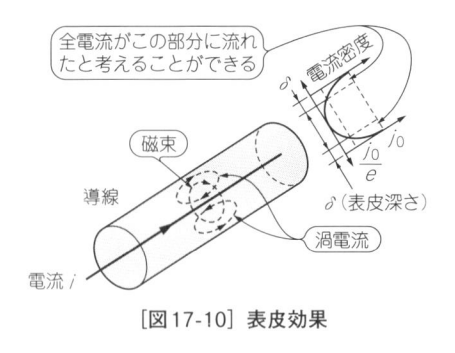

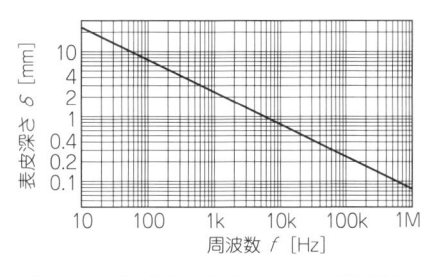

[図17-11] 導線の表皮深さの周波数特性（100℃）

- 磁性体の抵抗率を大きくする
- 動作時の磁束密度を小さくする

低周波では絶縁された金属コアの薄板，高周波では磁性体粒子を絶縁物の接着剤で焼成したフェライトなどが使用されます．周波数が高くなるほど，磁性体は薄く細かくします．当然ですが，磁性体は導体ですから，表面を絶縁しないと渦電流損は改善できません．

● 表皮効果

電流は，周波数が高くなると導体中を一様には流れず，表面だけを流れるようになります．これを表皮効果といいます．

図17-10に示すように，導線に電流iが流れると，その回りに磁束Φが発生し，渦電流が流れます．中心付近の電流は渦電流によって打ち消され，結果的に図に示すような電流密度分布になります．

周波数が高くなると，導体表面の電流密度が高くなるため，導通損失が増加します．

図に示すように，表面の電流値の$1/e$（eは自然対数の底）になる点の表面からの距離δを表皮深さと言い，全電流が表面からδ [mm] までの間に一様に流れたときと等価です．ここで，

$$\delta = \frac{\sqrt{\rho}}{\pi \mu f} \dotfill (17\text{-}5)$$

ただし，ρ：導体の抵抗率（100℃の銅線では2.3×10^{-8}）[Ω・m]，μ：導体の透磁率（銅線ではμ_0）

が成り立ち[4]，100℃の銅線の場合，

$$\delta \fallingdotseq \frac{75}{\sqrt{f}} \quad \cdots\cdots\cdots\cdots\cdots\cdots\cdots\cdots\cdots\cdots\cdots\cdots\cdots\cdots\cdots\cdots\cdots\cdots\cdots\cdots\cdots \quad (17\text{-}6)$$

になります．式(17-6)を図示すると**図17-11**のようになります．この図から，50Hzでも表皮深さは約1cmとなり，交流の大電流を扱う用途では直径2cm以上の銅線は無意味であることがわかります．

● 近接効果

トランスやインダクタのように導線を近接させて巻くと，互いの電流による磁束が交互に影響し合って，表皮効果に加えて，導線の損失がさらに増加します．これを近接効果と言います．

このようすを**図17-12**に示します．図に示す導体板はすべて表皮深さδよりも厚く，(b)，(c)，(d)は巻き線電流が1Aです．

多層巻き線では合計電流は同じですが，部分的に流れる電流は増加することがわかります．

(b)の3層巻きでは最外周の起磁力Fは3倍，電流は最大3Aにもなって，損失が増加します．

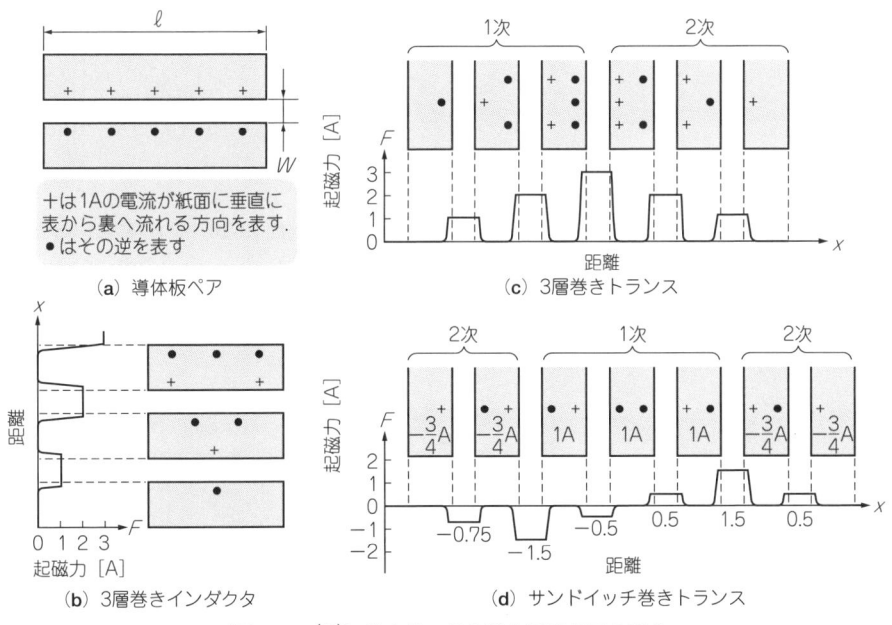

[図17-12[17]] 巻き線の巻き数と近接効果の変化

(d)のトランスは，(c)のトランスの巻きかたを変更して，2次巻き線を2分割し，1次巻き線をサンドイッチにしたものです．その結果，起磁力が最大で1.5倍，最小0.5倍と改善されています．

図17-13に，近接効果によって損失が増大するようすを示します．層数は起磁力に換算した値で，正弦波の場合です．導線使用の場合やパルス波の場合の計算方法については，稿末の文献(6)と文献(17)を参照してください．図から，層数が多い高周波トランスの巻き線損失は，近接効果による損失が支配的になることがわかります．

● エッジワイズ巻き

近接効果によるインダクタの損失を低減させる手法として，最近使用されているのが平角線のエッジワイズ(edgewise)巻きです(**図17-14**)．平角線は断面が長方形の線材で，丸線と違って巻いたときに余分な空間が少なく巻き線の占積率を上げられるため，大電力用のトランスやインダクタ(リアクトル)に以前から使用されてきました．

図17-15に線材と巻きかたを示します．3種類の巻きかたのなかで丸線は最も無

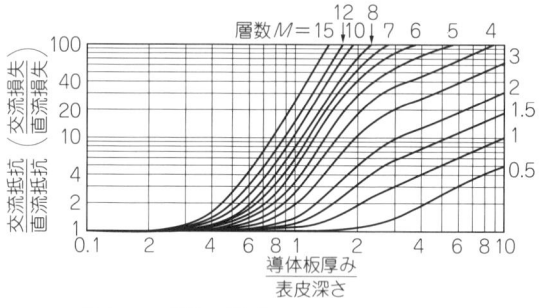

[図17-13[6]] 近接効果による損失の増加

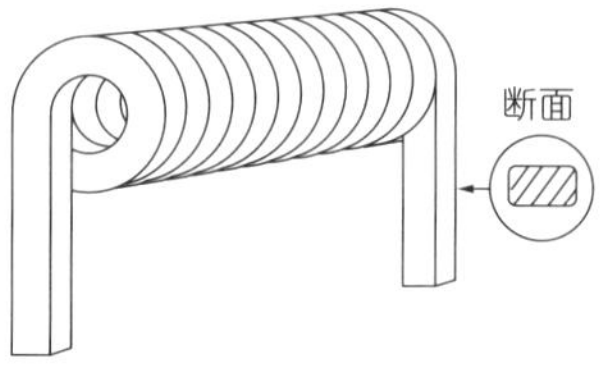

[図17-14] 平角線のエッジワイズ巻き

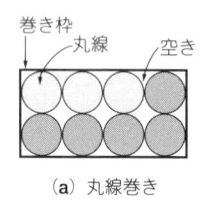

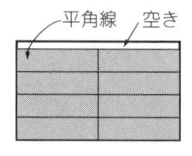

(a) 丸線巻き　(b) 平角線フラット巻き　(c) 平角線エッジワイズ巻き

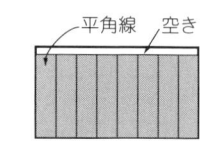

[図17-15] 巻きかたと占積率
丸線に比べて平角線は空きが少ない

駄な空間が多く非効率的です．平角線の以前の巻きかた［図17-15(b)のフラット巻き］では近接効果の低減は期待できません．1層のエッジワイズ巻き［図17-15(c)］は近接効果を低減するだけでなく線間容量も低下し，もともと断面積の大きな平角線を使用することから，最近の低圧大電流電源用DC-DCコンバータに多用されていて，面実装外形のインダクタもあります．面実装外形にしたときには，平角線をそのまま接続用端子にできるという特徴があります．

1層のエッジワイズ巻きは，内層の熱が内部にこもりがちな多層巻きのインダクタと異なり，コアや巻き線の熱を外周に伝えやすくなっていて，放熱の面でも有利です．

● 漏れ磁束による渦電流損失

漏れ磁束はコア形状の違い，空隙（ギャップ）の位置，巻き線方法により異なります．図17-16にEEコアとEIコアの磁束の流れを示します．漏れ磁束（漏洩磁束とも呼ぶ）が巻き線を貫通して発生する渦電流損失は，高周波スイッチングにおいて発熱，効率低下の大きな原因となっています．

高周波では，表皮効果のために線材の等価抵抗が増加します．線材の半径を小さくして表皮深さ以下にすれば，表皮効果は小さくなります．ただし，断面積も小さくなって直流抵抗損失が増加するので，細い線（素線と呼ぶ）を何本か撚り合わせて断面積を大きくしたのが，リッツ線（litz wire）と呼ばれる線材です（図17-17）．直径1mmの単線と断面積のほぼ等しい7本撚りのリッツ線は，素線径が0.37mmとなって，仕上がり外径は1.11mmです．実際には，各素線には絶縁皮膜があるため，これよりも大きくなります．一例として2種ポリウレタン銅線の場合は，それぞれ

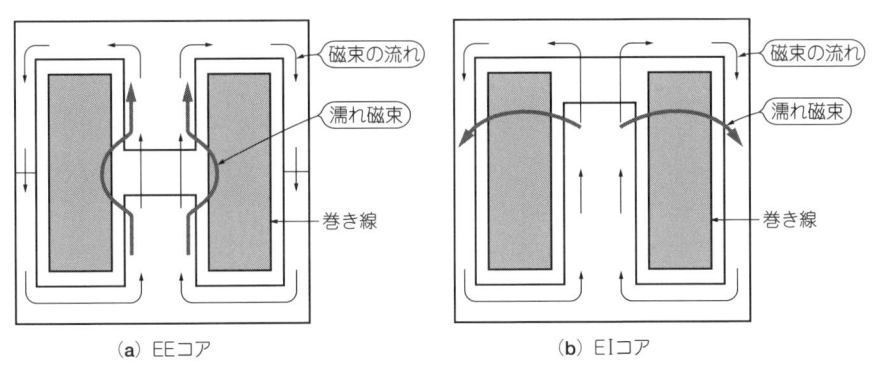

(a) EEコア　　　　　　　　(b) EIコア

［図17-16[83]］EE，EIコアの磁束の流れ

1.062mmと1.221mmとなります．素線径を小さくして素線数を多くすると，仕上がり外径はさらに大きくなります．

図17-17を見ると，各素線の電流は同一方向で等しくなるため近接効果で高周波の等価抵抗は増加しそうです．図17-18に素線数と等価抵抗の周波数特性を示しますが，素線径0.3mmのエナメル銅線7本では，約40kHzのところで損失が最低となって，それ以上の周波数では損失が増加します．

ところが，実際に使用してみると損失が低減して温度上昇が抑えられる場合が多いです．この理由は図17-16に示すように，漏れ磁束が巻き線を貫通して発生する渦電流損失が，素線径が小さいために低減するからです．

インダクタ(トランスも同様)の巻き線損失は，
　(1) 直流抵抗損失
　(2) 表皮効果
　(3) 近接効果
　(4) 漏れ磁束による渦電流損失

の四つが原因です．これらの損失のなかで，どれか一つが突出している場合は，それの対策を行えば顕著な損失低減が図れます．

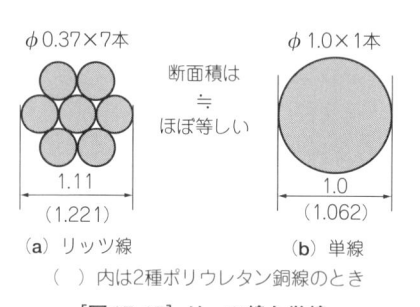

[図17-17] リッツ線と単線
リッツ線は表皮効果は少ないが，同一断面積のとき仕上がり外径は大きくなる

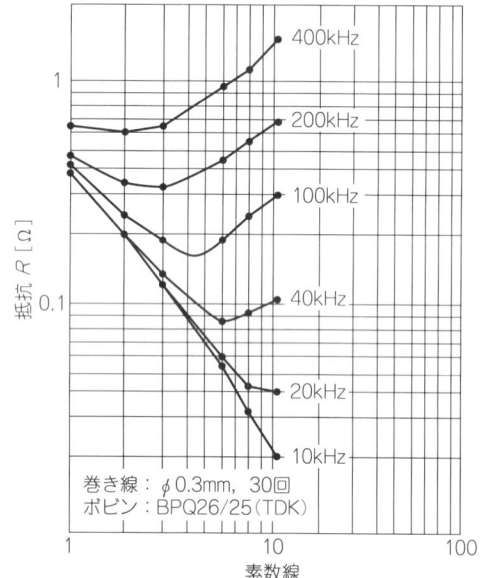

[図17-18][84] 素線数と実効抵抗値の周波数特性

例えばEEコアやEIコアを使用した場合は，(4)の漏れ磁束による渦電流損失が大きくなる場合が多く，リッツ線の使用は損失低減に効果的です．リッツ線を使用して巻き線断面積を等しくし，同じ巻き枠の断面積に収めようとすると巻き数が減少します．巻き数を等しくすると，巻き線断面積が減少します．漏れ磁束による渦電流損失が大きいときは，巻き数を等しくして巻き線断面積を減少させてもトータルの損失は減少します．いずれにしろ，いろいろ試作してみて最適なものを選ぶのが現実的です．

17-5　インダクタとトランスのインダクタンスを求める

● 磁束と総磁束の算出式

図17-19に，自己インダクタンスと相互インダクタンスの定義を示します．式(17-7)に示すように，インダクタンスは磁束と電流の比例定数として定義されます．

インダクタンスは電磁誘導によるものであり，自己インダクタンスを発生させる作用を自己誘導，相互インダクタンスを発生させる作用を相互誘導と呼びます．

漏れ磁束ϕ_Lは，コア内を通らずコア外に出る磁束です．これが大きいと式(17-10)の近似度が下がり，$\phi \gg \phi_{12}$となって相互インダクタンスMが小さくなります．

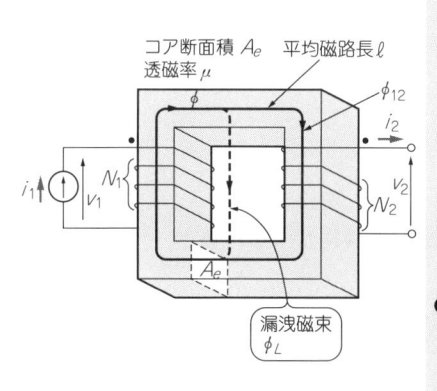

● **自己インダクタンス**
巻き線がN_1のとき，磁束ϕはi_1に比例し，
$$\phi = Li_1 \tag{17-7}$$
となる．この比例定数Lを自己インダクタンスという．
ファラデーの法則から，
$$v_1 = \frac{d\phi}{dt} = L\frac{di}{dt} \tag{17-8}$$
という逆起電力v_1がi_1の変化を妨げる方向に発生する．
$\phi_L \approx 0$のときは，
$$H \approx \frac{N_1 i_1}{\ell},\ B = \mu H,\ \phi = A_e N_1 B \tag{17-9}$$
から，自己インダクタンスL[H]は，
$$L \approx \frac{\mu A_e}{\ell} N_1^2 \tag{17-10}$$
となる．

● **相互インダクタンス**
i_1による磁束のN_2に鎖交する成分ϕ_{12}は，
$$\phi_{12} = \pm Mi_1 \tag{17-11}$$
となる．このMを相互インダクタンスという．
ファラデーの法則から，
$$v_2 = \frac{d\phi_{12}}{dt} = \pm M\frac{di_1}{dt} \tag{17-12}$$
となる．Mの符号は**図17-20**，**図17-21**による

[図17-19] 自己インダクタンスと相互インダクタンスの定義

(a) 構造　　　　　　　(b) 回路図　　　　　　　(c) 等価回路

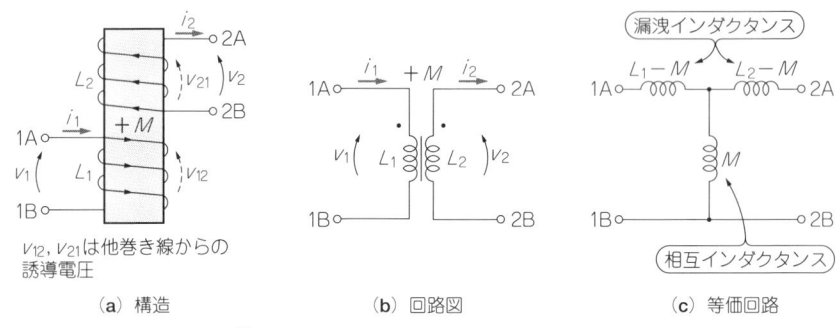

[図17-20$^{(2)}$] 相互インダクタンスの極性が正になる巻きかた

トランスの設計では，できるだけ漏れ磁束が小さくなるような構造を採用します．
　式(17-10)に示すように，自己インダクタンスは巻き数の2乗に比例します．例えば，巻き数を2倍にするとインダクタンスは約4倍になります．
　図17-19において，コア内の磁束を ϕ [Wb]，磁束密度を B [T]，コアの断面積を A_e [m^2] とすると，

$$\phi = A_e B \quad \cdots\cdots\cdots\cdots\cdots\cdots\cdots\cdots\cdots\cdots\cdots\cdots\cdots\cdots\cdots\cdots\cdots\cdots\cdots\cdots\cdots\cdots\cdots \quad (17\text{-}13)$$

になります．
　この磁束と巻き線が鎖交しますから，N 回巻きの巻き線に鎖交する全磁束 Φ [Wb] は，

$$\Phi = N\phi = NA_e B \quad \cdots\cdots\cdots\cdots\cdots\cdots\cdots\cdots\cdots\cdots\cdots\cdots\cdots\cdots\cdots\cdots\cdots\cdots\cdots \quad (17\text{-}14)$$

になります．
　コア内の磁束 ϕ（小文字）に対し，巻き線に鎖交する全磁束を特に総磁束と呼び記号 Φ（大文字）で表します．

● 巻き線の方法によってトランスのインダクタンスはぜんぜん違う
▶相互インダクタンスは負の値をとることができる
　図17-20と図17-21に示すように，相互インダクタンスはコイルの巻き付けかたによって，正と負の極性をもちます[2]．
　図17-20(a)と図17-21(a)は，コアに巻き線を巻きつけた2種類のトランスの模式図，図17-20(b)と図17-21(b)は，それらを回路記号で表したものです．図17-20(c)と図17-21(c)は，巻き線の自己インダクタンス L_1，L_2 に相互インダクタンス M を組み合わせたトランスの等価回路で，回路設計のとき使います．

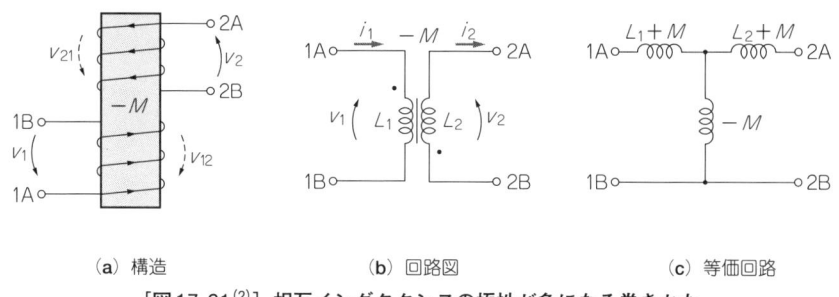

(a) 構造　　　　　　　　　(b) 回路図　　　　　　　　(c) 等価回路

[図17-21$^{(2)}$] 相互インダクタンスの極性が負になる巻きかた

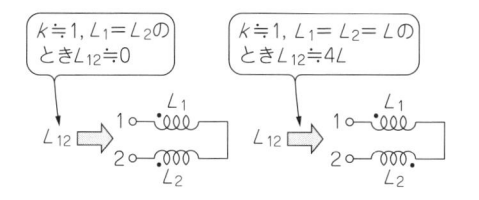

[図17-22$^{(2)}$] 内部接続とトランスのインダクタンスの違い

L_1とL_2は磁気的には結合しているが，電気的には絶縁されているため，L_1とL_2の接続方法によってMは正負の符号をもつ．●はMが正の方向を示す．L_1とL_2の結合度を表す結合係数kは，

$$k = \frac{M}{\sqrt{L_1 L_2}} \quad \cdots\cdots\cdots(7\text{-}15)$$

で定義される．磁性体のコアを使ったトランスでは，$k \fallingdotseq 1$であり，密結合トランスと呼ばれる．

　図17-22は，巻き線の巻き数などが等しくても，内部接続によってトランスのインダクタンスが異なることを表しています．結合係数kを1とすると，$L_1 = L_2 = L \fallingdotseq M$となり，内部接続によって打ち消し合ったり，強め合ったりします．強め合う場合，2倍ではなく4倍になるのは，L_1またはL_2の巻き数が2倍になったのと同じだからです．これらの値は，図17-20と図17-21の等価回路からも求められます．

　抵抗，容量，インダクタンスは負の極性になることはありませんが，相互インダクタンスには負の極性があるというのは面白い性質です．

　トランスは，この相互誘導を利用したものです．$k = 1$，$M = \infty$というのが理想状態です．図17-19のようにN_1とN_2をコアの両側に巻くと，漏れ磁束が大きくなるため$k < 1$になります．$k = 1$に近づけるための手法については，参考文献(6)，(15)，(16)，(17)を参照してください．

● 磁気回路を利用して磁路が分岐するインダクタのインダクタンスを求める

　磁気回路とは，電圧を起磁力，電流を磁束，抵抗を磁気抵抗に置き換えて，オームの法則を適用し，磁束を簡単に求められるようにしたものです．

　磁気回路を使うと，磁路が分岐しているコアでも，分流した磁束を簡単に計算できます．また，空隙のあるコアに巻いたインダクタでも磁束を簡単に計算できます．

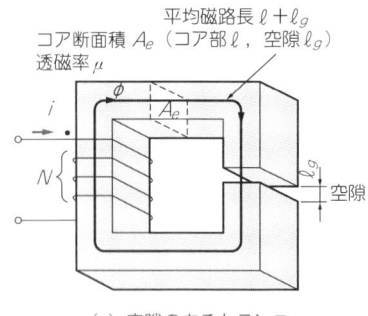

(a) 空隙のあるトランス　　　　(b) 磁気回路表現

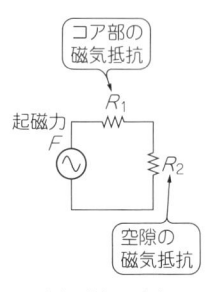

図(a)のインダクタンス L [H]は次式で求まる．

$$L = \frac{N\phi}{i} \quad \cdots\cdots (17\text{-}16)$$

ここで，

$$\phi = \frac{F}{R_1 + R_2} \quad \cdots\cdots (17\text{-}17)$$

$$F = Ni \quad \cdots\cdots (17\text{-}18)$$

$$R_1 = \frac{\ell}{\mu A_e} \quad \cdots\cdots (17\text{-}19)$$

$$R_2 = \frac{\ell_g}{\mu_0 A_e} \quad \cdots\cdots (17\text{-}20)$$

$$\mu = \mu_0 \mu_r \quad \cdots\cdots (17\text{-}21)$$

が成り立つ．したがって，

$$\phi = \frac{\mu_0 \mu_r A_e Ni}{\ell + \mu_r \ell_g} \quad \cdots\cdots (17\text{-}22)$$

$$L = \frac{\mu_0 \mu_r A_e N^2}{\ell + \mu_r \ell_g} \quad \cdots\cdots (17\text{-}23)$$

が得られる．空隙がない場合（$\ell_g=0$）は，

$$L = \frac{\mu A_e}{\ell} N^2 \quad \cdots\cdots (17\text{-}24)$$

となり，**図17-19**中の式(17-10)と一致する．

[図17-23] 空隙のあるコアを使ったトランスの磁気回路

インダクタを製作する場合，磁性体のコアに空隙を設けて実効透磁率を低下させます．空隙がない場合，透磁率は磁界や磁束密度によって大幅に変動します．しかし，空隙を付与するとその変動は抑えられます．その結果，透磁率はほぼ一定になり，自己インダクタンスもほぼ一定になります．

● 磁気回路を利用して空隙のあるインダクタのインダクタンスを求める

磁気回路を利用して，**図17-23**に示す空隙のあるコアを使ったインダクタのインダクタンスを求めてみましょう．

磁路長を ℓ [m]，透磁率を μ，断面積を A_e [m^2] とすると，図中の磁気抵抗 R_m [1/H]は，

$$R_m = \frac{1}{\mu A_e} \quad \cdots\cdots (17\text{-}25)$$

と定義されます．ただし，電気抵抗と違って磁気抵抗に損失はありません．

式(17-25)は，空隙部分の磁束も等価断面積 A_e 内にあると仮定していますが，実

際には空隙部分の磁束が乱れるので，**図17-23**中の式は近似的にしか成立しません．空隙を設けた場合のインダクタンスは，必ず測定して確認する必要があります．

17-6　磁束密度を求める

● 磁束密度を計算する理由

　磁性体のコアをもつインダクタとトランスを設計する場合は，コア内の動作時の磁束密度を，前述の飽和磁束密度以下に設定する必要があります．

　動作時の最大磁束密度は，使用目的に合わせ，飽和磁束密度を考慮して設定します．例えば，信号伝送を目的とする場合は，飽和磁束密度に対して半分以下に設定します．また，精度が要求される場合は可及的に小さく，電力伝送を目的とする場合はコスト低減のためある程度大きくします．そのために必要なのが磁束密度の計算です．

● 磁束密度の算出式

　磁性体のコアをもつ巻き線は，磁束がほとんどコア内に留まり，磁束密度の変化分ΔB[T]は，**図17-4**に示した次式で求まります．

$$\Delta B = \frac{1}{A_e N}\int v dt \quad \cdots\cdots\cdots\cdots\cdots\cdots\cdots\cdots\cdots\cdots\cdots\cdots\cdots\cdots \quad (17\text{-}26)$$

　ただし，A_e：閉曲面の面積（一般に磁性体の有効断面積）[m^2]，N：巻き線の巻き数，v：巻き線の端子電圧 [V]

　巻き線の端子電圧vの波形によって積分計算の式は異なります．ここでは，一般的な正弦波とパルス波についての磁束密度の算出式を紹介します．

▶正弦波のとき

$$\Delta B = \frac{V}{\sqrt{2}\pi f A_e N} \fallingdotseq \frac{V}{4.44 f A_e N} \quad \cdots\cdots\cdots\cdots\cdots\cdots\cdots\cdots\cdots\cdots \quad (17\text{-}27)$$

　ただし，V：正弦波実効値 [V$_{RMS}$]，f：周波数 [Hz]

▶パルス波のとき

$$\Delta B = \frac{VD}{f A_e N} \quad \cdots\cdots\cdots\cdots\cdots\cdots\cdots\cdots\cdots\cdots\cdots\cdots\cdots\cdots\cdots\cdots \quad (17\text{-}28)$$

　ただし，V：パルス波高値 [V]，D：デューティ・サイクル（1周期のON時間の割合）

になります．式(17-14)と**図17-1**中の式，

$$\frac{d\varPhi}{dt} = L\frac{di}{dt}$$

から，

$$A_e N \frac{dB}{dt} = L\frac{di}{dt} \quad \cdots\cdots\cdots\cdots\cdots\cdots\cdots\cdots\cdots\cdots\cdots\cdots\cdots\cdots\cdots\cdots\cdots\cdots\cdots\cdots\cdots \quad (17\text{-}29)$$

が成り立ちます．この式から，

$$\varDelta B = \frac{LI}{A_e N} \quad \cdots\cdots\cdots\cdots\cdots\cdots\cdots\cdots\cdots\cdots\cdots\cdots\cdots\cdots\cdots\cdots\cdots\cdots\cdots\cdots\cdots\cdots \quad (17\text{-}30)$$

$$\fallingdotseq \frac{\mu NI}{\ell} \quad \cdots\cdots\cdots\cdots\cdots\cdots\cdots\cdots\cdots\cdots\cdots\cdots\cdots\cdots\cdots\cdots\cdots\cdots\cdots\cdots\cdots\cdots\cdots \quad (17\text{-}31)$$

ただし，I：電流ピーク値［A］，ℓ：磁路長［m］

が得られます．

● 磁束密度の算出式を使い分ける

磁束密度の算出式がたくさん出てきました．

式(17-27)，式(17-28)と式(17-30)はまったく等価ですが，トランス設計では式(17-27)または式(17-28)を使用し，インダクタの設計では式(17-30)を使います．この理由は透磁率の非線形性にあります．

▶式(17-27)と式(17-28)

図17-19中の式(17-10)から，インダクタンスは透磁率に比例しますが，透磁率は磁界や磁束密度によって大幅に変動します．その結果，トランスの1次巻き線のインダクタンスは，磁束密度によって大幅に変動し，流れる励磁電流も定まりません．インダクタンスと電流が決定できなければ，式(17-30)では計算できません．

パルス・トランスの仕様に，電圧と時間を乗じたVT積という項目があり，「××Vμs以下」などと記載されています．式(17-28)から，磁束密度はトランスの構造($A_e N$)と，電圧Vとパルス幅$T(=D/f)$の積で決まります．トランスの構造は変えられないので，メーカはユーザに，最大磁束密度以下でトランスを使用させるため，VT積の最大値を仕様に表示しています．

▶式(17-30)

インダクタは，インダクタンスがほぼ一定です．ノイズ・フィルタやリプル・フィルタのように，電流はわかっても端子電圧が不明の場合があります．端子電圧がわからなければ，式(17-27)，式(17-28)では計算できないので，わかっているインダクタンスと電流で計算できる式(17-30)を使います．

▶式(17-31)

この式は，動作時の最大磁束密度が一定のインダクタにおいて，その巻き数を変更するときに使用できます．

17-7　保存エネルギーと損失

● エネルギーは非磁性体に蓄えられる

磁界のエネルギー密度 w [J/m³] は，式(17-3)から，

$$w \fallingdotseq \frac{BH}{2} = \frac{\mu H^2}{2} = \frac{B^2}{2\mu} = \frac{1}{2} \frac{B}{\mu_r} \frac{B}{\mu_0} \quad \cdots\cdots\cdots (17\text{-}32)$$

になります．

この式から，磁束が磁性体と非磁性体を貫く場合，磁性体と非磁性体に蓄えられるエネルギーは比透磁率に反比例することがわかります．磁性体の比透磁率を μ_r とすると，蓄えられるエネルギーは，磁性体に1，非磁性体に $\mu_r (\gg 1)$ の割合になります．

磁束は閉じたループです．磁束が磁性体と非磁性体を貫く場合，磁性体内の磁界は B/μ となり，非磁性体内の磁界は B/μ_0 となります．

磁束(密度)は磁性体内と非磁性体内で等しいですが，磁性体内の磁界は非磁性体内の磁界に比べて極端に小さく，1：μ_r の割合になります．つまり，ほとんどのエネルギーは非磁性体に蓄えられます．例えば，コアに空隙がある場合，エネルギーは磁性体であるコアではなく，非磁性体である空隙に保存されます．

インダクタンス L [H] に蓄えられるエネルギー W [J] は，インダクタンスに流れる電流ピーク値を I [A] とすると，

$$W = \frac{LI^2}{2} \quad \cdots\cdots\cdots (17\text{-}33)$$

になります．

● インダクタやトランスに発生する損失

コアにはヒステリシス損と渦電流損が発生し，これらを併せて鉄損と言います．

導体の損失は銅損と言います．導体の直流抵抗や渦電流による表皮効果と近接効果が原因です．空隙を付与したコアでは，空隙近傍の磁束が乱れて導体を貫通して渦電流が流れます．その結果，思わぬ銅損の増加が発生する場合もあります．

教科書によると，鉄損と銅損を等しくしたときが最も低損失になりますが，種々

の現実的な理由からそのような設計は非常に困難です．

● **インダクタとトランスの最大許容損失は絶縁物の許容温度で決まる**
　インダクタとトランスの扱える最大エネルギーは，損失による温度上昇が，使用している絶縁物の許容温度になるときで決まります．
　各メーカは，インダクタやトランスの許容電流を決めていますが，その値が確かどうかは温度上昇と特性変動を測定しないとなんともいえません．例えば，トランスでは自然空冷で決定された許容電流は，強制空冷にすると50％以上多く取り出せる場合もあります．
　インダクタの場合，磁束密度で決定された許容電流は増やせませんが，損失によって決定された許容電流は強制空冷にすれば大きくできます．

17-8　インダクタのあらまし

　磁気学の基礎を理解したところで，実際の部品であるインダクタについて理解を深めましょう．ここでは基本的な事がらだけに触れます．実際のインダクタやトランスの設計については，紙幅の都合で触れません．参考文献(6)，(14)，(15)，(16)，(17)に詳しく載っているので参照してください．

● **正弦波電流に対する応答**
　図17-24(a)に示すように，インダクタに正弦波の電流を供給すると，端子電圧は電流に対して90°進みます．

● **ステップ応答**
　図17-24(b)に示すように，時間$t = 0$でLR回路に直流電圧を加えたときの端子電圧の上昇のようすは，CR回路の過渡現象と同様です．時定数τ [s]は，

$$\tau = \frac{L}{R} \quad \cdots\cdots\cdots\cdots\cdots\cdots\cdots\cdots\cdots\cdots\cdots\cdots\cdots\cdots\cdots\cdots\cdots\cdots\cdots \quad (17\text{-}34)$$

になります．
　図17-24(a)と(b)からわかるように，LRを使って微分回路や積分回路を作ることも可能です．

(a) Lの電圧と電流

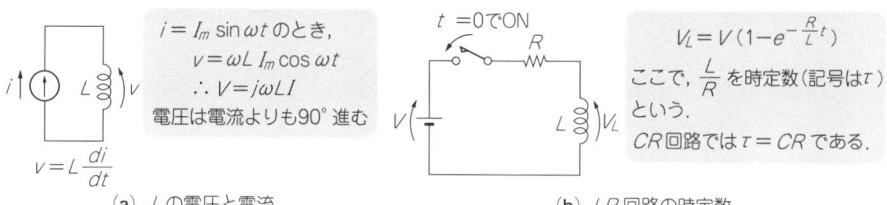

$i = I_m \sin \omega t$ のとき,
$v = \omega L\, I_m \cos \omega t$
∴ $V = j\omega L I$
電圧は電流よりも90°進む

$v = L \dfrac{di}{dt}$

(b) LR回路の時定数

$t = 0$でON

$V_L = V(1 - e^{-\frac{R}{L}t})$
ここで, $\dfrac{L}{R}$ を時定数(記号はτ)という.
CR回路では$\tau = CR$である.

[図17-24] インダクタの正弦波電流とステップ信号に対する応答

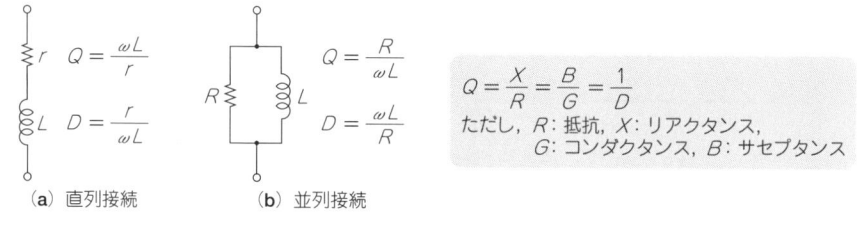

(a) 直列接続

$Q = \dfrac{\omega L}{r}$
$D = \dfrac{r}{\omega L}$

(b) 並列接続

$Q = \dfrac{R}{\omega L}$
$D = \dfrac{\omega L}{R}$

$Q = \dfrac{X}{R} = \dfrac{B}{G} = \dfrac{1}{D}$
ただし, R: 抵抗, X: リアクタンス,
G: コンダクタンス, B: サセプタンス

[図17-25] インダクタの等価回路

● クオリティ・ファクタQ

図17-25に示すのはインダクタの等価回路です.

クオリティ・ファクタQは,損失率D(損失角:$\tan \delta$とも呼ぶ)の逆数で,コイルの特性や品質を表します.一般に,インダクタでは記号Q,コンデンサでは記号Dを使います.

使用周波数では,できるだけQの大きなものを使います.Qが小さいと,インダクタではなく巻き線抵抗になってしまいます.

● インピーダンスの周波数特性

実際のインダクタの等価回路は,図17-26に示すように寄生容量を付加したものです.インピーダンスは,共振周波数f_r以上では低下し,インダクタとしては使用できません.

図中にコンデンサのインピーダンス特性を点線で記入しました.共振周波数以上では,インダクタはコンデンサになり,コンデンサはインダクタになります.コンデンサもインダクタも使用可能なのは共振周波数以下です.

● 実際のインダクタの特性

▶電流 - インダクタンス特性

インダクタが巻かれたコアの電流対インダクタンス特性例を図17-27に示しま

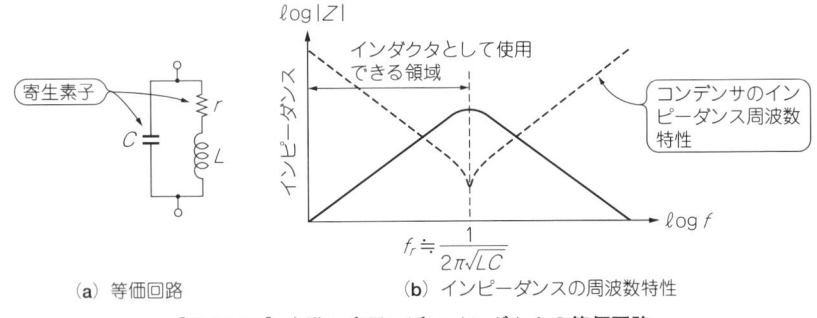

[図17-26] 実際の素子に近いインダクタの等価回路

(a) 等価回路
(b) インピーダンスの周波数特性

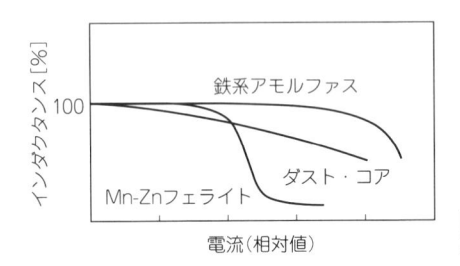

$f_r ≒ \dfrac{1}{2\pi\sqrt{LC}}$

[図17-27] コアの種類による電流-インダクタンス特性の違い

　す．フェライトとアモルファスは，電流つまり起磁力に対してコアが飽和しなければ，インダクタンスはほぼ一定です．

　これに対して，ダスト・コアのインダクタンスはだらだらと下がっていて，飽和するポイントが明確ではありません．ダスト・コアは，正確なインダクタンスを必要とせず，短時間に大きな電流(ラッシュ電流)が流れる可能性がある電源回路などに適しています．

　図17-28に示すのは，㈱村田製作所のカタログから，糸巻き状のフェライト・コアに巻かれたチップ・インダクタの特性を抜粋したものです．

　図17-28(a)から，インダクタンスは飽和するまでほぼ一定であることがわかります．

▶クオリティ・ファクタの周波数特性

　図17-28(b)は，Qの周波数特性です．最低共振周波数を括弧内に記入しました．これを見ると，Qは最低共振周波数の1/3程度のところで最大になるようです．

▶結合係数

　図17-28(c)は，インダクタを並べて実装したときの結合係数kです．近づけるほど，磁束が互いに鎖交し，kが大きくなることがわかります．実装時に十分な注

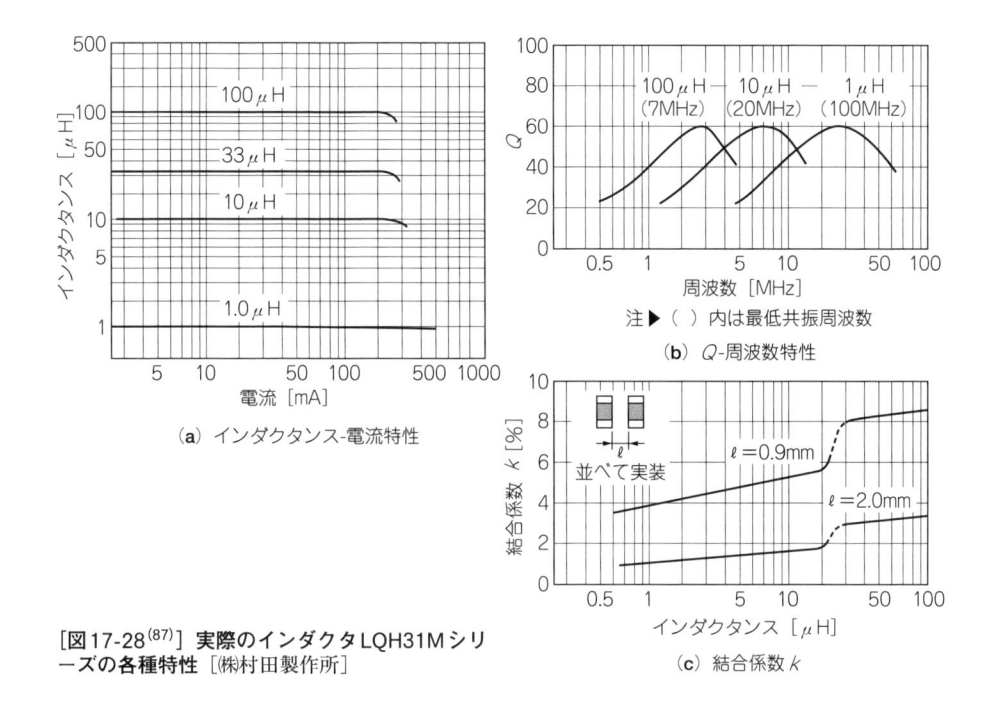

[図17-28[87]] 実際のインダクタLQH31Mシリーズの各種特性 [㈱村田製作所]

(a) インダクタンス-電流特性
(b) Q-周波数特性
注▶ ( ) 内は最低共振周波数
(c) 結合係数 k

意が必要です.

17-9　トランスのあらまし

　インダクタはエネルギーを保存する素子ですが，トランスはエネルギーを伝送する素子です．コアに生じる磁束密度は，ファラデーの法則から1次側の供給電圧の時間積分によって決定されます．

● 等価回路
▶理想モデル
　電気回路においてトランスの動作を考えるときは，**17-29(a)** に示す理想トランスの等価回路を利用します．
▶教科書モデル
　現実のトランスの等価回路は，理想トランスに寄生インピーダンスを付加した図**17-29(b)** のような回路になります．主な寄生インピーダンスには，次のようなも

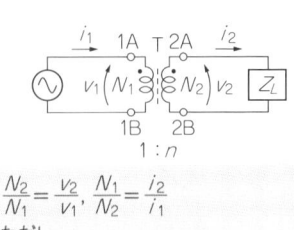

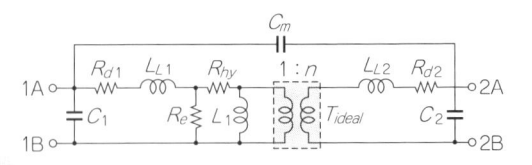

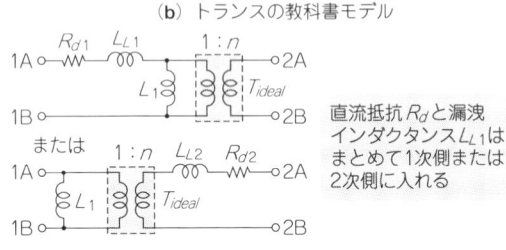

[図17-29] トランスの等価回路

のがあります．

- 励磁インダクタンス
- 漏洩インダクタンス
- 銅損と鉄損

図17-20(c)に示した，Mが励磁インダクタンス，(L_1-M)と(L_2-M)が漏洩インダクタンスです．

これまでの説明からわかるように，各パラメータは磁束密度と周波数によって大幅に変動します．また，寄生容量は集中的ではなく分布容量です．したがってこの等価回路は，特定の電圧および周波数においてだけ成立します．言うなれば，教科書用モデルであって，近似さえもされていません．

▶実用モデル

実際によく使われる等価回路は，図17-29(c)の等価回路です．抵抗ぶんは適宜入れ，L_{L1}とL_{L2}は何点か測定して適当な値を入れます．いい加減だと思われるかもしれませんが，何回か経験すると実用上問題のない等価回路ができることがわかります．

● 2次側電流が直流のときのトランスの動作

　トランスは交流だけを伝送し，直流は伝送しません．交流は「1周期の平均がゼロになる信号」です．したがって，トランスの1次側に加える電圧が交流の場合は，電流も交流でなくてはなりません．これを交流条件と言います．

　整流回路によっては，2次側に直流電流しか流れない場合があります．**表17-3**は，そのような整流回路のトランスの動作を示すものです．四つの$B\text{-}H$カーブの傾きはどれも同じに見えますが，①と②は急峻（μが大）であり，③と④は緩やか（μが小）です．

　$B\text{-}H$カーブ内に示す小ループ部は，マイナ・ループと呼ばれるもので，動作範囲を表しています．**表17-3**の①からわかるように，1次側を両極性の交流電圧で駆動した場合は，$B\text{-}H$カーブの下側も使われます．一方，**表17-3**②～④のように，1次側を片極性の電圧で駆動すると，$B\text{-}H$カーブの上側だけが使われます．

　磁束と磁界はともに，マイナ・ループ上を移動し，1周期で元の位置に戻って，開始前と同じ値になります．これが元に戻らず開始前よりも大きな値になると，コアは飽和してしまいます．

　トランスを使用する回路の動作を理解するこつは，**表17-3**のように$B\text{-}H$カーブを描き，動作範囲の見当を付けることです．実際には，コアのカタログと，種々の設計例から最大磁束密度の見当を付けます．

● 半波整流回路のトランスの動作

　2次側に整流電流が流れる期間は，2次側の起磁力に等しい起磁力が1次側に生じます．これと，1次側入力電流による起磁力が打ち消し合って，コアはほとんど励磁されません．

　整流電流が流れる期間に1次側に流れる電流は正の片極性ですから，交流条件を満足するために，必ず負極性にも電流が流れます．また，**表17-3**の①からわかるように，負の励磁電流は電圧より位相が90°遅れます．

　この回路は，小容量の電源で使われる場合もありますが，大きな励磁電流が流れ，BもHも大きく，最大$B\text{-}H$カーブの近くまで動作範囲が広がります．つまり，むだな電流，大きなヒステリシス損が発生する欠点の多い回路といえます．

　両波整流回路では励磁電流は極小になり，電力伝送というトランス本来の仕事をします．

[表17-3] 1次側に直流電流が流れるトランスを使用した回路とその動作

項目 方式	回路	1次側の電圧と電流の波形	B-Hカーブ
① 半波整流回路		90°、I_P+、正側と負側の面積は等しい	μ大、I_P-
② フォワード・コンバータ		V_{DC}、1次側励磁電流による。何らかのリセット回路が必要	μ大、この値は1次側の励磁電流による
③ フライバック・コンバータ	L_P:1次インダクタンス	V_{DC}、I_P、I_B	μ小、I_P、I_B
④ シングル出力増幅回路	L_P:1次インダクタンス	V_{DC}、I_P、I_{DC}、I_B	μ小、I_P、I_{DC}、I_B

● フォワード・コンバータのトランスの動作

次に，**表17-3**の②に示すフォワード・コンバータのトランスの動作を見てみましょう．

スイッチSWがONしている期間は，2次側に整流電流が流れ，2次側の起磁力に等しい起磁力が1次側に生じます．これと，1次側入力電流による起磁力が打ち消し合って，コアはほとんど励磁されませんが，1次側励磁インダクタンスが有限で

あるため，励磁電流が少し流れて励磁され，マイナ・ループ上を移動します．コアが飽和しないように，1周期の後，原点に戻す[6]ためには，リセット回路を設けて，コアに生じた磁束をキャンセルしなければなりません．詳細は文献(6)に譲ります．

● フライバック・コンバータのトランスの動作

表17-3に示す③の回路のトランスは，励磁インダクタンスが小さなものです．
スイッチSWがONしている期間は，2次側はOFFし，磁気エネルギーはすべてコアの空隙部分に蓄積されます．SWがOFFすると，2次側がONし，磁気エネルギーは整流回路を通して，負荷に放出されます．
1次側入力電流と2次側負荷電流による起磁力が打ち消し合い，コアがほとんど励磁されないという，トランス本来の動作とは異なる多巻き線のインダクタです．詳細は文献(2)を参照してください．

● シングル出力増幅回路のトランスの動作

2次側に直流は流れませんが，1次側に直流が流れます．
この直流電流は，トランジスタの動作点を設定するためのバイアス電流で，1次側に換算した最大出力電流の半分程度に設定されます．③の回路と異なり，トランス自体は本来の動作をしたくても，1次側に直流が流れるため，直流電流でコアが飽和しないように，やむを得ず空隙を付与したというところです．
1次換算最大出力電圧は電源電圧の約2倍です．動作階級はA級となり効率が良くないので，最近ではほとんど使われていません．

第17章
Appendix E
カレント・トランスとは

● トランスとカレント・トランスの違い

　交流電流検出に使われているカレント・トランス(Current Transformer；変流器)は，略してCT(シーティー)とも呼ばれています．電圧を変圧する一般的なトランスとの違いは，1次電流が2次側負荷によらずに常に流れることです．

　図E-1に示すのは，カレント・トランスの使用した回路例です．

　トランスは，2次側を解放してもわずかな励磁電流が1次側に流れるだけです

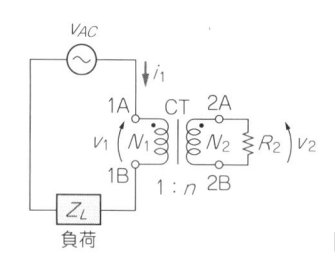

[図E-1] カレント・トランスを使用した回路例

$$i_1 = \frac{v_{AC}}{Z_L + \frac{R_2}{n^2}} \quad \cdots (\text{E-1})$$

誤差

(a) 1次側

$$i_2 = \frac{i_1}{n} \quad \cdots\cdots (\text{E-2})$$

$$v_2 = i_2 \{ j\omega L_2 // (j\omega L_{L2} + R_2) \} \frac{R_2}{j\omega L_{L2} + R_2}$$

$$= \frac{i_1}{n} R_2 \frac{j\omega L_2}{j\omega L_2 + j\omega L_{L2} + R_2} \quad \cdots\cdots (\text{E-3})$$

$|j\omega L_2| \gg |j\omega L_{L2} + R_2|$ なら，

$$v_2 = \frac{i_1}{n} R_2 \quad \cdots\cdots\cdots\cdots\cdots\cdots\cdots (\text{E-4})$$

(b) 2次側

[図E-2] カレント・トランスの等価回路と基本動作

が，CTは，1次側の電流は1次側の負荷に関係し，2次側負荷とは無関係に流れます．CTの1次側巻き数N_1は1回〜数回で，2次側巻き数N_2は高周波用で数百回，商用電源用で数千回です．

電流検出誤差を小さくするには，図E-2(b)中の式(E-1)からわかるように，電流検出抵抗R_2をできるだけ小さくすることと，励磁インダクタンスL_2を大きく，漏洩インダクタンスL_{L2}を小さくすることが必要です．

漏洩インダクタンスは漏れ磁束によって発生しますから，N_1で発生した磁束ができるだけコア内に留まるように，高透磁率のコアを使います．

R_2を開放すると，とても大きな電圧が2次側に発生して危険ですし，式(E-1)からわかるように1次電流に影響しますから，使用しないときは2次側を短絡しておきます．

● 電流測定用CTの製作

スイッチング・レギュレータでは，動作が設計どおりになっているかどうか，スイッチ素子の電流を測定して確認する必要があります．正確に測定するには，オシロスコープ・メーカが出している電流プローブを使用すればよいわけですが，非常に高価で必要チャネル数を揃えるのは大変です．ここでは安価に製作できる電流測定治具を紹介します．

スイッチング・レギュレータ用のトランスは，文献に設計方法や設計例が載っていますが，CTの設計方法や設計例は見かけません．この製作例を参考にしてください．

▶電流測定治具の動作原理

動作原理は図E-1に示すCTそのもので，この製作例では1kHz以下の低周波および直流電流は測定できません．

CTの1次側巻き回数を1回とし，漏れ磁束を少なくして結合を良くするため，できるだけ高透磁率の磁性材を使用します．2次側のインダクタンスは負荷抵抗R_2と並列になるため，そのリアクタンスをR_2の100倍程度にすれば誤差が少なくなります．

▶磁性材の選びかた

高周波領域で高透磁率の磁性材といえばフェライトです．ACラインのノイズ・フィルタ用コモン・モード・チョーク(・コイル)に使用されているフェライトが最も高透磁率です．しかも，コモン・モード・チョークはすでに巻き線が施されていて，窓に空きがあれば1次側の1回巻きコイルが簡単に巻けます．

Appendix E　カレント・トランスとは

絶縁型コンバータのトランスもフェライトですが，コモン・モード・チョークのフェライトと違い，中透磁率，高飽和磁束密度となっていて，この用途には向きません．フェライトでは透磁率と飽和磁束密度がトレードオフの関係にあるためです．

▶コモン・モード・チョークとは

図E-3(a)に示すコモン・モード・チョーク(写真E-1参照)は，1個のコアに2巻き線が施され，等価的に図E-3(b)，(c)の接続で使用されます．図E-3(b)の2-4端子間はコンデンサで交流的に短絡され，1-3端子間からみた差動インダクタンスL_{DM}はゼロになります．図E-3(c)の接続で，2巻き線を等価的に並列にすると，グラウンドと巻き線間の同相(コモン・モード)インダクタンスL_{CM}はコモン・モード・チョークの公称インダクタンスLになります．

コモン・モード・チョークになぜ高透磁率/低飽和磁束密度のフェライトが使用されているのかは，この使用条件に依ります．ACライン電流が差動で流れているため，AC電流の巻き線による導通損失を減らすためには巻き回数を減らす必要があり，しかも大きなインダクタンスが必要ですから，高透磁率材を使用します．

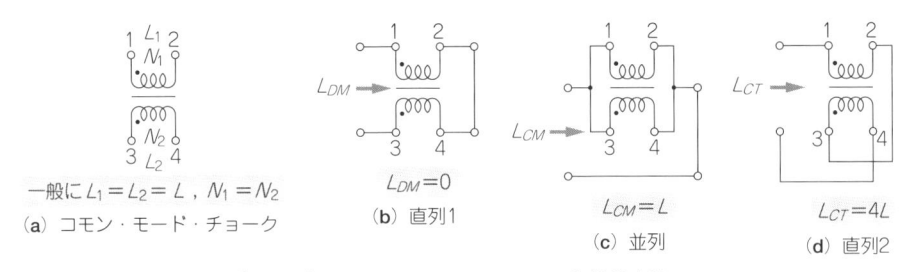

(a) コモン・モード・チョーク　一般に$L_1=L_2=L$，$N_1=N_2$
(b) 直列1　$L_{DM}=0$
(c) 並列　$L_{CM}=L$
(d) 直列2　$L_{CT}=4L$

[図E-3] コモン・モード・チョークと接続方法
一つのコアに2巻き線があるので合成インダクタンスは単純な足し算/引き算にはならない

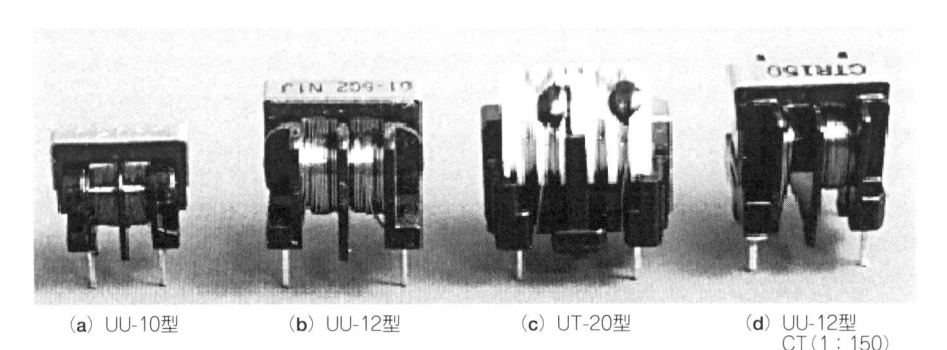

(a) UU-10型
(b) UU-12型
(c) UT-20型
(d) UU-12型 CT(1：150)

[写真E-1] コモン・モード・チョークの外観

ACラインとグラウンド間に流れる電流による起磁力が大きいとフェライト・コアが飽和しますが，この電流は安全面から感電しないように小さく抑えられていて，ほとんど流れません．そのため飽和の危険がなく，目的とするノイズ周波数は商用周波数よりもはるかに高いなどの条件から，高透磁率/低飽和磁束密度のフェライトが使用されています．

　Lが10mH以上なら1巻き線だけで使用可能ですが，手持ちの都合で5mH（LU-8-V502；光輪技研）を使用したため，直列にして20mHとしました．LU-8-V502の外形寸法は，$D = 11 \times W = 15 \times H = 15$mmであり，コモン・モード・チョークのなかで最も小さなものです．形状が大きすぎると浮遊容量，リード・インダクタンスなどの寄生インピーダンスが大きくなり測定誤差が増加するため，できるだけ小型のコモン・モード・チョークを使用します．

▶電流測定治具の製作

　図E-4の構造で製作するために，現在の巻き数を知る必要があります．**図E-5(a)**で測定した結果が**写真E-2**です．オシロスコープの演算機能を使用して，1次側と2次側の実効値を求めました．ピーク値ではノイズの影響が懸念されるため実効値としました．2次側を2回巻きにしたのも電圧レベルを上げて正確に測るためです．1次側と2次側とは言っても測定時のことであり，使用時には逆になります．

　測定の結果から$N = 176$となり，1次側に1A流したとき2次側に100mV発生させるためのシャント抵抗R_1は17.6Ωとなります[**図E-5(b)**]．2次側リアクタンスはR_1の100倍以上あれば誤差は無視できます[**図E-5(c)**]が，波形観測だけなら，30倍以上でも許容範囲でしょう．

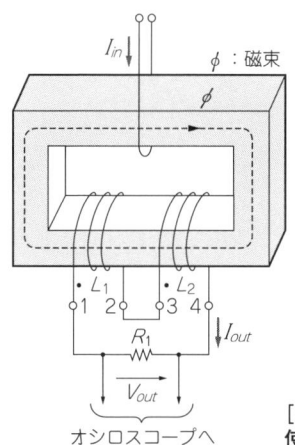

[図E-4] コモン・モード・チョークを使用した電流測定治具の構造

(a) 巻き回数測定

巻き回数 N は，
$$N = 2\frac{V_1}{V_2} = 2\frac{7.41}{0.0843} \fallingdotseq 176[回]$$
— 写真E-2による

(b) シャント抵抗決定

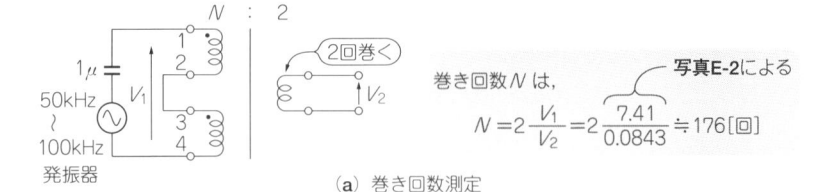

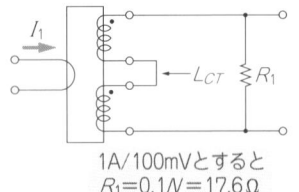

1A/100mVとすると
$R_1 = 0.1N = 17.6\,\Omega$

(c) リアクタンスの確認

$\omega L_{CT} \geq 100 R_1$
$6283\,\Omega \geq 1760\,\Omega$
— 50kHz，20mH

測定誤差の原因となる L_{CT} のリアクタンスが R_1 の100倍以上になることを確認する

[図E-5] 電流測定治具の製作

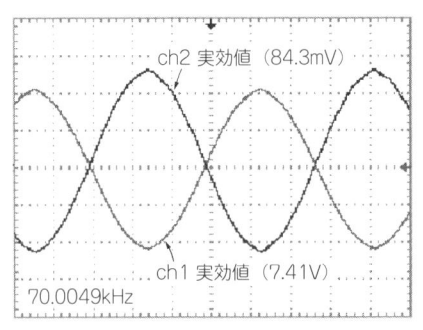

[写真E-2] 巻き回数の推定
オシロスコープの演算機能を使用して巻き回数を推定する．ch2は2回巻いたので，ch1の巻き回数Nは，下式で求められる．
$N = 2 \times 7.41 \div 0.0843 = 176$ 回

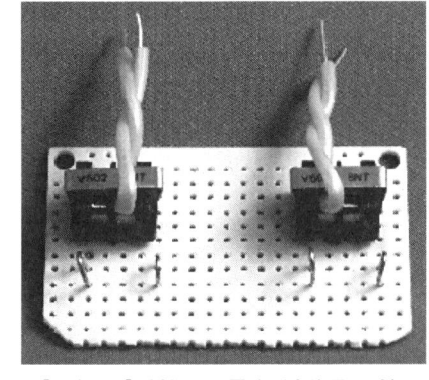

[写真E-3] 製作した電流測定治具の外観
（2チャネル）

　写真E-3は55×35mmのユニバーサル基板に電流測定治具を2組載せたもので，第10章の写真10-1，写真10-3の測定に使用しました．写真には，他種のコモン・モード・チョークを使用した電流測定治具も載せていますが，窓が小さくて測定リードが入らないため，片側のコイルを取り去って測定リードを入れています．
▶電流測定治具の動作確認
　第10章の実験回路（図10-6）に挿入して動作確認したのが**写真E-4**です．結果はほぼ設計どおりの電流が流れています．R_1（0.1Ω）の電圧も電流に比例しますが，

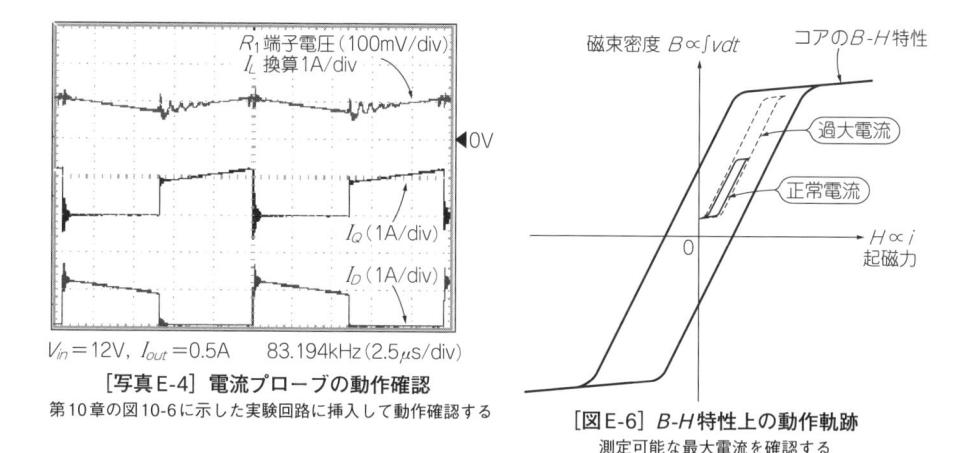

[写真E-4] 電流プローブの動作確認
第10章の図10-6に示した実験回路に挿入して動作確認する

V_{in} = 12V, I_{out} = 0.5A　83.194kHz (2.5μs/div)

[図E-6] B-H特性上の動作軌跡
測定可能な最大電流を確認する

低めになっています．電流検出レベルは，R_1と同じ1A/100mVですが，電流測定治具の1次側電圧降下はR_1の電圧降下に対して1/176になり，被測定回路に対する悪影響は少なくなります．

電流測定治具は，市販の電流プローブと違って直流が測定できないため，基準のゼロ・レベルがあるI_Q，I_Dのような波形しか測定できません．また，直流重畳した電流パルス波形を測定するため，フェライト・コアが飽和する可能性があることです（図E-6）．今回は図10-6で出力電流を最大にして直線性を見ましたが，飽和には至りませんでした．なお，第10章以降でも電流測定の場合は，断りなく本治具を使用して確認しています．

▶電流検出回路に使用するには

トランスは直流を伝送できないため，電流測定治具の出力は平均値がゼロの交流となっています．言い換えると，デューティ・サイクルに応じて入力信号のゼロ・レベルは，出力では変動しています．電流測定治具は，ゼロ・レベルがわかった電流波形を，オシロスコープのゼロ調整を使用してそれらしく見せています．この電流測定治具では，ゼロ・レベルがわからない電流波形の観測はできません．

CTをゼロ・レベル固定出力が必要な電流検出回路に使用するには，ゼロ調整が使用できないため，ダイオードを使用して図E-7のように接続します．この回路は，電流検出抵抗の電力損失が無視できないときや，電流検出抵抗を入れられる場所に制約のあるときには，有効な手法です．使用例は第16章（図16-7）を参照してください．

図E-7で，2次側のツェナー・ダイオード部分は，検出側に片方向の電流I_{2+}し

Appendix E　カレント・トランスとは | 337

[図E-7] 電流検出回路

(a) 接続図
(b) 2次側電圧波形

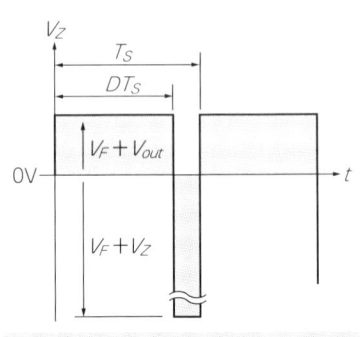

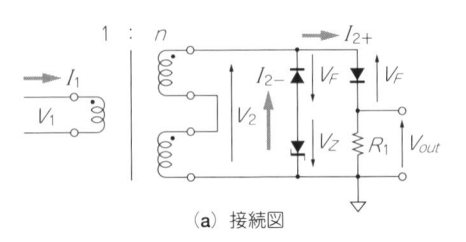

交流条件より，
$$D(V_F + V_{out}) = (1-D)(V_F + V_Z)$$
$$\therefore D = \frac{V_F + V_Z}{2V_F + V_{out} + V_Z} \quad \cdots\cdots (\text{E-5})$$

ところで，
$$V_{out} = \frac{I_1}{n} R_1 \quad \cdots\cdots\cdots\cdots\cdots (\text{E-6})$$

か流れないので，コアの飽和を防ぐために逆方向の電流 I_{2-} を流すリセット回路です．本文中にも説明した正負両方向で等しく「電圧・時間 (VT) 積一定」にするため，式 (E-5) を満足するように，最大デューティ・サイクルに応じたツェナー電圧が必要です．

第18章

【成功のかぎ18】
抵抗とコンデンサの基礎知識
基本部品の選択方法

一般的な電子回路では，使用する受動部品は抵抗とコンデンサがほとんどで，読者も使い慣れていると思います．ここでは，抵抗とコンデンサを電源回路に使用する場合の注意点を中心に述べます．

18-1　抵抗

　抵抗は機能的な呼びかたで，部品としては抵抗器と呼びますが，ここでは抵抗と表記します．

● 抵抗の種類

　表18-1に，電源に使用する抵抗の一覧と個々の特徴を示します．電源用と言っても，一般的な電子回路に使用する抵抗と同じですが，電力損失が大きなものを使用することがあります．

　最近，多用されているのは，厚膜の角形チップ抵抗です．メーカのカタログには，さまざまな種類の角形チップ抵抗が載っています．たとえば，

　(1) 汎用角形チップ抵抗
　(2) 高精度角形チップ抵抗
　(3) 耐サージ角形チップ抵抗
　(4) 高耐圧角形チップ抵抗

などです．さまざまな種類があるのは，汎用抵抗の欠点を一部だけ解決しているためです．使用して問題があるときは，抵抗メーカと協議するように勧めます．

　薄膜の角形チップ抵抗は，高精度な出力電圧設定に使用します．一般的な電子回路と違って，電源回路では電力型抵抗の使用も多いです．

　電源回路で使用する金属板の角形チップ抵抗は，電子回路に使用する超高精度抵抗とは異なり，中精度で電流検出に使用する場合が多いです．

[表18-1] 電源に使用する抵抗の一般的な仕様

形　状	抵抗体		実　装	抵抗値範囲
角形チップ抵抗	厚膜		面実装	$0.1Ω \sim 10MΩ$
	薄膜			$0.1Ω \sim 1MΩ$
	金属板			$1mΩ \sim 100mΩ$
円筒形リード線抵抗	炭素皮膜		リード・スルー（挿入型）	$2.2Ω \sim 5.1MΩ$
	精密級金属皮膜			$0.51Ω \sim 5.1MΩ$
	電力用金属皮膜			$0.1Ω \sim 9.1Ω$
	酸化金属皮膜			$10Ω \sim 100kΩ$
	巻き線			$0.01Ω \sim 3kΩ$
電力用抵抗	セメント抵抗	金属板	挿入型	$0.01Ω \sim 1.0Ω$
		巻き線		$0.1Ω \sim 3.3kΩ$
		酸化金属		$220Ω \sim 56kΩ$
	ほうろう抵抗		端子型	$0.02Ω \sim 100kΩ$

特殊な条件で使用する場合は，抵抗メーカに詳細を確認するように勧めます．

● 抵抗の定格電圧

抵抗には定格電圧があります．抵抗は，許容電力損失（定格電力）で決定される電圧と，定格電圧のどちらか低い電圧以下で使用します．低電圧の電源では問題になりませんが，AC-DCコンバータのような高電圧を扱う回路では，抵抗の定格電圧に注意する必要があります．

抵抗に100V以上の直流電圧を加えたときは，「電食」と呼ばれる現象が起きることがあります．電食とは，抵抗の絶縁塗装膜が吸湿して漏れ電流が流れて電気分解が起きる現象です．出力電圧設定に使用する抵抗に電食が起きると抵抗値が変動し，出力電圧が大幅に変動します．

経験上，電食の起きやすさは抵抗体の材質よりも絶縁塗装によります．電源でよく使用される不燃性（難燃性）塗装では，電食は起きにくくなっています．

不燃性塗装ではない抵抗の場合には，定格電圧に関わらず数十V以下で使用することを勧めます．

● 許容電力損失と発熱

最近の抵抗は抵抗体材質と絶縁塗装材質の改良により，使用温度範囲が高温にまで拡張されています．セメント抵抗などでは，はんだの溶融温度以上まで使用可能です．その結果として，許容電力損失が大きくなり形状は小型化されています．

ところが，実装するプリント基板の耐熱温度は以前のままです．抵抗の周囲に実

定格電力 [W]	誤差 [%]	特徴・用途
0.05 ～ 1	± 0.5 ～ 5	一般用，最も使用されている
0.05 ～ 0.25	± 0.05 ～ 1	精密用
0.5 ～ 2	± 0.5 ～ 1	電流検出用
0.25 ～ 1	± 2 ～ 5	一般用
0.125 ～ 2	± 0.01 ～ 1	精密用
0.25 ～ 5	± 2 ～ 5	低抵抗値電力用
0.25 ～ 5	± 2 ～ 5	高抵抗値電力用
0.25 ～ 10	± 5 ～ 10	電力用，インダクタンス大
2 ～ 10	± 1 ～ 10	電力用，インダクタンス大
1 ～ 40	± 1 ～ 10	電力用，インダクタンス大
2 ～ 20	± 5	電力用，インダクタンス小
5 ～ 1000	± 5 ～ 10	電力用，インダクタンス大

装される部品の耐熱温度も同様ですから，抵抗の発熱を抑えるため，電力用の抵抗では許容電力損失の1/3以下で使用するのが望ましいとされています．

図18-1に酸化金属被膜抵抗(MOS3CL20A；KOA製3W)の電力損失と発熱の特性例を示します．

一般に，電力用抵抗は定格電力の1/3以下で使えと言われていますが，定格電力の1/3のとき，リード線がプリント基板に挿入される部分の温度上昇は約40℃です．電子機器の最大周囲温度を40℃，最大内部温度を60℃とすると，基板の最大温度は100℃です．安全規格上の制約で正常動作時の基板最大温度は105℃とされていることから，許容電力の1/3で使えというのは十分に納得できます．

このとき，抵抗の表面温度上昇は約70℃で最大表面温度は130℃ですから，直近に熱に弱い部品を置かないように，また風向によりますが，図18-1(b)のC点に風穴を開けておけば通風も改善されるので温度上昇も抑えられます．

● 耐パルス限界電力

スイッチング電源においては，図18-2に示すように抵抗にパルスが印加され，ピーク電力損失が平均電力損失の数十倍以上になることがあります．図18-2は極端な例ですが，このときには，ピーク電力損失が許容電力損失に等しい抵抗を選択すると形状が大きくなりすぎるため，平均電力損失が許容電力損失に等しい抵抗を使用したいところです．これは可能でしょうか？

それを判断するのが，図18-3に示す耐パルス限界電力特性です．たとえば，繰り返し周期1secでパルスを10ms間印加して990ms休止すると，ピーク電力損失は

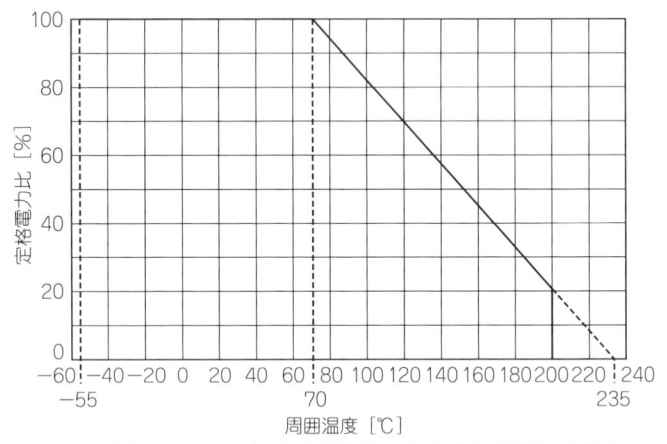

(a) 酸化金属皮膜抵抗の周囲温度による負荷軽減曲線

周囲温度70℃以上で使用される場合は，上図負荷軽減曲線に従って，定格電力を軽減して使用する

(b) 酸化金属皮膜抵抗の温度測定箇所

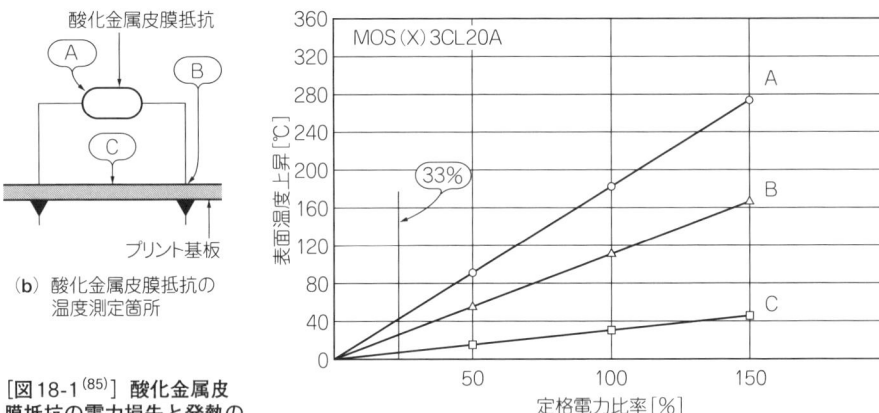

[図18-1[85]] 酸化金属皮膜抵抗の電力損失と発熱の特性例

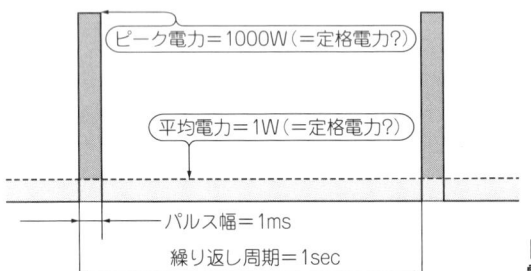

(c) 酸化金属皮膜抵抗の消費電力対温度上昇特性

[図18-2] パルス印加時の抵抗定格許容電力は？

第18章 抵抗とコンデンサの基礎知識

パルス特性

形式	P(70℃定格値)	K	$V_{P\max.}$	V_R
ERG(X)12S	1/2W	0.5	600V	300V
ERG(X)1S	1W	0.5	600V	350V
ERG(X)2S	2W	0.5	700V	350V
ERG(X)3S	3W	0.5	700V	350V
ERG(X)5S	5W	0.5	1000V	500V

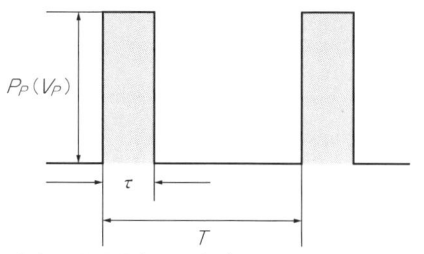

耐パルス限界電力P_Pおよび,
電圧V_Pは次式により算出される.

$$P_P = K \cdot P \cdot T/\tau$$
$$V_P = \sqrt{K \cdot P \cdot R \cdot T/\tau}$$

定数Kおよび$V_P\max$.は右表による.
- $T>1$(s)の場合は,$T=1$(s)として算出する.
- $T/\tau>100$の場合は,$T/\tau=100$として算出する.
- $P_P<P$の場合は,PをもってP_Pとする.
  ($V_P<V_R$の場合は,V_RをもってV_Pとする)
- 印加する電圧は,$V_P\max$.以下とする.
- P_Pおよび,V_Pはパルス印加時間1000時間で
  抵抗値変化率が±5%以内となる参考値
  (室温条件にて).

P_P :パルス限界電力[W]
V_P :パルス限界電圧[V]
τ :パルス持続時間[sec]
T :周期[sec]
V_R :定格電圧[V]
P :定格電力[W]
R :抵抗値[Ω]
$V_P\max$:最高パルス限界電圧[V]
K :抵抗の種類で決まる定数

注:ERGシリーズは酸化金属皮膜抵抗,ERXシリーズは電力用金属皮膜抵抗

[図18-3[86]] 酸化金属皮膜抵抗の耐パルス限界電力特性例

定格電力損失の50倍以下,平均電力損失は1/2以下で使用可能になります.

図18-3はパナソニック製酸化金属皮膜抵抗(電力用金属皮膜抵抗)の例ですが,一般的な厚膜角形チップ抵抗では$K=0.2～0.3$と言われています.個別の抵抗の場合は,パルス電圧波形を示して使用可能かどうか,抵抗メーカに確認することが必要です.

18-2　コンデンサ

　コンデンサは抵抗と並ぶ基本的な受動部品ですが,電源回路で使用する場合は,印加電圧とリプル電流に注意が必要です.特に見過ごされがちなリプル電流は,許容値を越えると故障の原因となるので注意が必要です.電解コンデンサだけではなく,すべてのコンデンサに許容リプル電流があります.データシートに許容リプル電流の記載がないコンデンサにリプル電流を流すときには,コンデンサ・メーカと協議する必要があります.

[表18-2] 電源に使用するコンデンサの一般的な仕様

種類	誘電体材質	記号・略号	容量範囲	面実装外形	特徴・用途
セラミック・コンデンサ	温度補償用	種類1	$0.1pF \sim 0.1\mu F$	◎	低温度係数
	高誘電率系	種類2	$100pF \sim 100\mu F$	◎	中容量一般用
	半導体	種類3		◎	大容量
フィルム・コンデンサ	ポリエチレンテレフタレート	PET	$470pF \sim 10\mu F$	×	一般用
	ポリエチレンナフタレート	PEN			
	ポリフェニレンスルフィド	PPS	$470pF \sim 0.47\mu F$	△	高耐熱用
	ポリプロピレン	PP	$220pF \sim 4.7\mu F$	×	精密用
電解コンデンサ	アルミ非固体	円筒形	$0.1\mu F \sim 0.68F$	○	大容量一般用
	アルミ固体	角形	$2.2\mu F \sim 560\mu F$	◎	低インピーダンス
	タンタル固体	角形	$1\mu F \sim 680\mu F$	◎	大容量・小型

● コンデンサの種類

表18-2にコンデンサの一覧と個々の特徴を示します．低圧電源に使用するコンデンサは，セラミック・チップ・コンデンサ(MLCC)とアルミ電解コンデンサがほとんどです．AC-DCコンバータのような高電圧を扱う電源回路では，高圧フィルム・コンデンサも使用されます．

● セラミック・チップ・コンデンサの使い分け

図18-4にセラミック・チップ・コンデンサの特性例を示します．
種類1の温度補償用でCH特性［図18-4(a)，(c)］は，種類2，種類3と比べて温度変化時と電圧印加時の容量変化がありません．入手容易な温度補償用コンデンサはCH特性とSL特性で，発振周波数決定用と負帰還安定度のための位相補償用に使用します．
種類2の高誘電率系でB，R特性［図18-4(b)，(c)］は温度特性と直流バイアス特性もそれほど悪くはなく，許容差も±10%以内で，汎用的に使用されます．
問題は図18-4(d)に示す種類3の半導体コンデンサで，許容差はともかく，直流バイアス特性が悪すぎます．第9章のコラムで使用した$10\mu F/10V$は定格電圧の半分の5V印加で容量が半分になります［写真9-A参照］．設計どおりの容量が必要なときには，2倍の個数が必要になります．
セラミック・コンデンサを，スイッチング電源の入出力のようなリプル電流が流れる場所で使うときには，許容リプル電流を越えないように注意します．許容リプ

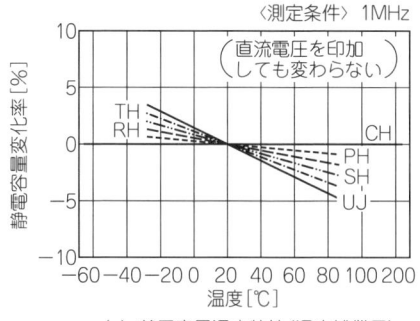

(a) 静電容量温度特性（温度補償用）

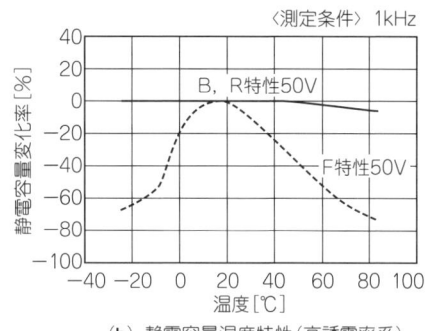

(b) 静電容量温度特性（高誘電率系）

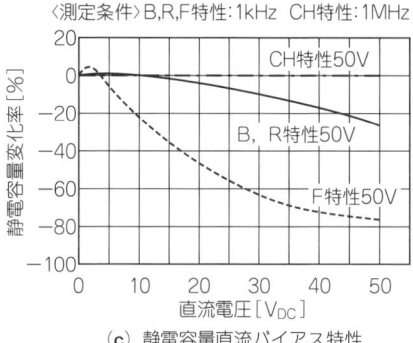

(c) 静電容量直流バイアス特性

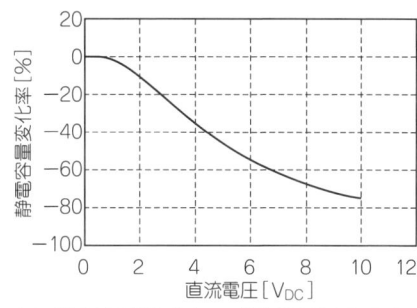

(d) 静電容量直流バイアス特性2012B 10μF 10V（GRM21BB31A106K；村田製作所）

[図18-4[88],[89]] セラミック・チップ・コンデンサの特性例

ル電流がデータシートに記載されていない場合は，メーカに問い合わせます．種類2，種類3のセラミック・コンデンサに大きなリプル電圧を印加すると，異音を発生する場合があります．対策としては，並列に大容量電解コンデンサを入れてリプル電圧を小さくするか，音響雑音の小さいコンデンサと交換する以外ありません．

● **電解コンデンサ**

電解コンデンサとは，電気分解によって形成された陽極金属の酸化皮膜を誘電体としたコンデンサの総称です．誘電体を電気分解によって形成するため，電極には方向性があります．電気分解によって酸化皮膜を形成できる陽極金属は各種ありますが，電解コンデンサとして市販されているのは，現在のところアルミ，タンタル，ニオブの3種類です．陽極にアルミ箔を使用した電解コンデンサに比べて，固体電解コンデンサのタンタルとニオブは陽極が焼結体であり超小型外形が可能ですが，

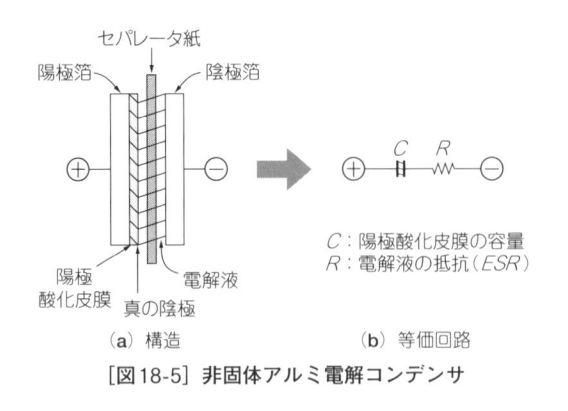

[図18-5] 非固体アルミ電解コンデンサ
(a) 構造
(b) 等価回路
C：陽極酸化皮膜の容量
R：電解液の抵抗（ESR）

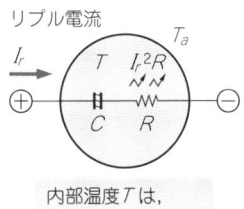

[図18-6] 電解コンデンサの内部温度

内部温度Tは，
$$T = T_a + \frac{I_r^2 R}{\alpha}$$
T_a：周囲温度
α：放熱係数

酸化皮膜がサージ電圧／電流に弱いため，電池動作でサージ電流が流れにくい超小型品が必要な携帯機器に使用されています．

アルミ電解コンデンサには，陰極物質として固体またはペースト状電解液で形成された2種類の製品が市販されています．固体アルミ電解コンデンサは，陽極が焼結体よりも低抵抗のアルミ箔であるため，電解コンデンサのなかでESRが最も小さくなっています．

一般的な電解コンデンサは，正式名称を「非個体アルミニウム電解コンデンサ」と言い，大容量で安価なため最も多く使用されています．ただし，陰極の導通が電解液のイオン伝導のため，常温でもESRが大きく，低温では急増します．非固体アルミ電解コンデンサが固体電解コンデンサに比べて優れている点は，陰極として電解液を使用しているため，酸化皮膜の軽微な損傷では電圧印加で修復できることと，不良モードがオープンであることがあげられます．

● アルミ電解コンデンサと寿命

非固体アルミ電解コンデンサの最大の欠点は，寿命が有限であることです．

電解コンデンサの構造と等価回路を簡略化して示すと**図18-5**になります．構造上の問題はセパレータ紙に含浸させたペースト状の電解液を含むことで，電解液が蒸発／劣化して特性が悪化し，寿命が終わります．蒸発／劣化のしやすさは内部温度によるため，寿命も内部温度によります．内部温度は周囲温度とリプル電流による発熱と放熱で決定されます（**図18-6**）．放熱はコンデンサの種類と外形によって異なるため，メーカでは上限温度における許容リプル電流を発表しています．上限温度105℃の電解コンデンサで許容リプル電流を流した場合，内部温度は約110℃

と言われています.

　最近の低インピーダンス電解コンデンサは,スイッチング電源での使用を想定して作られています.内部抵抗(ESR)は周波数特性をもっていて,周波数が下がると増加しますから,低周波ではリプル電流の低減が必要です.

　電解コンデンサの温度と寿命の一般的な関係は,温度と化学反応速度の関係式(アレニウスの法則)に従い,式(18-1)で表されます.

$$L = L_o \times 2^a \quad \cdots \cdots \cdots \cdots \cdots \cdots (18\text{-}1)$$

$$a = \frac{T_{max} - T_a}{10}$$

ただし,
- L ：使用時の寿命
- L_o ：上限温度での寿命
- T_{max} ：上限温度
- T_a ：使用時の周囲温度

　式(18-1)は,温度が上限温度よりも10℃下がるごとに寿命が2倍ずつ延びることを表しています.たとえば,105℃許容リプル電流が1.33Aで10V/1000μF(ϕ10)の寿命1万時間の電解コンデンサ(ルビコン製10ZLH1000M)の場合は,65℃でリプル電流を1.33A流したときの寿命は16万時間となります.リプル電流をこれより大きくすると,内部温度上昇は電流の2乗に比例しますから,寿命は短くなります.

　また,寿命はアレニウスの法則に厳密に従うわけではないので,個別の電解コンデンサについては,メーカから発表される加速計算式で計算します.個別の加速計算式が発表されていない場合は,メーカに問い合わせる必要があります.同じ10V/1000μFでもケース・サイズ(直径)により寿命と105℃許容リプル電流が異なり,直径が8mmでは8千時間(1.25A)となっています.

　高信頼性機器を製作する場合には,実負荷時のリプル電流は必ず測定し,使用コンデンサの許容リプル電流以下にします.スペースの都合でコンデンサに制約があり,許容リプル電流を越えて使用せざるをえない場合はメーカと協議することが必要です.

18-3　スナバ回路

　抵抗とコンデンサを組み合わせた回路にスナバ回路があります.スナバ回路は急激な電圧の上昇を抑えることにより,耐圧以上の電圧がスイッチング素子に印加さ

れないようにして破壊を防止します.

● スナバ回路とは
　スナバ回路は，インダクタの逆起電力によるサージ(スパイク)電圧を抑えるための回路です．スナバ(snubber)とは「急停止させるもの」という意味の英語であり，スナバ回路を単にスナバと呼ぶこともあります．以前はサージ・アブソーバと呼びましたが，最近はスナバと呼びます.

　図18-7にスナバ回路の一覧を示します．図でL表記のない巻き線は，リード・インダクタンスや出力トランスの励磁インダクタンスを表します．絶縁型コンバータでは，出力トランスの励磁インダクタンスによる磁束のリセット回路と共用するスナバ回路も多いです.

　スナバ回路は急激な電圧の上昇をスイッチング素子の耐圧以下に抑えることによって，サージ電圧の抑制とスイッチング素子の破壊を防止します．スナバ回路には，サージ・エネルギーを抵抗などで熱に変えて消費する有損失スナバと，電源に戻す無損失スナバがあります.

　ダンパ型のスナバは，LC共振回路に損失を付加して臨界制動状態に近づけてサージ電圧を抑えます．小さな抵抗(R)とコンデンサ(C)が直列で接続されただけのシンプルな構成のダンパ型スナバをRCスナバ［図18-7(a)］と呼び，よく使われています．低周波用途では「スパークキラー」などの商品名で一つのパッケージに入ったものも売られています．RCスナバはスパイク・ノイズの低減に有効です.

　クランパ型は，主として高圧スイッチング電源で使用され，スイッチング素子の耐圧以上のサージ電圧をクランプします．ダイオード・スナバ［図18-7(b)］は，クランプ電圧が低すぎて磁束をリセットするのに必要なVT積が高速スイッチング電源では確保できないため，リレーやソレノイドなどの低速スイッチングでしか使用できません.

　無損失スナバも，主として高圧スイッチング電源で使用されていて，サージ・エネルギーを入力電源に戻すように動作します．可飽和コアによる磁気スナバ［図18-7(e)］は，主としてダイオードの逆回復特性(第19章参照)によるサージ電圧抑制に使用されます.

　アクティブ型のスナバは，第8章の図8-8で説明しています.

● 定抵抗回路
　低圧スイッチング電源でも使用されているダンパ型RCスナバの基本が定抵抗回

[図18-7] スナバ回路の種類

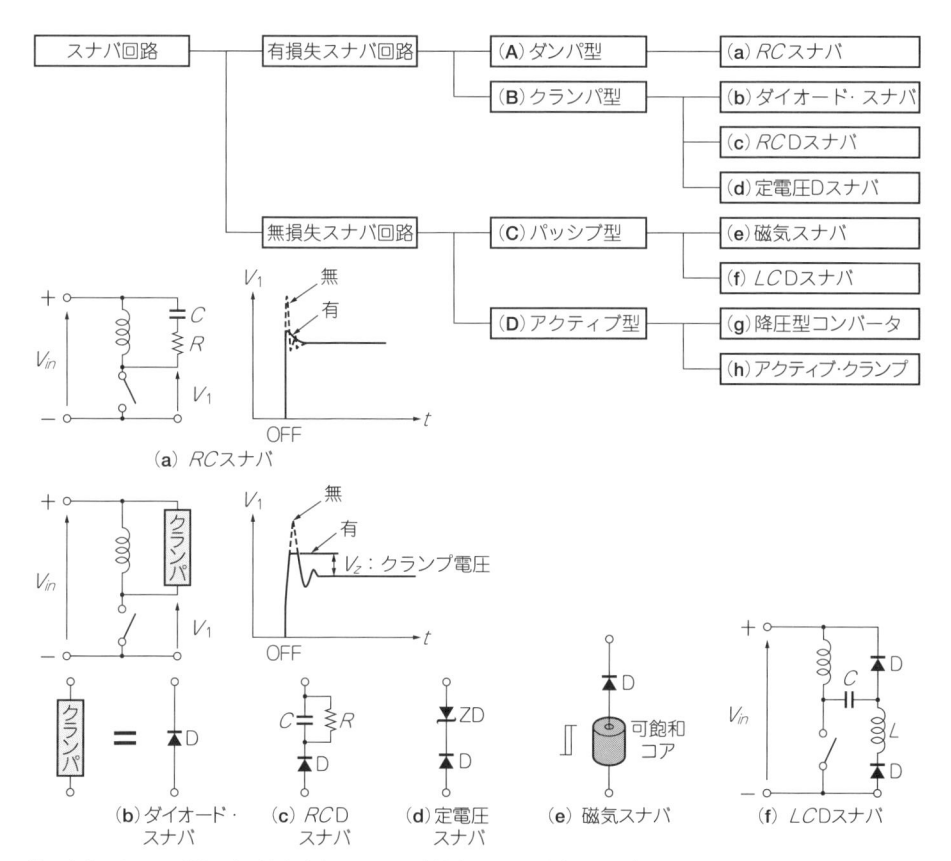

注：(**D**)アクティブ型スナバ(**g**),(**h**)については第8章の図8-8を参照のこと．

路です．定抵抗回路とは文字どおり定抵抗に見える回路で，**図18-8**のようになっています．

RCスナバを定抵抗回路にすれば，オーバーシュートがなくサージ電圧の発生は抑えられるのですが，抵抗損失が増加して効率が大幅に低下します．そこで，定抵抗回路にしないで，オーバーシュートのピーク値がスイッチング素子の耐圧の80％以下になるように，RCの値を設定するのが現実的です．

電流検出抵抗に挿入型の金属箔抵抗を使用するとリード・インダクタンスが大きくなり，検出電圧に大きなオーバーシュートとリンギングを発生することがあります．この対策には定抵抗回路は非常に有用です．ただし，リード・インダクタンス

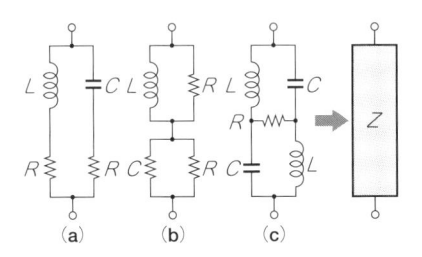

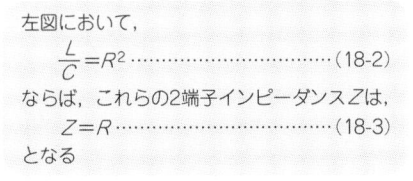

左図において，
$$\frac{L}{C} = R^2 \quad \cdots\cdots\cdots\cdots\cdots\cdots\cdots\cdots\cdots (18\text{-}2)$$
ならば，これらの2端子インピーダンスZは，
$$Z = R \quad \cdots\cdots\cdots\cdots\cdots\cdots\cdots\cdots\cdots\cdots (18\text{-}3)$$
となる

[図18-8] 定抵抗回路

は不明のため，検出電圧波形に大きなオーバーシュートとリンギングが発生しないように，波形を見ながらコンデンサ容量を決定します．

● インダクタの巻き線抵抗を利用した電流検出回路

第15章と第16章でも触れたように，出力電流が大きくなると電流検出抵抗による損失が無視できなくなります．前述のように，パワーMOSFETのオン抵抗を利用するとスイッチング信号がノイズとして乗りやすくなります．そこで，インダクタ巻き線の抵抗ぶん(ESR)を利用することも一部で行われています．定抵抗回路の考えかたを利用して**図18-9**のようにすれば，電流検出抵抗を付加して効率を悪化させる必要もなく，インダクタの巻き線抵抗を利用した電流検出が可能です．

付加する抵抗R_1が動作に影響を与えたり効率の悪化を招いたりしないように，抵抗に流れる電流はインダクタ電流の1/数十以下になるように設定すると良いでしょう．

銅線の温度係数は，周囲温度をt[℃]とすると$+1/(234.5+t)$ [/℃]です．たとえば，25℃では$+3900$ [ppm/℃]です．温度が高くなると温度係数は低下するので，要求仕様の最大温度で検出電圧を確認します．

18-4　ディレーティング

電子部品を使用するときには，最大定格に対して余裕をもった動作をさせて，信頼性の向上を図ります．ディレーティング(derating；定格低減)とは，最大定格に対してどの程度余裕をもたせているかを比率で表したものです．

● 信頼性の考えかた

部品の故障率は**図18-10**に示すバスタブ・カーブで表され「初期故障期間」，「偶

左図でインダクタ L の抵抗ぶん r により電流検出を行うため，R, C を外付けすると，

$$I_L = \frac{V_L}{j\omega L + r}, \quad I_R = \frac{V_L}{\frac{1}{j\omega C} + R}$$

ところで，

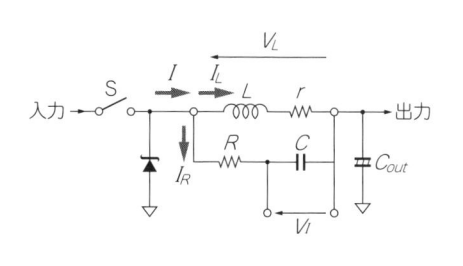

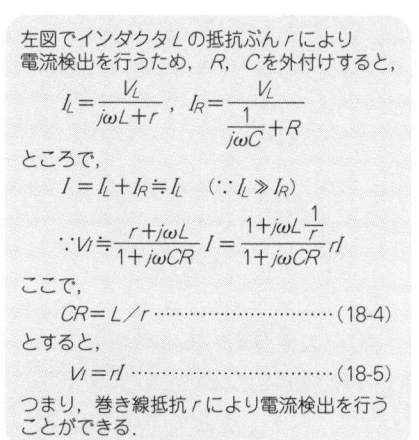

$$I = I_L + I_R \fallingdotseq I_L \quad (\because I_L \gg I_R)$$

$$\therefore V_l \fallingdotseq \frac{r + j\omega L}{1 + j\omega CR} I = \frac{1 + j\omega L \frac{1}{r}}{1 + j\omega CR} rI$$

ここで，

$$CR = L/r \quad \cdots\cdots\cdots\cdots\cdots\cdots (18\text{-}4)$$

とすると，

$$V_l = rI \quad \cdots\cdots\cdots\cdots\cdots\cdots (18\text{-}5)$$

つまり，巻き線抵抗 r により電流検出を行うことができる．

[図18-9] **インダクタの巻き線抵抗を利用した電流検出**

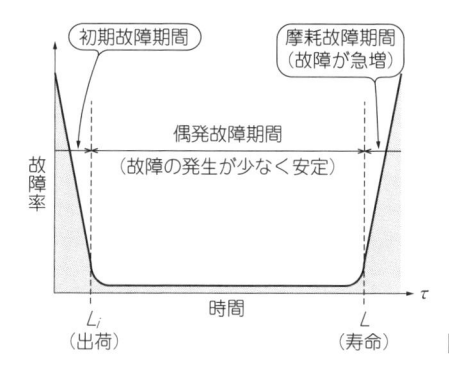

[図18-10] **故障率のバスタブ・カーブ**

発故障期間」，「摩耗故障期間」で異なります．

　初期故障期間は製造に起因する故障率の高い期間で，部品メーカのスクリーニングでほとんど除去されます．初期故障期間は出荷までには終わっているので，ユーザは気にする必要はありません．偶発故障期間は故障が少なく故障率は安定です．部品の故障率と言えば，偶発故障期間の故障率を指す場合が多いです．摩耗故障期間に入ると部品の寿命が尽きかけて故障率は急増します．寿命は摩耗故障期間が始まる時間 L で表されます．

　電子部品には顕著な摩耗故障期間がないものが多いのですが，非固体アルミ電解コンデンサにはあります．そのほかに顕著な摩耗故障期間がある部品として，リレーや冷却ファンなどの機械的可動部をもつ部品があります．

● ディレーティングの目安

　電子部品を使用するときには，最大定格に対して余裕をもった動作をさせて，信頼性の向上を図ります．

　部品の信頼性は，どのようなストレスを受けるかで決定されます．動作時のストレスを減少させて信頼性を向上させるために，最大定格よりも内側の動作条件で設計を行います．部品のディレーティングの目安を下記に示します．

　　(1) 最大電圧：90％以下
　　(2) 最大リプル電流：90％以下
　　(3) 最大消費電力：50％以下
　　(4) 周囲／内部温度：80％以下

　上記は，サージも含めての最大値です．個々の部品によりディレーティングの値は異なります．電力用抵抗では，最大消費電力は定格値の30％以下にします．

　特性に関わる問題として，精密抵抗においては，自己発熱による抵抗値変化を減少させるためには，最大消費電力は定格値の50％以下で，できるだけ小さいほうがよいでしょう．半導体セラミック・コンデンサでは，印加電圧により容量が減少するため，直流バイアス特性から必要な容量を確保できる電圧とします．

● 電解コンデンサと電圧ディレーティング

　以前の非固体アルミ電解コンデンサは材料も加工技術も劣っていて，電圧を印加すると大きな漏れ電流が流れ，その損失により印加電圧と寿命には相関がありました．材料と加工技術が進歩した現在の電解コンデンサでは，定格電圧以下で使用するかぎり無関係であり，電解コンデンサに電圧ディレーティングの必要はありません．

　電解コンデンサでは定格電圧よりも大きなサージ電圧が規定されていますが，この規定は25℃で行われ，上限温度(たとえば105℃)では規定されていません．サージ電圧はマイナスの温度係数をもっていて，上限温度においては25℃の値よりも小さくなります．どの程度小さくなるのかが一概には言えないため，使用する場合は定格電圧を越えないようにします．

第19章

【成功のかぎ19】
電力用半導体の基礎知識
高速ダイオードとパワーMOSFET

　スイッチング電源回路で使用される電力用半導体には，オン抵抗はできるだけ小さく，スイッチング・スピードはできるだけ速いことが望まれます．本書で取り上げる低圧用DC-DCコンバータで，この二つを満足するのは，ショットキー・バリア・ダイオードとパワーMOSFETです．
　ショットキー・バリア・ダイオードは耐圧に難があるため，高耐圧が必要な用途ではPN接合の高速整流用ダイオードが使用されています．バイポーラ・トランジスタは今でも使用されていますが，パワーMOSFETに比べてメリットが少ないため使用されることも少なくなりました．
　ここでは，高速ダイオードとパワーMOSFETを重点的に取り上げ，電源回路に使用する場合の注意点を中心に述べます．

19-1　高速ダイオード

　ダイオードには信号用ダイオードと整流用ダイオードがありますが，両者は平均電流定格で1Aが分岐点になっていて，1A以上のダイオードを整流用ダイオードと呼びます．ここで取り上げる高速整流用ダイオードには，FRD (Fast Recovery Diode；ファスト・リカバリ・ダイオード) とSBD (Schottky Barrier Diode；ショットキー・バリア・ダイオード) があります．低圧電源回路ではSBDが使用されています．

● FRDとは
　PN接合ダイオードの動作原理を図19-1に示します．順方向バイアス時にはP型半導体の多数キャリアである正孔が接合を越えてN領域に進入して少数キャリアとなり，N型半導体の多数キャリアである電子が接合を越えてP領域に進入して少数キャリアとなります．少数キャリアが多数キャリアと再結合して大きな電流が流れます．逆方向バイアス時には接合付近にキャリアがほとんどない空乏層と呼ば

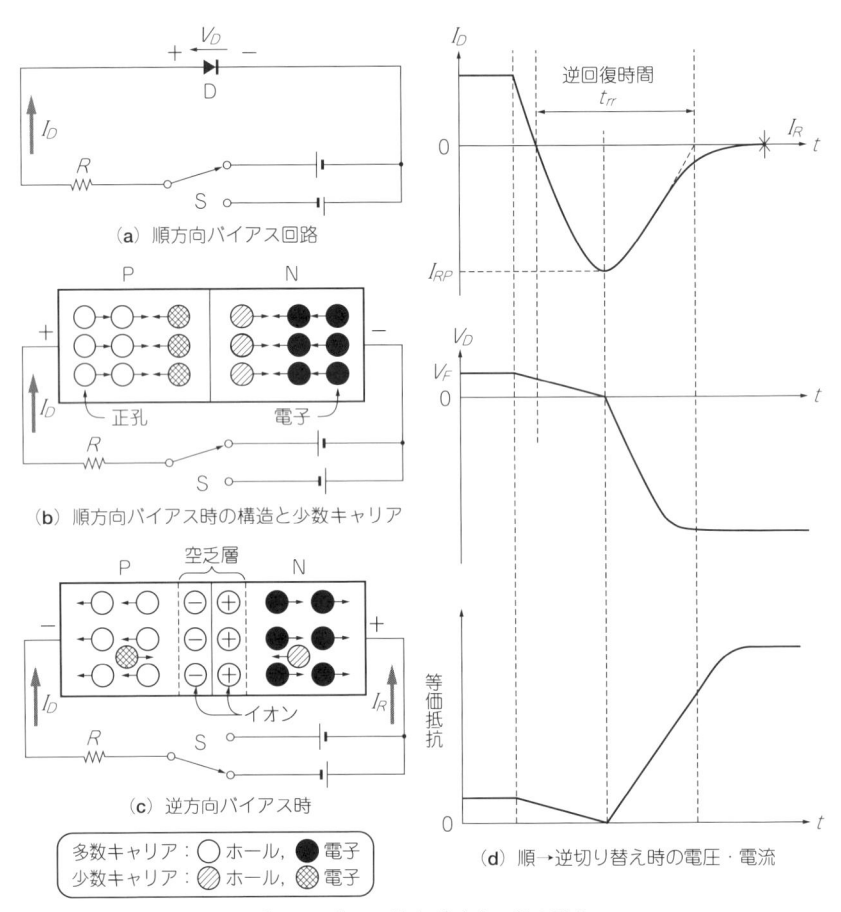

[図19-1] PN接合ダイオードの動作

(a) 順方向バイアス回路
(b) 順方向バイアス時の構造と少数キャリア
(c) 逆方向バイアス時
多数キャリア：○ホール，● 電子
少数キャリア：◎ホール，◉ 電子
(d) 順→逆切り替え時の電圧・電流

れる領域ができて，接合を越えて移動する少数キャリアはほとんどなく，流れる電流I_Rは非常に小さくなります．

問題は，図19-1(d)に示す順→逆の電圧切り替え時で，順バイアス時に注入された少数キャリアを引き抜くための時間が必要になります．これを逆回復時間（reverse recovery time）t_{rr}と呼び，ダイオードのスイッチング周波数を決定する重要なパラメータです．スイッチング電源の設計上の注意として，ダイオードの等価抵抗がt_{rr}期間で低くなるため，この期間に能動スイッチを強引にONにすると，大電流が流れて素子の破壊やノイズの発生を招きます．効率は悪化しますが，能動スイッチを徐々にONします．

(a) 順方向バイアス回路

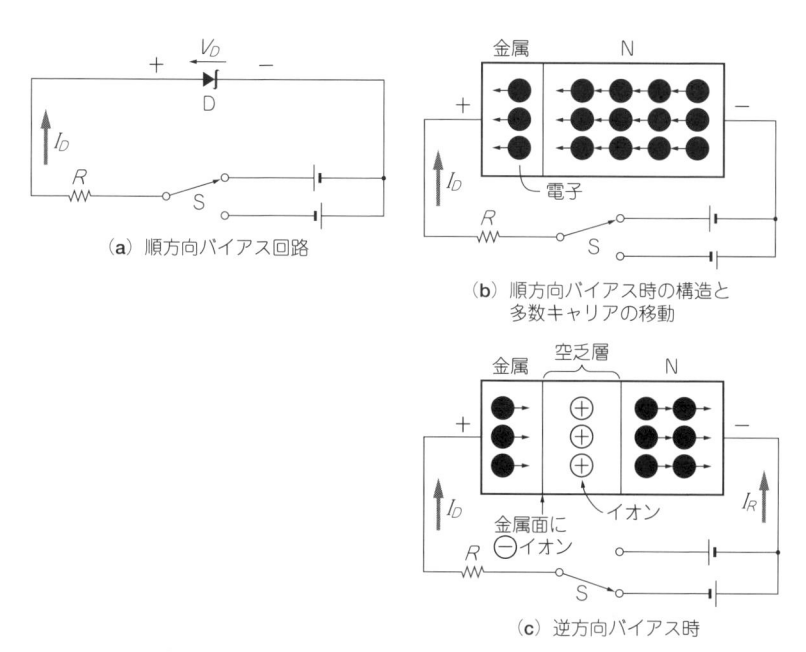

(b) 順方向バイアス時の構造と多数キャリアの移動

(c) 逆方向バイアス時

[図19-2] ショットキー・バリア・ダイオードの動作

　PN接合ダイオードには，大きく分けて一般整流用ダイオードとFRDがあり，その違いがt_{rr}です．最近のFRDのt_{rr}は数十nsで，一般整流用ダイオードのt_{rr}は規定されていませんが，数百ns～数µs程度あります．

　t_{rr}と順方向電圧V_Fはトレードオフの関係にあります．最近のFRDはt_{rr}とV_Fをともに小さくするように工夫されていて，特に高速高効率ダイオード(FRED)とも呼ばれています．

● SBDとは

　SBDは金属と半導体が整流性接触をしたものです．PN接合ダイオードに比べて，順方向電圧が低く，逆回復現象がないためt_{rr}が短いという特長があります．

　金属とN型半導体を接触させたSBDの構造を図19-2に示します．金属中は電子が動きやすいため，順方向バイアス時に金属中に電子の蓄積は起きず，N領域には少数キャリアの注入がないため，正孔も蓄積されません．SBDは，PN接合ダイオードと異なり多数キャリア素子のため，少数キャリアの蓄積がなくt_{rr}もありません．

　SBDは原理的にt_{rr}がないためFRDよりも高速でスイッチングできますが，60V以上のSBDでは，製造上の都合でt_{rr}が存在し，それ以下のSBDでも，PN接合ダ

19-1　高速ダイオード

イオードに比べて接触部分の容量が大きく，この容量に電荷を注入／引き抜くことが必要なため，t_{rr} に相当する時間が数十 ns あります．

SBDの欠点は，耐圧が低くて低圧電源にしか使えないことと，逆電流が大きいため無視できない逆損失があることです．

● SBDは逆損失に注意

PN接合ダイオードの逆損失は無視できますが，SBDの逆損失は無視できません．

図19-3 に実験で使用した SBD 31DQ04（日本インター製）を降圧型コンバータに使用したときの損失を試算しました．入力電圧（= SBDの逆電圧）24V では，逆損失のほうが大きくなります．グラフからは，入力電圧を 20V 以下にすると順損失のほうが大きくなります．

SBDでは，逆電流 I_R と順方向電圧 V_F がトレードオフの関係にあります．I_R は温度により指数関数的に増加するため，高温では熱暴走の危険があります．それを解決するため，V_F を少し大きくして I_R を大幅に下げた熱暴走対策品も出されています．放熱に対して十分な対策が取れないときは，低 I_R 品の採用を検討します．

SBDを採用するときには，V_F の値よりも I_R の値，つまり順損失よりも逆損失に注目して選択します．特に，最大入力電圧が大きいとき，最高周囲温度が高いときと放熱が貧弱なときには，熱暴走の危険が高くなるので要注意です．

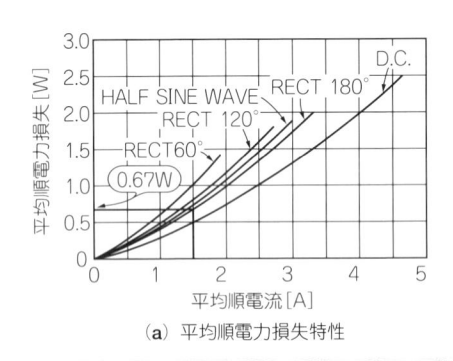

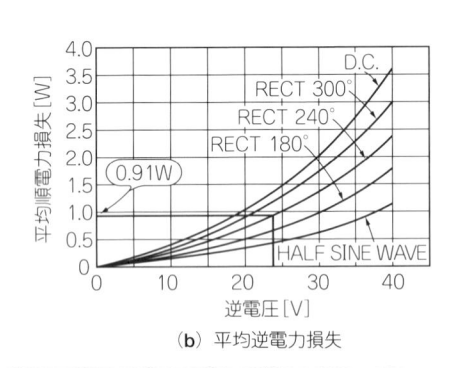

(a) 平均順電力損失特性

(b) 平均逆電力損失

SBD 31DQ04を使用して，入力電圧24V，出力電圧12V，デューティ・サイクル50%，出力電流3A（平均整流電流1.5A）の降圧型コンバータを動作させたとき，SBDの損失は，
　・順損失…0.67W
　・逆損失…0.91W
と，逆方向損失のほうが大きくなる

[図19-3 [(69)]] ショットキー・バリア・ダイオードの順損失と逆損失

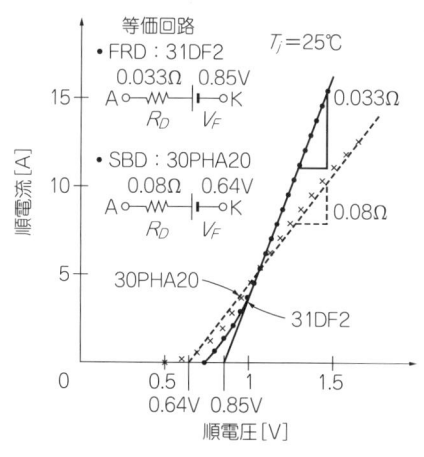

[図19-4] 200V・3A定格のFRDとSBD

● 高速ダイオードの順方向特性

図19-4に，日本インター製の同一定格(200V・3A)のFRDとSBDのジャンクション温度$T_j = 25$℃における順方向電圧-電流特性を直線目盛りで示します．等価回路を求めると両者の特徴がわかります．FRDはV_Fは大きいけれど等価直列抵抗R_Dが小さく，SBDはV_Fは小さいけれどR_DはFRDの2.4倍も大きくなっています．FRDでR_Dが小さいのは，少数キャリアの効果です．

19-2　バイポーラ・トランジスタ

電源回路のスイッチング素子として，以前はバイポーラ・トランジスタが使用されていましたが，最近ではパワーMOSFETの使用がほとんどです．200V以下の

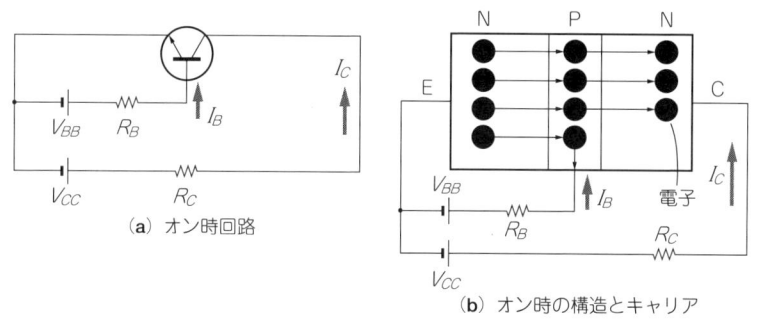

(a) オン時回路

(b) オン時の構造とキャリア

[図19-5] バイポーラ・トランジスタの動作原理

低圧では，パワーMOSFETのほうが同一チップ面積でのオン抵抗(電圧)が低く，高圧では，パワーMOSFETのほうが安全動作領域が広くて壊れにくくなっています．ONのときに飽和させるスイッチング動作では，多数キャリア素子であるパワーMOSFETのほうが高速で，バイポーラ・トランジスタを使用するメリットがありません．

● バイポーラ・トランジスタの動作原理

　バイポーラ・トランジスタの動作原理を図19-5に示します．NPNトランジスタの場合，ベース電流を流してONさせると，電子がエミッタからベース(P領域)に注入されます．P領域の電子は少数キャリアであり，これが増加すると，ベース-

---
Column

少数キャリア素子と多数キャリア素子

　PN接合ダイオード(FRDなど)とバイポーラ・トランジスタは少数キャリア素子であり，SBDとパワーMOSFETは多数キャリア素子です．キャリアとは電気伝導を行うもので，N型半導体では電子が多数キャリア，正孔が少数キャリアです．同様にP型半導体では正孔が多数キャリア，電子が少数キャリアです．多数キャリア素子では少数キャリアは存在しても動作に無関係ですが，少数キャリア素子では少数キャリアが動作を決定付け，多数キャリア素子に比べて少数キャリア素子のオン抵抗は小さくなります．

　少数キャリア素子では少数キャリアの蓄積があって，瞬時にOFFできません．バイポーラ・トランジスタでは，OFFさせるためにベースから少数キャリアを引き抜くとき，外部引き出し電極近傍から引き抜かれ，電極から遠いベース領域では少数キャリアが残留して，その部分に電流が集中し，2次破壊と呼ばれる現象が起きるため，少数キャリア素子は多数キャリア素子に比べて安全動作領域が狭くなります．

　両者の特徴をまとめると，
　　・少数キャリア素子：低オン抵抗，蓄積時間のため低中速スイッチング，2次破壊のため安全動作領域が狭い
　　・多数キャリア素子：高オン抵抗，高速スイッチング，2次破壊がなく安全動作領域が広い

となります．ただし，多数キャリア素子のオン抵抗は構造の工夫によって低下し，200V以下の低圧ではパワーMOSFETのほうがバイポーラ・トランジスタよりも小さくなっています．

コレクタ間の逆バイアスされたPN接合を越えてコレクタ（N領域）に進入します．これが，ベース-コレクタ間が逆バイアスされているにもかかわらずコレクタ電流が流れる理由です．

　OFFするときにはベース領域に注入された少数キャリアを引き抜く必要があり，これにかかる時間が蓄積時間として，データシートに記載されています．数μsの蓄積時間中はONしたままでOFFできないため，高速スイッチングには向いてい

h_{FE}は大きいが，V_{CE}が高すぎてスイッチングには使えないデータである

h_{FE}は10で小さいが，V_{CE}が低くてスイッチングに使えるデータである

項　目	記号	測定条件	最小	標準	最大	単位
コレクタ遮断電流	I_{CBO}	$V_{CB}=60V$, $I_E=0$	—	—	0.1	μA
エミッタ遮断電流	I_{EBO}	$V_{EB}=5V$, $I_C=0$	—	—	0.1	μA
直流電流増幅率	$h_{FE}(1)^{(注)}$	$V_{CE}=6V$, $I_C=2mA$	70	—	700	
	$h_{FE}(2)$	$V_{CE}=6V$, $I_C=150mA$	25	100	—	
コレクタ-エミッタ間飽和電圧	$V_{CE(sat)}$	$I_C=100mA$, $I_B=10mA$	—	0.1	0.25	V
ベース-エミッタ間飽和電圧	$V_{BE(sat)}$	$I_C=100mA$, $I_B=10mA$	—	—	1.0	V
トランジション周波数	f_T	$V_{CE}=10V$, $I_C=1mA$	80	—	—	MHz
コレクタ出力容量	C_{ob}	$V_{CB}=10V$, $I_E=0$, $f=1MHz$	—	2.0	3.5	pF
ベース拡がり抵抗	$r_{bb'}$	$V_{CE}=10V$, $I_E=-1mA$, $f=30MHz$	—	50	—	Ω
雑音指数	NF	$V_{CE}=6V$, $I_C=0.1mA$, $f=1kHz$, $R_G=10kΩ$	—	1	10	dB

注：$h_{FE}(1)$分類▶O：70〜140，Y：120〜240，GR：200〜400，BL：350〜700

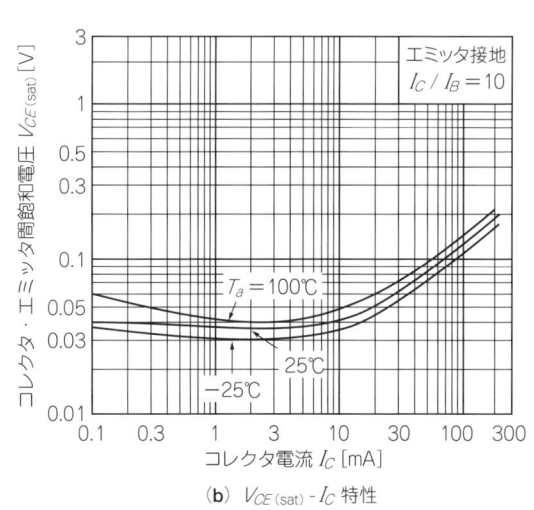

（a）電気的特性（$T_a=25℃$）

（b）$V_{CE(sat)}$-I_C特性

[図19-6[71]] 2SC1815の特性例

ません．後述のパワーMOSFETは多数キャリア素子であり，少数キャリアがないため，バイポーラ・トランジスタに比べて高速スイッチングが可能となっています．このことが，バイポーラ・トランジスタの使用が減っている原因とも言えます．

● スイッチング時のh_{FE}は10程度で考える

バイポーラ・トランジスタのh_{FE}はデータシートに載っていますが，測定条件を見るとコレクタ-エミッタ間電圧V_{CE}は数Vあって，スイッチング時のオン電圧としては高すぎます．図19-6が汎用トランジスタ2SC1815（東芝製）のデータシートの抜粋です．これを見ると，直流電流増幅率$h_{FE}(2)$は$V_{CE}=6V$，$I_C=150mA$のときに25以上です．オン電圧が6Vでは使用できません．その下のコレクタ-エミッタ間飽和電圧$V_{CE(sat)}$は$I_C=100mA$，$I_B=10mA$のときに0.1V（標準），0.25V（最大）です．つまり，スイッチング時のオン電圧として0.25V以下にするためには，$h_{FE}=I_C/I_B$を10とすることが必要です．図19-6(b)の$V_{CE(sat)}$-I_C特性を見ると，I_Cを最大定格の150mAから余裕を見て，数十mA以下で使用するのが望ましいと言えます．

19-3　パワーMOSFET

最近の電源回路でスイッチング素子と言えば，パワーMOSFET一色です．少数キャリアの蓄積がないため，高速スイッチングに適し，電圧制御素子であるためドライブが簡単，安全動作領域が広いなどの特長があります．ここでは，実験に使用した2SK2232を例に説明します．

● パワーMOSFETの動作原理

図19-7にパワーMOSFETの内部構造と動作原理を示します．パワーMOSFETは図19-7(a)のように，ドレイン-ソース間にPN接合があり，これをボディ・ダイオードと呼びます．ゲート電極と配線にはポリシリコンが使われています．

図19-7(b)のように，ゲート-ソース間に正電圧を加えると，ゲート直下のP領域の表面に負の電荷が集まって，P領域がN型に反転します．ドレインからソースまですべてN型になるため，ドレイン電流I_Dが流れてパワーMOSFETはONします．少数キャリアは動作に関係しませんから，ゲートを0V以下にすれば高速にOFFできます．

ドレインのN領域に耐圧を負担させているため，高耐圧になるほど長くなり，少

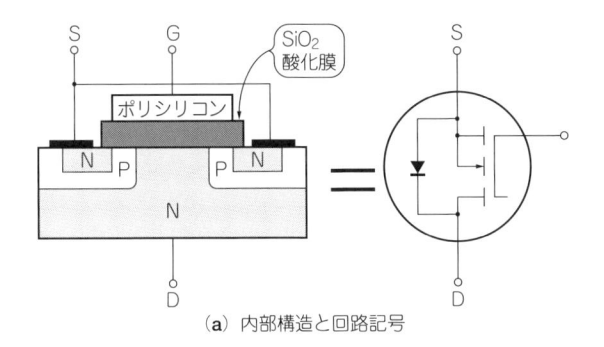

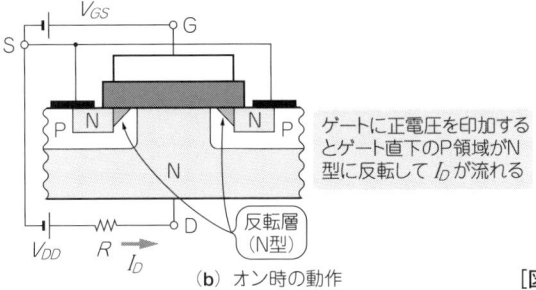

[図19-7] パワーMOSFETの構造と動作

(a) 内部構造と回路記号

(b) オン時の動作

数キャリアの注入がないためオン抵抗も高くなります．オン抵抗は，耐圧の約2.5乗に比例して高くなります．200V以下の低圧では，バイポーラ・トランジスタに比べてチップ面積当たりのオン抵抗が低いため，小型/低コスト/高効率となります．200V以上の中高圧では，バイポーラ・トランジスタに比べてチップ面積当たりのオン抵抗は高いのですが，高速スイッチング可能で安全動作領域も広くドライブ電力も少ないために使用されています．

● パワーMOSFETの基本特性

実験で使用した2SK2232（東芝製）のデータシート[73]から抜粋した，絶対最大定格を表19-1に，電気的特性を表19-2に，ボディ・ダイオードの特性を表19-3に，特性例を図19-8に示します．

絶対最大定格で見落としがちなのは，ゲート-ソース間電圧V_{GSS}です．ドレイン-ソース間電圧やドレイン電流に注目してパワーMOSFETを選択しますが，制御系の電圧がV_{GSS}を越えているような場合には，ツェナー・ダイオードなどの何らかの保護手段が必要になる場合もあります．

電気的特性で注目する点は，ドレイン-ソース間オン抵抗$R_{DS(ON)}$の測定条件で

[表19-1[(73)]] 2SK2232の絶対最大定格($T_a = 25℃$)

項　目	記号	定　格	単　位
ドレイン-ソース間電圧	V_{DSS}	60	V
ドレイン-ゲート間電圧($R_{GS} = 20$kΩ)	V_{DGR}	60	V
ゲート-ソース間電圧	V_{GSS}	±20	V
ドレイン電流　DC	I_D	25	A
ドレイン電流　パルス	I_{DP}	100	A
許容損失($T_c = 25℃$)	P_D	35	W
アバランシェ電流	I_{AR}	25	A
アバランシェ・エネルギー(連続)	E_{AR}	3.5	mJ
チャネル温度	T_{ch}	150	℃
保存温度	T_{stg}	−55〜150	℃

[表19-2[(73)]] 2SK2232の電気的特性($T_a = 25℃$)

項　目	記号	測定条件	最小	標準	最大	単位
ゲート漏れ電流	I_{GSS}	$V_{GS} = ±16$V, $V_{DS} = 0$V	−	−	±10	μA
ドレイン遮断電流	I_{DSS}	$V_{DS} = 60$V, $V_{GS} = 0$V	−	−	100	μA
ドレイン-ソース間降伏電圧	$V_{(BR)DSS}$	$I_D = 10$mA, $V_{GS} = 0$V	60	−	−	V
ゲート閾値電圧	V_{th}	$V_{DS} = 10$V, $I_D = 1$mA	0.8	−	2.0	V
ドレイン-ソース間オン抵抗	$R_{DS(ON)}$	$V_{GS} = 4$V, $I_D = 12$A	−	0.057	0.08	Ω
		$V_{GS} = 10$V, $I_D = 12$A	−	0.036	0.046	
順方向伝達アドミタンス	$|Y_{fs}|$	$V_{DS} = 10$V, $I_D = 12$A	10	16	−	S
入力容量	C_{iss}		−	1000	−	pF
帰還容量	C_{rss}	V_{DS} 10V, $V_{GS} = 0$V, $f = 1$MHz	−	200	−	
出力容量	C_{oss}		−	550	−	
スイッチング時間　上昇時間	t_r	V_{GS} 10V/0V, $I_D = 12$A, 出力 $R_L = 2.5$Ω, 4.7Ω, $V_{DD} ≒ 30$V, $D_{uty} ≦ 1$%, $t_W = 10$μs	−	20	−	ns
スイッチング時間　ターンオン時間	t_{on}		−	30	−	ns
スイッチング時間　下降時間	t_f		−	55	−	ns
スイッチング時間　ターンオフ時間	t_{off}		−	130	−	ns
ゲート入力電荷量	Q_g		−	38	−	nC
ゲート-ソース間電荷量	Q_{gs}	$V_{DD} ≒ 48$V, $V_{GS} = 10$V, $I_D = 25$A	−	25	−	
ゲート-ドレイン間電荷量	Q_{gd}		−	13	−	

[表19-3[(73)]] 2SK2232のソース-ドレイン間ボディ・ダイオードの定格と電気的特性($T_a = 25℃$)

項　目	記号	測定条件	最小	標準	最大	単位
ドレイン逆電流(連続)	I_{DR}	−	−	−	25	A
ドレイン逆電流(パルス)	I_{DRP}	−	−	−	100	A
順方向電圧(ダイオード)	V_{DSF}	$I_{DR} = 25$A, $V_{GS} = 0$V	−	−	−1.8	V
逆回復時間	t_{rr}	$I_{DS} = 25$A, $V_{GS} = 0$V	−	50	−	ns
逆回復電荷量	Q_{rr}	$dI_{DR}/dt = 50$A/μs	−	35	−	nC

(a) I_D-V_{DS}

(b) I_D-V_{GS}

(c) V_{DS}-V_{GS}

(d) $R_{DS(ON)}$-T_C

(e) 静電容量-V_{DS}

(f) ダイナミック入出力特性

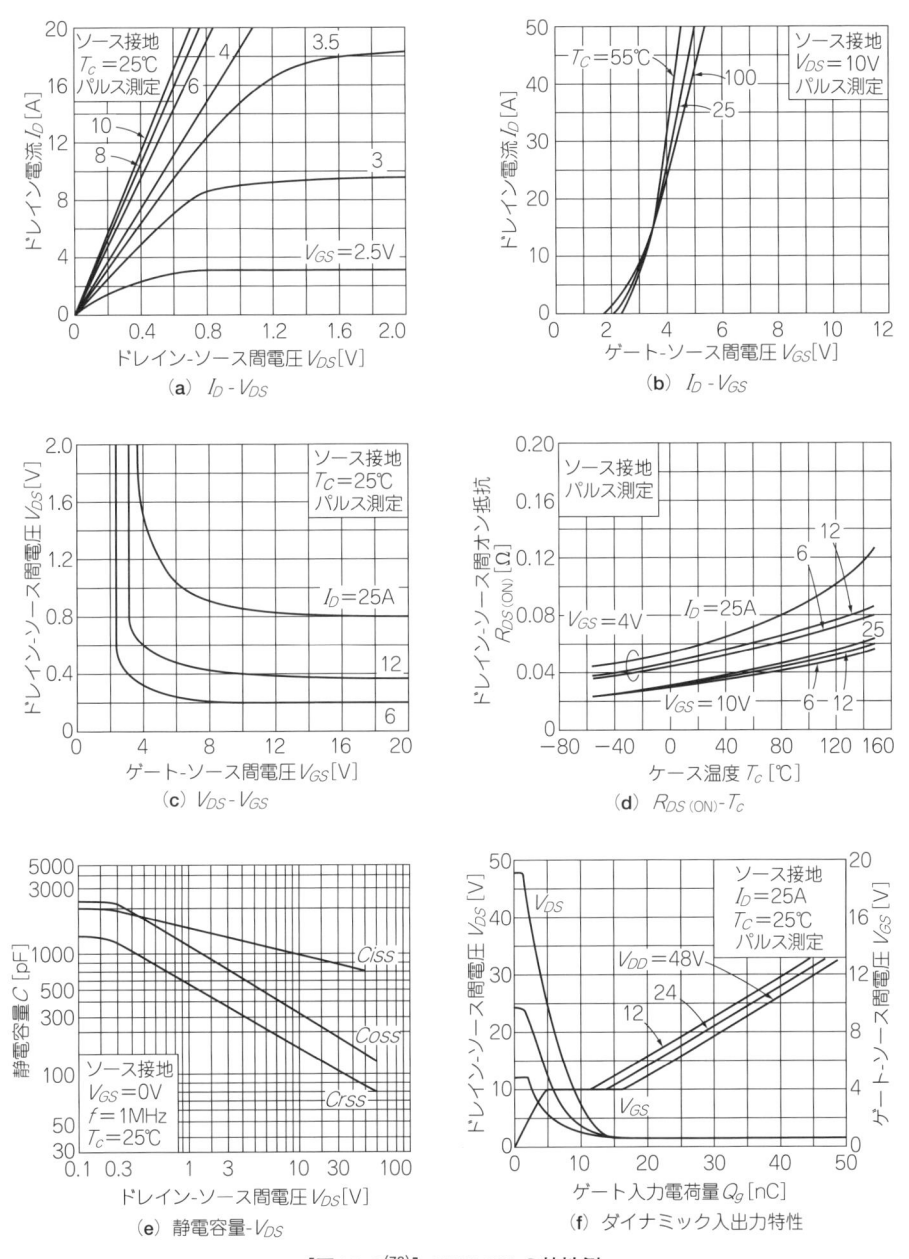

[図19-8[(73)]] 2SK2232の特性例

す．パワー MOSFET をドライブするには，このときの V_{GS} 以上の電圧を加えます．ゲート閾値電圧 V_{th} は OFF させるときに考慮して，ON させるときにはバイポーラ・トランジスタのスイッチング時の h_{FE} と同様に，V_{th} ではなくてこちらの値を採用します．

図 19-8(d) の $R_{DS(ON)}$-T_C 特性から，温度が上昇するとオン抵抗も上昇することがわかります．設計の目安としては，25℃ の $R_{DS(ON)}$ 上限値から 2 倍の値を採用するのが一般的です．

図 19-8(e) の静電容量-V_{DS} 特性を見ると，規格表の静電容量 C_{iss} の値は変化が激しくて，どのような値を設計時に用いたらよいのかわかりません．

そこで後述するように，図 19-8(f) のダイナミック入出力特性からゲート・ドライブ回路を設計します．

● パワー MOSFET の入力容量

誤解されやすいパワー MOSFET のパラメータとして C_{iss} があります．C_{iss} の測定は $V_{GS}=0V$ で行われていますが，このときにはパワー MOSFET は OFF しています．知りたいのは ON させるときのゲート入力容量 C_{GS} ですが，それについての記載はデータシートにありません．特性グラフの中に「ダイナミック入出力特性」[図 19-8(f)] があり，この中のゲート入力電荷量 Q_g と V_{GS} から，コンデンサの基本式，

$$C = \frac{Q}{V} \rightarrow C_{GS} = \frac{\Delta Q_g}{\Delta V_{GS}}$$

を適用して，2SK2232（東芝製）のドレイン電圧 12V のときの C_{GS} を求めたのが図 19-9 です．これを見ると，C_{GS} は三つの状態をとります．

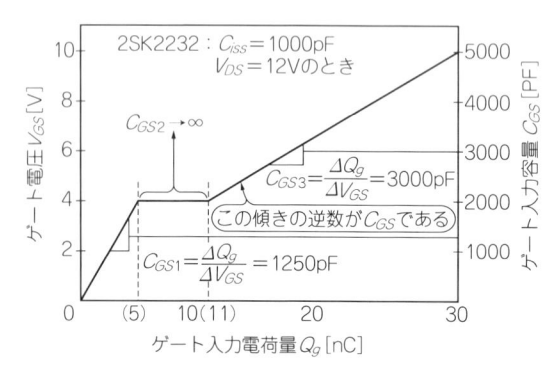

[図 19-9] Q_g と V_{GS} 特性からゲート容量 C_{GS} を求める

ゲート・ドライブ電流は次のように近似できる．低オン抵抗のCMOS-ICでドライブするとき，

$$I_{GPK} = \frac{V_{in(ON)}}{R_G}$$

バイポーラ・トランジスタでドライブするとき，

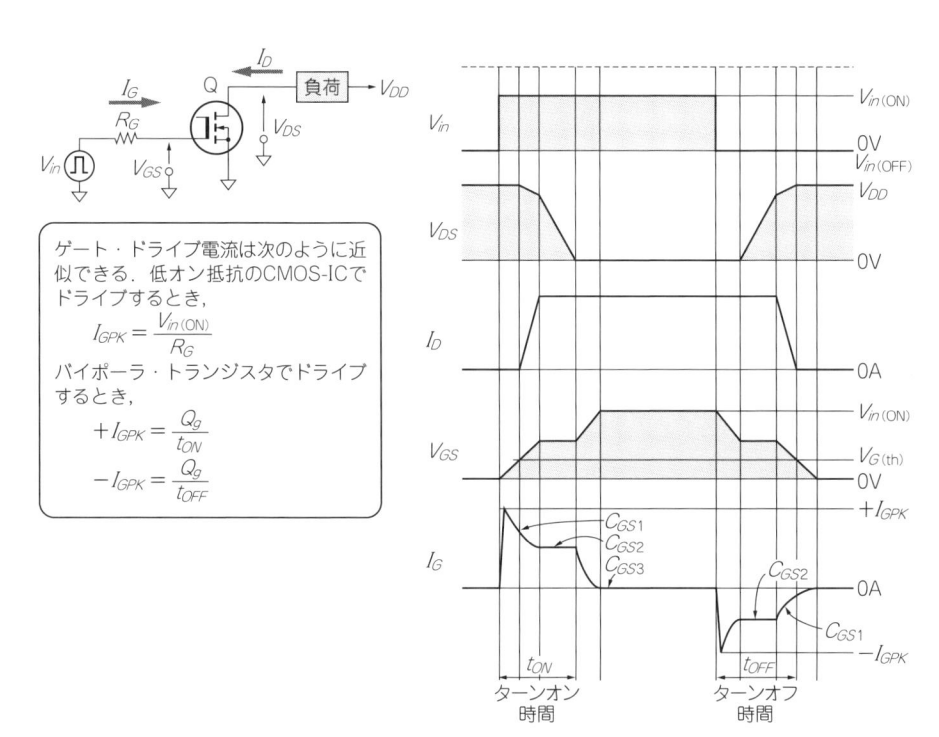

$$+I_{GPK} = \frac{Q_g}{t_{ON}}$$
$$-I_{GPK} = \frac{Q_g}{t_{OFF}}$$

[図19-10] ゲート・ドライブ回路の動作波形

(1) V_{GS}を0Vから上げていくと4VのところまではQ_gは直線的に5nCまで上昇し，傾きからC_{GS1}は1250pFです．規格値のC_{iss} = 1000pFよりも大きくなっています．

(2) V_{GS}が4VのところでV_{GS}の上昇が止まり，Q_gは5nCから11nCまで上昇し，傾きからC_{GS2}は無限大になります．これはパワーMOSFETが能動状態になり，ミラー効果でC_{GS}が非常に大きくなっていることを表しています．この状態は，パワーMOSFETがON(飽和)したところで終わります．

(3) パワーMOSFETがONすると，V_{GS}は4Vから再び上げられるようになり，Q_gは直線的に11nCから上昇し，傾きからC_{GS3}は3000pFになります

いずれにしろC_{GS}は一定ではありませんから，ゲート・ドライブ回路設計のパラメータとしては使用できず，Q_gとV_{GS}で設計を行う必要があります．

● ゲート・ドライブ回路

図19-10は，パワーMOSFETをスイッチングさせるときのゲート・ドライブ回路の各部波形を図19-9の容量変化に基づいて模擬的に表したものです．ゲート閾

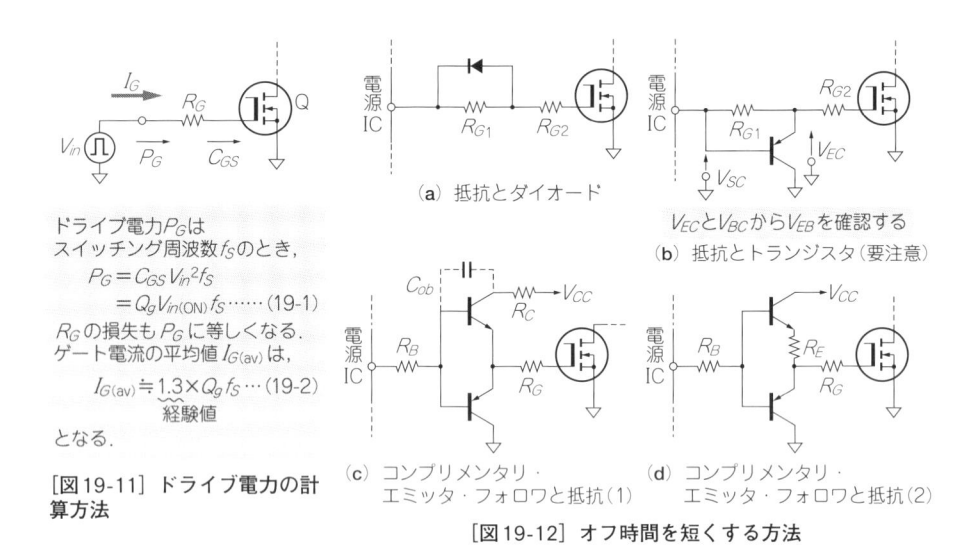

ドライブ電力P_Gは
スイッチング周波数f_Sのとき，
$$P_G = C_{GS}V_{in}^2 f_S$$
$$\quad = Q_g V_{in(ON)} f_S \cdots\cdots(19\text{-}1)$$
R_Gの損失もP_Gに等しくなる．
ゲート電流の平均値$I_{G(av)}$は，
$$I_{G(av)} \fallingdotseq \underbrace{1.3}_{\text{経験値}} \times Q_g f_S \cdots (19\text{-}2)$$
となる．

[図19-11] ドライブ電力の計算方法

(a) 抵抗とダイオード

V_{EC}とV_{BC}からV_{EB}を確認する
(b) 抵抗とトランジスタ(要注意)

(c) コンプリメンタリ・エミッタ・フォロワと抵抗(1)

(d) コンプリメンタリ・エミッタ・フォロワと抵抗(2)

[図19-12] オフ時間を短くする方法

値電圧$V_{GS(th)}$よりも低い電圧$V_{in(OFF)}$では，パワーMOSFETはOFFしています．ドライブ電圧V_{in}を瞬時に$V_{in(ON)}$に上げると，図19-10(b)のようにゲート電圧V_{GS}は上昇します．ONさせたあと，OFFさせるときも同様です．ゲート入力電流I_Gのピーク値I_{Gpk}は$V_{in(ON)}/R_G$ですが，R_GにはV_{in}(ドライブ回路)の内部抵抗とパワーMOSFET内部のゲート配線抵抗が加わるため，実測でしか求められません．I_G波形はCMOS出力で駆動したときで，バイポーラICでは緩やかな波形になります．

通常，$V_{in(OFF)}$は$V_{GS(th)}$よりも低い0V，$V_{in(ON)}$はデータシートでオン抵抗を規定している電圧以上とします．2SK2232の例で言えば，$V_{in(OFF)} = 0V$，$V_{GS(th)} = 0.8 \sim 2V$，$V_{in(ON)} \geq 5V$とします．

Q_gを用いたゲート・ドライブ電力の概算方法を図19-11に示します．

$V_{GS(th)}$が$V_{in(ON)}$の半分よりも低いので，オン時間よりもオフ時間のほうが長くなります．オフ時間を速めるゲート・ドライブ回路例を，図19-12に示します．要注意回路は図19-12(b)で，CMOS出力で駆動するとトランジスタの最大定格(V_{EBO}で一般的に-5V)を越えることがあるので，必ず波形を確認します．図19-12(c), (d)はオン時間を遅らせる抵抗を入れる場所が異なっていますが，コレクタに入れるとトランジスタのC_{ob}の効果で小さな抵抗値で済みます．

ゲート・ドライブ回路の説明ではすべてゲート抵抗R_Gを入れましたが，実際には入っていない回路もあります．R_Gを入れた理由は，パワーMOSFET内部のゲート配線はポリシリコンで行われていて無視できない抵抗があり，内部の配線抵抗

の効果も見られるようにするためです．実際の回路で入れるか入れないかは，パワーMOSFET内部のゲート配線と外部ドライブ回路の配線によるリード・インダクタンスによって，V_{GS}が振動するかどうかで決めます．外付けの抵抗を入れなくても，内部の配線抵抗だけで振動が抑えられれば不要です．R_Gが大きいとスイッチング・スピードが遅くなるので，高速スイッチングでは，パターン配線を工夫してできるだけ入れないようにするとともに，内部のリード・インダクタンスと配線抵抗の小さなパワーMOSFETを選択します．

19-4　ディレーティング

電力用半導体を使用するときには，最大定格に対して余裕をもった動作をさせて，信頼性の向上を図ります．

● ディレーティングの目安

部品の信頼性は，どのようなストレスを受けるかで決定されます．動作時のストレスを減少させて信頼性を向上させるために，最大定格よりも内側の動作条件で設計を行います．半導体素子のディレーティングの目安を下記に示します．

(1) 最大(逆)電圧：80～90％以下
(2) 最大(順)電流：70～80％以下
(3) 最大消費電力：50％以下
(4) 接合部温度：80％以下

上記値は，サージも含めての最大値ですが，アバランシェ耐量保証型のパワーMOSFETに限れば，ドレイン-ソース間電圧のピーク値は100％でもかまいません．また，SBDの最大逆電圧については，上述の逆損失で制約される場合があります．

● 電力用半導体の並列/直列接続

必要な逆電圧/順電流定格のダイオードがないときには，並列/直列接続を行うことがよくあります．その場合には，同一ロットのダイオードを使用し，定格の80％×(個数)以下の最大電圧，最大電流で使用するのが一般的です．ディレーティングとしては(2個ぶん)，下記を目安にします．

(1) 直列接続時の最大逆電圧：144％以下
(2) 並列接続時の最大順電流：144％以下

パワーMOSFETの直列接続はほとんど行いませんが，並列接続はよく行われて

Column

ワイド・バンドギャップ半導体

 地球温暖化防止を目的としたCO_2削減のために，電源回路を含むパワー回路への省エネ要求は，最近ますます厳しくなっています．効率を上げるためには，使用する電力用半導体の損失を減らすことが必要です．

 本書で取り上げているSi(Silicon；シリコン，珪素)半導体でも，低圧ではトレンチ・ゲート構造のパワー MOSFET，中高圧ではスーパージャンクション構造のパワー MOSFETなどが低損失素子として使用されています．

 低圧では，今後ともトレンチ・ゲート構造のSiパワー MOSFETが主流を占めると思われますが，中高圧の分野では，バンドギャップが1.12eVのSiの3倍である，3.26eVの4H型SiC(Silicon Carbide；シリコン・カーバイド，炭化珪素)や，3.39eVのGaN(Gallium Nitride；ガリウム・ナイトライド，窒化ガリウム)を使用したワイド・バンドギャップの電力用半導体が発表されています．

 これらは，Siに比べて多くの項目で優れた特性を示し，低損失電力用半導体として期待されています．このなかでSiCを使用した600V SBDは数年前から市販されています．たとえば，昇圧型コンバータを利用した力率改善(PFC)回路で使用されているSiの600V FRDと置き換えるだけで，効率が1.数%向上します．現状では高価なため普及が遅れていますが，価格も低下傾向にあり，将来的には採用が進むと思われます．

います．パワー MOSFETのオン抵抗は正の温度特性をもつため，1個の素子に電流が集中してもその素子のオン抵抗が増加して電流が減少し，自動的に電流がバランスするためです．高速スイッチングで使用すると，1個の素子に電流が集中して破壊することがよくあります．これは，各素子のドライブ回路と出力回路のインピーダンスがバランスしていないためで，配置とパターン配線を各素子のバランスを考えて行うようにします．

第20章

【成功のかぎ20】
プリント基板のパターン設計
ノイズを減らすパターン設計と実装方法

　スイッチング電源は高効率ですが，ノイズが多くてアナログ回路などの電源としては使えないこともあります．リプル・ノイズについては取り上げてきましたが，ここでは今まで取り上げていないスパイク・ノイズの対策について解説します．スパイク・ノイズは負荷の電子回路に悪影響を与えるばかりでなく，自身の制御系に飛び込んで誤動作を招くことがあります．さらにやっかいな問題は，直接機器外部に飛び出してしまい，機器のEMI（エミッション）規格を満足できなくなることです．

　スパイク・ノイズは，部品の配置と接続状態，つまりプリント基板パターン設計の巧拙がそのまま出てしまいます．ここでは降圧型コンバータについて，スパイク・ノイズの発生を抑えるパターン設計を考えてみます．

20-1　スイッチング電源の出力ノイズ

● 出力ノイズ波形

　図20-1にスイッチング電源の一般的な出力ノイズを示します．出力ノイズには，スイッチング周波数のリプル・ノイズとスパイク・ノイズが含まれます．リプル・ノイズは，今まで説明したように，平滑コンデンサのESRを小さくし，容量を大きくすれば低減可能ですが，グラウンド（共通）線の接続パターンに共通インピーダンスがあると，低減できない場合もあります．

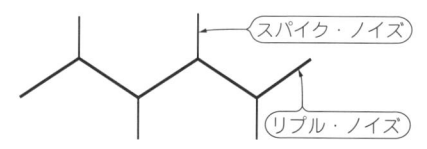

[図20-1] スイッチング電源の出力ノイズ波形
出力ノイズには，リプル・ノイズとスパイク・ノイズがある

● リプル・ノイズの波形と原因

　降圧型コンバータの出力平滑用コンデンサの寄生素子による出力リプル波形を図20-2(a)に示します．図20-2(b)の昇圧型コンバータの出力リプル波形は，降圧型コンバータと異なるため参考に示します．出力平滑用コンデンサの寄生素子つまりESR（等価直列抵抗），ESL（等価直列インダクタンス）には，パターン配線に含まれる抵抗とインダクタンスも含まれます．また，電磁誘導によるノイズは，オシロ

[図20-2] 平滑用コンデンサの寄生素子とリプル波形
この波形には本章で論じるパターン設計の不備によるスパイク・ノイズは含まれていない

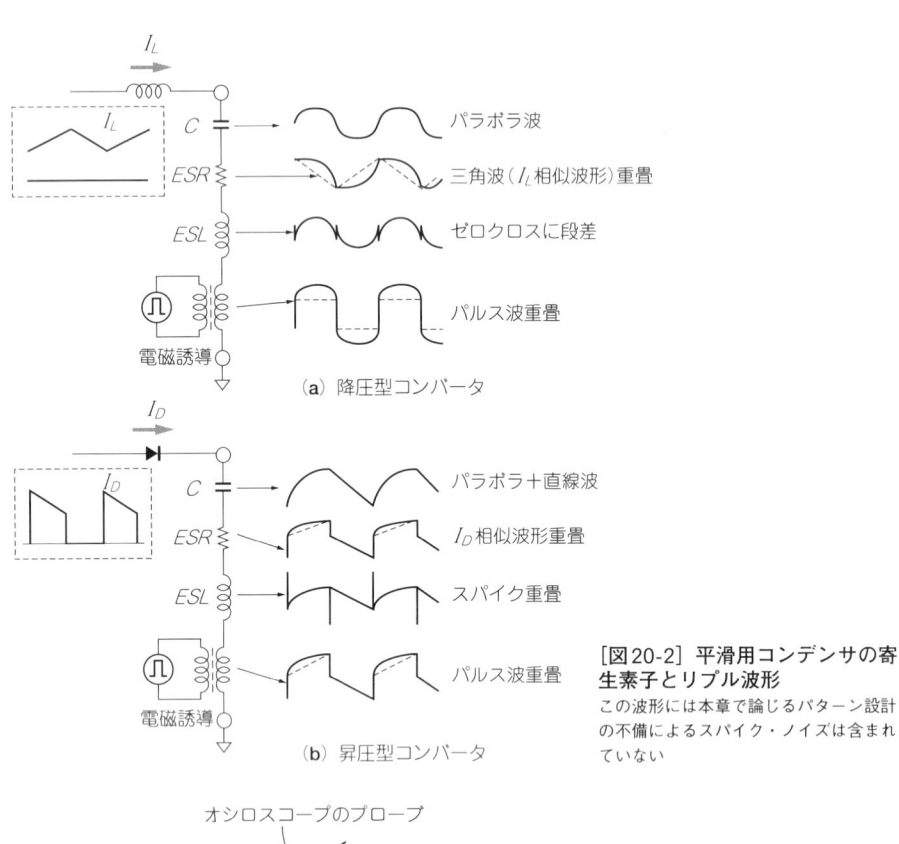

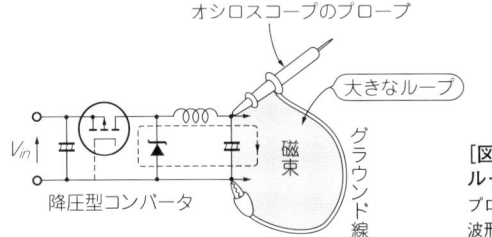

[図20-3] リプル波形を観測するときにできるループ
プローブとグラウンド線で大きなループを作ると正しい波形は観測できない

スコープのプローブ接続でできるループがスイッチング部分からの電磁誘導を受けて発生するノイズを等価的に示しています．

出力リプル波形を見れば原因が推定できて対策も容易です．事情があって部品やプリント基板を再設計できないときは，出力に数 μH のインダクタと数十 μF のコンデンサで構成した LC フィルタを挿入すれば，容易に除去可能です．

● オシロスコープのプローブ接続

電源の出力端でノイズを観測するとき，図20-3のようにプローブとグラウンド線が大きなループを作ると，スイッチング部分からの電磁誘導つまり図20-2の電磁誘導に起因するパルス波重畳波形が観測され，測定波形が信頼できなくなります．グラウンド線をプローブに巻き付けてループを小さくするなどの対策が必要です．

● スパイク・ノイズの発生原因

スパイク・ノイズの発生原因は，電流の変化がインダクタンスに誘起する誘導電圧（逆起電力）であり，第17章で取り上げた磁気学の基礎を理解する必要があります．

● ループ・インダクタンスと誘導電圧

図20-4に，誘導電圧発生の原理を示します．電流の流れるループが大きいほど，磁束とインダクタンスが大きくなり，発生する誘導電圧も大きくなります．

図20-5(a)のようにループを押しつぶしてループを小さくすると，電流が表裏で逆行するため磁束が打ち消されて外部への影響が少なくなり，インダクタンスと誘導電圧も小さくなります．これの実装例が図20-5(b)に示す両面基板の表裏を使用したときです．

ただし，図20-12に示すように裏面と接続するビアのインダクタンスが大きいため，実際の設計では数個のビアを並列に接続するとともに，部品面にもベタ・グラウンドをおいて，ループ・インダクタンスを可能なかぎり小さくします．

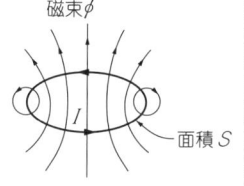

I が変化すると誘導される電圧 V は，

$$V = -\frac{d\phi}{dt}$$

$$= -L\frac{dI}{dt}$$

ところで，

$$L \propto S$$

であり，S が小さいと V も小さくなる

[図20-4] 電流ループと誘導電圧

(a) 電流ループを押しつぶすと

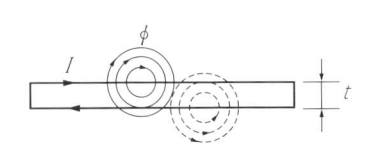

磁束 φ が逆方向のため t が小さくなれば外部磁束は打ち消される

(b) 実装例

両面あるいは多層基板を使用して，電流ループを小さくすることができる

[図20-5] 電流ループを小さくすると…

20-2　プリント基板設計

　電源設計では，回路の設計はメーカ技術資料に従って使用部品の変更なしに行えば簡単です．難しいのがプリント基板の設計です．メーカが供給する評価基板どおりのプリント基板設計が採用できれば簡単ですが，実装上の都合で変更せざるをえないことはよくあります．これに使用部品の変更が加わると，基本を理解して設計する必要があります．

　プリント基板設計で重要な点は，部品配置と配線パターンです．これらが不適切だと，ノイズばかりでなく，効率や最大出力などの電源の基本特性に影響を与える場合もあります．

● 入力から出力まで一直線に…部品配置とパターン設計

　プリント基板設計の基本は，適切な部品配置です．部品配置が悪いとパターン設計も不適切になり，ノイズの少ないプリント基板はできません．

　図20-6の降圧型コンバータにおいて，部品配置の基本は，図20-6(b)のように

(a) 回路図

(b) 部品配置図

できるだけ近づける

裏面グラウンド・パターンは部品面パターンの直下におく

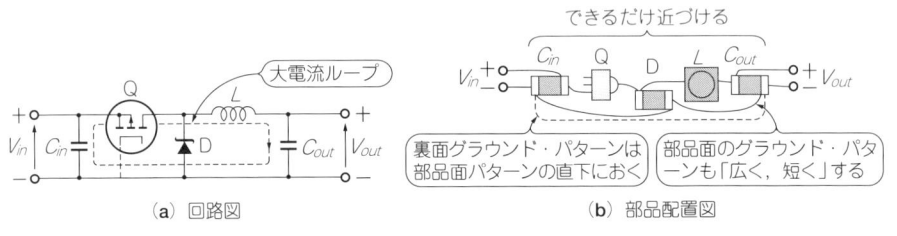

部品面のグラウンド・パターンも「広く，短く」する

[図20-6] 降圧型コンバータの部品配置とパターン設計

第20章　プリント基板のパターン設計

入力から出力まで一直線に，できるだけ近づけて，パワー系を配置することです．このようにして，部品面のパターンの直下に広いグラウンド・パターンを置けば，大電流ループの囲む面積が最も小さくなります．

変化の激しい電流ループは，入力コンデンサC_{in}から出力コンデンサC_{out}までで完結すると考えます．容量が，たとえば$1\mu F$以下のように小さすぎる場合には，外付けの大容量コンデンサ部分までの電流ループを考える必要があります．そうなると，ノイズ対策は困難になりますから，C_{in}，C_{out}には電流の急激な変化に対応できる容量が必要です．

図20-6の降圧型コンバータで，スイッチ素子の部分（QのドレインとDのカソード）は，放熱のためにある程度大きなパターンが必要ですが，必要最小限にしないと静電誘導ノイズを他に注入することがあるので注意が必要です．

● 制御系の配置とパターン設計

あまり電流の流れない制御系のグラウンドは，図20-7のようにパワー系のグラウンドと分離して配線します．分離しないと，グラウンドのインピーダンスによって発生したスイッチング・ノイズが制御系に混入して，誤動作を起こします．パワーMOSFET内蔵の電源ICでも，シグナル・グラウンドとパワー・グラウンドは分離されているのが一般的です．

特に出力電圧を検出する帰還信号は，誘導を受けないように，パワー系から距離を取り，図20-7のように帰還信号ループをできるだけ小さくします．

インダクタには，図20-8(**a**)のように磁束の漏れの小さい閉磁路型の使用が望ましいのですが，磁束の漏れの大きい開磁路型を使用する場合は，図20-8(**b**)のように漏れ磁束が制御系に入らないように距離を置くことが必要です．

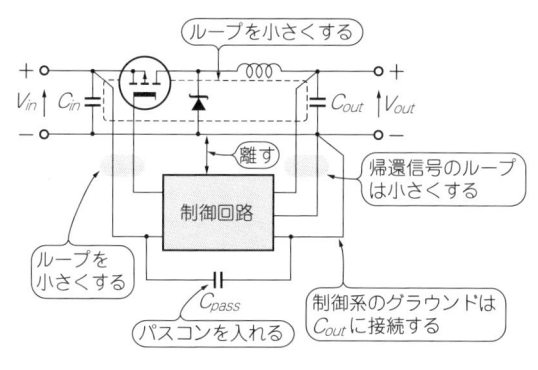

[図20-7] 制御系の配置とパターン

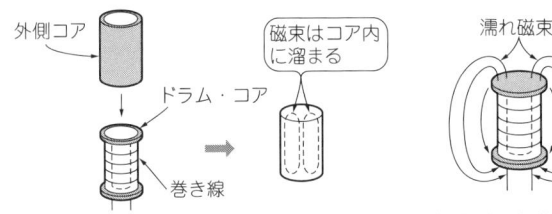

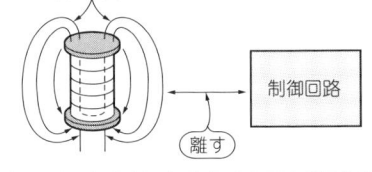

[図20-8] 閉磁路と開磁路のインダクタ

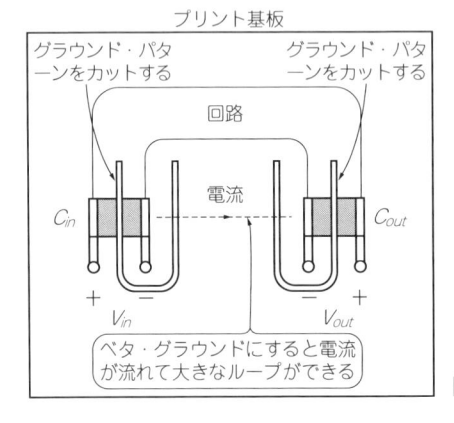

(a) 閉磁路型インダクタ
外側コアを巻き線したドラム・コアに被せていて，漏れ磁束は少ない

(b) 開磁路型インダクタ
閉磁路型の外側コアのない形．漏れ磁束が多いので制御系のような小信号部分から遠ざける

[図20-9] ベタ・グラウンドとパターン・カット

● ベタ・グラウンドとパターン・カット

電源回路では，入力から出力までを直線的に配置することが望ましいわけですが，事情によって図20-9のようなコの字形や鍵形の配置になることがあります．図20-9のように空いている部分をベタ・グラウンドにすると，図の点線の経路でショート・カット電流が流れて大きなループができます．そのときには，図のように適切なパターン・カットを入れてループを小さくします．

なお，両面基板の裏面，あるいは多層基板の中間には，グラウンド層を入れて，カットを入れないようにします．

● 配線パターンと抵抗，インダクタンス

文献から抜粋した資料を紹介します．

図20-10は，配線に使用するプリント基板のパターン幅と長さによるインダク

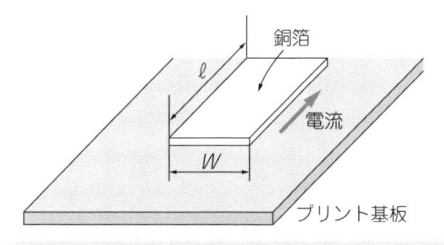

インダクタンス L は，
$$L = 2\ell(\log_e \frac{2\ell}{W} - 0.5 + 0.2235 \frac{W}{\ell})[\text{nH}] \cdots (20\text{-}1)$$
たとえば，$W=1\text{mm}$, $\ell_1=10\text{mm}$, $\ell_2=100\text{mm}$ とすると，
$L_{(\ell 1=10)} = 50.4\text{nH}$
$L_{(\ell 2=100)} = 960\text{nH}$
となって，長さが10倍になると L は19倍になる．
$W_2=10\text{mm}$, $\ell_1=10\text{mm}$ とすると，
$L_{(W2=10)} = 8.33\text{nH}$
となり，幅を10倍すると L は1/6になる

[図20-10[57]] 配線パターンのインダクタンス

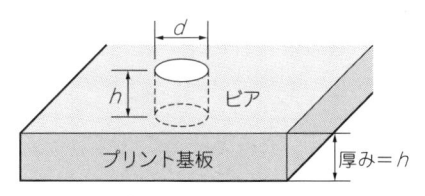

ビアのインダクタンス L は，
$$L = \frac{h}{5}(1 + \log_e \frac{4h}{d})[\text{nH}] \cdots\cdots (20\text{-}2)$$
たとえば，$h=1.6\text{mm}$, $d=0.4\text{mm}$ のとき
$L = 1.2\text{nH}$
となる

[図20-11[57]] ビアのインダクタンス

タンス L の計算式です．銅箔厚みは L にはほとんど影響しません．これを見ると，L を減らすには，銅箔の幅を増やすよりも長さを短くすることが有効だとわかります．どうしても長くなるときは，上述したように，表裏両面で互いに逆方向の電流を流し，インダクタンスを打ち消します．

図20-11 は，表裏を接続するビアのインダクタンス L です．一般的な1.6mm厚みのプリント基板で，ビアの直径が0.4mmのときに L が1.2nHになりますが，グラウンド・パターンの表裏接続に使用した場合，この値は少ないとは言えませんから，直径を大きくして何個か並列に開けるようにします．

図20-12 は，導体幅と導体断面積の関係と，導体断面積に対する許容電流，温度上昇の関係です．パワー系の配線パターンは温度上昇よりも，次の直流抵抗における損失が重要です．

図20-13 は，導体断面積に対する直流抵抗の関係です．パワー系の配線パターンの直流抵抗は電源の効率に影響しますから，パターン設計の段階で試算しておきます．

温度上昇の結果としてのプリント基板の最高温度は，安全規格から105℃以下にする必要があります．一般的な設計では，パターンの温度上昇よりも，スイッチン

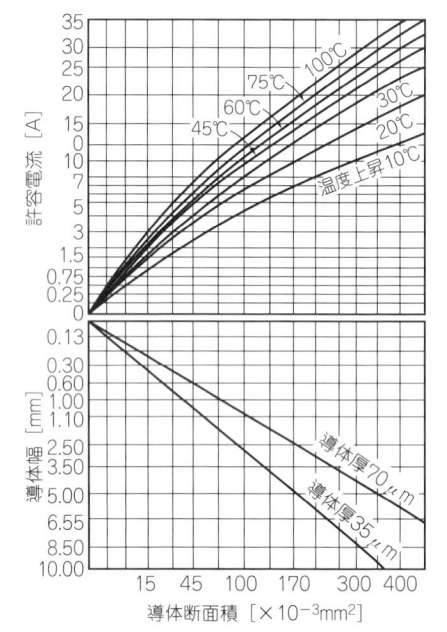

[図20-12[78]] 導体幅，導体断面積と許容電流，温度上昇

[図20-13[78]] 導体断面積と直流抵抗

グ素子の温度上昇のほうが高くなります．

　電源回路におけるパターン設計は，「広く，短く」という原則を守って行います．

参考・引用＊文献

(1) 川上正光；改版基礎電気回路Ⅰ，2000年6月，(株)コロナ社．
(2)＊ 川上正光；改版基礎電気回路Ⅱ，1996年6月，(株)コロナ社．
(3) 川上正光；改版基礎電気回路Ⅲ，1996年6月，(株)コロナ社．
(4)＊ 川村雅泰；電気磁気学，1997年2月，(株)昭晃堂．
(5) 後藤憲一，山崎修一郎；詳解電磁気学演習，1970年12月，共立出版(株)．
(6)＊ R. W. Erickson, D. Maksimovic；Fundamentals of Power Electronics 2nd Ed.，2001年2月，Kluwer Academic Publishers.
(7)＊ Vatche Vorperian；Fast analytical techniqes for ELECTRICAL and ELECTRONIC CIRCUITS，2002年6月，Cambridge University Press.
(8)＊ 原田耕介，二宮 保，顧 文建；スイッチングコンバータの基礎，1992年2月，(株)コロナ社．
(9)＊ A. I. Pressman；Switching Power Supply Design，1997年11月，McGraw-Hill.
(10) 日本テキサス・インスツルメンツ(株)；低電圧時代の電源ICクックブック，2006年4月，CQ出版(株)．
(11)＊ Hans Camenzind；Designing Analog Chips，2005年4月，Virtualbookworm.com Publishing.
(12) 中野正次；ディジタル回路設計ノウハウ，1984年5月，CQ出版(株)．
(13) 棚木義則；電子回路シミュレータPSpice入門編，2003年11月，CQ出版(株)．
(14) 遠坂俊昭；計測のためのフィルタ回路設計，1998年9月，CQ出版(株)．
(15) 山村英穂；トロイダル・コア活用百科，1983年1月，CQ出版(株)．
(16) W. M. Flanagan；Handbook of Transformer Design & Applications，1993年，McGraw-Hill, inc.
(17)＊ L. H. Dixon；Unitrode Magnetics Design Handbook(日本語版)，2001，日本テキサス・インスツルメンツ(株)．
(18) B. Lynch；Feedback in the Fast Lane-Modeling Current-Mode Control in High-Frequency Converters，2006/07 Power Supply Design Seminar資料，2006年，Texas Instruments.
(19)＊ D. Mitchell, B. Mammano；日本語版ユニトロードアプリケーションレポート2002－安定制御ループの設計，2002年，日本テキサス・インスツルメンツ(株)．
(20)＊ 初心者のための電源設計セミナーテキスト，2006年4月，日本テキサス・インスツルメ

ンツ(株).
- (21)* ツェナーダイオード技術資料, 2004年6月, ルネサス テクノロジ(株).
- (22)* HZSシリーズ・データシート, 2005年7月, ルネサス テクノロジ(株).
- (23)* HA16114, HA16120データシート, 2003年9月, ルネサス テクノロジ(株).
- (24)* HA16116, HA16121データシート, 2003年9月, ルネサス テクノロジ(株).
- (25)* NJM431データシート, 2005年11月, 新日本無線(株).
- (26) NJM2360データシート, 2007年2月, 新日本無線(株).
- (27) NJM2360Aデータシート, 2003年7月, 新日本無線(株).
- (28) NJM2374Aデータシート, 2005年10月, 新日本無線(株).
- (29) NJM2376データシート, 2004年9月, 新日本無線(株).
- (30) NJM2396データシート, 2006年2月, 新日本無線(株).
- (31)* NJM2823データシート, 2005年7月, 新日本無線(株).
- (32)* NJM2885データシート, 2006年2月, 新日本無線(株).
- (33)* NJU7780/81データシート, 2006年2月, 新日本無線(株).
- (34)* NJM7800データシート, 2003年9月, 新日本無線(株).
- (35)* NJM7900データシート, 2003年9月, 新日本無線(株).
- (36)* NJU7630データシート, 2006年7月, 新日本無線(株).
- (37) NJU7600データシート, 2006年4月, 新日本無線(株).
- (38)* NJU7600アプリケーション・マニュアル, 2006年7月, 新日本無線(株).
- (39) 技術資料「LDOの発振安定度について」, 2006年12月, 新日本無線(株).
- (40)* TL431データシート, 2005年11月, Texas Instruments Incorporated.
- (41)* TPS61200データシート, 2007年, 日本テキサス・インスツルメンツ(株).
- (42)* TPS6120xEVM-179ユーザーズ・ガイド, 2007年4月, 日本テキサス・インスツルメンツ(株).
- (43)* TPS63000データシート, 2007年, 日本テキサス・インスツルメンツ(株).
- (44)* TPS63000EVM-148ユーザーズ・ガイド, 2006年3月, 日本テキサス・インスツルメンツ(株).
- (45)* LT1617データシート, 1999年, リニアテクノロジー(株).
- (46)* LT3483データシート, 2004年, リニアテクノロジー(株).
- (47)* LT3481データシート, 2006年4月, リニアテクノロジー(株).
- (48)* LTC1775データシート, 1999年, リニアテクノロジー(株).
- (49)* LTC1871データシート, 2001年, リニアテクノロジー(株).
- (50)* LTC3026データシート, 2005年, リニアテクノロジー(株).
- (51)* LTC3533データシート, 2007年, リニアテクノロジー(株).
- (52)* LTC3533EDE説明書, 2007年4月, リニアテクノロジー(株).
- (53)* LTC3561データシート, 2006年, リニアテクノロジー(株).

(54)＊ LTC3561EDD説明書，2006年5月，リニアテクノロジー(株)．
(55)＊ LTC3780データシート，2004年，リニアテクノロジー(株)．
(56)＊ LTC3835データシート，2006年，リニアテクノロジー(株)．
(57)＊ AN-1229 SIMOLE SWITCHER PCBレイアウト・ガイドライン，2002年7月，ナショナル セミコンダクター(株)．
(58)＊ LM2695データシート，2006年1月，ナショナル セミコンダクター(株)．
(59)＊ AN-1444 LM2695 Evaluation Board，2006年2月，ナショナル セミコンダクター(株)．
(60)＊ LM3485データシート，2004年9月，ナショナル セミコンダクター(株)．
(61) AN-1227 LM3485 Evaluation Board，2002年3月，ナショナル セミコンダクター(株)．
(62)＊ LM3495データシート，2007年1月，ナショナル セミコンダクター(株)．
(63)＊ LM25576データシート，2007年3月，ナショナル セミコンダクター(株)．
(64)＊ AN-1579 LM25576 評価用ボード，2007年1月，ナショナル セミコンダクター(株)．
(65) AN954 A Unique Converter Configuration，1985年,(旧モトローラ)オン・セミコンダクター(株)．
(66) Charls E. Mullett；Bimodal DC-DC Converter With an Efficient Pas-Through Zone，オン・セミコンダクター(株)．
(67)＊ 30PHA20データシート，日本インター(株)．
(68)＊ 31DF2データシート，日本インター(株)．
(69) 31DQ04データシート，日本インター(株)．
(70) 橋詰伸一；SBD and FRED Application Note，2004年10月，日本インター(株)．
(71)＊ 2SC1815データシート，2007年11月，(株)東芝．
(72) 2SJ304データシート，2006年11月，(株)東芝．
(73) 2SK2232データシート，2006年11月，(株)東芝．
(74)＊ TA76431データシート，2000年7月，(株)東芝．
(75)＊ TC74HC14APデータシート，2006年2月，(株)東芝．
(76)＊ μPC1944データシート，1996年9月，NECエレクトロニクス(株)．
(77)＊ NEC電源用ICデータ・ブック，1998年10月，日本電気(株)．
(78)＊ NEC電子デバイスデータブック，1985年3月，日本電気(株)．
(79)＊ PQ7DV10データシート，シャープ(株)．
(80)＊ BD3506Fデータシート，ローム(株)．
(81) FA13842/43/44/45アプリケーション・ノート，1998年11月，富士電機(株)．
(82)＊ 17FB50ヒートシンク・データシート，(株)放熱器のオーエス．
(83)＊ タムラ精工(株)カタログ，1999年9月．
(84)＊ 三井 正；電源用フェライトコア；Product Hotline magagine Vol.19，1996年4月，TDK(株)．
(85)＊ MOS小形酸化金属皮膜固定抵抗器カタログ，KOA(株)．

(86)＊ 金属（酸化物）皮膜固定抵抗器カタログ，パナソニック（株）．
(87)＊ チップコイル　カタログ，2002年3月，（株）村田製作所．
(88)＊ チップ積層セラミックコンデンサ　カタログ，2008年9月，（株）村田製作所．
(89)＊ 2012B10μF10Vテクニカルデータシート，2005年11月，（株）村田製作所．
(90)　 フィルムコンデンサについて，2007年6月，ルビコン（株）．
(91)　 アルミニウム電解コンデンサ技術資料，ルビコン（株）．
(92)　 ZLHシリーズ・データシート，ルビコン（株）．
(93)＊ Voltage Regulator Module（VRM）10.2L Design Guidelines，2005年5月，Intel Corporation．
(94)＊ MIL-HDBK-217F Reliability of Electronic Equipment，1991年12月，米国防総省．

索引

【数字・記号】
1次遅れ回路 —— 99
1次進み回路 —— 102
2SC1815 —— 360
2SK2232 —— 361
2スイッチ・フォワード・コンバータ —— 141
2スイッチ・フライバック・コンバータ —— 141
2巻き線インダクタ —— 139
31DQ04 —— 356
3端子レギュレータ —— 54

【アルファベット】
AC-DC コンバータ —— 36
BD3560F —— 71
B-H カーブ —— 308
buck converter —— 119
CCM —— 119, 136
CRM —— 136
CT —— 332
Cuk —— 138, 199
DC-DC コンバータ —— 36
DCM —— 136
ESL —— 172, 273
ESR —— 88
FRA —— 268
FRD —— 353
HA16114P —— 161
HA16121FP —— 183
IBA —— 26
LDO レギュレータ —— 69
LM25576 —— 291
LM2695 —— 297
LM3485 —— 297
LM3495 —— 291
LT1617 —— 217
LT3481 —— 168
LTC1775 —— 290
LTC3026 —— 72
LTC3533 —— 244
LTC3561 —— 235
LTC3780 —— 195
LTC3835 —— 286
MLCC —— 344
NJM2360A —— 156
NJM2374A —— 158
NJM2396F —— 71
NJM2885DL1 —— 91
NJM7805FA —— 57
NJU7600 —— 216
NJU7630 —— 167
NJU7781 —— 71
ON/OFF 制御 —— 277, 293
PN 接合ダイオード —— 353
POL —— 26
PQ7DV10 —— 71
PWM —— 119
PWM 信号の周波数スペクトル —— 256
Q —— 325
RC スナバ —— 348
RHP ゼロ —— 276
SBD —— 353
SBD の逆損失 —— 356
SCP —— 154
SEPIC —— 138, 199
TPS61200 —— 238
TPS63000 —— 241
TPS63001 —— 197
Zeta —— 200

【あ・ア行】
アクティブ・クランプ回路 —— 144
アルミ電解コンデンサ —— 344
アレニウスの法則 —— 347
安全動作領域 —— 358
アンペアの法則 —— 302
位相補償 —— 88
位相余裕 —— 87, 251
一定オン時間制御 —— 297
インダクタ —— 301
過電流 —— 311
過電流損 —— 311
埋め込みツェナー・ダイオード —— 44

エッジワイズ巻き ── 314
エミッタ・フォロワ ── 80
エミュレーテッド電流モード ── 291
オン抵抗 ── 364
温度補償用 ── 344

【か・カ行】
角形チップ抵抗 ── 339
過出力電圧保護 ── 152
過剰位相推移回路 ── 251
過電流保護 ── 60, 152
過入力電圧保護 ── 152
過熱保護 ── 152
カレント・トランス ── 332
貫通電流 ── 122
起磁力 ── 302
逆回復時間 ── 354
ギャップ ── 309
共振周波数 ── 256
共通インピーダンス ── 369
極 ── 99
許容電力損失 ── 340
許容リプル電流 ── 343
近接効果 ── 313
空隙 ── 309
クオリティ・ファクタ ── 325
クロスオーバー周波数 ── 89, 251, 277
ゲイン余裕 ── 87, 251
ゲート・ドライブ回路 ── 365
ゲート閾値電圧 ── 364
ゲート入力容量 ── 364
降圧型コンバータ ── 119, 138
降圧型スイッチング・レギュレータ ── 107
高効率電流モード ── 287
高速整流用ダイオード ── 353
高誘電率系 ── 344
効率 ── 33, 221
コモン・モード・チョーク ── 333
コンデンサ ── 343
コンバータ ── 36

【さ・サ行】
最小位相推移回路 ── 251
最大透磁率 ── 307
シーケンス ── 155
ジータ・コンバータ ── 200
磁界 ── 302
磁気回路 ── 319
磁気シールド ── 307
自己インダクタンス ── 301, 317

磁束 ── 302
磁束密度 ── 302
実効値 ── 230
ジャンクション温度 ── 62
シャント・レギュレータ ── 39
周波数特性分析器 ── 268
出力コンデンサ ── 74
出力電圧温度係数 ── 60
出力ノイズ ── 369
受動スイッチ ── 137
順方向電圧 ── 355
昇圧型コンバータ ── 138
昇降圧型コンバータ ── 112, 138, 187
少数キャリア ── 358
状態平均化法 ── 279
ショットキー・バリア・ダイオード ── 353
初透磁率 ── 307
シリーズ・レギュレータ ── 53
磁路長 ── 302
新型コンバータ ── 199
信頼性 ── 350
スイッチング・レギュレータ ── 37
スイッチング損失 ── 222
スイッチング電源 ── 36
ステップ応答 ── 96
スナバ回路 ── 347
スパイク・ノイズ ── 369
スロープ補償 ── 279
正帰還 ── 86
制動係数 ── 256
絶縁型コンバータ ── 112
セピック・コンバータ ── 199
セラミック・チップ・コンデンサ ── 344
ゼロ ── 99
零点 ── 99
相互インダクタンス ── 301, 317
総磁束 ── 317
ソフト・スタート ── 155
損失 ── 229

【た・タ行】
ダイオード・ポンプ回路 ── 116
ダイナミック入出力特性 ── 364
耐パルス限界電力 ── 341
多数キャリア ── 358
タップ・インダクタ ── 185
段違い特性 ── 102
短絡保護 ── 154
チャージ・ポンプ回路 ── 108

中間バス・アーキテクチャ —— 26
チューク・コンバータ —— 138, 199
直流トランス回路 —— 115
直流バイアス特性 —— 170, 344
チョッパ —— 36
ツェナー・ダイオード —— 40
定格低減 —— 350
抵抗 —— 339
定抵抗回路 —— 348
低入力電圧保護 —— 152
ディレーティング —— 350, 367
鉄損 —— 323
デューティ・サイクル —— 38, 112, 120
電圧変換率 —— 120
電圧モード制御 —— 277
電食 —— 340
電流型コンバータ —— 140
電流測定治具 —— 333
電流断続型 —— 136
電流モード制御 —— 277
電流連続型 —— 119, 136
等価直列インダクタンス —— 172, 273
等価直列抵抗 —— 88
同期整流回路 —— 122, 223
透磁率 —— 307
トポロジー —— 135
トランス —— 139, 301
トランスの等価回路 —— 327

【な・ナ行】
内部損失 —— 33, 221
熱設計 —— 67
能動スイッチ —— 137

【は・ハ行】
ハーフブリッジ・コンバータ —— 141
バイポーラ・トランジスタ —— 357
発振 —— 85
発振の条件 —— 249
パルス幅変調 —— 119
パワー MOSFET —— 164, 360
反転型コンバータ —— 112, 138, 199
バンド・ギャップ・リファレンス —— 44
半導体コンデンサ —— 344
ピーク電流モード —— 278
ピーク電力損失 —— 341
ヒートシンク —— 64
ヒステリシス・ループ —— 309
ヒステリシス制御 —— 296
ヒステリシス損 —— 309

非絶縁型スイッチング・レギュレータ —— 112
表皮効果 —— 312
表皮深さ —— 312
ファスト・リカバリ・ダイオード —— 353
ファラデーの法則 —— 302
フォワード・コンバータ —— 141
負荷応答 —— 273
負帰還 —— 86
負帰還安定度の簡易確認法 —— 269
プッシュプル・コンバータ —— 141
不燃性塗装 —— 340
フライバック・コンバータ —— 141
フーリエ級数展開 —— 256
フリーホイール・ダイオード —— 122
プリント基板設計 —— 372
フルブリッジ・コンバータ —— 141
フローティング型 —— 83
平均値 —— 229
平均電流モード —— 283
平均電力損失 —— 341
放熱設計 —— 62
ボーデ線図 —— 99, 251
ポール —— 99
保護ダイオード —— 76
補償ランプ波 —— 279
ボディ・ダイオード —— 224, 360

【ま・マ行】
マイナ・ループ —— 329
マジック・コンバータ —— 115
漏れ磁束 —— 315

【ら・ラ行】
ライン・レギュレーション —— 60
ラッチダウン —— 78
理想トランス —— 327
リッツ線 —— 315
リプル —— 37
リプル・ノイズ —— 369
リプル電流 —— 343
臨界動作型 —— 136
ループ・ゲイン —— 249
ループ・ゲイン測定 —— 263
励磁インダクタンス —— 328
レギュレータ —— 36
漏洩インダクタンス —— 328
漏洩磁束 —— 315
ロード・レギュレーション —— 60

〈著者略歴〉

馬場 清太郎（ばば・せいたろう）
1971年　　　東京工業大学電子物理工学科卒業
1971年以降　メーカ勤務．以来，各種の電子回路設計に従事．
　　　　　　「トランジスタ技術」誌などに寄稿多数．

主な著書
「OPアンプによる実用回路設計」（CQ出版社発行）

- ●**本書記載の社名，製品名について** ── 本書に記載されている社名および製品名は，一般に開発メーカーの登録商標です．なお，本文中では™，®，©の各表示を明記していません．
- ●**本書掲載記事の利用についてのご注意** ── 本書掲載記事は著作権法により保護され，また産業財産権が確立されている場合があります．したがって，記事として掲載された技術情報をもとに製品化をするには，著作権者および産業財産権者の許可が必要です．また，掲載された技術情報を利用することにより発生した損害などに関して，CQ出版社および著作権者ならびに産業財産権者は責任を負いかねますのでご了承ください．
- ●**本書に関するご質問について** ── 文章，数式などの記述上の不明点についてのご質問は，必ず往復はがきか返信用封筒を同封した封書でお願いいたします．ご質問は著者に回送し直接回答していただきますので，多少時間がかかります．また，本書の記載範囲を越えるご質問には応じられませんので，ご了承ください．
- ●**本書の複製等について** ── 本書のコピー，スキャン，デジタル化等の無断複製は著作権法上での例外を除き禁じられています．本書を代行業者等の第三者に依頼してスキャンやデジタル化することは，たとえ個人や家庭内の利用でも認められておりません．

JCOPY 〈出版者著作権管理機構委託出版物〉
本書の全部または一部を無断で複写複製(コピー)することは，著作権法上での例外を除き，禁じられています．本書からの複製を希望される場合は，出版者著作権管理機構（TEL：03-5244-5088）にご連絡ください．

電源回路設計 成功のかぎ

2009年5月15日　初版発行　　© 馬場 清太郎 2009
2025年7月15日　第8版発行

著　者　　馬場 清太郎
発行人　　櫻田 洋一
発行所　　CQ出版株式会社
　　　　　東京都文京区千石 4-29-14（〒112-8619）
電話　　販売　　03-5395-2141

DTP・印刷・製本　三晃印刷㈱
乱丁・落丁本はご面倒でも小社宛お送りください．送料小社負担にてお取り替えいたします．
定価はカバーに表示してあります．
ISBN978-4-7898-4205-1
Printed in Japan